国家出版基金项目
NATIONAL PUBLICATION FOUNDATION

现代农业高新技术成果丛书

农业生物多样性控制作物病虫害的效应原理与方法

Principle and Application of Agrobiodiversity for Pest Management

朱有勇　主编

中国农业大学出版社
·北京·

内 容 简 介

本书是介绍利用农业生物多样性控制病虫害研究的专著。全书共分7章。第1章绪论，介绍农业生物多样性的概念、功能及在控制病虫害方面的研究进展和发展趋势；第2、3、4章介绍利用农业生物多样性控制病害的效应、原理及其研究方法；第5、6、7章介绍利用农业生物多样性控制害虫的效应、原理和方法。

本书可供广大从事生物多样性、植物病理学、农业昆虫学、植物保护学、遗传多样性、作物栽培学、生态学、作物育种学和生物技术的科研工作者，高等农业院校的教师、研究生和农业技术人员参阅。

图书在版编目(CIP)数据

农业生物多样性控制作物病虫害的效应原理与方法 / 朱有勇主编 . —北京：中国农业大学出版社，2012.7

ISBN 978-7-5655-0541-6

Ⅰ.①农… Ⅱ.①朱… Ⅲ.①生物多样性-控制-作物-病虫害-研究 Ⅳ.①S435

中国版本图书馆 CIP 数据核字(2012)第 104924 号

书　　名	农业生物多样性控制作物病虫害的效应原理与方法
作　　者	朱有勇　主编

责任编辑	潘晓丽　梁爱荣	**责任校对**	陈　莹　王晓凤
封面设计	郑　川		
出版发行	中国农业大学出版社		
社　　址	北京市海淀区圆明园西路2号	**邮政编码**	100193
电　　话	发行部 010-62818525,8625	**读者服务部**	010-62732336
	编辑部 010-62732617,2618	**出 版 部**	010-62733440
网　　址	http://www.cau.edu.cn/caup	**e-mail**	cbsszs@cau.edu.cn
经　　销	新华书店		
印　　刷	涿州市星河印刷有限公司		
版　　次	2012年8月第1版　2012年8月第1次印刷		
规　　格	787×1092　16开　19.75印张　490千字		
定　　价	88.00元		

图书如有质量问题本社发行部负责调换

现代农业高新技术成果丛书
编审指导委员会

主　任　石元春

副主任　傅泽田　刘　艳

委　员　（按姓氏拼音排序）

高旺盛　李　宁　刘庆昌　束怀瑞

佟建明　汪懋华　吴常信　武维华

编写人员

主　编　朱有勇

副主编　朱书生　陈　斌　何霞红　李成云　李正跃

编写者　（按姓氏拼音为序）

陈　斌　董　坤　董玉梅　高　东　桂富荣　何霞红

蒋智林　李成云　李正跃　刘佳妮　孙　雁　汤东生

王海宁　谢　勇　杨　静　杨　敏　于得才　张红骥

张立敏　朱书生　朱有勇

出版说明

瞄准世界农业科技前沿,围绕我国农业发展需求,努力突破关键核心技术,提升我国农业科研实力,加快现代农业发展,是胡锦涛总书记在 2009 年五四青年节视察中国农业大学时向广大农业科技工作者提出的要求。党和国家一贯高度重视农业领域科技创新和基础理论研究,特别是"863"计划和"973"计划实施以来,农业科技投入大幅增长。国家科技支撑计划、"863"计划和"973"计划等主体科技计划向农业领域倾斜,极大地促进了农业科技创新发展和现代农业科技进步。

中国农业大学出版社以"973"计划、"863"计划和科技支撑计划中农业领域重大研究项目成果为主体,以服务我国农业产业提升的重大需求为目标,在"国家重大出版工程"项目基础上,筛选确定了农业生物技术、良种培育、丰产栽培、疫病防治、防灾减灾、农业资源利用和农业信息化等领域 50 个重大科技创新成果,作为"现代农业高新技术成果丛书"项目申报了 2009 年度国家出版基金项目,经国家出版基金管理委员会审批立项。

国家出版基金是我国继自然科学基金、哲学社会科学基金之后设立的第三大基金项目。国家出版基金由国家设立、国家主导,资助体现国家意志、传承中华文明、促进文化繁荣、提高文化软实力的国家级重大项目;受助项目应能够发挥示范引导作用,为国家、为当代、为子孙后代创造先进文化;受助项目应能够成为站在时代前沿、弘扬民族文化、体现国家水准、传之久远的国家级精品力作。

为确保"现代农业高新技术成果丛书"编写出版质量,在教育部、农业部和中国农业大学的指导和支持下,成立了以石元春院士为主任的编审指导委员会;出版社成立了以社长为组长的项目协调组并专门设立了项目运行管理办公室。

"现代农业高新技术成果丛书"始于"十一五",跨入"十二五",是中国农业大学出版社"十二五"开局的献礼之作,她的立项和出版标志着我社学术出版进入了一个新的高度,各项工作迈上了新的台阶。出版社将以此为新的起点,为我国现代农业的发展,为出版文化事业的繁荣做出新的更大贡献。

中国农业大学出版社

2010 年 12 月

前　言

　　追溯世界农业发展的历史,依赖化学农药控制植物病虫害的历史不足百年,在几千年的传统农业生产中,是什么因素发挥着对作物病虫害持续调控的重要作用? 数万年的原始森林至今仍郁郁葱葱,生生不息,又是什么因素使其抵御了植物病虫害的侵袭? 迁思回虑,作物品种多样性无疑是漫长传统农业生产中对病虫害持续调控的重要因素之一。回首审视,生物多样性与生态平衡无疑是保持原始森林生生不息的重要自然规律之一。

　　早在 1872 年,达尔文就观察到小麦品种混种比单一品种种植产量高,病害轻。20 世纪 80 年代以来,德国、丹麦、波兰采用大麦品种混合种植的方法,成功地大面积控制了大麦白粉病的流行。美国长期进行了小麦品种混合种植控制锈病的深入研究,获得了明显的防治效果。印度尼西亚、菲律宾、越南、泰国等一些国家,开展了水稻品种多样性混栽试验,有效地降低了水稻真菌病害和病毒病害的发病率。千百年来,我国农民就有利用作物品种多样性的习俗,云南、四川等高寒山区的农民,年年在他们的农田中混合种植多个作物品种,以抵御各种各样的气象灾害和生物灾害,获得较好的收成,保证他们赖以生存的谷物需求。持续了上千年的轮作复种、间作套种是我国传统农业技术中的瑰宝,为我们研究农业生物多样性的利用和保护,积淀了厚实的科学底蕴,为我们探索利用遗传多样性控制作物病害、促进可持续农业的发展,提供了极为重要的启示。1996 年我们提出了利用作物遗传多样性持续控制作物病害的设想,即应用生物多样性与生态平衡的原理,合理实施作物品种多样性种植,增强农田遗传多样性的丰度,改善农田微生态环境,实现作物病害的持续控制,促进农业的可持续发展。该计划 1997 年获亚洲开发银行资助,1998 年获云南省科技攻关项目资助,1999 年获国家“863”计划资助,2001 年获国家高技术推进项目和云南省重点基金项目资助,2003 年获全球环境基金项目的资助,2005 年和 2011 年获国家“973”项目资助。

　　多年来,我们得到了国际、国内及社会各界的大力支持和帮助,在利用生物多样性调控作物病虫害方面做了大量研究和应用实践,长期活跃在该领域的研究前沿。目前的主要研究进展:一是明确了在农业生态系统中作物品种多样性是调控病虫害的基本要素;二是明确了作物品种多样性调控病虫害的效应和作用;三是建立了作物品种多样性时空优化配置调控病虫害的应用模式和技术规程,并在生产上大面积推广应用;四是初步解析了作物品种多样性的稀释阻隔、协同作用、天敌作用、诱导抗性和改善农田小气候等物理学、气象学和生物学方面的主要

1

作用,为阐明作物多样性调控病虫害的机理奠定了良好的基础。

随着研究的深入,我们越来越感到利用生物多样性控制作物病虫害的内容极为丰富,规律和现象极为普遍,机理和机制极为深奥,其研究已涉及植物病理学、植物病害流行学、生物防治学、植物保护学、农业昆虫学、分子生物学、生物化学、生态学、遗传育种学、生物信息学、作物栽培学、农业气象学、植物营养学、农药学、生物统计学等诸多学科。阐明其规律和机理远不是研究组近期所能完成的,需要更多感兴趣的科学家或科技工作者共同努力,从不同的角度揭示作物间相克相生的自然现象,为利用生物多样性促进粮食安全做出贡献。因此,为了便于同行之间的交流,我们把前一阶段关于作物多样性控制病害的主要研究成果、研究方法和所涉及的研究资料撰写成《农业生物多样性控制作物病虫害的效应原理与方法》一书,希望此书能起到抛砖引玉的作用,使更多的同行和我们一起,进一步开展该领域的研究和应用工作。

在研究过程中,我们一直得到了国家发展和改革委员会、科技部、国家自然科学基金委员会、农业部、教育部、国家生物工程研究中心、中国农业科学院、中国农业大学、复旦大学、云南省发展和改革委员会、云南省科技厅、云南省农业厅、云南省教育厅、四川省农业厅、四川省农业科学院、云南省农业科学院、国际水稻研究所(IRRI)、国际植物遗传资源研究所(IPGRI)和联合国粮农组织(FAO)等单位的大力支持和帮助;得到了李振歧院士、谢联辉院士、曾士迈院士、田波院士、郭予元院士、董玉琛院士、陈文新院士、荣廷召院士、陈宗懋院士、李文华院士、卢永根院士、刘旭院士、吴孔明院士、程序教授、夏敬源研究员、赵学谦研究员、卢宝荣教授、彭友良教授、张福锁教授、陈万权研究员、涂建华研究员、毛建辉研究员、刘二明教授、张芝利研究员、闻大中研究员、张家骅教授、万方浩研究员、骆世明教授、尤民生教授、张青文教授、陈欣教授、Chris Mundt 博士、Mew T. H. 博士、Plau T. 博士、Leung H. 博士、Devra J. 博士、Matian W. 博士、Peter C. 博士等专家学者的悉心指导和大力支持,在此一并予以致谢!

限于我们的学识和水平,加之该研究领域交叉学科较多,书中难免存在错漏之处,望同行专家和读者不吝批评指正。

朱有勇

2012 年 6 月于昆明

目　录

第 1 章

绪　　论

农业生产的特点是以少数栽培植物及牲畜种类取代了自然状态下的生物多样性,而单一种植模式更使这种简单化达到极致。人为造就的农田耕作系统只能依靠人为的持续干预才能维持其生产力。农业现代化的发展历程,也就是逐步背离自然生态规律的过程。在绝大多数情况下,为了提高产量只能一味增加农用化学物质的投入。这种生产方式已使人类付出了沉重的社会与环境代价(Altieri,1987)。破坏性的生产方式不仅造成了多种作物病、虫、草害的一次又一次暴发,也成就了盐碱化、土壤侵蚀、水资源污染等严重的环境问题。因此,现代农业生态系统的不稳定性也就在所难免。植被多样性是自然景观中的重要组成部分,其生态功能在农作物保护方面发挥着极其重要的作用。因此,在以牺牲植被多样性为代价的作物单一种植模式中,病、虫、草害日益恶化也就是顺理成章的事情(Altieri and Letouneau,1982)。在全世界大约 1.5×10^9 hm² 农田中,91%的农田种植一年生作物,其中绝大多数是单一种植小麦、水稻、玉米、棉花和大豆。这种耕作系统在面对病、虫害暴发时束手无策,暴露了单调农田耕作系统的脆弱。为了避免病、虫、草害等对作物的危害,1995 年全世界的农药使用量达 21×10^8 kg(其中仅美国就使用了 5.4×10^8 kg),而且在近 10 年内农药的使用量还在持续增加。尽管如此,因病、虫等危害导致的作物产量年损失仍达 30%左右,与 40 年前的状况别无二致。可以预见,今后全世界仍将为此继续付出代价。这些情况清楚地说明依赖化学农药控制作物病、虫害的效果已达到极限。

老子曰:"道生一,一生二,二生三,三生万物,万物负阴而抱阳,冲气以为和"。又曰:"有无相生,难易相成,长短相形,高下相盈,音声相和,前后相随,恒也"。大千世界处处相互依存、相互制约,万事万物处处相克相生、和谐发展。追溯世界农业发展的历史,依赖化学农药控制植物病害的历史不足百年,在几千年的传统农业生产中,作物品种多样性无疑是持续控制病害的重要因素之一,生物多样性与生态平衡无疑是维系生物发展进化的自然规律之一。当前,利用生物多样性持续控制作物有害生物,已成为国际农业科学研究的热点,研究论文逐年增多,研究成果的应用推广逐年扩大,农业生态系统多样性的功能逐步被认知。生物多样性是大自然赋予人类的宝贵财富,是植物病害流行的天然屏障,必将在现代农业生产中发挥越来越重要的作用。

1.1 生物多样性及农业生物多样性的概念

生物多样性是大自然赋予人类的生存之源,是人类实现可持续发展的基础,因此生物多样性的研究和保护已经成为世界各国普遍重视的一个问题。

1.1.1 生物多样性概念的提出

20世纪以来,随着世界人口的持续增长和人类活动范围与强度的不断扩大,人类社会遭遇到一系列前所未有的环境问题,面临着人口、资源、环境、粮食和能源五大危机。这些问题的解决都与生态环境的保护与自然资源的合理利用密切相关。第二次世界大战以后,国际社会在发展经济的同时更加关注生物资源的保护问题,并且在拯救珍稀濒危物种、防止自然资源的过度利用等方面开展了很多工作。1948年由联合国和法国政府创建了世界自然保护联盟(IUCN);1961年世界野生生物基金会建立;1971年由联合国教科文组织提出了著名的"人与生物圈计划";1980年由IUCN等国际自然保护组织编制完成的《世界自然保护大纲》正式颁布,该大纲提出了要把自然资源的有效保护与资源的合理利用有机地结合起来,对促进世界各国加强生物资源的保护工作起到了极大的推动作用(陈品健,2001)。

20世纪80年代以后,人们在开展自然保护的实践中逐渐认识到,自然界中各个物种之间、生物与周围环境之间都存在着十分密切的联系,因此自然保护仅仅着眼于对物种本身进行保护是远远不够的,往往也是难以取得理想的效果。要拯救珍稀濒危物种,不仅要对所涉及的物种的野生种群进行重点保护,而且还要保护好它们的栖息地,或者说,需要对物种所在的整个生态系统进行有效的保护。在这样的背景下,生物多样性的概念便应运而生了。1992年,联合国环境与发展大会在巴西的里约热内卢举行,世界许多国家都派出代表团参加会议,我国领导人也参加了这次盛会,在这次大会上,通过了"生物多样性公约",标志着世界范围内的自然保护工作进入了一个新的阶段,即从以往对珍稀濒危物种的保护转入了对生物多样性的保护(陈品健,2001)。

生物多样性公约(Convention on Biological Diversity)是国际社会所达成的有关自然保护方面最重要的公约之一,该公约于1992年6月5日在联合国召开的里约热内卢世界环境与发展大会上正式通过,并于1993年12月29日起生效(因此每年的12月29日被定为国际生物多样性日,2001年改为5月22日)。到目前为止,已有100多个国家加入了这个公约,该公约的秘书处设在瑞士的日内瓦,最高管理机构为缔约方会议(CoP)。CoP由各国政府代表组成,其职责为:按照公约所规定的程序通过生物多样性公约的修正案、附件及议定书等。

生物多样性公约的目标是:保护生物多样性及资源的持续利用;促进公平合理地分享由保护自然资源而产生的利益。生物多样性公约的主要内容:各缔约方应该编制有关生物多样性保护及可持续利用的国家战略、计划或方案,或按此目的修改现有的战略、计划或方案;尽可能并酌情将生物多样性的保护及可持续利用纳入各部门和跨部门的计划、方案或政策之中;酌情采取立法、行政或政策措施,让提供遗传资源用于生物技术研究的缔约方,尤其是发展中国家,切实参与有关研究;采取一切可行措施促进并推动提供遗传资源的缔约方,尤其是发展中家,在公平的基础上优先取得基于提供资源的生物技术所产生的成果和收益;发达国家缔约方应提供新的额外资金,以使发展中国家的缔约方能够支付因履行公约所增加的费用;发展中国家应该切实履行公约中的各项义务,采取措施保护本国的生物多样性(段彪等,2001)。

1.1.2 生物多样性的定义

生物多样性(biodiversity 或 biological diversity)是一个描述自然界多样性程度的概念,内容非常广泛,不同的学者所下的定义不同。Norse(1986)认为,生物多样性体现在多个层次上;Wilson 等(1922)认为,生物多样性就是生命形式的多样性(the diversity of life);孙儒泳(2001)认为,生物多样性一般是指"地球上生命的所有变异";在《生物多样性公约》(Convention on Biological Diversity,1992)里,生物多样性的定义是"所有来源的活的生物体,这些来源包括陆地、海洋和其他水生生态系统及其所构成生态综合体;这包括物种内、物种间和生态系统的多样性"(汪松等,1993);在《保护生物学》一书中,蒋志刚等(1997)给生物多样性所下的定义为:"生物多样性是生物及其环境形成的生态复合体以及与此相关的各种生态过程的综合,包括动物、植物、微生物和它们所拥有的基因以及它们与其生存环境形成的复杂生态系统"。

综合上述观点,我们认为"生物多样性是指地球上所有生物(动物、植物、微生物等)、它们所包含的基因以及由这些生物与环境相互作用所构成的生态系统的多样化程度"。

1.1.3 生物多样性的组成

生物多样性是生物与环境形成的生态复合体以及与此相关的各种生态过程的总和。它是一个复杂的生态系统,包括物种多样性、遗传多样性、生态多样性和景观多样性四个层次。

遗传多样性(genetic diversity)是生物多样性的重要组成部分。广义的遗传多样性是指地球上生物所携带的各种遗传信息的总和。这些遗传信息储存在生物个体的基因之中,因此遗传多样性也就是生物体基因的多样性。任何一个物种或一个生物个体都保存着大量的遗传基因,可被看做是一个基因库,一个物种所包含的基因越丰富,它对环境的适应能力越强,基因的多样性是生命进化和物种分化的基础。狭义的遗传多样性主要是指生物种内基因的变化,包括种内显著不同的种群之间以及同一种群内的遗传变异(汪松等,1993)。此外,遗传多样性可以表现在多个层次上,如分子、细胞、个体等。在自然界中,对于绝大多数有性生殖的物种而言,种群内的个体之间往往没有完全一致的基因型,而种群就是由这些具有不同遗传结构的多个个体组成的。在生物的长期演化过程中,遗传物质的改变(或突变)是产生遗传多样性的根本原因,遗传物质的突变主要有两种类型,即染色体数目和结构的变化以及基因位点内部核苷酸的变化,前者称为染色体的畸变,后者称为基因突变(或点突变),此外,基因重组也可以导致生物产生遗传变异。

物种多样性(species diversity)是指地球上动物、植物、微生物等生物种类的丰富程度。物种多样性包括两个方面:①一定区域内的物种丰富程度,可称为区域物种多样性;②生态学方面的物种分布的均匀程度,可称为生态多样性或群落物种多样性(蒋志刚等,1997)。物种多样性是衡量一个地区生物资源丰富程度的一个客观指标,在阐述一个国家或地区生物多样性丰富程度时,最常用的指标是区域物种多样性,它的测量有以下三个指标:物种总数,即特定区域内所拥有的特定类群的物种数目;物种密度,指单位面积内的特定类群的物种数目;特有种比例,指在一定区域内某个特定类群的特有种占该地区物种总数的比例。

生态系统的多样性(ecosystem diversity)主要是指地球上生态系统组成、功能的多样性以及各种生态过程的多样性,包括生境的多样性、生物群落和生态过程的多样化等多个方面。其中,生境的多样性是生态系统多样性形成的基础,生物群落的多样化可以反映生态系统类型的多样性。

景观多样性(landscape diversity)是指不同类型的景观在空间结构,功能机制和时间动态方面的多样化和变异性。景观要素(或称为一个生态系统)是组成景观的基本单元,景观要素依形状的差异可分为斑块(patch)、廊道(corridor)和基质(matrix)。斑块(patch)是景观尺度上最小的均质单元,它的大小、数量、形态和起源等对景观多样性有重要意义。总体来说,大型斑块可以比小型斑块承载更多的物种,特别是一些特有物种可能在大型斑块的核心区存在。对某一物种而言,大型斑块更有能力持续和保存基因的多样性。小型斑块则不利于林内种的生存,不利于物种多样性的保护,不能维持大型动物的延续;但小斑块可能成为某物种逃避天敌的避难所。因为小斑块的资源有限,不足以吸引某些大型捕食动物,从而使某些小型物种幸免于难。廊道(corridor)是指具有通道或屏障功能的线状或带状的景观要素,它是联系孤立斑块之间以及斑块与种源之间的线性结构,按照来源的不同廊道可以分为干扰廊道(disturbance corridors)、栽植廊道(planted corridors)、更新廊道(regenerated corridors)、环境资源廊道和残余廊道。不同的廊道适合不同的景观类型,如防火隔离带和传输线等干扰廊道适于森林景观,而防护林带和绿篱等栽植廊道则适于农业景观。一般认为廊道有利于物种的空间运动和本来是孤立的斑块内物种的生存和延续,但廊道本身又可能是一种危险的景观结构,因为它也可以引导天敌进入本来是安全的庇护所,给某些残遗物种带来灭顶之灾。如高速公路和高压线路对人类生产和生活来说是重要的运输通道,但对其他生物来说则可能是危险的障碍。基质是相对面积大于景观中斑块的景观要素,它是景观中最具连续性的部分,往往形成景观的背景。基质具有 3 个特点:相对面积比景观中的其他要素大;在景观中的连接度最高;在景观动态中起重要的作用。

景观多样性就是指由不同类型的景观要素或生态系统构成的景观在空间结构、功能机制和时间动态方面的多样化或变异性,它揭示了景观的复杂性,是对景观水平上生物组成多样性程度的表征。景观多样性可区分为景观类型多样性(type diversity)、景观斑块多样性(patch diversity)和景观格局多样性(pattern diversity)。景观类型多样性是指景观中类型的丰富度和复杂性。类型多样性多考虑景观中不同的景观类型(如农田、森林、草地等)的数目多少以及它们所占面积的比例。景观斑块多样性是指景观中斑块(广义的斑块包括斑块、廊道和基质)的数量、大小和斑块形状的多样性和复杂性。景观格局多样性是指景观类型空间分布的多样性及各类型之间以及斑块与斑块之间的空间关系和功能联系。格局多样性多考虑不同景观类型的空间分布,同一类型间的连接度和连通性,相邻斑块间的聚集与分散程度。

景观多样性是继遗传多样性、物种多样性、生态系统多样性被提出的生物多样性研究的第四个主要层次。遗传多样性是物种多样性和生态系统多样性的基础,或者说遗传多样性是生物多样性的内在形式。遗传多样性导致了物种的多样性,物种多样性与多型性的生境构成了生态系统的多样性,多样性的生态系统聚合并相互作用又构成了景观的多样性。

1.1.4　农业生物多样性

农业生物多样性(agrobiodiversity)是以自然生物多样性为基础,以人类的生存和发展为动力而形成的人与自然相互作用的多样性系统,是生物多样性的重要组成部分,它是人与自然相互作用和相互关联的一个重要方面和桥梁。多数学者认为,农业生物多样性包含四个层次,即农业生态系统、农地景观、物种、基因的多样性,还包括各层次间相互联系、耦合的生态学过程(陈海坚等,2005)。农业生物多样性也可分为农业产业结构多样性、农业利用景观多样性、农田生物多样性、农业种质资源与基因的多样性几个尺度水平。农业产业结构多样性,用以描述包括农、林、牧、副、渔各业的组成比例与结构变化。它反映着某一区域农业生产的总体状况;农业利用景观多样性,主要刻画农业景观的异质性,包括农业土地利用景观类型及其分布格局的变异性,以及农业生态系统类型的多样性;农田物种多样性,主要指农田生态系统中的农作物、杂草、害虫、天敌等生物多样性;农业种质资源与基因多样性,主要包括栽培作物及其野生亲缘动植物的遗传基因与种质资源的多样性等。

农业生物多样性是地球上极为重要的财富,更是人类赖以生存和发展的重要物质基础。农业植物资源多样性不仅包括在任何地区、任何时间所栽培的植物种及其所有品种的全部基因遗产,还包括它们的半驯化种、野生种和亲缘种,同时还应包括人们利用采、伐、摘、挖、放牧等手段而为人类所用的各种植物种。

据估计,地球上有1万~8万种可供食用的植物,人类在各个时期利用的植物有3 000多种,而人工驯化成作物的只有1 200多种,其中大面积栽培的仅150多种。植物资源越多,即其多样性越丰富,改良栽培品种或选育新品种的潜力就越大。农作物生物多样性,不仅为人类的衣、食等方面提供原料,为人类的健康提供营养品和药物,而且为人类的幸福生活提供了良好的环境,尤为重要的是为人们开展生物技术研究、选育所需新品种,提供了取之不尽、用之不竭的基因来源(郭辉军等,2000)。

20世纪以来,随着新品种的大量推广、人口增长、环境变化、滥伐森林和耕地沙漠化,以及经济建设等方面的原因,作物遗传资源多样性不断遭到破坏或丧失,而且数量巨大。种质资源的替代或丧失,随之而来是遗传多样性的减少,导致作物遗传结构的脆弱性和病、虫等自然灾害的暴发而造成严重的损失。因此,农业生物多样性保护已成为全球可持续性农业研究中的焦点。

随着人口的迅速增长,粮食问题已成为世界各国普遍关注的重大问题,为了突出植物遗传资源在解决粮食生产中的地位和作用,联合国粮农组织大会第二十八届会议第3/95号决议,将植物遗传资源委员会改成粮食和农业遗传资源委员会,我们常用的植物遗传资源,相应改为粮食和农业植物遗传资源(简称植物遗传资源,中国称为作物种质资源)。当前,由于过度开发,全球每8种植物中就有1种面临着灭绝的威胁,物种的丧失对生态安全的破坏是致命的。美国、前苏联、日本等发达国家多年来通过各种手段加强种质资源考察收集,从而成为今天的世界资源大国。新中国成立以来,采用群众性收集、补充征集、重点作物考察和重点地区考察等方法,已收集了各种作物种质资源35万份,但我国的中西部边远山区仍有大量资源亟待抢救、收集和发掘利用。预计今后30年内,世界人口将达到85亿,要解决这么多人的吃饭问题,一个最为有效的途径是充分研究和利用各种优良植物遗传资源,培育出可以适应各种不断改变的环境条件的优良品种,并能稳定产量和改善品质。因此,世界各国都把科学保护和充分利用植物遗传资源,作为关系农业可持续发展,保障粮食安全的一项重要大事来抓。

农作物生物多样性保护策略具有广泛的领域和规模,然而这一过程通常分成三个基本部分:挽救生物多样性;研究生物多样性;持续、合理地利用生物多样性。据报道,自1992年后,国际《生物多样性公约》签约国每年在世界环境日、地球日、国际生物多样性日开展公众参与的大规模宣传教育活动,宣传《生物多样性公约》的作用和意义以及保护生物多样性的重要性。当前,农业生物多样性的保护、利用和农业可持续发展是全球最热门的话题之一,涵盖了生物学、遗传学、农学、经济学、生态学、社会学等多学科领域的研究课题。世界各国高度重视生物多样性保护的政策和战略、生物多样性数据的管理和信息共享、自然保护区的管理、可持续旅游、防止外来物种入侵、生物安全、遗传资源保护与保存、保护生物学、生态环境保护与恢复技术,以及湿地、森林、农业、海洋、缺水和半湿润地区生态系统的生物多样性保护等方面的研究。

中国幅员辽阔,生态环境复杂,农业历史悠久,是世界上生物多样性最为丰富的国家之一;作物种质资源十分丰富,是世界作物多样性中心之一。据初步统计,世界上栽培植物有1 200余种,中国就有600余种,其中有300余种是起源于中国或种植历史在2 000年以上。但随着人口增加、良种推广,农业生产朝着集约化方向发展,使栽培植物多样性急剧减少,形成栽培植物种类较少,作物品种单一和遗传基础狭窄,给生产造成了巨大损失。与国外情况相同,我国作物种遗传资源多样性的破坏和丧失也异常严重,1949年我国有1万多个小麦品种(主要是农家种)在种植使用,到20世纪70年代仅存1 000多个;野生水稻和野生大豆的原生境生长地已遭到严重破坏,面积越来越少。有报道指出,目前种植的玉米、甜菜、水稻等作物杂交种的遗传基础日趋狭窄,存在着遗传上的脆弱性和突发毁灭性病害的隐患。实践证明,最大限度地保护农作物及其多样性,大力开发新的农业植物和未被开发利用的栽培植物种类,使农业生产的良种多样化,并努力拓宽优良品种的遗传背景,是我国农业实现可持续发展的重要研究课题(张泽钧等,2001)。

云南省地处祖国西南边陲,伴随青藏高原的隆升,发育为以横断山脉为主体、全球独特的纵向岭谷区;海拔高度76.4～6 740 m,水系呈帚状分布,有独龙江、怒江、澜沧江、金沙江、红河和南盘江六大水系;山脉蜿蜒,河流众多,湖泊镶嵌其间,形成了高山、中山、低山、高原、盆地、丘陵等地貌多样性,造就了寒带、温带、亚热带、热带等气候多样性;地貌和气候的多样性孕育了丰富的生物多样性和民族文化多样性,而自然生物多样性与民族文化的交汇融合形成了全球独特的农作物生物多样性极为丰富的区域。这一区域的动物和植物种类占全国总数的一半以上,微生物种类居全国之冠,囊括了全国所有的生态类型。主要栽培植物有500余种,占全国的80%,拥有德宏紫米、广南八宝米、云南小麦、巧家小燕麦、西盟魔芋、勐海姜、西双版纳黄瓜、绿叶苎麻、文山三七、滇芹、滇桑等云南特有作物种质资源;主要野生作物资源有600余种,其中包括普通野生稻、药用野生稻、疣粒野生稻、金荞麦等大量国家重点保护的野生作物遗传资源,此外还有数千种野生药用植物和野生花卉资源,是亚洲栽培稻、荞麦、茶、甘蔗等多种作物的起源地和多样性中心,备受国内外关注,是理想的农作物生物多样性研究基地(戴陆园,1998)。

1.2 生物多样性及农业生物多样性的生态功能

生物多样性不仅孕育了有价值的动物、植物,而且具有一定的生态功能。自然生态系统中,生物多样性对丁稳定地球和地区的环境起着重要的作用。在农业生态系统中,生物多样性还对人类生存及农业可持续发展起着重要的作用。

自然生态系统中,生物多样性增加能提高系统的稳定性。1999 年,Tilman 建立资源竞争模型表明生物多样性增加引起群落的稳定性增加,但是种群稳定性下降。Cedar Creek 的长期定位研究也表明生物多样性增加引起资源覆盖度增加,以及生态位分化都有利于更好地利用有限的资源,也因此能够减少需要这些有限资源的物种入侵的可能性(Wager,2009)。从功能角度看,物种的性状以及它们之间的关联对保持生态系统的功能和生物地球化学循环至关重要。在稳定的环境下生态系统发挥稳定的功能需要一个最小数量的物种数,在变化的环境下需要的物种数要更大一些。长远来说,多样性的生物能够为未来生态环境的各种可能变化提供更多的机会与选择。就像在恐龙被灭绝的中生代中白垩纪,以张和兽为代表的一些不起眼的小型哺乳类动物逐步获得进化优势,并成为了新生代的主角。Tilman(2000)总结了自然界生物多样性对生态系统作用的研究成果,认为生物多样性可以提高植物的生产力、提高生态系统养分存留、提高生态系统的稳定性。

农业生态系统是经过人类驯化了的自然生态系统,生物多样性同样能提高农业生态系统的稳定性,对作物的产出、收入和社会发挥重要作用。在农业生态系统中,除了提供粮食、纤维、燃料和经济收入,生物多样性还发挥着许多生态功能。如保持营养物质的自然循环、控制小气候、水文调节、分解有毒物质以及调控环境中的微生物等。要使这些功能得以有效发挥,必须保持环境中生物的多样性。一旦系统中生物多样性减少、减弱,这些功能就会丧失,则人们必将为此付出惨重的经济与环境代价。

农业生产与生物多样性有着密不可分的关系。只有充分保护农田及其周边环境,加强农田生态系统的自我调节功能,才能保证农业生产的可持续发展。只有发挥农田系统的生态功能,才能提高对农业生物多样性的保护与利用。以此为基础,才能更好地利用自然资源,保持农田生态系统的稳定。

1.3 农业生物多样性与农作物病害的持续控制

1.3.1 农作物病害的持续控制

农作物病害是农业生产上重要的生物灾害,是制约农业可持续发展的主要因素之一。据联合国粮农组织估计,世界粮食生产因植物病害造成的年损失约为总产量的 10%。近年来,由于全球性气候反常,加之,在人口数量增加、而耕地面积逐年递减和水资源有限的情况下,为满足人类的粮食需求,少数高产、高抗品种的大面积单一化种植,导致了农业生物多样性的严重降低;同时,野生近缘种的遗传资源也随着改良品种的大面积种植和农业生产模式的改变而逐渐丧失,农业生态系统变得更加脆弱,病害暴发的周期缩短,从而加大了农药的使用量,使得农业生态环境进一步恶化;同时加大了对病原菌群体的定向选择压力,使得稀有小种迅速上升为优势小种,导致了品种抗性"丧失",主要病害流行周期越来越短,次要病害纷纷上升为主要病害,造成更加严重的经济损失。如美国大面积推广 T 形胞质雄性不育系配制的杂交种,造成了 1970 年玉米小斑病的大流行,产量损失 15%,造成数亿美元的损失;欧洲大面积推广种植 Plugs Intensive 大麦品种,导致含 Vg 毒性基因的小种迅速上升为优势小种,造成大麦白粉病的流行;澳大利亚推广小麦品种 Eureka,造成小麦秆锈病的大流行,因此农业生物多样性的过度丧失已经成为可持续农业发展所面临主要的矛盾和难题。

面对农作物病害发生危害的严峻形势,回首审视我国减灾的关键措施,虽然综合防治取得了十分可喜的成就,但是仍然存在诸多问题,主要表现在基础研究薄弱;监测手段落后,设备简陋,部分地区病害测报实为气象资料单因子预报;抗病品种选育及应用严重滞后;生防技术没有重大突破(戴小枫等,1997);我国大部分地区病害的防治主要依赖于化学农药,但是长期使用农药,不仅使许多病原菌抗药性增强,导致病害再度猖獗,而且由于含有铅、砷、汞和有机氯的杀菌剂化学性质稳定,脂溶性高,不易分解,可以在环境和农产品中长期残留,除了直接污染土壤外,对大气、水体都有不同程度的污染。其中土壤是农药的贮藏库和集散地,大气和水是传递、扩大农药污染范围的媒介,农作物是直接受污染者,动物是间接受污染者,动物的富集能力强,受污染程度最严重。环境中的农药通过各种渠道进入人体,如果人体摄入量超过允许的限度,则会诱发癌症,严重威胁人类的生命安全。

分子生物学和分子遗传学的快速发展,已经为农业科学研究提供了重要技术手段,基因克隆和转基因技术已经在农业科学研究中得到广泛的应用。在植物病理学领域,自 1993 年成功克隆第一个抗病基因以来,先后有数十个抗病基因被克隆,世界各国已育成了许多转基因抗病品种,一些转基因作物已经在生产上发挥了重要作用。伴随着基因工程技术的发展,病原菌指纹图谱、抗病基因分子标记等分子生物学技术已渗透到了植物保护的各个领域,尤其是以分子生物技术和信息技术、遥感技术融合形成的分子流行学,以其快速、灵敏、准确的技术优势,从病害发生的本质揭示了寄主与有害生物之间的内在运动规律,形成了对寄主、病原、气候条件等诸多因素的监测体系,增强了生物灾变的预警能力。在生物防治方面,由于高新技术的渗入,人工改造生防菌以及生防菌动态消长监测技术已获突破性进展。

利用生物多样性持续控制作物病害,是近年来国内外的研究热点之一。该领域的研究主要是应用生物多样性和生态学原理,利用分子生物技术和其他高新技术,从遗传多样性,物种多样性和生态多样性出发,研究作物的分子、细胞、个体、群体间的相互关联和相互作用,阐明农业生物个体之间相互依存、相互制约的基本规律,明确通过农业生物多样性控制病害的分子基础及其相互关系,建立品种优化搭配、优化群体种植模式的技术参数、技术标准和技术规程。生物多样性控制植物病害研究,是多学科交叉形成的新研究领域,不仅在理论上有重要的学术意义,而且实践证明有着十分广阔的应用前景。

1.3.2 农业生物多样性与病害的持续控制

1.3.2.1 利用品种遗传多样性持续控制作物病害

追溯世界农业发展的历史,依赖化学农药控制植物病害的历史还不足百年,在漫长的传统农业生产中,农作物生物多样性对病虫害控制无疑是最重要的因素之一。20世纪30年代绿色革命之前,农学家已经认识到了大面积种植单一作物品种具有潜在的病害流行的后果,1998年联合国粮农组织在全球遗传资源对粮食生产的报告中强调了遗传多样性与可持续农业生产的重要性。因此,应用生物多样性与生态平衡的原理,进行农作物遗传多样性、物种多样性的优化布局和种植,增加农田的物种多样性和农田生态系统的稳定性,利用物种间相生相克的自然规律,有效地减轻植物病害的危害,大幅度减轻因化学农药的施用而造成的环境污染,提高农产品品质和产量,实现农业的可持续发展,已成为国际农业研究的热点和农作物病虫害防治的发展趋势。

在长期的农业生产实践中,农业技术工作者和农民自觉或不自觉地利用多样性来减轻农作物病害的危害,在全球许多地区,农民就有混种不同品种来减轻病害,提高作物产量的情况。早在1872年,达尔文就观察到小麦混种比种植单一品种病害少、产量高。近年来,国外在利用品种混合种植防治病害方面进行了大量研究,20世纪80年代,前民主德国运用大麦品种混合种植成功地在全国范围内控制了大麦白粉病的发生;丹麦、波兰在大麦上也做了类似的研究,并获得了同样的结果;加拿大进行了大麦和燕麦混种的研究,也获得了对白粉病的控制效果;美国俄亥俄州进行了十余年利用小麦品种混合种植控制锈病的研究,完成了数十个小区试验,获得了较好的防治效果(Mundt,1994);1965—1976年间,小麦条锈病在我国黄河中下游广大麦区没有流行,与这一期间各地区,特别是在陇南、陇东种植了许多抗源不同的品种,限制了新小种的产生与发展有很大的关系(李振岐,1998)。农业生物多样性的利用是我国传统农业中的瑰宝,千百年来,我国农民就有利用农业生物多样性的习俗,广大农技工作者在农作物复种、套种方面做了大量的研究和推广工作,有效地提高了复种指数,增加了单位面积产量,为我国的粮食生产做出了重大贡献。

目前,应用生物多样性与生态平衡的原理,增加农田的物种多样性和农田生态系统的稳定性实现作物病害生态控制已经成为了国内外研究的热点。各国科学家都在努力提高田间抗病品种的抗病基因多样性,寻求利用抗病基因多样性持续控制作物病害的新方法。目前,增加农田生物多样性的方法很多。目前育种学家正在试图引进几个主要的抗性基因到同一个品种中。Van der Plank(1963,1968)提出水平抗性理论,选育多个主效基因或微效基因的水平抗性品种,减缓垂直抗性或单基因引起病害流行问题。Yoshimura等(1985)提出聚合多个不同主效抗病基因选育广谱抗病品种,利用基因多样性解决单基因抗性引起病害流行。Jensen(1952)提出由Norman(1953)和Browning(1969)等发展的多系品种控病理论,利用抗病基因多样性减少病菌选择压力,解决品种单一化病害难题。但这些措施也面临着品种选育周期太长、抗病基因缺乏等问题。解决品种单一化的另外一个途径是利用栽培措施增加农田的遗传多样性。可以进行同一作物不同品种的间栽、混播、抗病品种的合理布局及轮换种植等,不同作物的间作、轮作等。云南农业大学在利用水稻遗传多样性控制稻瘟病方面进行了深入研究,在完成大量水稻品种遗传多样性分析的基础上,筛选最佳品种搭配组合,在田间进行多样性优化种植。深入研究了不同品种搭配和不同种植模式对稻瘟病的防治效果,开展了水稻多样性混栽田块中稻瘟病菌群体遗传结构、田间稻瘟病菌孢子空间分布、田间发病环境条件等研究。完成了水稻品种抗病基因和候选抗病基因的多样性研究及大量的水稻品种农艺性状、经济性状分析,明确了水稻遗传多样性控制稻瘟病的分子机制和品种优化搭配规律,建立了筛选品种组合的技术体系,筛选了大量的品种组合,完成了田间试验的示范验证。在这些研究的基础上,在国际上创建了"水稻遗传多样性持续控制稻瘟病的理论和技术",在云南省和其他 9 个省、市、自治区完成了 400 余个小区试验、对比试验和累计 700 余万亩(1 亩＝1/15 hm²,以下同)的示范研究,结果表明:水稻品种多样性混合间栽对感病优质水稻品种的稻瘟病发病率平均控制在 5％以下,与净栽优质稻相比,对稻瘟病的防效达 81.1％～98.6％,减少农药施用量60％以上,抗倒伏率 100％,每公顷增产优质稻 630～1 040 kg,平均每公顷增收 1 500 元以上,获得了显著的经济、社会和生态效益(Zhu *et al*.,2000)。在多年试验研究的基础上,构建了品种混栽的技术参数和推广操作技术规程,建立了利用水稻遗传多样性持续控制稻瘟病的理论和技术体系,探索出了一条简单易行的控制稻瘟病的新途径。

利用水稻品种多样性控制稻瘟病的成功,引起了国际植物病理学界的浓厚兴趣,印度尼西亚、菲律宾、越南、泰国等一些国家,根据自己的实际情况,引入我国的品种多样性混栽技术,开展了利用遗传多样性控制水稻病害的应用研究。在印度尼西亚,稻瘟病是旱稻生产的主要限制因素,与云南省传统品种多数感病的情况不同,印度尼西亚的传统旱稻品种对稻瘟病表现高抗或中等程度抗性,而现代品种却在育成 2～3 年后就丧失抗性(Hasanuddin 等个人通讯)。农民愿意种植现代高产品种来增加收入,而保留传统品种自己消费或者作为防止稻瘟病流行的措施。为了明确不同混栽模式的效果,在印度尼西亚的稻瘟病多发地区 Lampung 进行了传统抗病品种 Sirendah 和现代感病品种 Cirata 的混栽试验。初步研究发现,混栽田块稻瘟病的严重度要低于净栽田块(Castilla 等个人通讯)。菲律宾水稻东格鲁发生非常普遍,危害严重,在菲律宾的 Lloilo 地区进行了品种多样性混栽试验,将两个具有相同农艺性状,但抗病性不同的品种的种子按 1∶1 的比例混合后播种,经过两个生长季的试验,发现混栽与净栽相比,混栽田块中东格鲁病的发病率降低了 50％。

1.3.2.2　利用物种多样性种植持续控制作物病害

利用物种多样性控制作物病害方面,云南农业大学深入研究了不同作物间多样性种植控制作物病害的效应、原理和应用技术等方面的研究,为利用作物多样性种植控制病害,增加粮食产量做出了重要贡献。

完成了小麦、大麦、蚕豆、油菜等夏粮作物作物多样性优化种植控制蚕豆锈病、蚕豆褐斑病、小麦锈病的研究开发,利用分子杂交等生物技术,深入研究了小麦、蚕豆、油菜不同品种的候选抗性基因多样性,明确了不同作物品种搭配的抗性遗传背景,进行了不同作物品种的农艺性状、经济性状及农户种植习惯研究,创建了筛选优化作物搭配的技术体系。同时,研究了小麦、蚕豆、油菜等多样性种植水分、养分利用的互补关系,明确了多样性种植对肥水利用和增强抗逆性的基本作用。研究了不同种植模式下田间病菌孢子传播规律和不同种植模式下农田小气候的变化与病害发生的相互关系,明确了多样性种植模式与病害控制效果的基本规律。研究了多样性种植的不同行比、不同高差、不同密度等对病害控制、增产增收、提高品质及减少农药施用量的效果,基本阐明了夏粮作物多样性种植控制主要病害的生态学原理及流行学机理,建立了夏粮作物多样性控制病害的理论和技术体系。经过 2 年 100 多个小区试验、对比试验和 4 000 余公顷田间示范表明:小麦与蚕豆、蚕豆与油菜、大麦与蚕豆多样性优化种植对蚕豆锈病、蚕豆褐斑病、小麦锈病发病率平均控制在 4.7％以下,与净栽蚕豆、小麦相比,平均相对防效超过 76％,减少农药施用量 50％以上,增产效果显著,每公顷增产 525～810 kg 蚕豆。

深入研究秋粮作物多样性控制病害的基本规律和应用技术,进行了玉米、马铃薯、花生等秋粮旱作不同品种的候选抗性基因多样性研究,明确了不同作物品种搭配的抗性遗传背景,建立了筛选作物品种搭配的技术体系;研究了玉米、马铃薯、花生等秋粮旱作多样性种植模式下的田间小气候条件,明确了不同种植模式田间小环境的湿度、温度、光照、露珠的变化与病害发生的相互关系;明确了玉米与马铃薯、玉米与花生多样性种植模式与病害控制效果的相互关系,初步建立了玉米、马铃薯、花生等秋粮作物多样性控制病害的理论和技术。经过 2 年 100余个小区试验、对比试验和 3 000 余公顷田间示范表明:玉米与马铃薯、玉米与花生等多样性优化种植对主要病害的发病率平均控制在 6% 以下,与净栽相比,平均相对防效超过 70%,减少农药施用量 50% 以上,增产增收效果显著,获得了显著的经济、社会和生态效益。

经过近 20 年的研究,云南农业大学团队在利用作物多样性控制病害方面取得了明显的进展。一是明确了在农业生态系统中作物品种多样性是调控病害的基本要素;二是明确了作物品种多样性调控病害的效应和作用;三是建立了作物品种多样性时空优化配置调控病害的应用模式和技术规程,并在生产上大面积推广应用;四是初步解析了作物品种多样性稀释病菌、阻隔病虫害协同作用、诱导抗性和改善农田小气候等物理学、气象学和生物学方面的主要因素,为阐明作物多样性调控病虫害的作用机理奠定了良好的基础。

1.4　农业生物多样性与作物虫害的持续控制

生物多样性与农田害虫生态控制的关系密切,合理的生物多样性能作用于害虫活动的农田小气候、土壤栖所、寄主偏好性、招引天敌、机械屏障等而影响害虫的分布型和种群数量。利用增加植物多样性生态控制有害生物,符合农业可持续发展的要求,是目前国际上研究和探讨的热点问题,农业生物多样性控制害虫的现象及理论的探讨是生物多样性研究的重要内容。

1.4.1　作物多样性配置控制作物害虫

农田植物多样性可为捕食性天敌和寄生性天敌提供所需的食物(特别是花蜜和花粉)、避难所和替代寄主等基本资源,使得天敌在害虫种群附近便可得到一切所需,而不需要到很远的地方去寻觅。增加生物多样性可使天敌替代猎物的种群密度增加,亦可增加其他可利用资源的数量。与此同时,可增加替代猎物在作物系统中的存在时间和增加替代猎物种群的空间均匀度,从而使天敌能够在较长时间内留于田地中。因此,利用生物多样性调控昆虫种群达到生态控制害虫,减少危害损失已成为害虫综合治理的重要内容。

1.4.1.1　作物多样性配置对害虫的控制作用

复合种植模式具有复杂的结构、化学环境以及综合小气候。特定作物的间作或套作,能干扰害虫赖以寻找寄主的视觉或嗅觉刺激,从而影响了害虫对寄主植物的定向;通过利用较大或较高的非寄主植物作为有效的隐藏寄主植物的屏障,从而增加了害虫定殖的难度。例如,Altieri 和 Doll(1978)利用高秆植株玉米作为屏障来保护豆类植株使其不受害虫的侵害(Altieri & Doll,1978)。间作套种适宜作物也可改变生境内的微环境和害虫的运动行为,致使害虫从寄主植物中迁出,导致寄主植物上的害虫下降,此即资源集中假说(Root,1973)。如,我们研究发现,白背飞虱在云南元阳不同传统地方水稻品种上聚集原因存在差异,白脚老粳、白皮糯、车甲谷、过沙谷、红脚老粳、冷水谷、慢车红略、糯谷、香谷、小谷、月亮谷 11 个传统品种上个体间呈相互吸引,而在阿佩谷、黄皮糯、老皮谷、花谷与早谷品种上个体间表现为相互排斥(唐晓燕等,2010)。同时,每种植物都对有害生物有自己独特的抗性,因此,在生态系统中,当多种植物混合后会表现出一种对有害生物的群体抗性(组合抗性)(Root,1975)。所以,多样性增加了植食性害虫在作物系统中的生存压力。农田多样性系统中,由于物种多样性和微环境气候的耦合作用,导致植食性害虫数量下降。如马铃薯与矮性菜豆间作、甘蓝与番茄混作、芥末与洋葱或大蒜间作、小麦与大蒜或油菜间作等,能驱避害虫又能吸引天敌(Tahvanainen *et al*.,1972;Sarker *et al*.,2007;王万磊等,2008;李素娟等,2007)。小麦蚕豆以不同行比间作,能提高田间麦蚜及豆长管蚜天敌昆虫种群密度,从而提高了对麦蚜及蚕豆上豆长管蚜的控制作用(王晶晶,2007);甘蔗玉米间作提高了田间甘蔗绵蚜的捕食性天敌昆虫的密度,从而有效控制了甘蔗绵蚜(张红叶等,2010);甘蔗辣椒间作,间种田辣椒植株上斑潜蝇的主要天敌昆虫有潜蝇姬小蜂[*Diglyphu sisaea*(Walker)]、潜蝇茧蜂(*Opius* sp.)和栉角姬小蜂(*Hemiptarsenns varicorins*)密度均高于净种田。同时,净种辣椒田中斑潜蝇性比显著高于间作田。因此,辣椒甘蔗间作显著影响了辣椒上斑潜蝇性比,且有效降低了辣椒上斑潜蝇的种群密度(Chen *et al*.,2011)。

此外,寄主植物的挥发性次生物质、背景、色彩、形状以及植物表面结构等线索对昆虫的取食、产卵、聚集及交配行为都会产生不同的影响。如大豆玉米间作提高了赤眼蜂对棉铃虫卵的寄生率(Altieri *et al*.,1981)、玉米-大豆-番茄混作提高了赤眼蜂种群密度(Nordlund *et al*.,1984,1985),夏玉米田间作匍匐型绿豆提高了玉米螟赤眼蜂对玉米螟卵的寄生率(周大荣等,1997),棉花与绿豆间作能提高螟黄赤眼蜂和玉米螟赤眼蜂对棉铃虫卵的寄生率(郑礼,2003)。

此外,昆虫对外界环境特定的物理、化学信号(主要包括视觉的和化学的线索或信号)等信息具有一定的行为反应往往是各种信息综合的结果,研究害虫在取食、产卵、聚集及交配等行为过程中的感觉线索,将为害虫综合治理提供新理念。当前,根据昆虫对有些植物的趋向行为或驱避行为,将诱集植物与驱虫植物联合使用模式,构建害虫引诱-驱避(pull-push)生态调控体系已是害虫综合防治策略。

1.4.1.2 农田杂草对害虫的保护与控害的促进作用

杂草是农田生态系统中的重要元素,农田杂草为害虫天敌提供替代寄主。农田杂草为天敌提供补充营养(Frank *et al*.,1995;Nentwig,1998;Van Emden,1965)、产卵场所(Theunissen *et al*.,1980)和提供栖息场所(territorial defense)。杂草丰富的农田中,害虫暴发的可能性远低于杂草少的农田。这是因为农田杂草能为天敌提供补充营养,有些杂草则具有诱集或化学驱避和屏蔽作用,从而提高了天敌的存活率和繁殖率及在田间的定殖成功率,由此也提高了田间天敌的种群密度,为害虫控制奠定了基础。此外,有些杂草还对害虫的生存繁殖有一定的影响。有关农田杂草对提高生物防治效果的例子很多,且涉及多种作物和杂草(李正跃等,2009)。

同时,有些杂草能释放出一些特殊的气味,这些气味对许多天敌昆虫都有很强的吸引力。因此,植物种类丰富的田块比植被单一的田块有更丰富的化学信息,更容易被寄生蜂所接受,从而更利于对害虫的控制。

另外,农田周围非作物生境,包括草带、篱笆、树、沟渠、堤等景观要素可以为节肢动物如步甲、蜘蛛、隐翅虫等天敌提供丰富的食物、水分、遮蔽物、小气候、越冬场所、交配场地等生存环境。如二化螟(*Chilo suppressalis* Walker)就在稻出附近的茭白(*Zizania caduciflora* Hand-Mazz)上越冬,黑尾叶蝉(*Nephotettix bipunctatus* Fabricius)以4龄若虫在田埂及灌溉渠附近的禾本科杂草上越冬(陈常铭等,1979)。此外,大田周围的非作物生境可以有效地提高害虫天敌的寄生或捕食效能。作物附近的野生植被是作物生境中捕食性天敌种群建立的重要来源地。当作物上寄主稀少时,害虫的捕食性天敌会转移到其他生境中捕食替换寄主,苹果园周边环境的生物多样性对果园生态系统内天敌的生物多样性起决定性的作用。

1.4.2 立体种养控制作物害虫

稻田生态种养模式实质上是对一个多样化系统结构的优化过程,是生态种植的技术集成模式,包括稻田养鸭、稻田养鱼、稻田养萍等。如稻田养鸭能有效控制稻飞虱(杨治平等,2004;戴志明等,2004)、稻纵卷叶螟(朱克明等,2001);稻田养鱼能有效控制稻纵卷叶螟(官贵德,2001;Vromant等,2002)、稻飞虱(肖筱成等,2001;官贵德,2001;杨河清,1999)和三化螟(赵连胜,1996);稻田养蟹能有效控制稻飞虱(薛智华等,2001)。稻田立体种养模式对控制水稻害虫的机制是稻田种养系统中鸭、鱼、蟹等可捕食稻飞虱、稻纵卷叶螟、三化螟等害虫,从而达到直接控制这些害虫种群的作用。

1.4.3 果园立体种植控制作物害虫

果园合理种植覆盖作物除了可以提高营养吸收水平、改善土壤物理结构和土壤湿度外,还具有抑制杂草生长、保护天敌,提高天敌对害虫的控制作用等良好的功效。果园中大量的开花植物能够增加天敌数量、提高天敌的捕食和寄生率、降低虫害的发生率。果园种植覆盖作物增加天敌种群数量来控制害虫一直是害虫综合治理研究的重要内容(Altieri and Schmidt,1986;Hanna *et al.*,2003;李正跃等,2009)。其中研究最多和应用最为成功的是苹果园覆盖种草对天敌的保护与害虫的控制研究和应用,如苹果园种植白香草木樨(*Melilotus albus*)可明显增加天敌拟长毛钝绥螨(*Ageratum pseudolongispinosus*)和中华草蛉(*Chrysopa sinica*)的数量,降低了山楂叶螨(*Tetranychus viennen sinica*)种群数量(严毓骅等,1988);苹果园中交替刈割可使有益昆虫保留在树下的覆盖植物中,避免二斑叶螨(*Tetranychus urticae*)的暴发(Bugg *et al.*,1994);苹果园以3:2:1的比例种植黑麦草、三叶草和苜蓿后,可有效保护苹果绵蚜的主要天敌如草蛉而提高对苹果绵蚜的控制作用(李向永等,2006)。

总之,生物多样性是大自然赋予人类的宝贵财富,是植物病虫害流行的天然屏障,必将在现代农业生产中发挥越来越重要的作用。当前,利用生物多样性持续控制作物有害生物,已成为国际农业科学研究的热点,研究成果的应用推广逐年扩大,农业生态系统多样性的功能逐步被认知。我国科技工作者在利用生物多样性调控作物病害方面做了大量研究和实践,长期活跃在该领域的研究前沿,在多方面取得了明显的进展。但利用作物多样性控制有害生物的机理涉及方方面面,解析其机理涉及植物病理学、植物病害流行学、生物信息学、分子生物学、分子生态学、基因组学和表达组学等学科的交叉和融合,需要更多感兴趣的科学家或科技工作者共同努力,从不同的角度揭示作物间相克相生自然现象,为利用生物多样性促进粮食安全做出贡献。

参考文献

陈常铭,阮义理,雷惠质,等.1979.水稻害虫综合防治.北京:科学出版社,123-191.

陈海坚,黄昭奋,黎瑞波,等.2005.农业生物多样性的内涵与功能及其保护.华南热带农业大学学报,11(2):24-27.

陈品健.2001.浅谈生物多样性及其保护.厦门科技,6:58-59.

戴陆园.1998.云南栽培植物品种多样性.∥郭辉军,龙春林.云南的生物多样性.昆明:云南科技出版社.

戴小枫,郭予元,倪汉祥,等.1997.我国农作物病虫草鼠害成灾特点与对策分析.科技导报,1:42-45.

戴志明,杨华松,张曦,等.2004.云南稻-鸭共生模式效益的研究与综合评价(三).中国农学通报,20(4):265-267,273.

段彪,张泽君,胡锦矗.2001.生物多样性及研究现状.四川畜牧兽医学院学报,15(2):52-57.

官贵德.2001.低湿地垄稻沟鱼生态模式效益分析及配套技术.江西农业科技,5:46-48.

郭辉军,Christine P,付永能,等.2000.农业生物多样性评价与就地保护.云南植物研究,增刊(Ⅻ):27-41.

郭建英,万方浩.2001.一种适于繁殖东亚小花蝽的产卵植物-寿星花.中国生物防治,17(2):53-56.

何富刚.1992.高粱蚜在不同品种高粱上的发育.昆虫学报,35(3):382-384

何康来,文丽萍,王振营,等.2000.几种玉米气味化合物对亚洲玉米螟产卵选择的影响.昆虫学报,43(S1):195-200.

黄福,程开禄,潘学贤,等.2000.四川省主要水稻品种抗稻瘟病性评价及病菌生理小种监测.云南农业大学学报,15(3):192-195.

黄进勇,李新平,孙敦立.2003.黄淮海平原冬小麦、春玉米、夏玉米复合种植模式生理生态效应研究.应用生态学报,14(1):51-56.

蒋志刚,马克平,韩兴国.1997.保护生物学.杭州:浙江科学技术出版社.

蒋志农.1995.云南稻作.昆明:云南科技出版社.

焦念元,宁堂原,赵春,等.2006.玉米花生间作复合体系光合特性的研究.作物学报,32(6):917-923.

李素娟,刘爱芝,茹桃勤,等.2007.小麦与不同作物间作模式对麦蚜及主要捕食性天敌群落的影响.华北农学报,22(1):141-144.

李向永,谌爱东,赵雪晴,等.2006.植被多样化对昆虫发生期和物种丰富度动态的影响.西南农业学报,19(3):519-524.

李振岐.1998.我国小麦品种抗条锈性丧失原因及其控制策略.大自然探索,17(4):21-24.

李正跃,Aitieri M A,朱有勇.2009.生物多样性与害虫综合治理.北京:科学出版社.

卢良恕.1996.21世纪的农业和农业科学技术.科技导报,12:1-8.

彭国亮,罗庆明,冯代贵,等.1997.稻瘟病抗源筛选和病菌生理小种监测应用.西南农业学报,10：6-10.

孙儒泳.2001.生物多样性的丧失和保护.大自然探索,9：44-45.

唐小艳,陈斌,李正跃,等.2010.云南元阳梯田水稻田白背飞虱若虫空间分布型及理论抽样数.昆虫知识,47(5):950-957.

王晶晶.2007.小麦蚕豆作物多样性对南美斑潜蝇及麦长管蚜的控制效应.云南农业大学.

王万磊,刘勇,纪祥龙,等.2008.小麦间作大蒜或油菜对麦长管蚜及其主要天敌种群动态的影响.应用生态学报,19(6):1331-1336.

吴新博.2001.系统论与农业现代化模式.系统辩证学学报,9(2):64-66.

肖筱成,谌学珑,刘永华,等.2001.稻田主养彭泽鲫防治水稻病虫草害的效果观测.江西农业科技,4：45-46.

肖悦岩,马占鸿,孙月海,等.1997.小麦品种抗条锈菌小种专化性估测方法的研究.植物病理学报,27(3):201-208.

薛智华,杨慕林,任巧云,等.2001.养蟹稻田稻飞虱发生规律研究.植保技术与推广,21(1):5-7.

严毓骅,段建军.1998.苹果园种植覆盖作物对于树上捕食性天敌群落的影响.植物保护学报,15(1):23-26.

杨河清.1999.发展稻田养鱼,保护环境.江西农业经济,1：24-26.

杨治平,刘小燕,黄璜,等.2004.稻田养鸭对稻鸭复合系统中病、虫、草害及蜘蛛的影响.生态学报,24(12):2756-2760.

张红叶,陈斌,李正跃,等.2011.甘蔗玉米间作对甘蔗绵蚜及瓢虫种群的影响作用.西南农业学报,24(1):124-127.

张泽钧,段彪,胡锦矗.2001.生物多样性浅谈.四川动物,20(2):110-113.

赵连胜.1996.稻田养鱼的生物学分析和评价.福建水产,1：65-69.

郑礼,郑书宏,宋凯.2003.螟黄赤眼蜂与绿豆和棉花植株间协同素研究.华北农学报,18(院庆专辑):108-111.

周大荣,宋彦英,郑礼,等.1997a.玉米螟赤眼蜂适宜生境的研究和利用：Ⅰ.玉米螟赤眼蜂在不同生境中的分布与种群消长.中国生物防治,13(1):1-5.

周大荣,宋彦英,郑礼,等.1997b.玉米螟赤眼蜂适宜生境的研究和利用：Ⅱ.夏玉米间作匍匐型绿豆对玉米螟赤眼蜂寄生率的影响.中国生物防治,13(2):49-52.

周大荣,宋彦英,郑礼,等.1997c.玉米螟赤眼蜂适宜生境的研究和利用：Ⅲ.夏玉米间作匍匐型绿豆对玉米螟赤眼蜂的增效作用及其在穗期玉米螟防治中的作用.中国生物防治,13(3):97-100.

朱克明,沈晓昆,谢桐洲,等.2001.稻鸭共作技术试验初报.安徽农业科学,29(2):262-264.

Altieri M A,Lewis W J,Nordlund D A,et al.1981.Chemical interactions between plants and Trichogramma wasps in Georgia soybean fields.Protection Ecology,3：259-263.

Altieri M A,Schmidt L L.1986.Cover crops affect insect and spider populations in apple orchards.california Agriculture,40(1):15-17.

Altieri M A,Doll J D.1978.Some limitations of weed biocontrol in tropical ecosystems in Columbia.In：T.E.Freeman(ed.),Proceedings IV International Symposium on Biological

Control of Weeds. University of Florida, Gainesville, pp. 74-82.

Altieri M A, Letourneau D K. 1982. Vegetation management and biological control in agrecosystem. Crop Protection, 1: 405-430.

Altieri M A, Schmidt L L. 1987. Mixing cultivars of broccoli reduces cabbage aphid populations. California Agriculture, 41: 24-26.

Bellon M R, Brush S B. 1994. Keepers of maize in Chiapas, Mexico. Economic Botany, 48: 196-209.

Bellon M R. 1991. The ethnoecology of maize variety management: a case study from Mexico. Human Ecology, 19: 389-418.

Bonman J M, Khush G S, Nelson R J. 1992. Breeding rice for resistance to pests. Annual Review of Phytopathology, 30: 507-528.

Borlaug N E. 1953. New approach to the breeding of wheat varieties resistant to *Puccinia graminis tritici*. Phytopathology, 43: 467.

Browning J A, Frey K J. 1969. Multiline cultivars as a means of disease control. Annual Review of Phytopathology, 7: 355-382.

Bugg R L, Waddington C. 1994. Using cover crops to manage arthropod pests of orchards: a review. Agriculture, Ecosystems and Environment, 50(1): 11-28.

Chen B, Wang J J, Zhang L M, et al. 2011. Effect of intercropping pepper with sugarcane on populations of *Liriomyza huidobrensis* (Diptera: Agromyzidae) and its parasitoids. Crop Protection, 30(3): 253-258.

Elias M, Key D Me, Panaud O, *et al*. 2001. Traditional management of cassava morphological and genetic diversity by the conservation of crop genetic resources. Euphytica, 120: 143-157.

Frank T, Nentwig W. 1995. Ground dwelling spiders (Araneae) in sown weed strips and adjacent fields. Acta Oecologia, 16(2): 179-193.

Hanna R, Zalem F G, Roltsch W J. 2003. Relative impact of spider predation and cover crop on population dynamics of *Erythroneura variabilis* in a raisin grape vineyard. Entomol. Exp. Appl., 107(3): 177-191.

Harmmer K, Laghetti G, Perrino P. 1997. Proposal to make the isl and of Linosa/Italy as a center for on-farm conservation of plant genetic resources. Genetic Resources and Crop Evolution, 44: 127-135.

Hawkes J G. 1983. The Diversity of Crop Plants. Harvard University Press, Cambridge, MA.

Lambert D H. 1985. Swamp Rice Farming: The Indigenous Pahang Malay Agricultural System. Westview Press, Boulder and London.

Lando R P, Mak S. 1994. Cambodian farmers decision making in the choice of traditional rainfed lowland rice varieties. IRRI Research Paper Series, 154: 17.

Maxted N, Hawkes J G, Ford-Lloyd B V, *et al*. 1997. practical model for *in situ* genetic conservation. In: Maxted N, Ford-Lloyd B V and Hawkes J G (eds.), Plant Genetic Conservation-The *in situ* Approach. Chapman and Hall, London. New York, Tokyo,

Melourne,Madras,339-367.

Mundt C C. 1994. Use of host genetic diversity to control cereal diseases: implications for rice blast. In: Leong S A, Zealler R S, Teng P S. eds. Rice Blast Disease. Cambridge: CAB International,239-307.

Nentwig W. 1998. Augmentation of beneficial archropods by strip management. 1. Succession of predaceous arthropods and long-term change in the ratio of phytophagous and predaceous species in a meadow. Oecologia,76(4): 597-606.

Nevo E. 1995. Asian,African and European biota meet at 'Evolution Canyon' Israel: local tests of global biodiversity and genetic diversity patterns. Proceeding of Royal Society of London,262: 149-155.

Nordlund D A,Chalfant R B,Lewis W J. 1985. Response of *Trichogramma pretiosum* females to volatile synomones from tomato plants. J. Entomol. Sci. ,20(3):372-376.

Nordlund D A,Lewis W J,Gleldnel R G,*et al*. 1984. Arthropod populations,yield and damage in monocultures and polycultures of corn,beans and tomatoes. Agriculture,Ecosystems and Environment,11(4): 353-367.

Norse E A. 1986. Testimony of the Ecological Society of America on the coordinated framework for the regulation of biotechnology. Presented to U. S. House of Representatives Committee on Science and Technology ,Subcommittees on: Investigations and Oversight,Natural Resources, Agriculture Research and Environment and Science, Research and Technology, July 23, 1986. Recomb DNA Tech Bull,(3): 171-177.

Pham J L,Bellon M R, Jackson M T. 1996. A research program for on-farm conservation of rice genetic resources. International Rice Research Notes,21(1): 10-11.

Piergiovanni A R, Laghetti G. 1999. The common bean landrace from Basilicata (Southen Italy): an example of integrated approach to genetic resources management. Genetic Resources and Crop Evolution,46: 47-52.

Plucknett D L, Smith N H J, Williams J T, *et al*. 1987. Gene Banks and The World's Food. Princeton University Press,Princeton,NJ.

Prance G T. 1997. The conservation of botanic diversity. In: Maxted N,B V Ford-Lloyd and J G Hawkes (eds.),Plant Genetic Conservation-The in situ Approach. Chapman and Hall, London,New York,Tokyo,Melourne,Madras,3-14.

Root R B. 1973. Organization of a plant-arthropod association in simple and diverse habitats: the fauna of collards (*Brassica oleracea*). Ecological Monographs,43(1): 95-124.

Root R B. 1975. Some consequences of ecosystem texture. In: S. A. Ievin (ed.). Ecosystem Analysis and Prediction. Society for Industrial and Applied Mathematics,Philadephia,83-97.

Sarker P K,Rahman M M, Das B C. 2007. Effect of intercropping of mustard with onion and garlic on aphid population and yield. Biology science,15: 35-40.

Shigehisa K. 1982. Genetics and epidemiological modeling of breakdown of plant disease resistance. Annual Review of Phytopathology,20: 507-528.

Sing K A, Hryhorczuk D O, Saffirio G, *et al*. 1996. Environmental exposure to organic mercury among the Makuxi in the Amazon Basin. Int. J. Occup. Environ. Health，2（3）：165-171.

Sorrells M E，Anderson O D，Baenziger P S，*et al*. 1997. Corn genome initiative. Science，15；277（5328）：884-885.

Tahvanainen J O，Root R B. 1972. The influence of vegetational diversity on the population ecology of a specialized herbivore，*Phyllotreta cruciferac*（Coleoptera：Chrysomelidae）. Oecologia，10（4）：321-346.

Theunissen J C，Booij J H，Schelling G，Noorlander J. 1992. Intercropping white cabbage with clover. Bulletin oilb srop，15（4）：104-114.

Tilman D. 1999. The ecological consequences of changes in biodiversity：a search for general principles. Ecology，5（80）：1455-1474.

Tilman D. 2000. Causes，consequences and ethics of biodiversity. Nature，405：208-211.

Van Emden H F. 1965. The role of uncultivated land in the biology of crop pests and beneficial insects. Scientific Horticulture，17：121-136.

Vromant N，Nhak D K，Chau N T H，*et al*. 2002. Can fish control planthopper and leafhopper populations in intensive rice culture？ Biocontrol Science and Technology，12（6）：695-703.

Wilson E O. 1992. The diversity of life. Cambridge Massachusets：Belknap Press of Harard University Press.

Wolfe M S. 2000. Crop strength through diversity. Nature，406：681-682.

Worede M. 1992. Ethiopian *in situ* conservation. In：Maxted N，Ford-Lloyd B V and Hawkes J G（eds. ），Plant Genetic Conservation-The *in situ* Approach. Chapman and Hall，London，New York，Tokyo，Melourne，Madras，290-314.

WRI（世界资源研究所），IUCN（国际自然与自然资源保护联盟），UNDP（联合国环境规划署）. 1993. 全球生物多样性策略. 汪松，马克平，译. 北京：中国标准出版社.

Yoshimura S，Yoshimura A，Saito A，*et al*. 1992. RFLP analysis of intro-gressed chromosomal segments in three near-isogenic lines of rice for bacterial blight resistance genes，*Xa-1*，*Xa-3* and *Xa-4* Japan J. Genet. ，67：29-37.

Zhu Y Y，Chen H R，Fan J H，*et al*. 2000. Genetic diversity and disease control in rice. Nature，406：718-722.

第2章
农业生物多样性控制
作物病害的效应

　　长期以来,为满足人口增长的食物需求,农业生产不得不追求高产再高产的目标。各地区先后实现了高产品种大面积种植及与其配套的化肥农药高投入的高产措施。毋庸置疑,现代高投入高产出的生产模式,为满足不断增加的食物需求做出了巨大的贡献。但是,长期单一化品种的大面积种植和高产品种遗传背景的狭窄化,以及农药化肥不合理使用等诸多原因,农田生物多样性严重降低(吴新博,2001)。在过去100年间农田种植的农作物品种数量急剧减少。美国玉米、番茄等作物种植的品种减少85%,韩国14种作物的品种减少74%。我国水稻品种从40 000余个减少到1 000余个,玉米品种从11 000个减少到150余个(李振岐,1998)。品种单一化不仅造成大量种质遗传资源的丧失,而且加大了病原菌的定向选择压力,加速寄生适合度强的病菌类型迅速上升为优势组群,品种抗性"丧失",作物抗逆性降低,主要病害流行周期越来越短,次要病害纷纷上升为主要病害。品种单一化导致的作物病害暴发成灾的事例历历可见,成为现代农业生产中的潜在危机(Matian,2000)。

　　追溯世界农业发展的历史,依赖化学农药控制植物病害的历史不足百年,在几千年的传统农业生产中,是什么因素发挥了对作物病害持续调控的重要作用?几万年的原始森林至今仍郁郁葱葱,生生不息,又是什么因素使其抵御了植物病害的侵袭?迁思回虑,作物品种多样性无疑是漫长传统农业生产中对病害持续调控的重要因素之一。回首审视,生物多样性与生态平衡无疑是保持原始森林生生不息的重要自然规律之一。

　　早在1872年,达尔文就观察到小麦品种混种比种植单一品种产量高,病害轻(Mundt,1996)。20世纪80年代以来,德国、丹麦、波兰采用大麦品种混合种植的方法,成功地大面积控制了大麦白粉病的流行。美国长期进行了小麦品种混合种植控制锈病的深入研究,获得了明显的防治效果(Mundt,1996)。印度尼西亚、菲律宾、越南、泰国等一些国家,进行了水稻品种多样性混栽试验,有效地降低了水稻真菌病害和病毒病害的发病率(Leung et al.,2003)。我国千百年来农民就有利用作物品种多样性的习俗,云南、四川等地高寒山区的农民,每年在他们的农田中混合种植多个作物品种,以抵御各种各样的气象灾害和生物灾害,获得较好的收成,保证他们赖以生存的谷物需求。在云南元阳梯田,哈尼人世世代代种植的水稻传统红米品种,口头传承连续种植了 1 000 多年,根据当地生产数据统计分析,从 1986 年以来亩产变化幅度仅在 1.2%～5.8%,稻瘟病穗颈瘟发病率仅在 1.6%～6.2%。梯田水稻品种稳定的产量和对稻瘟病持久抗性是哈尼人长期连续种植的重要原因之一。

众所周知,不同作物不同病害,不同病害不同病菌。根据不同作物和病原菌生物学特性,建立合理的农业生物多样性生态系统,能有效降低作物病害流行(Leung *et al.*,2003;Li *et al.*,2009)。近年来我国科技工作者在利用生物多样性调控作物病害方面做了大量研究和实践,长期活跃在该领域的研究前沿,明确了在农业生态系统中作物品种多样性是调控病害的基本要素(Li *et al.*,2009),同时探明了作物多样性种植调控病害的效应和作用(Leung *et al.*,2003;Li *et al.*,2009;Zhu *et al.*,2005),为作物病害的控制提供了有用的方法。

实践表明,应用生物多样性与生态平衡的原理,增加农田的物种多样性和农田生态系统的稳定性是实现作物病害生态控制的有效措施。目前,增加农田生物多样性的方法很多,从育种角度可以培育多基因聚合品种、多系品种;从栽培角度可以进行同一作物不同品种的间栽、混播、抗病品种的合理布局及轮换种植等,不同作物的间作、轮作等。通过这些方法的实施可以不同程度地增加农田生物多样性,对病害的控制起到了重要作用。

2.1 品种遗传多样性对病害的控制效应

利用抗病品种防治作物病害是一种经济有效的方法,选育一个抗病品种需要多年时间,人们希望抗病品种能够长期发挥作用。但是,品种抗性并不是一成不变的,会因为本身遗传性的变异或受到病原物与环境因素的影响而改变。小种专化抗病性是在抗病育种中普遍应用的抗病性类型,品种抗病性往往因为病原菌小种的改变而失效,发生抗病性"丧失"现象。在世界范围内,品种抗病性失效问题普遍而严重。为了解决这一问题,保持品种抗病性的有效性,就需要利用持久抗病性或采用多种措施延长品种抗病性的持久度。保持品种抗病性有效性,延长品种抗病性持久度的途径,主要是改进育种策略和合理使用抗病品种。目前增加作物遗传多样性的方法的育种策略有培育多抗病基因聚合品种、多系品种和水平抗性品种等;栽培策略有品种多样性间栽、混种和区域布局等方式,这些多样性种植方式的合理应用均能有效控制病害的发生流行。

2.1.1 抗病基因多样性品种(系)的选育与病害的控制

在主要农作物生产中,遗传单一性成为一个严重的缺陷。因为一旦病害在单一的品种上发生,其流行速率将非常快,从而造成严重损失。为了避免遗传单一性,目前育种学家正在试图引进几个主要的抗性基因到同一个品种中。Van der Plank(1963,1968)提出水平抗性理论,选育多个主效基因或微效基因的水平抗性品种,减缓垂直抗性或单基因引起病害流行问题。Yoshimura 等(1985)提出聚合多个不同主效抗病基因选育广谱抗病品种,利用基因多样性解决单基因抗性引起病害流行。Jensen(1952)提出由 Norman (1953)和 Browning(1969)等发展的多系品种控病理论,利用抗病基因多样性减少病菌选择压力,解决品种单一化病害难题。

2.1.1.1 多系品种对病害的控制效果

多系品种的概念最早由 Jenson 等(1952)提出,主要目的是用抗性基因多样化的方案作为稳定锈病病原群体的方法,以延缓或防止新生理小种的形成。多系品种由一系列稳定一致的品系组成。这些品系的主要农艺性状大体相同,而在抗病基因上存在着差异。所以多系品种实际上是一个复合群体。组成多系品种的品系也称"近等基因系",一般有几个到十几个。近等基因系通过多次回交或包括轮回亲本在内的复交得到。

多系品种的抗病机制是变垂直抗性为水平抗性,组成多系品种的等基因系,分别抗某一病害的特定生理小种,称为垂直抗性。针对病害生理小种的流行情况,有计划地配制多系品种的近等基因系。这些垂直抗性都起作用时,多系品种就具有水平抗病力。当田间出现新的生理小种使某一品系丧失抗病能力后,而整个多系品种的群体即使发病,由于感病植株分散,菌量减少,对于病害流行可起到缓冲和预防的作用。但是一个多系品种也不是永远不败的。为了长期利用,就必须不断替换其感病的品系。这就要求不断寻找新的抗病基因,也把它转移到同一品种里去。由于选育利用多系品种可以长效控制病害的发生流行,在国外已得到了实际应用,如哥伦比亚推广的小麦多系品种 Mirama 65、美国的燕麦多系品种 G68,日本水稻多系品种 Sasanishiki BL 等。

1. 麦类多系品种控病效果

Jensen(1952)在燕麦上提出多系品种这个概念。Borlaug(1958)主张在小麦育种工作中利用多系品种来防控锈病。第一个小麦多系品种"Miramar 60"是在哥伦比亚育成并应用于防治条锈病。墨西哥国际玉米和小麦研究中心,在选育适应性广泛的优良品种的基础上,已获得上百个等基因系,配制成各种多系品种的组合。实践证明,多系品种作为一种防病措施,对于小麦主要病害条锈、秆锈、叶锈等是有效的,能够控制病害的严重流行。

Kolser 等研究表明,利用含有已知抗大麦白粉病的不同大麦品系作供体,用感病的大麦品种 Pallas 作轮回亲本通过回交育成系列近等基因系。几个近等基因系各按一定比例组成多系品种。经过 4 年在 4 个地点对所配的多系品种的研究表明,绝大多数多系品种相当抗病,发病程度仅为 Pallas 的 14%～35%。所有多系品种都比 Pallas 的产量高,而多系品种 M31 比 Pallas 的产量高 12.5%。这些结果表明,如果抗病性不起作用的话,白粉病将使产量减少10%左右。

麦类作物的多系品种的研究表明,寄主植物种内的遗传多样化可以明显减轻叶部专性寄生菌引起的病害。在一个专性抗病基因为异源的多系品种中,对病害的控制作用可分为抗病基因的直接作用和品系混合的间接作用。直接作用是组分品系中抗病基因的平均作用,涉及病菌群体的毒性组成。品系或品种混合种植的防病增产作用是由于:①混合品系降低了感病植株的密度;②抗病植株的屏障作用;③由无毒性接种体引起的诱导抗性。不同的研究表明,40%～75%的抗性组分品系就足以控制混合品种系中病害的发生。组成混合品种的各组分品种的专化抗病基因和遗传背景不同,由于各组分品种的专化抗性不同而减轻病害的发生程度,加上组分品系间对环境条件的适应性不同而使混合品种的产量高而稳,即所谓的补偿作用。

2. 水稻多系品种控病效果

水稻品种防治稻瘟病抗性遗传多样性的商业化利用自 20 世纪 90 年代以后起步。1963年日本育成的 Sasanishiki 在日本东北地区被广泛种植,并赢得了高度的市场评价,种植面积一再扩大。但因 1971 年、1974 年、1976 年三年稻瘟病的连续多发,使得对稻瘟病抗性较弱的 Sasanishiki 品种屡屡受害。为此,人们开始了在不改变 Sasanishiki 基本特征的前提下进行抗稻瘟病强化育种。将当时已知的十几种对稻瘟病的抗病基因,导入 Sasanishiki 中,育成了多系品种 Sasanishiki BL,于 1995 年投放生产并用于稻瘟病防治,1996 年获正式登记(Mew et al.,2011)。这个多系品种除轮回亲本 Sasanishiki 含 $Pi\text{-}a$ 外,9 个近等基因系(NILs)含 9 个完全抗性基因($Pi\text{-}i$、$Pi\text{-}k$、$Pi\text{-}k^s$、$Pi\text{-}k^m$、$Pi\text{-}z$、$Pi\text{-}ta$、$Pi\text{-}ta^2$、$Pi\text{-}z^t$、$Pi\text{-}b$)。1995 年首先将 8 个近等基因系的 3 个品系($Pi\text{-}i$、$Pi\text{-}k^m$、$Pi\text{-}z$)按照 4:3:3 混合作为一个多系品种利用,1996 年改变比例为 3:3:4;1997 年,$Pi\text{-}z^t$ 加入上面的 3 个品系中,其基因型为 $Pi\text{-}z^t$、$Pi\text{-}i$、$Pi\text{-}k^m$、$Pi\text{-}z$,按 1:1:4:4 混合作一个多系品种利用。这些多系品种自投放生产后,整个水稻生长期只需防治穗瘟病一次,而常规的水稻品种一般须防治 4~5 次。它既能有效地控制稻瘟病的发生,同时又保留了 Sasanishiki 的基本特性。

2.1.1.2 多抗病基因聚合品种对病害的控制效果

由于各种病原微生物的易变性,采用单基因进行防治病害就存在较大的风险,容易因单基因抗性丧失带来较大的病害发生;一个品种中携带多个抗病基因可以有效延缓抗性丧失,而且不同抗病基因间还存在一定的协同作用,所以聚合多个不同类型的抗病基因是解决目前作物病害的有效方法之一。目前应用较多的是水稻抗稻瘟病、白叶枯病等抗病基因及小麦抗条锈病基因聚合品种的选育。

1. 水稻抗稻瘟病基因聚合品种的控病效果

目前已定位的抗稻瘟病基因有 60 多个,并成功从水稻中分离克隆了 Pib、$Pita$、$Pi9$、$Pi2$、$Piz\text{-}t$ 和 $Pi\text{-}d2$ 6 个抗稻瘟病基因(谢红军等,2006),报道克隆或定位的广谱抗稻瘟病基因 8 个(吴俊等,2007)。目前生产上使用的抗病品种多为携带单一抗病基因,在生产中由于稻瘟病菌生理小种的变化会很快丧失抗性。因此,很多科学家尝试培育携带多个抗病基因的聚合品种来降低稻瘟病的危害。Zheng 等(1995)将抗稻瘟病基因 $Pi1$,$Pi2$,$Pi4$ 聚合到同一品种中。Hittalmani(2000)将稻瘟病抗性基因 $Piz5$,$Pi1$,$Pita$ 聚合到 BLI24 中。陈学伟等(2004)将 Digu,BL.1 和 Pi.4 号水稻品种中 $Pid(t)$,$Pi\text{-}b$ 和 $Pi\text{-}ta$ 抗性基因聚合到保持系杂交品种 G46B 中,其稻瘟病抗性明显提高。陈红旗等(2008)以 C101LAC 和 C101A51 为稻瘟病抗性基因的供体亲本,金 23B 为受体亲本,通过杂交、复交及一次回交,在分离世代利用分子标记辅助选择技术结合特异稻瘟病菌株接种鉴定和农艺性状筛选,获得 6 个导入 $Pi1$、$Pi2$ 和 $Pi33$ 基因的金 23B 导入系,其中导入系 W1 对稻瘟病的抗病频率为 96.7%,明显高于携带单个基因的 C104LAC($Pi1$)、C101A51($Pi2$) 和北京糯($Pi33$)。基因聚合后抗病频率提高,说明基因聚合是培育稻瘟病持久抗性的有效方法之一。

2. 水稻抗白叶枯病基因聚合品种的控病效果

目前已鉴定出 30 多个抗白叶枯病基因,其中 21 个为显性抗性,17 个基因被定位到染色体上,5 个基因已被克隆($Xa1$,$Xa5$,$Xa21$,$Xa26$ 和 $Xa27$)(郭士伟等,2005;李明辉等,2005)。在这些工作的基础上,已通过分子标记辅助选择和转基因方法育成了一些聚合多抗病基因的新品系。Yoshlmura 等(1995)培育了含有 $Xa4/Xa5$ 和 $Xa5/Xa13$ 的两个材料,研究发现其抗性大于两个抗性基因之和。徐建龙(1996)等研究认为聚合了 $Xa5$ 和 $Xa3$ 抗性基因的晚粳品系 D601、D602 和 D603 的抗性水平和抗扩展能力强于双亲,抗谱宽于含单个基因 $Xa3$ 的秀水 11。Huang 等(1997)利用分子标记辅助选择对 $Xa4$、$Xa5$、$Xa13$ 和 $Xa21$ 四个抗性基因进行聚合,培育出分别具有 2 个、3 个及 4 个不同抗病基因的聚合系,聚合系的抗病性较单个抗病基因的材料有较大提高。Priyadarisini 等(1999)利用从印度南部收集的 140 个白叶枯病菌株,在最高分蘖期鉴定 IR24、IRBB21($Xa21$)和 NH56 ($Xa4+Xa5+Xa13+Xa21$)的抗性。结果表明 IR24 对所有的 140 个菌株均高感,20 个菌株对 IRBB21 表现致病,而 NH56 对所有菌株均表现高抗,说明多个抗病基因的聚合提高了抗病性,也说明在印度南部单独使用 $Xa21$ 防治白叶枯病并不是一个稳妥的策略。Sanchez 等(2000)将 $Xa5$、$Xa13$ 和 $Xa21$ 基因导入三种水稻中,BC3F3 群体有超过　个的抗性基因,与单个抗性基因相比具有更强更广谱的抗性。在采用 MAS 聚合抗水稻白叶枯病基因研究方面,Yoshimura 等(1992)首先利用分子标记辅助选择育成 $Xa1+Xa3+Xa4$ 聚合系。黄廷友等(2003)将 $Xa21$ 和 $Xa4$ 聚合到蜀恢 527 中。邓其明等(2005,2006)将白叶枯病抗性基因 $Xa21$、$Xa4$ 和 $Xa23$ 聚合到绵恢 725 中。巴沙拉特等(2006)也将 IRBB60 中的 $Xa4$、$Xa5$、$Xa13$、$Xa2$ 共 4 个抗白叶枯病基因与 8 个水稻新品系,组配 8 个杂交组合,应用分子标记辅助选择技术从后代分离群体中共获得 216 个携带 4 个抗白叶枯病基因的纯合体。易懋升等(2006)通过 MAS 获得了完全纯合的聚合有 2 个恢复基因 $Rf3$、$Rf4$ 和 4 个抗白叶枯病基因 $Xa4$、$Xa5$、$Xa13$ 和 $Xa21$ 的新材料。秦钢等(2007)同样对白叶枯病抗性基因 $Xa4$ 和 $Xa23$ 分子聚合进行了研究。

3. 小麦抗条锈病基因聚合品种的控病效果

小麦条锈病是由小麦条锈菌(*Puccinia striiformis* f. sp *tritici*)引起的一种小麦生长过程中最为常见的病害,流行频率高、暴发性强、流行范围广、危害程度大,病害流行时,严重发生时可导致小麦减产 30% 以上(李振岐,2005)。抗条锈病品种的选育应用是控制条锈病危害的最为经济、有效、安全的途径。目前,国际上已正式命名了 40 个位点的 43 个主效抗条锈病基因,即 Yr1-Yr40,其中包括两个复等位基因位点。此外,还暂命名 25 个抗条锈基因。这些抗性基因大部分已找到与其紧密连锁的分子标记,相关基因的克隆工作也有了一定的进展,其中 Yr36 已被成功图位克隆(Fu *et al*.,2009)。但目前生产上多数小麦抗病品种抗条锈基因尚不明确,如果大面积推广种植单一抗源品种会加速对该抗病基因有毒性的条锈菌生理小种的发展,导致品种的抗病性"丧失"。因此,培育多个条锈病抗性基因聚合的品种是持久防治条锈病的一种有效方法。刘燕等利用分子标记解析小麦新种质 YW243,证实 YW243 中含有抗条锈病基因 Yr9,Yr2,Yr,YrX,抗秆锈病基因 Sr31,抗叶锈病基因 Lr26,抗白粉病基因 Pm4a、Pm8,抗黄矮病基因 Bdv2(曾祥艳等,2005)。曾祥艳等通过杂交、复交方式,并利用与抗病基因紧密连锁的特异 PCR 标记对每代材料进行跟踪检测,快速准确地实现多基因聚合,获得了多个抗病基因 Pm4+Pm13+PmV+YrX+Bdv2 聚合的冬性小麦新种质(曾祥艳等,2006)。

多抗病基因聚合品种和多系品种的选育和利用增加了遗传多样性,延缓了抗性的丧失。然而,培育多系品种和多基因聚合品种对于大多数作物来说是不切实际的,因为要花费大量时间和资源才能培育出多系品种和多基因聚合品种,比培育"单一"栽培品种困难得多。

2.1.2 品种多样性种植对病害的控制效应

利用抗病品种防治作物病害是一种经济有效的方法,选育一个抗病品种需要多年时间,人们希望抗病品种能够长期发挥作用。但是,品种抗性并不是一成不变的,会因为本身遗传性的变异或受到病原物与环境因素的影响而改变。小种专化抗病性是在抗病育种中普遍应用的抗病性类型,品种抗病性往往因为病原菌小种的改变而失效,发生抗病性"丧失"现象。在世界范围内,品种抗病性失效问题普遍而严重。为了解决这一问题,保持品种抗病性的有效性,就需要利用持久抗病性或采用多种措施延长品种抗病性的持久度。保持品种抗病性有效性,延长品种抗病性持久度的途径,主要是改进育种策略和合理使用抗病品种。由于抗病育种的周期性限制,通过抗病品种合理布局和使用混合品种,科学增加农田各个层次的生物多样性,成为最重要的抗病品种使用策略。目前主要的应用方式有品种多样性间栽、混种和区域布局 3 种方式(表 2.1),这些多样性种植方式的合理应用均能有效控制病害的发生流行。

表 2.1　水稻品种多样性种植控制病害的方法、优缺点和应用

种植模式	空间模式	优点	缺点	应用
种子随意混合	XOXOXXOOXO OOXOXXOXXO XOXOOOXOXX XOXOOOXOXX XOXOXXOOXO 1 感病品种: 1 抗病品种	● 较高的病害控制效果 ● 品种株高和生育期一致时易于栽培,管理和收获 ● 适合水稻移栽和直播水稻	● 品种具有相似的遗传背景时功能多样性低 ● 只能以混合种子进行销售,混栽比例应考虑适口性和产品质量 ● 品种可具有相同的表现型和成熟期	感病优质品种 IR64 和抗病品系以 1 : 1 的比例进行种子混合,在菲律宾南部的东格鲁病高发病区和低发病区均显著降低该病的发生(R. Cabunagan and I. R. Choi, IRRI, unpub. results)
单行间作(几行抗病品种间间作 1 行感病品种)	XXOXX XXOXX XXOXX XXOXX XXOXX XXOXX XXOXX XXOXX XXOXX XXOXX 1 感病品种: 4 (或 6)抗病品种	● 功能多样性比方法 1 高 ● 感病品种的病害控制效果高,但比方法 1 低 ● 用途、株高和生育期不一致的品种也可进行混栽 ● 可最大限度提高高秆品种的抗倒伏能力	品种的成熟期不一致时移栽和收获费工费时	中国云南和四川以感病糯稻品种和杂交稻间作控制稻瘟病(Zhu et al.,2000)
条带间作(几行感病品种和几行抗病品种交替种植)	XXXOOOXXXOOO XXXOOOXXXOOO XXXOOOXXXOOO XXXOOOXXXOOO XXXOOOXXXOOO 3 感病品种: 3 抗病品种	● 用途、株高和生育期不一致的品种也可进行混栽 ● 可提高高秆品种的抗倒伏能力,但效果较方法 2 低	● 病害的控制效果低于方法 1 和 2,特别是种植感病严重的品种时 ● 品种的成熟期不一致时移栽和收获费工费时 ● 品种的株高和成熟期不一致时应考虑混栽比例对品种竞争的影响	印度尼西亚 Lampung 省用高产感病的现代品种和抗病低产的传统品种进行旱稻混作评价稻瘟病的控制效果,初步结果表明感病品种混栽田块的穗瘟没有明显降低,未来的试验将考虑使用中抗稻瘟病的现代品种

2.1.2.1　品种多样性间栽对病害的控制效应

品种多样性间栽是在时间与空间上同时利用遗传多样性的种植模式,即在同一块田地上,

将不同品种按照一定行比间栽,可有效地减轻植物病害的发生。云南农业大学在利用水稻遗传多样性控制稻瘟病方面进行了深入研究。在多年试验研究的基础上,构建了品种混栽的技术参数和推广操作技术规程,建立了利用水稻遗传多样性持续控制稻瘟病的理论和技术体系,探索出了一条简单易行的控制稻瘟病的新途径(Zhu *et al.*,2000)。

1999—2000 年朱有勇等在云南省建水县和石屏县开展了水稻多样性种植控病增产生态学试验。试验选用两个杂交稻品种油优 63(A)、油优 22(B)和 2 个优质稻地方品种黄壳糯(C)和紫谷(D)为混合间栽试验材料。经品种抗性基因指纹分析(resistance gene analogue,RGA)鉴定,发现 2 个杂交稻品种的抗性基因指纹相似,相似系数为 90%,而 2 个优质稻地方品种的抗性基因指纹也相似,相似系数为 90%;但两个杂交稻品种与两个优质稻品种之间的抗性基因指纹差异较大,相似系数仅为 60%。经温室人工接种对 30 个稻瘟病菌株抗性测定,病菌对优质稻的毒力频率为 86.2%,对杂交稻的毒力频率仅为 13.8%。根据供试品种的遗传背景、对稻瘟病的抗性以及农艺性状和经济性状的不同,分别在不同的试验点设置了两种品种不同组合的 8 个处理及多个品种不同组合的 15 个混合间栽及净栽处理。按不同的品种组合,8 个处理分别为:AC、AD、BC、BD 品种混合间栽以及 A、B、C、D 品种净栽。不同品种组合的 15 个处理分别为:AB、AC、AD、BC、BD、CD、ABC、ABD、ACD、BCD、ABCD 品种混合间栽以及 A、B、C、D 品种净栽。本试验在云南建水县和石屏县 4 个实验地点进行,每个试验点的 8 个处理设置 3 次重复,共 24 个试验小区,每个小区为 20 m²,小区按随机排列方式设置;15 个处理的田间试验,每个处理设置 4 次重复,共 60 个试验小区,每个小区为 8 m²,小区按随机排列方式设置,保护行种植水稻品种齐头谷。

在杂交稻与优质地方稻的间栽处理中以杂交稻(油优 63 和油优 22)为主栽品种,优质地方稻(黄壳糯和紫谷)为间栽品种;种植模式与笔者以往报道的方法基本一致,即按优质稻-杂交稻-杂交稻-杂交稻-优质稻(行距为 15、15、30、15、15 cm)的条栽规格进行栽插,即在原来杂交稻条栽的基础上,在每 4 行的宽行(30 cm)中间多增加一行优质稻。杂交稻单苗栽插,株距为 15 cm,优质稻丛栽,每丛 4~5 苗,丛距为 30 cm。稻种使用 0.1% 多菌灵拌种消毒,实行拱架式薄膜育秧。田间肥水管理按常规高产措施进行,试验区不使用防治稻瘟病的农药。

1. 两种品种不同多样性搭配处理田间试验控病增产效果

本实验从 1999 年 4 月开始并于 2000 年 9 月 15 日结束。结果表明(表 2.2),虽然不同地区田间试验稻瘟病的发病情况存在较大的差异,但总体的趋势均一致,表明杂交稻和优质稻的混合间栽处理对稻瘟病有十分明显的控制效果,尤其是对感病优质稻品种的控制效果更为显著。如:当黄壳糯品种净栽时,建水和石屏稻瘟病的平均发病率分别为 55.31% 和 25.31%,病情指数为 0.337 9 和 0.113 5;黄壳糯与油优 63 混合间栽后,建水和石屏稻瘟病的平均发病率分别降至 2.5% 和 1.03%,病情指数分别降至 0.006 5 和 0.001 5;与净栽相比黄壳糯在建水和石屏混合间栽中的平均防效分别为 98.1% 和 98.6%;黄壳糯与油优 22 混合间栽时,在建水和石屏的实验田中稻瘟病平均发病率仅为 5.42% 和 1.34%,病情指数为 0.018 5 和 0.005 5,与净栽相比黄壳糯在与油优 22 混合间栽中的平均防效达 94.5% 和 95.2%。另一感病地方优质品种紫谷净栽时,在建水和石屏两地稻瘟病平均发病率分别为 23.62% 和 13.15%,病情指数分别为 0.061 5 和 0.051 5;与油优 63 混合间栽,在建水和石屏两地的实验田中稻瘟病的平均发病率仅分别为 5.84% 和 1.12%,病情指数为 0.010 3 和 0.002 3,与净栽相比紫谷在与油优 63 的混合间栽的平均防效分别为 83.2％和 95.5％。紫谷与汕优 22 混合间栽时,建水和石屏两地实验田的稻瘟病平均发病率仅为 7.19％和 1.43％,病情指数为 0.011 6 和 0.004 6,与净栽相比紫谷与汕优 22 混合间栽的平均防效达 81.1％和 91.1％。

表 2.2　云南建水县和石屏县两种品种不同搭配的 8 个处理的田间稻瘟病平均发病结果

处理编号	品种组合	发病率/%	病情指数/10⁻²	防效/%
1	汕优-63(A)/	3.34c±3.20	1.24b*±1.36	50.20
	黄壳糯(C)	1.77c±0.89	0.43c±0.33	98.35
2	汕优-63(A)/	3.87c±4.10	1.32b±1.44	53.45
	紫谷(D)	3.46c±2.72	0.63c±0.46	89.35
3	汕优-22(B)/	4.93c±4.60	1.73b±1.74	15.30
	黄壳糯(C)	3.37c±2.35	1.20b±0.75	94.85
4	汕优-22(B)/	5.08c±4.72	1.89b±1.95	33.8
	紫谷(D)	4.31c±3.43	0.81b±0.41	86.10
5	汕优-63(A)	4.61c±4.10	2.10b±2.15	
6	汕优-22(B)	5.64c±4.52	2.44b±2.34	
7	黄壳糯(C)	40.31a±17.71	22.58a±13.08	
8	紫谷(D)	18.38b±6.45	5.65b±0.98	

注:不同处理中各变量平均值后面若跟以不同的字母,则表示该平均值之间有显著差异(5%),下同。

混合间栽处理产量结果看出(表 2.3),不同地区获得比较一致的结果。在同一单位面积中,各杂交稻和优质地方稻混合间栽处理与净栽的杂交稻相比均有显著的增产结果,而优质地方稻在混合间栽群体中抗倒伏的能力明显增强。在建水县汕优 63 与黄壳糯或紫谷混合间栽的试验中,每公顷产量分别为 10 584.7 kg 和 10 784.2 kg,比净栽的汕优 63 分别增产 797.2 kg 和 996.7 kg,增产幅度分别为 8.14％和 10.18％。在石屏县汕优 63 与黄壳糯或紫谷混合间栽的试验中,每公顷产量分别为 8 141.2 kg 和 8 120.7 kg,比净栽汕优 63 分别增产

表 2.3　云南建水县和石屏县两种品种不同搭配的 8 个处理的田间平均产量结果

处理编号	品种组合	单产/(kg/hm²)	总产/(kg/hm²)	产量净增/(kg/hm²)	增幅/%
1	汕优-63(A)/	8 581.5	9 363.0ab	730.5	8.5
	黄壳糯(C)	781.5			
2	汕优-63(A)/	8 588.5	9 452.5a	819.9	9.4
	紫谷(D)	864.0			
3	汕优-22(B)/	8 444.7	9 246.5b	727.8	8.7
	黄壳糯(C)	801.8			
4	汕优-22(B)/	8 442.1	9 346.6ab	827.9	9.7
	紫谷(D)	904.5			
5	汕优-63(A)	8 632.5	8 632.5c		
6	汕优-22(B)	8 518.7	8 518.7c		
7	黄壳糯(C)	3 965.1	3 965.1d		
8	紫谷(D)	3 880.3	3 880.3d		

663.7 kg 和 643.2 kg,增产幅度分别为 8.87% 和 8.60%。在建水县,油优 22 与黄壳糯或紫谷混合间栽的试验中,每公顷比净栽油优 22 分别增产 714.8 kg 和 924.7 kg,增产幅度分别为 7.47% 和 9.67%;在石屏县,油优 22 与黄壳糯或紫谷混合间栽的试验中,每公顷比净栽油优 22 分别增产 740.7 kg 和 731.1 kg,增产幅度分别为 9.91% 和 9.78%。

2. 不同品种多样性搭配种植对稻瘟病的控制效果

石屏县不同品种多样性搭配种植的 15 种处理对稻瘟病的控制效果研究表明(表 2.4),大多数杂交稻和地方优质稻混合间栽的处理中稻瘟病的发病均有显著的降低。高感品种黄壳糯净栽处理,稻瘟病平均发病率为 32.43%,病情指数为 0.12;但在与杂交稻品种混合间栽的处理中,黄壳糯的稻瘟病平均发病率均有显著的下降,仅为 1.35%~2.26%,最高的病情指数仅为 0.008 1,最低为 0.002 9,与净栽相比黄壳糯的平均防效在 93.2%~97.5%;另一感病优质地方稻品种紫谷净栽处理稻瘟病平均发病率为 9.23%,病情指数为 0.039 5,但在与杂交稻混合间栽的各个处理中,紫谷的稻瘟病平均发病率也有显著的下降,在 0.67%~2.18%,病情指数在 0.002 5(A/D组合)~0.007 5(A/B/C/D组合),与净栽相比紫谷的平均防效为 81.0%~93.6%(A/D组合)。上述两个感病优质品种进行混合间栽时,抗病性也有一定的提高,在与杂交稻混合间栽的组合中,各不同的处理均获得了对稻瘟病不同程度的控制效果,特别是当一个杂交稻和一个优质地方品种混合间栽时,感病优质地方品种的抗病性有显著的提高。

表 2.4 云南石屏县不同品种多样性搭配的 15 个处理的田间稻瘟病发病结果

处理编号 (品种数)	品种组合	发病率/%	病情指数/10^{-2}	防效/%
1 (2)	油优 63(A)/	0.731±0.07	0.48defghi±0.43	64.20
	黄壳糯(C)	1.35ijk±0.11	0.31ghi±0.02	97.40
2 (2)	油优 63(A)/	0.681±0.10	0.12i±0.02	57.10
	紫谷(D)	0.67l±0.08	0.25hi±0.03	93.60
3 (2)	油优 22(B)/	0.681±0.03	0.14hi±0.02	65.80
	黄壳糯(C)	2.04efg±0.18	0.85d±0.05	92.90
4 (2)	油优 22(B)/	0.71l±0.05	0.18hi±0.02	56.10
	紫谷(D)	1.03jkl±0.12	0.31ghi±0.04	92.10
5 (2)	油优 63(A)/	0.87kl±0.07	0.19hi±0.02	32.10
	油优 22(B)	1.03jkl±0.07	0.31ghi±0.03	24.30
6 (2)	黄壳糯(C)/	16.61b±1.01	10.78b±0.86	10.20
	紫谷(D)	12.30c±0.25	3.65c±0.59	7.50
7 (3)	油优 63(A)/	0.63l±0.04	0.11i±0.01	60.70
	油优 22(B)/	0.87kl±0.06	0.12i±0.02	70.70
	黄壳糯(C)	1.46hij±0.14	0.29ghi±0.03	97.50
8 (3)	油优 63(A)/	0.75l±0.04	0.18hi±0.02	35.70
	油优 22(B)/	0.67l±0.05	0.24hi±0.02	41.50
	紫谷(D)	0.91kl±0.05	0.53defgh±0.06	86.50

续表 2.4

处理编号 （品种数）	品种组合	发病率/%	病情指数/10^{-2}	防效/%
9（3）	油优 63（A）/	0.56l±0.09	0.12i±0.01	57.10
	黄壳糯（C）/	2.25e±0.32	0.76de±0.10	93.60
	紫谷（D）	1.66fghi±0.14	0.65defg±0.08	83.50
10（3）	油优 22（B）/	1.78efghi±0.07	0.34fghi±0.01	17.10
	黄壳糯（C）/	2.16ef±0.18	0.81d±0.04	93.20
	紫谷（D）	2.08ef±0.15	0.73def±0.02	81.50
11（4）	油优 63（A）/	0.57l±0.06	0.10i±0.01	64.20
	油优 22（B）/	0.71l±0.03	0.21hi±0.03	48.70
	黄壳糯（C）/	2.26e±0.15	0.76de±0.04	93.60
	紫谷（D）	2.18e±0.13	0.75de±0.02	81.00
12（1）	油优 63（A）	1.53ghij±0.06	0.28ghi±0.03	
13（1）	油优 22（B）	2.0cfg±0.12	0.41efghi±0.05	
14（1）	黄壳糯（C）	32.43a±1.94	12.01a±1.40	
15（1）	紫谷（D）	9.42d±0.67	3.95c±0.14	

结果还表明,当 2 个杂交稻品种混合间栽处理时,对稻瘟病抗性有一定的作用,但抗病性的增强不明显。油优 63 净栽处理的平均发病率为 1.53%,病情指数为 0.002 8。在与优质地方品种混合间栽的处理中,平均发病率在 0.57%～0.85%,平均病情指数在 0.001 0～0.001 9,平均防效在 35.7%～64.2%。油优 22 净栽处理的平均发病率和病情指数分别为 2.01% 和 0.004 1。在与感病地方优质品种混合间栽的处理中,平均发病率在 0.67%～1.78%,平均病情指数在 0.001 2～0.003 4,平均防效在 17.1%～65.8%。本试验结果也表明,对抗性基因指纹相似的品种进行混合间栽,对稻瘟病抗性的提高没有明显效果。油优 63 和油优 22 混合间栽的发病率分别为 0.87% 和 1.03%,病情指数分别为 0.001 9 和 0.003 1,与这两个品种的净栽相比其防效分别为 32.1% 和 24.3%;而黄壳糯和紫谷相互混合间栽的发病率分别为 16.61% 和 12.03%,病情指数为 0.107 8 和 0.036 5,相对防效为 10.2% 和 7.5%,与其净栽相比抗性没有明显的提高。

石屏县 15 种处理的各个重复小区获得的产量数据分析结果表明(表 2.5),混合间栽对稻瘟病的控制作用,不仅大大地减少了因稻瘟病引起的产量损失,而且优质地方稻在混合间栽群体中抗倒伏的能力明显增强。在单位面积内,混合间栽比净栽有显著的增产效果,特别是 1 个杂交稻和 1 个优质稻的混合间栽的组合比其他组合的增产效果更明显。各混合间栽处理的产量结果看出,在相同单位面积中,各杂交稻与优质稻混合间栽的处理均有不同程度的增产效果。在油优 63 或油优 22 与黄壳糯或紫谷混合间栽的处理中,每公顷产量在 8 576～8 795 kg,比净栽的油优 63 或油优 22 增产 522.5～705 kg,增产幅度在 6.5%～8.7%。但遗传背景相同的品种混合间栽没有明显的增产效果,在油优 63 和油优 22 混合间栽的处理中,每公顷 8 022.5 kg,与对照的平均产量相比减产 42.5 kg,黄壳糯与紫谷混合间栽的处理,每公顷产量为 3 030 kg,比对照的平均产量增产 120 kg。

表 2.5 云南石屏县不同品种多样性搭配的 15 个处理的平均田间产量结果

处理编号 （品种数）	品种组合	单产/ （kg/hm²）	总产/ （kg/hm²）	产量净增/ （kg/hm²）	增幅/%
1（2）	油优 63（A）/ 黄壳糯（C）	8 075.0 720.0	8 795.0a	690.0	8.5
2（2）	油优 63（A）/ 紫谷（D）	7 980.0 685.0	8 665.0ab	560.0	6.9
3（2）	汕优 22（B）/ 黄壳糯（C）	7 995.0 735.0	8 730.0ab	705.0	8.8
4（2）	汕优 22（B）/ 紫谷（D）	7 950.0 626.0	8 576.0c	551.0	6.9
5（2）	油优 63（A）/ 汕优 22（B）	4 062.5 3 960.0	8 022.5d	−42.5	−0.5
6（2）	黄壳糯（C）/ 紫谷（D）	1 597.5 1 432.5	3 030.0e	120.0	4.1
7（3）	油优 63（A）/ 汕优 22（B）/ 黄壳糯（C）	4 012.5 3 885.0 735.0	8 632.5bc	567.5	7.0
8（3）	油优 63（A）/ 汕优 22（B）/ 紫谷（D）	3 982.5 4 036.0 615.0	8 633.5bc	568.5	7.0
9（3）	汕优 63（A）/ 黄壳糯（C）/ 紫谷（D）	8 005.0 363.7 307.5	8 676.2bc	571.2	7.0
10（3）	汕优 22（B）/ 黄壳糯（C）/ 紫谷（D）	7 935.0 375.0 300.0	8 610.0c	585.0	7.3
11（4）	汕优 63（A）/ 汕优 22（B）/ 黄壳糯（C）/ 紫谷（D）	3 960.0 3 975.0 352.5 300.0	8 587.5c	522.5	6.5
12（1）	汕优 63（A）	8 105.0	8 105.0d		
13（1）	汕优 22（B）	8 025.0	8 025.0d		
14（1）	黄壳糯（C）	3 075.0	3 075.0e		
15（1）	紫谷（D）	2 745.0	2 745.0f		

本研究的试验结果表明,水稻品种多样性混合间栽对稻瘟病有极为显著的控制效果。尤其突出的是,当感病的优质地方水稻品种与杂交稻品种混合间栽后,该感病品种的稻瘟病发病率和病情指数均显著下降,防治效果在 81.1%～98.6%。杂交稻汕优品种混合间栽后,对稻瘟病亦有一定的控制效果,防治效果在 20%～72%。特别是 1 个杂交稻和 1 个优质稻混合间栽的组合比其他多个品种组合的防病效果更明显。相关实验还表明,混合间栽的农田中农药的施用量减少了 60%以上,对改善稻田生态系统有积极的意义。这种利用遗传背景不同的水

稻品种进行混合间栽的生产模式是目前国内外应用生物多样性持续防治稻瘟病的重大创新。

该技术简单易行,效果直观,经济效益高,每亩除增加1～2个工时外,没有任何额外投入。其效益不仅可减少农药使用量,降低生产成本,保护生态环境,而且避免了因稻瘟病和倒伏所引起的产量损失。同时混合间栽的稻田每亩多生产40～70 kg优质米,农民每公顷增收1 500元左右,投入与产出比在1∶6以上。实验表明,一个杂交稻和一个优质稻混合间栽的合理组合有极佳的防治稻瘟病和增产的效果,值得提倡。但品种多样性种植对病害的控制效果与品种遗传差异和间作模式的选择有显著的相关性。

(1) 水稻品种间遗传差异对病害的防治效果。水稻不同品种多样性间栽对稻瘟病的控制效果与品种间的抗性差异和株高等农艺性状差异有关。云南农业大学选用两个杂交稻品种(汕优63和汕优22)和两个优质糯稻地方品种(黄壳糯和紫谷)进行品种多样性控制稻瘟病田间小区试验。经抗性基因指纹分析(resistance gene analogue,RGA),两个杂交稻品种间抗性基因指纹相似系数为86%;两个杂交稻品种与紫谷的相似系数为65%,与黄壳糯的相似系数仅为45%。经温室人工接种进行抗性测定,30个稻瘟病菌株对两个优质糯稻地方品种的毒力频率为86.2%,对两个杂交稻品种的毒力频率为13.8%。根据品种的遗传背景、农艺性状和经济性状,以及对稻瘟病抗性的差异,设置了15种不同的处理,以杂交稻(汕优63和汕优22)为主栽品种,优质地方糯稻(黄壳糯和紫谷)为间栽品种,在杂交稻常规条栽方式的基础上,每隔4行间栽一行糯稻。结果表明(表2.6),杂交稻和地方优质稻混栽稻瘟病的发病率显著降低,净栽黄壳糯的稻瘟病平均发病率为32.43%,病情指数为0.12;而混栽黄壳糯(与杂交稻)的稻瘟病平均发病率仅为1.80%,病情指数仅为0.005 5,与净栽相比平均防效为95.35%。另一优质地方品种紫谷净栽的稻瘟病平均发病率为9.23%,病情指数为0.039 5;该品种混栽的稻瘟病平均发病率仅为1.43%,病情指数为0.005,与净栽相比平均防效为87.3%。两个杂交稻品种混栽以及两个地方优质品种混栽对稻瘟病没有明显控制效果。杂交稻与糯稻混栽具有较明显的增产效果,汕优63(或汕优22)与黄壳糯(或紫谷)混栽,每公顷总产量(主栽品种和间栽品种产量之和)在8 576～8 795 kg,比净栽汕优

表2.6 不同水稻品种搭配对稻瘟病的控制效果

	品种搭配	RGA	高差/cm	抗性	防效/%
A	汕优63/	0.45	−38	R	64.2
	黄壳糯	0.45	+38	S	97.4
B	汕优22/	0.36	−32	R	56.1
	紫糯	0.36	+32	S	92.1
C	汕优63	0.089	+3.7	R	2.1
	汕优22	0.089	−3.7	R	4.3
D	黄壳糯/	0.11	+6.2	S	10.2
	紫糯	0.11	−6.2	S	7.5
E	合系41/	0.05	−2.1	R	6.5
	8126	0.12	+2.1	S	38.4
F	合系39/	0.18	−35	MS	38.5
	阿泸糯	0.18	+35	MS	68.7

注:抗性基因同源序列(resistance gene analogue,RGA)。

63(或汕优22)增产522.5～705 kg,增产幅度在6.5%～8.7%,而遗传背景相似品种的混栽没有明显的增产效果。杂交稻与糯稻混栽具有明显增产作用的主要原因是减少了因稻瘟病和倒伏引起的产量损失(朱有勇,2004)。

(2)水稻品种间栽模式对病害的防治效果。水稻品种间栽模式也是影响稻瘟病控制效果的重要因素之一。房辉(2004)研究表明(表2.7),净栽黄壳糯、黄壳糯与汕优63按1：1、1：2、1：3、1：4、1：5、1：6、1：8、1：10间作和净栽汕优63等处理对稻瘟病的防治效果不同。混合间栽处理中随着杂交稻群体比例的增加,传统品种黄壳糯的叶瘟发病率和病情指数、穗颈瘟发病率和病情指数逐渐下降。行比为1：6时,叶瘟和穗颈瘟相对防治效果均达100%。黄壳糯叶瘟和穗颈瘟的增长速率也随着群体比例的增加而变慢。不同的种植比例对现代品种稻瘟病的控制也有明显的效果,当行比为1：(4～6)能有效控制杂交稻稻瘟病的发生。

表 2.7　不同间栽模式下黄壳糯稻瘟病发生情况及相对防效

间栽模式	叶瘟			穗瘟		
(黄壳糯：汕优63)	发病率/%	病情指数	防效/%	发病率/%	病情指数	防效/%
1：0	50	41	—	61	53.5	—
1：1	32	23	43.9	32	19.6	63.3
1：2	27	17	58.5	18	13.7	74.4
1：3	12	8.5	79.3	11	7.7	85.6
1：4	2.2	1	97.6	1.1	0.7	98.8
1：5	1.9	0.9	97.8	0	0	100
1：6	0	0	100	0	0	100
1：8	4.8	4.1	90.0	5.8	4.3	91.9
1：10	2.7	1.8	95.6	6.1	2.7	94.9

(3)水稻多样性种植规模与病害的防治效果。由于利用水稻品种多样性混栽控制稻瘟病技术简单易行,具有明显的防治稻瘟病效果和增产效果,很快为广大农民所接受,并得到了政府部门的重视。从1998年开始,在云南、四川、湖南、江西、贵州等省市示范推广(Zhu et al.,2000b)。云南省1998—2003年的试验结果表明,混栽传统品种的发病率比净栽平均降低了71.96%;病情指数平均降低了75.39%。混栽现代品种的发病率比净栽平均降低了32.42%;病情指数平均降低了48.24%。

四川省2001—2003年选择了沱江糯1号、竹丫谷、宜糯931、高秆大洒谷、辐优101、黄壳糯等糯稻品种与Ⅱ优7号、D优527、宜香优1577、岗优3551、川香优2号、Ⅱ优838等杂交稻品种进行搭配组合,净栽糯稻的发病率为13.5%～86.1%,平均为29.94%,病情指数为7.4～36.8,平均为14.3。而杂糯间栽的糯稻品种发病率仅为4.3%～53.6%,平均14.7%,病情指数为0.05～28.6,平均5.31,糯稻实行杂糯间栽比糯稻净栽发病率降低50.9%,病情指数降低62.87%。杂交稻净栽的发病率为7.5%～54.6%,平均为13.6%,病情指数为3.26～36.5,平均为6.91。而杂糯间栽中的杂交稻发病率为4.63%～41.30%,平均为10.52%,病情指数为1.43～18.6,平均4.65,杂交稻实行杂糯间栽比杂交稻净栽发病率降低22.65%,病情指数降低32.71%。净栽杂交稻每亩产量为462～599 kg,平均为528.2 kg;

净栽糯稻每亩产量为 $262\sim480$ kg,平均为 343.2 kg;杂糯间栽田块中每亩实收杂交稻为 $447\sim579$ kg,平均为 518.9 kg;实收糯稻为 $20\sim60$ kg,平均为 44.9 kg。间栽每亩产量为糯稻及杂交稻产量之和,共计为 $499\sim640$ kg,平均为 563.8 kg,间栽比净栽杂交稻每亩平均增产 35.6 kg,增产幅度为 6.74%,间栽比净栽糯稻每亩平均增产 220.6 kg,增产幅度为 64.2%(朱有勇,2004)。

湖南农业大学刘二明等在对 2 个主栽品种威优 64(V64)、威优 647(V647)(生产上推广的当家杂交稻组合)和 2 个间栽品种水晶米(SJM)、紫稻(ZD)(优质感瘟)进行抗性基因同源序列(resistance gene analogue,RGA)遗传背景研究的基础上,配制 4 个混合间栽组合。在烟溪(山区)进行小区试验和示范比较,发现不同品种混合间栽后,间栽区各品种的平均病叶面积率比净栽区降低 2.7%～4.1%;穗瘟相对防治效果达 36.88%～55.10%;混合间栽的主栽品种与净栽的主栽品种相比,叶瘟和穗瘟的病情严重度差异不大。混合间栽品种的单位面积产量比净栽区有不同程度的提高,小区试验的增产幅度为 8.9%～14.9%。结果表明,选择抗瘟性遗传背景差异大、株高差异突出的品种,以 1 行优质稻:5 行主栽稻混合间栽,能起到控病增产的作用。

随着推广区域和品种组合数量的不断扩大,生态环境和品种抗性的差异越来越大,加之各年度间气候差异,使得不同地区、不同年份、不同品种组合控制稻瘟病效果有所差异,但混栽与净栽相比控制稻瘟病的效果均基本一致,说明该技术具有普遍的适用性。

利用水稻品种多样性控制稻瘟病的成功,引起了国际植物病理学界的浓厚兴趣,印度尼西亚、菲律宾、越南、泰国等一些国家,根据自己的实际情况引入我国的品种多样性种植技术,开展了利用遗传多样性控制水稻病害的应用研究。

2.1.2.2 品种多样性混合种植对病害的控制效应

混合品种或称品种混合,是指将抗病性不同的品种种子混合而形成的群体。种植混合品种是一种提高作物遗传多样性的简单方法,具有减轻病害、稳定产量、各品种优势互补等特点。混合品种稳定病原菌群体的作用与多系品种相同,但比多系品种易于实施。

在长期的农业生产实践中,农业技术工作者和农民自觉或不自觉地利用多样性来减轻农作物病害的危害,在全球许多地区,农民就有混种不同品种来减轻病危害,提高作物产量的情况。早在 1872 年,达尔文就观察到小麦混种比种植单一品种病害少、产量高。国内外在利用品种混合种植防治病害方面进行了大量研究。20 世纪 80 年代,前民主德国运用大麦品种混合种植成功地在全国范围内控制了大麦白粉病的发生;丹麦、波兰在大麦上也做了类似的研究,并获得了同样的结果;加拿大进行了大麦和燕麦混种的研究,也获得了对白粉病的控制效果;美国俄亥俄州进行了十余年利用小麦品种混合种植控制锈病的研究,完成了数十个小区试验,获得了较好的防治效果(Mundt,1994);1965—1976 年间,小麦条锈病在我国黄河中下游广大麦区没有流行,与这一期间各地区,特别是在陇南、陇东种植了许多抗源不同的品种,限制了新小种的产生与发展有很大的关系(李振岐,1998)。通过病原菌进化模型研究,Winterer 等(1994)提出与基因累加和品种轮换相比较,多品种混栽具有最佳的防病效果。在多品种混栽或多系品种种植的田块中,没有复杂小种和超级小种的产生(Chin *et al.*,1982)。在亚洲和非洲,如印度尼西亚、马达加斯加和日本,水稻品种混栽已经被广泛应用在传统品种的栽培上(Bonman *et al.*,1986)。实践表明,品种多样性混合种植对病害的防治效果与病原菌特性、混合品种的选择及搭配等因素有关。

1. 品种多样性混合种植对不同病害的防治效果

品种多样性混合种植对不同病害具有不同的防治效果。研究表明,小麦品种混合种植的防病效果在不同的病害系统中是不同的(表 2.8)。

表 2.8　小麦品种混栽控病增产效应分析(与组分净栽的平均数比较)

病原物	病害减少/%	产量增加/%	资料来源
E. g. tritici	26	4	Gieffers & Hesselbach (1988)
E. g. tritici	59	4	Stuke & Fehrmann (1988)
E. g. tritici	63		Brophy & Mundt (1991)
E. g. tritici	35	3	Manthey & Fehrmann (1993)
P. r. tritici	32	4	Mahmood, et al. (1991)
P. r. tritici	45		Dubin & Wolfe (1994)
P. s. tritici	53	10	Finckh & Mundt (1992)
P. s. tritici	37		Dileone & Mundt (1994)
P. s. tritici	52	6	Mundt, et al. (1995a)
P. s. tritici	17		Akanda & Mundt (1996)
B. sorokiniana	41	5	Sharma & Dubin (1996)
S. nodorum	38		Jeger, et al. (1981b)
M. graminicola	17		Mundt, et al. (1995b)
C. gramineum	-21	4	Mundt (2002b)
SBWMV*	37		Hariri, et al. (2001)

注:引自 Smithson & Lenne (1996);* 土传小麦花叶病毒。

对于小种专化性的病原物,混合群体中的病害数量低于组分净栽时病害数量的平均数。例如对于小麦白粉病(*Erysiphe graminis* f. sp. *tritici*),品种混合减少病害 26%～63% (Gieffers & Hesselbach,1988;Brophy & Mundt,1991);对小麦条锈病(*Puccinia striiformis* f. sp. *tritici*),利用种内遗传多样性可减少病害数量 17%～53%(Akanda & Mundt,1996; Finckh & Mundt,1992)。杨昌寿、孙茂林(1989)在小麦条锈病(*P. striiformis* f. sp. *tritici*)和曹克强、曾士迈(1991)在叶锈病(*P. recondita* f. sp. *tritici*)和白粉病(*E. graminis* f, sp. *tritici*)上的研究也证明,利用品种混合群体的抗病性可有效防治这一类专化性病原物引起的病害。

对于非小种专化的病原物,有关的研究报道存在着相互矛盾的地方。与组分净栽时病害数量的平均数相比,小麦混合群体中的病害数量或高或低,有时非常接近。Jeger 等(1981b)在防治由 *Septoria nodorum* 引起的病害和 Sharma & Dubin(1996)在防治 *Bipolaris sorokiniana* 引起的病害上都获得较高水平的正效应,小麦品种混合群体中的病害数量比组分净栽的平均值减少约40%。然而,对于土壤传播的 *Cephalosporium gramineum* 引起的病害,小麦混合群体中的白穗率比组分净栽时白穗率的平均数增加了20%,表现负效应(Mundt, 2002b)。但是,从已经报道的几个例子来看,获得正效应的趋势还是存在的。理论研究表明,对非小种专化性的病原物,如果混合组分在抗侵染和抗产孢上相对强度的大小并不互相颠倒的话,那么病害在品种混合群体中的数量要低于它在混合组分净栽时的平均数(Jeger *et al.*, 1981a;Jeger,2000)。关于利用小麦品种混合来防治这一类病害的有效性,尽管有理论上的支持,但是为得到一般性的结论还需要更多的实验研究。

2. 混合品种抗病性对病害防治效果的影响

品种多样性混合种植对病害的控制效果与选择品种对病害的抗感性及混合比例有关。Chin(1982)提出只要多系品种中含有 66% 的抗病品种,就能达到控制稻瘟病的效果;Koizumi(2001)认为多系品种中抗病品种所占比例达到 75% 就能达到与化学保护相同的防治效果。Van den Bosch 等(1990)用一个小种接种 2 个品种的随机混栽群体,发现病害发展速度和感病植株在群体中所占比例的对数呈线性关系,感病植株所占比例的对数越大,病害发展速度就越大。随后,Akanda & Mundt(1996)用 3 个小种的混合物接种 2 个品种的混合群体,其中每个品种对 1 个或 2 个小种呈感病反应,结果表明混合群体中每一个品种的病害严重度都随着该品种的比例的增加而增加,接近于线性关系。

3. 混合品种数目对病害防治效果的影响

品种多样性混合种植防治小麦条锈病(*P. striiformis* f. sp. *tritici*)的研究表明,混合品种的数目也影响防效。陈企村等(2008)于 2003—2005 年在田间自然发病条件下比较了繁 19、引 11-12、川麦 107、靖麦 10 号、青春 55、46548-3 和安 96-8 这 7 个小麦品种单种,及在感病品种繁 19 的基础上依次加入上述其余 6 个品种分别形成组分为 2～7 的小麦品种混种群体后,条锈病的发生程度。结果表明,不同小麦品种混种的条锈病病情指数与其组分单种病情指数的平均数相比,平均减少 57.7%,减少幅度为 37.2%～72.2%。小麦品种混种群体的条锈病病害防治效应有随组分数目的增加而提高的趋势。Mundt(1994)发现,当组分从 2 个增加到 4 个时,混合防病效应依次增大,但组分数目增加到 5 个时,混合效应不但不继续增加,而且略有下降。中国农业科学院植物保护研究所小麦混播对条锈病的防治效果的研究也表明,混播群体中条锈病的病情和流行速率低于其抗感品种的平均值,特别是 2～4 个小麦品种混合效果更明显,而当组分数目增加到 5 个时,混合效应不再继续增加。另外,适度的种植密度可以获得理想的效果,密植和稀植都不利于最大限度地发挥品种混合防病的潜力(Garrett & Mundt,2000b)。

综上所述,品种混合种植可以有效降低病害的危害,在生产上成功应用的实例很多。其减轻病害的原因主要有稀释作用、屏障作用和产生诱导抗病性等。稀释作用是指抗病植株的存在使感病植株之间的距离加大,病原菌产生的孢子被稀释,大量着落在抗病植株上的孢子不能成功侵染和产生下一代孢子,有效接种体减少。群体中的抗病植株还成为孢子扩散的物理屏障,阻滞了孢子分散传播。病原菌无毒小种孢子降落在抗病品种植株上,激发诱导抗病性,从而降低了毒性小种侵染和群体发病水平。使用混合品种有效抑制了病原菌优势小种的产生,延长了品种抗病性的持久度。但用于混合的品种除了抗病性以外还应具有优良农艺性状,且表型特定诸如成熟期、株高、品质、子粒性状等相似。所以在选择品种组合时,不但要满足对病害抗性的基本要求,而且要充分考虑组分在农艺性状方面的搭配问题。

2.1.2.3 品种多样性区域布局对病害的控制效应

抗病品种或抗病基因的合理布局,包括时间上的轮流使用和空间上的合理分配,都是企图人为地抑制定向选择,启动"稳定"选择。不同品种的合理布局是空间上利用遗传多样性的种植模式,即在同一地区合理布局多个品种,从空间上增加遗传多样性,减小对病原菌的选择性压力,降低病害流行的可能。现有实践主要是更换已经失效或即将失效的抗病品种,打断定向选择,或者降低定向选择效率。尤其对大区流行病害,抗病基因合理布局的作用更明显。有计划地轮换使用抗病品种或抗病基因,除少数病害已有措施外,尚待落实。西欧依据严格的小种动态监测,及时轮换使用抗病基因不同的抗病品种,成功地防止了莴苣霜霉病。我国在利用品种多样性合理布局控制小麦和水稻病害方面也取得了显著的成效。

1. 小麦抗病品种多样性合理布局对锈病和白粉病的防治

小麦条锈病菌有越夏区、秋苗发病区、越冬区以及春季流行区,每年都有人范围菌源转移。在这几类流行区域之间,合理分配使用抗源,实现抗病基因和抗病品种的合理布局,就可以切断毒性小种的传播和积累,消除抗病品种失效的现象。即使短期内做不到抗病基因合理布局,只要不在越夏区与非越夏区大面积栽培抗病基因雷同的品种,就能有效延长抗病品种的使用年限。北美洲曾经通过在燕麦冠锈病流行区系的不同关键地区种植具有不同抗病基因的品种,从而成功地控制了该病的流行;我国在20世纪六七十年代用此法在西北、华北地区控制了小麦条锈病的流行和传播(李振岐,1995)。

品种轮换也是控制小麦锈病的有效措施。从20世纪50年代开始,我国小麦抗病品种先后经历了6次大面积轮换:第一次在1957—1963年,以碧玛1号品种为代表;第二次在1960—1964年,以玉皮和甘肃96号品种为代表;第三次在1961—1964年,以南大2419品种为代表;第四次在1972—1975年,以北京8号和阿勃(Abandanza)品种为代表;第五次在1976—1985年,以丰产3号、泰山1号和阿夫为代表;第六次在1986—1992年,以洛夫林10和洛夫林13号品种为代表。每一次的品种轮换都对小麦条锈病起到了很好的控制作用(李振岐,1998)。

我国小麦白粉病的初侵染源比较复杂,除当地菌源外,还有大量外来菌源。云南、贵州、四川诸省的白粉病菌可随气流向长江中下游传播,经繁殖扩大后,再向黄淮海麦区传播,并可跨越渤海湾,扩散到东北春麦区。有人设想在湖北省和山东省种植具有不同抗病基因的品种,形成阻隔带,或者在各不同麦区,种植抗病基因不同品种,阻断白粉病菌的远距离传播。长江中下游麦区和黄淮海麦区是连片的平原麦区,如果在陇海铁路两侧种植具有特定抗病基因的品种,建成隔离带,或者分别在华北麦区和江淮麦区种植不同抗病品种,应都能隔断南菌北传。另外,在小麦白粉病越夏区与其周围非越夏区布局不同抗病基因的品种,也是值得探讨的方案。

2. 水稻抗病品种多样性合理布局对稻瘟病的防治

品种轮换种植对水稻稻瘟病具有显著的控制效果。水稻抗病品种轮换种植是在时间上利用抗病基因多样性的方法,即当一个品种的抗性丧失之后,利用携带不同抗病基因的新抗病品种替换旧品种。通过品种轮换控制稻瘟病的研究较多,1994年云南省泸西县开始大面积种植楚粳12,4年后稻瘟病菌生理小种 ZE_1 成为优势小种,该品种丧失抗性。1999年用另一新品种合系41(抗 ZE_1 生理小种)连片更换了803.6 hm² 的楚粳12,当年该县稻瘟病控制效果达到了83.2%(王云月等,1998)。1979—1980年韩国对单基因轮换的方法进行了改进,采用同时携带两个不同抗病基因的品种进行轮换,有效地控制了稻瘟病的流行。印度尼西亚利用不同季节和地点进行抗病品种轮换,成功地控制了水稻东格鲁病的昆虫介体——叶蝉的发生(Manwan et al.,1985)。该技术不仅能有效地控制多种水稻病害的流行,而且还能满足农民和消费者不断变化的需求。但该方法的推广是以新抗病品种的选育速度超过品种抗性丧失的速度,以及生理小种的准确预测为基础,另外,同时进行大面积品种更换操作难度很大,尤其在我国以小农生产方式为主的稻区。

水稻不同抗病品种的合理布局是空间上利用抗病基因多样性的方法,即在同一地区合理布局多个品种,增加抗病基因的多样性,减小对病原菌的选择性压力,降低病害流行的可能。1998—2000 年云南农业大学在云南省石屏县宝秀镇进行了品种合理布局控制稻瘟病的试验,选用 7 个抗病性不同的品种,以各农户的承包田为单位,每户种植一个品种,将 7 个品种随机种植在 42 hm² 的区域内。结果表明,该区域的稻瘟病平均发病率连续 3 年都控制在 4.78% 以内,获得了良好的防治效果(王云月等,1998)。

2.2　物种多样性间作对病害的控制效应

物种多样性种植在农业生产上主要体现形式是间作或混作。间作是由两种或两种以上的作物在田间构成复合群体的多样性种植方式,是我国传统精耕细作的主要内容,是防病增产的主要措施。作物合理的间间作具有高产稳产、有效利用土地资源、改良土壤肥力等特点,在发展中国家得到广泛应用。虽然在作物多样性控制病虫害功能方面的认识较晚,但农学家们已经开始意识到其潜在的作用和巨大的应用前景,这种控制病害的方法拥有方便、经济、稳定、环保、持久、无抗性问题等一系列的优点。

国内外关于多样性种植也有了一些应用,目前利用作物多样性种植控制病害的研究主要集中于作物多样性种植对叶部病害控制的研究。如利用马铃薯和玉米、甘蔗和玉米、玉米和大豆多样性种植,对田间玉米的大斑病、小斑病、锈病都取得了良好的防治效果,且提高了经济效益(Li *et al.*,2009);利用蚕豆油菜多样性种植对蚕豆叶斑病、油菜白锈病有良好的抑制效果(杨进成,2004)。利用小麦、大麦和蚕豆多样性种植对于田间蚕豆赤斑病、小麦锈病、大麦锈病都有较好的防治效果(孙雁等,2004)。

作物多样性种植对根部病害也具有显著的防治效果。孙雁等利用不同模式辣椒玉米多样性间作对辣椒疫病的控制最高可以达到 70%(孙雁,2006)。玉米魔芋多样性间作对于魔芋软腐病也有一定的抑制效果(彭磊,2006)。Gomez-Rodríguez 等(2003)报道万寿菊与番茄间作后万寿菊释放的化感物质可降低番茄枯萎病病菌孢子萌发率。Ren 等(2008)研究表明,水稻和西瓜间作过程中水稻根系分泌物可以抑制西瓜枯萎病菌孢子萌发和菌丝生长。另外,生产上以葱属作物(蒜、葱、韭菜等)与其他作物间作对镰刀菌、丝核菌等土传病原菌引起的根腐病具有较好的防治效果(金扬秀等,2003;Nazir *et al.*,2002;Kassa *et al.*,2006;Zewde *et al.*,2007)。

本节将对生产上常见的物种多样性间作控制农作物病害的效应进行探讨。

2.2.1　物种多样性间作对病害的控制效果

生产上物种多样性间作主要采用高秆、矮秆作物及喜阴、向阳作物间作,间作的方式主要有行间作、条带间作等。实践表明,物种多样性间作模式中高秆作物的行距加大,通风透光好,可以有效减轻地上部分病害的发生危害,但对矮秆群体有负面影响,植株冠层平均风速、透光率降低,相对湿度和植株表面结露面积增加,叶部病害反而会加重。但对根部病害发生严重,叶部病害甚微的矮秆作物,利用与高秆作物间作可以显著降低土传病害的发生危害。目前生产上应用较成功的例子是玉米和辣椒、玉米和魔芋、玉米和大豆、麦类和蚕豆等作物的多样性种植。

2.2.1.1 玉米和辣椒多样性间作控病效果

辣椒和玉米是我国主要的经济和粮食作物,但在大面积净作过程中辣椒常受疫病和日灼危害造成产量损失,玉米常受大小斑病、灰斑病和锈病的危害。云南、四川、贵州、甘肃等省区,利用辣椒和玉米多样性间作可减轻辣椒疫病的危害,有效降低玉米大小斑病、锈病和灰斑病等叶部病害,同时由于高秆玉米的遮阳作用减轻了日灼的危害。

孙雁等(2006)开展了辣椒(5~10 行)边行外各间作 2 行玉米的方法进行 6 种不同模式辣椒、玉米多样性种植控制辣椒疫病和玉米大斑病、小斑病的研究。研究表明:不同模式的辣椒、玉米间作对辣椒疫病和玉米大、小斑病的病害发生均有显著的控制效果(表 2.9)。与单作相比,间作对辣椒疫病的防治效果随辣椒行数的减少由 35.0% 逐渐增加到 69.6%;间作对玉米大、小斑病的控制效果随辣椒行数的增加由 43.0% 逐渐提高到 69.3%。同时,辣椒玉米间作可显著提高单位土地面积的生产能力和经济效益。其中,5 行辣椒间作 2 行玉米的复合产量和土地利用率最高,但经济效益相对较低;10 行辣椒间作 2 行玉米的复合产量和土地利用率相对较低,但经济效益最高。与单作辣椒相比,辣椒玉米间作的总产值增加 1 683~2 012 元/hm²,增幅达 10%~12%。证明利用辣椒玉米间作提高物种多样性、增强农田稳定性可达到有效控制辣椒疫病和玉米大、小斑病的目的。

表 2.9 不同辣椒玉米间作对病害的控制效果

处理	辣椒疫病			玉米大小斑病		
	发病率/%	病情指数/%	防效/%	发病率/%	病情指数/%	防效/%
MC$_5$M	20.0b	4.7c	69.6	25.3b	6.9b	43.0
MC$_6$M	22.2b	6.3b	58.8	24.0bc	6.7b	45.1
MC$_7$M	23.3b	6.4b	58.6	21.3bc	5.3c	56.1
MC$_8$M	23.9b	6.6b	56.9	20.0bc	4.8bc	60.5
MC$_9$M	24.4b	8.7b	43.6	18.7c	4.3c	64.9
MC$_{10}$M	26.7ab	10.0b	35.0	18.2c	3.7c	69.3
C$_{10}$	33.3a	15.4a				
M$_{10}$				34.7a	12.2a	

注:M:玉米;C:辣椒。经 Duncan's 新复极差分析,具有相同字母的处理间差异不显著,$P \leqslant 0.05$。

目前,辣椒玉米间作降低辣椒疫病和玉米大、小斑病的作用机理仍然不十分清楚。不同作物和作物病害以及土壤生物间存在许多方面的互作。例如,间作改变了亲和寄主的空间分布,致使病害的传播和侵染受到影响(稀释效应);不同作物在生长和成熟时期植株高度上的差异,形成间作田块中高低起伏的表面不利于病害发生(阻隔效应);间作土壤中有益微生物和原生动物的增加对有害病菌的抑制(拮抗或捕食作用)。不同作物间作所形成的微气候环境(相对湿度、温度和露珠形成等)也可能对病菌的侵染产生影响;非寄主病菌孢子产生的诱导抗性也可能是病害减轻的一个原因,作物间根际分泌物同样也可能诱发植株对病害侵染产生寄主抗性。上述因素在多样性间作控制病害方面的作用有待进一步研究。

2.2.1.2 玉米和魔芋多样性间作控病效果

魔芋与玉米多样性种植可有效控制病害发生。其中魔芋与玉米轮作能减少病原菌在作物残体和土壤中的残留,使病原菌失去寄主或改变生活环境,有效降低病害发生。课题组在云南省富源县魔芋种植区设置了大量田间试验,结果表明魔芋与玉米轮作是控制魔芋软腐病的主要措施,它可以显著降低魔芋软腐病的死亡率,且将发病高峰期延迟 1 个月,轮作防效可达 29%~59%。魔芋与玉米间栽可直接增加地上部物种多样性,有效改善栽培环境的生态功能,也间接增加地下部土壤微生物多样性。玉米魔芋从(1~10):1 进行行间作,魔芋软腐病的平均发病率较单作魔芋降低 11.50%~29.27%,控制效果高达 35.88%~91.30%。同时研究分别进行了净种玉米、净种魔芋及 2 行玉米套种 1 行魔芋,4 行玉米套种 2 行魔芋等不同行比的种植方式控制魔芋软腐病和玉米大小斑病的同田对比试验。试验结果表明,所有玉米与魔芋套种试验处理的魔芋软腐病均比净种魔芋处理发病轻,防效达 12.8%~62.1%。与净栽玉米相比,对玉米大小斑病的防治效果为 15.3%~72.8%。田间对比试验结果表明,玉米与魔芋多样性优化种植对病害有明显的控制作用。

目前研究认为,多样性种植控制魔芋软腐病主要机制可能是:①物理稀释和阻隔效应。稀释效应表现在降低感病物种数量在单位空间上的密度,即增加魔芋与魔芋单株之间的距离,降低了感病植株的空间密度,病原传播的可能性降低,从而减轻发病;物理阻隔效应表现在魔芋、玉米合理搭配形成的植株群体互为病害蔓延的物理屏障,抗病物种将感病物种隔开,从而产生空间隔离效应,阻挡病原菌的传播,有效减少致病的初侵染源,条带套种对接触传播或雨水传播(魔芋软腐病)的病害阻隔传播效果明显。②气象因子。高秆玉米和矮秆魔芋间作,挡住了大部分的阳光,防止其直射土壤,降低了地温,使病原菌繁殖速度变慢,改变了魔芋软腐病发生的微气象条件。③养分因子。多样性种植可协调不同作物之间养分吸收的局限性,增加土壤中养分的有效性,提高土壤酶的活性,减少病害的发生。④生物因子。利用植物根系分泌物对土壤微生物的相生相克作用可减轻植物病害。增加植物多样性就能促进土壤微生物生长发育和活动,增加土壤有益微生物群落多样性、种群数量和活性,提高和稳定土壤微生物群落结构与功能,改善作物根系微生态系统平衡,减少病害发生。

2.2.1.3 麦类和蚕豆多样性间作控病效果

麦类和蚕豆是南方主要的粮饲作物。麦类锈病和蚕豆赤斑病是麦类和蚕豆生产上主要的两种病害。净作条件下由叶锈病菌(*Puccinia hordei* G. otth)引起的麦类锈病常年造成产量损失 20%~30%。蚕豆赤斑病(*Botrytis fabae* Sard.)常年损失为 10%~20%,重发年份可达 40%以上,流行年份造成的产量损失为 75%以上,严重时绝产。长期单一品种的大面积种植是导致麦类锈病、蚕豆赤斑病病害大面积流行的重要因素,为了控制这些病害的发生,往往整个生产过程需使用农药 5~7 次,同时使脆弱的农田生态环境受到日益严重的污染和破坏。研究表明,利用生物多样性与生态平衡的原理,进行麦类作物和蚕豆多样性的优化布局和种植,增加农田的物种多样性和农田生态系统的稳定性,能有效地减轻作物病害的危害。

1. 小麦与蚕豆多样性间作对病害的控制效果

云南农业大学于 2001—2002 年开展了 1~10 行小麦与 1~2 行蚕豆不同行比间种控制小麦锈病的研究。结果表明,小麦和蚕豆的间作模式对小麦锈病具有显著的防治效果,尤其蚕豆与小麦行比 1:(5~8)对锈病的防治效果达 40%以上。根据控病增产的效应及农事操作的便利性,筛选出了控病增产效应最高的行比模式:4~7 行小麦间作 1~2 行蚕豆,小麦和蚕豆的植株群体比例为(8～12):1。杨进成等(2004)于 2002 2007 年在云南省玉溪市进行小麦和蚕豆的间作比例为 7:2 间作与单作同田对比试验。结果表明,不同年份和各组试验小麦蚕豆间作比单作对主要病虫害都有不同程度的持续控制效果。间作对小麦锈病、小麦白粉病、蚕豆赤斑病的控制效果分别为 30.40%～63.55%、25.60%～49.36% 和 31.51%～45.68%,间作增加蚕豆单株根瘤生物量 1.53～7.27 g;增加小麦产量 0.28～0.63 t/hm²,提高蚕豆产量 2.14‥5.72 t/hm²,提高经济效益 22.16%‥34.25%。

因此,小麦与蚕豆间作不但对病害具有很好的控制效果,而且能很好地改善了小麦和蚕豆的产量构成因素、增加了蚕豆叶片的光合效率和蚕豆持续固氮供氮能力,从而明显地提高增产和增收效益。

2. 大麦与蚕豆多样性间作对病害的控制效果

大麦与蚕豆合理的间作对大麦和蚕豆病害也具有明显的控制效果。7 行大麦和 2 行蚕豆间作对病害的控制效果研究表明,大麦叶锈病病情严重度降低 6.19%～13.72%,防治效果达 20%～39%;蚕豆赤斑病的病情严重度降低 27.16%～34.44%,防治效果达 51%～53%。从增产效果看,间作大麦的单位面积产量较单作大麦稍有降低,由于间作蚕豆不占额外的土地面积,与单作大麦相比,多收的部分实际上就是蚕豆的产量,而间作蚕豆的单株产量比单作蚕豆的产量高 1.84～1.86 g。大麦/蚕豆间作较单作大麦增产 17.91%～19.02%,较单作蚕豆增产 95.12%～96.78%。土地当量比 LER=1.31。表明大麦/蚕豆间作有利于彼此间作物的良好生长,间作蚕豆与单作对照相比,单株根瘤菌鲜重增加 45.53%～55.20%。

从试验结果看,小麦(大麦)/蚕豆间作防病的主要原因可能有:①阻隔效应。小麦(大麦)、蚕豆的病害,分类不同,对寄主有专一性,不能互相转主寄生,因此,实行间作后作物间互为屏障,阻碍孢子的传播蔓延而减轻危害。由于蚕豆本身的植株比大麦和小麦植株高 30～50 cm,因此蚕豆对病害的阻挡作用可能较为明显。②稀释效应。间作田块单位面积上感病植株的密度降低而减缓病害发展的进程。由于小种亲和寄主的菌源数量减少,导致初侵染菌量和再侵染菌量的稀释。③微生态效应。如大麦/蚕豆间作田块,中间栽蚕豆品种大白豆明显高于主栽大麦品种切奎纳,使间栽品种植株上部的相对湿度降低,缩短了露珠在蚕豆植株、叶片上停留时间,从而减少适宜发病的条件。

2.2.1.4 玉米和马铃薯多样性间作控病效果

马铃薯晚疫病、玉米叶斑病是马铃薯和玉米生产上的重要病害,也是迄今为止难以防治的重要病害。利用玉米和马铃薯多样性间作也是控制这类病害的有效方法。云南农业大学于 2001 年和 2002 年在云南省会泽县 3 个试验点进行了玉米与马铃薯不同行比间作控病试验(Li *et al*.,2009)。试验结果表明,玉米与马铃薯以不同行比间作与玉米大小斑病发病率、病情指数和防治效果存在相关性。不同种植模式的发病率、病情指数随着玉米种植密度的增大而增大,防效随着种植密度的减小而增大。如 2 行玉米 2 行马铃薯间作与 2 行玉米与 3 行马铃薯间作比较,随着玉米种植密度减少,发病率由 13.33% 降至 11.03%,病情指数由 4.14 降至 3.98,防效由 30.53% 增大至 38.00%。综合控病效果和产量情况,试验筛选出了玉米马铃薯行比(2～4):2 的种植模式用于生产。目前,云南省东北部的昭通、曲靖等地马铃薯和玉米均采用这种方式种植,既能减轻病害又能提高土地利用率。

但多年的田间观察表明,玉米和马铃薯间作对高秆玉米病害控制效果较好,但加重矮秆马铃薯晚疫病的发生危害。进一步用玉米马铃薯 2 套 2 的模式进行了气象因子深入研究表明

(表 2.10),玉米马铃薯高矮株型配置立体群体与对照单一群体相比,高秆群体的平均风速提高 35.16%,透光率增加 26.51%,相对湿度降低 8.88%,植株结露面积减少 29.69%,病情指数降低 51.05%。对矮秆马铃薯群体有负面影响,平均风速降低 34.69%,透光率降低 17.29%,相对湿度增加 9.15%,植株表面结露面积增加 10.79%,病情指数增加 37.95%(He *et al.*,2010)。

表 2.10　玉米和马铃薯多样性间作与净作群体中气象因子差异比较

作物		风速 /(m/s)	透光率/%	相对湿度 /%	结露面积 /%	病情指数 /%
净作	玉米	1.28	55.33	75.23	71.42	10.8
	马铃薯	1.32	63.54	72.44	72.16	22.58
间作	玉米	1.73	81.85	66.35	41.73	7.15
	马铃薯	0.98	46.25	81.59	82.95	31.15

2.2.2　物种多样性错峰种植对病害的控制效应

物种多样性间作模式中高秆作物的行距加大,通风透光好,可以有效减轻地上部分病害的发生危害,但对矮秆群体有负面影响,植株冠层平均风速、透光率降低,相对湿度和植株表面结露面积增加,叶部病害反而会加重。针对这一问题,云南农业大学朱有勇教授团队针对中国西南山区作物病害发病高峰与降雨高峰重叠难以防治的难点,进行了种植结构调整,时间上将易感病作物提前或推后播种避开了降雨高峰,空间上进行间套种,将作物行距拉宽,株距缩小,通风透光减轻病害,降低作物病害的发生。通过时空优化作物与环境的配置,合理利用农业生态结构,适应最佳生态环境,实现优质高产高效。这些研究结果对作物病害的生态防治和增加粮食产量有重要现实意义(Li *et al.*,2009;He *et al.*,2010)。

2.2.2.1　马铃薯多样性错峰种植对病害控制效果

马铃薯晚疫病是迄今为止难以防治的重要病害。5~10 月是我国西南地区马铃薯和玉米的常规种植季节,5 月中旬播种 10 月收获。但是,该地区受季风气候影响,6~10 月为降雨季节,7、8、9 月为降雨高峰期,降雨量占全年雨量的 60% 以上。8 月田间马铃薯和玉米植株茂密,又值降雨高峰,连续阴雨日照低,适宜马铃薯晚疫病暴发流行。云南农业大学通过降雨与晚疫病发生发展规律的研究,明确了西南山区降雨与晚疫病病害的高峰期重叠关系,尤其是 7~9 月连续降雨,田间空气相对湿度高是晚疫病发生流行主要因素。根据目前农药防治和抗病品种等常规措施的局限,开展了马铃薯与玉米或甘蔗时空优化配置研究,提前或推后马铃薯播种,使马铃薯的主要生长时期避开 7~9 月降雨高峰期,减轻晚疫病危害。试验证明在西南山区合理地提前或推后马铃薯种植是减轻晚疫病危害的简单有效措施之一。

1. 马铃薯提前错峰种植控病效果

马铃薯晚疫病发生流行与雨水密切相关,马铃薯与其他作物多样性错峰种植是在间作体系中,其他作物的播期不变,将马铃薯提前至 3 月上旬播种,7 月上旬收获,避开 7~9 月降雨高峰。提前错峰种植可以有效地避开雨水集中季节,减少病害的危害,同时可以提高土地利用率,增加粮食产量。目前在云南省主要的提前错峰种植方式有马铃薯与玉米错峰种植、马铃薯与甘蔗错峰种植等模式。

马铃薯与玉米错峰种植控制马铃薯晚疫病。2006 年和 2007 年在宣威县与农民合作,进行了玉米与马铃薯时空优化套种增产粮食和控制病害的大田试验。选用的马铃薯品种是会-2号,试验区 4 月 2 日播种,7 月 15 日收获;对照小区 5 月 20 日播种(当地常规播种期),9 月 2日收获。玉米品种为会单 4 号,处理和对照均在 5 月 20 日播种,9 月 15 日收获。两年试验结果表明(表 2.11),间作马铃薯产量分别是对照的 57.91% 和 59.96%,玉米产量分别是对照的73.36% 和 73.49%;间作总产量比对照分别增加 31.27% 和 33.45%;土地利用率提高至 1.31和 1.33。间作增产原因,一方面是作物高矮种植增强了田间植株群体通风透光,利于作物生长。另一方面,马铃薯提前播种和收获,避开了 7 月和 8 月云南降雨多的晚疫病发病高峰期,降低了晚疫病的损失。试验结果表明,与生长期落入雨季的正常播种相比,马铃薯品种会-2提前种植的晚疫病平均降低病情指数分别为 55.2% 和 44.7%;合作 88 平均降低病情指数分别为 51.2% 和 48.4%。马铃薯收获后,套种玉米行距空间宽,减少湿度和植株表面露珠,降低发病,病害调查表明,2006 年和 2007 年与马铃薯套种玉米品种会单 4 号的大斑病平均降低病情指数分别为 19.1% 和 21.1%;小斑病两年分别降低 25% 和 40%。由于增产和控病效果明显,该模式已成为当地种植玉米和马铃薯主要方法,约 70% 农民采用该模式生产。

表 2.11 马铃薯提前错峰种植系统中玉米和马铃薯病害发生情况

年份	处理	马铃薯晚疫病				会单 4 号			
		会-2		合作 88		大斑病		小斑病	
		发病率/%	病情指数	发病率/%	病情指数	发病率/%	病情指数	发病率/%	病情指数
2006	提前间作	28.3	1.7	27.8	1.9	27.5	1.7	9.5	0.3
	正常净作	64.2	3.8	67.5	3.9	33.7	2.1	11.2	0.4
2007	提前间作	35.2	1.8	33.7	1.7	25.8	1.5	8.3	0.3
	正常净作	55.4	3.5	60.1	3.3	28.4	1.9	12.5	0.5

马铃薯与甘蔗错峰种植控制马铃薯晚疫病。云南省和广西壮族自治区每年种植甘蔗 200 余万 hm²。甘蔗生育期长,每年 1 月前后种植,12 月前后收获。甘蔗前期生长缓慢,5 月份之前还未封行。根据甘蔗生长前期植株矮小蔗田空间大,行间有充足的空间进行作物间作,且蔗区光热条件充足的特点,每年的 1 月份播种马铃薯,4 月份即可收获。这种种植方式既可以提高土地利用率,又可以使马铃薯生产有效地避开 7~9 月雨季发病高峰,减少病害损失。

2. 马铃薯推后错峰种植控病效果

马铃薯推后错峰种植是利用一些作物生育期短且种植区域无霜期短的特点,在这些作物生长的中后期(7 月上旬)套种马铃薯,利用 8~11 月充足的光温水资源进行马铃薯生产,同时可以避开 7~9 月雨季病害高发季节的危害。9 月降雨高峰过后,马铃薯现蕾开花,晚疫病发生流行期避开降雨高峰,推后种植与对照相比避开阴雨降雨日 47%,避雨避病效果显著。

2007 年和 2008 年在云南省陆良县和宣威市进行了推后节令避雨避病的试验。试验结果表明,2007 年和 2008 年马铃薯品种会-2 推后种植平均降低病情指数分别为 36.8% 和 40.6%

（表 2.12）；合作 88 平均降低病情指数分别为 42.4% 和 35.5%。2006 年和 2007 年马铃薯套种玉米品种宣黄单的大斑病平均降低病情指数分别为 13.3% 和 5.8%；小斑病两年分别降低 0 和 25%，马铃薯推后种植产生了避雨避病的良好效果。上述同田小区进行了产量测定，测定结果表明，对照净种马铃薯两年平均产量为 21.62 t/hm²，提前种植马铃薯产量为 17.01 t/hm²，是净种马铃薯产量的 78.68%；对照净种玉米平均产量为 10.31 t/hm²，处理套种玉米平均产量为 10.10 t/hm²，是净种玉米产量的 97.96%；处理小区马铃薯和玉米与对照相比的综合产量增加。试验结果表明推后马铃薯种植，没有显著影响玉米产量，而马铃薯产量为单位面积上多增加的产量。

表 2.12　马铃薯推后错峰种植系统中玉米和马铃薯病害发生情况

| 年份 | 处理 | 马铃薯晚疫病 | | | | 宣黄单 | | | |
| | | 会-2 | | 合作 88 | | 大斑病 | | 小斑病 | |
		发病率/%	病情指数	发病率/%	病情指数	发病率/%	病情指数	发病率/%	病情指数
2007	推后间作	37.1	0.24	27	0.19	25.8	0.13	9.1	0.03
	正常净作	61.2	0.38	67.5	0.33	24.7	0.15	9.2	0.03
2008	推后间作	34.5	0.19	35.8	0.2	25.8	0.16	8.3	0.03
	正常净作	53.3	0.32	51.5	0.31	28.4	0.17	9.5	0.04

2.2.2.2　玉米多样性错峰种植对病害的控制效应

1. 玉米提前错峰种植控病效果

云南省每年种植甘蔗 30 余万 hm²，甘蔗生育期为 1 年。根据甘蔗生长前期植株矮小蔗田空面大，蔗区光热条件充足的资源，2005 年在弥勒县，2006 年在弥勒县、石屏县和永德县与农民合作分别进行了 80 hm² 和 3 582 hm² 甘蔗前期套种植玉米试验。选用的甘蔗品种新台糖 2 号，1 月 5 日插栽，12 月 25 日收获；玉米品种旬单 7 号，套种区玉米 2 月 20 日播种，6 月 30 日收获；净种甘蔗对照区插栽时间同前，净种玉米对照区 5 月 15 日播种，9 月 25 日收获。两年试验结果表明，套种玉米与净栽甘蔗对照的甘蔗产量无差异，而处理平均分别增产玉米 4.77 t/hm² 和 4.72 t/hm²，分别是净种玉米对照产量的 64.02% 和 63.18%，土地利用率为 1.63 和 1.64。套种与净种的甘蔗黄斑病病情指数无差异，而套种的玉米大斑病比对照净种分别下降 55.89% 和 49.60%，这可能是套种玉米生长期降雨少，对照生长期降雨多所致。

2. 玉米推后错峰种植控病效果

云南省是中国烟草主产区，每年种植烟草 40 余万 hm²，长期形成了夏季种植烟草，冬季种植麦类、油菜、蚕豆等作物的一年两熟种植习惯。根据烟草后期至小麦播种前农田空闲期的热量、雨量和光照的统计分析，2005 年在弥勒县烟草后期试种玉米成功。2006 年在该县虹溪乡与本地农民合作进行 325 hm² 试验，2007 年在弥勒县和楚雄县 6 个乡进行了 4 162 hm² 大面积试验。试验选用的烟草品种云烟-87，4 月下旬日移栽烟草秧苗，6 月中旬开始采收烟叶，8 月上旬烟草采收完毕。玉米品种会单-4，7 月中旬播种于烟草田块（烟草采收后期），11 月上旬收获玉米。净种烟草的对照田块移栽和收获时间相同，但不套种玉米；净种玉米对照田块按常规 5 月下旬播种，9 月下旬收获。试验结果表明，处理和对照的烟草产量和质量无差异，而处理平均分别增产玉米为 5.88 t/hm² 和 5.91 t/hm²,是对照净种玉米产量的 84.72% 和 84.54%。烟草赤星病情指数处理与对照无差异,处理的玉米大斑病则下降 17% 和 19.72%。处理的土地利用率分别为 1.84 和 1.83。

2.3 作物多样性轮作对病害的控制效应

轮作是指在同一块田地上有顺序地轮换种植不同的作物或不同复种组合的种植方式。中国早在西汉时就实行休闲轮作。北魏《齐民要术》中有"谷田必须岁易"、"麻欲得良田,不用故墟"等记载,已经指出了作物轮作的必要性。长期以来中国旱地多采用以禾谷类为主或禾谷类作物、经济作物与豆类作物的轮换,或与绿肥作物的轮换,有的水稻田实行与旱作物轮换种植的水旱轮作。

轮作是从时间上利用生物多样性的种植模式,也是用地养地相结合的一种生物学措施。轮作可以改变农田生态条件,改善土壤理化特性,增加生物多样性,尤其非寄主植物的轮作可以免除和减少某些连作所特有的病虫草的危害。

2.3.1 轮作对作物病害的防治

作物长期连作,土壤中病原物逐年积累,会使病害逐年加重。连作条件下,栽培环境单一,尤其是保护地长期不变的适宜温湿度,前茬根系分泌物和植株残茬也为病原物提供了丰富的养分、寄主条件和良好的繁殖生长条件,使得病原物数量不断增加,拮抗菌不断减少,病害发生日益加重。可见,作物多样性匮乏是加重病虫害的重要因子。因此,合理地增加作物多样性,就能促进土壤微生物生长发育和活动,增加土壤有益微生物群落多样性、种群数量和活性,提高和稳定土壤微生物群落结构与功能,改善作物根系微生态系统平衡,减少土传病害,有助于减轻连作障碍。

生产上非寄主植物的轮作,是增加农田生物多样性的有效方法之一,也是防治土传病害的有效措施。合理轮作换茬,因食物条件恶化和寄主的减少而使那些寄生性强、寄主植物种类单一及迁移能力弱的病原菌大量死亡,从而切断病害的侵染循环。另外,轮作不仅可以协调不同作物之间养分吸收的局限性,增加土壤中养分的有效性,还可以通过根系分泌物的变化,减少自毒作用,改善根围微生物群落结构,增加根际有益微生物的种类和数量,从而抑制病原微生物的生长和繁殖(Kennedy and Smith,1995;Janvier et al.,2007)。近年的研究还表明,轮作作物根系分泌的抑菌物质对土壤中非寄主病原菌的抑制是减轻病害的主要原因之一。Park等(2004)研究表明,玉米可以通过根系分泌两种抗菌化合物(6R)-7,8-二氢-3-氧代-α-紫罗兰酮和(6R,9R)-7,8-二氢-α-紫罗兰醇抑制茄子枯萎病菌的生长。生产实践表明,甜菜、胡萝卜、洋葱、大蒜等根系分泌物可抑制马铃薯晚疫病、辣椒疫病、十字花科根肿病的发生。

作物轮作对减少和阻止病害的传播具有巨大的潜力。适宜的作物轮作、辅助农业措施和化学防治是目前防治真菌、卵菌、细菌和线虫病害的有效方法,但防效与病原菌的特性有关。

2.3.1.1 轮作对土传病害的防治

轮作对寄生性强的土传病原菌具有较好的防治效果。将感病的寄主作物与非寄主作物实行轮作,便可消灭或减少这些病菌在土壤中的数量,减轻病害。合理轮作换茬,可以使那些寄生性强、寄主植物种类单一及迁移能力小的病虫因食物条件恶化和寄主的减少而大量死亡。腐生性不强的病原物如马铃薯晚疫病菌等由于没有寄主植物而不能继续繁殖。轮作是防治细菌性青枯病的有效手段,因为这些病原菌在田间无感病寄主的情况下不能增殖。如果田间缺乏寄主一年以上,病原菌的群体便会下降。例如,茄科作物与大豆、玉米、棉花和高粱等作物轮作一年便能有效地减少青枯病的危害。何念杰等(1995)经过4年研究指出,稻烟轮作能有效地控制烟草青枯病等土传病害,并能减轻烟草赤星病和野火病等叶斑类病害的危害,且以稻田首次种烟的病害最轻,春烟和晚稻隔季轮作次之。

有的病原菌虽然寄生能力强,但能产生抗逆性强的休眠体,可在缺乏寄主时长期存活,故只有长期轮作才能表现防治效果。例如,由辣椒疫霉菌(*Phytophthora capsici* Len.)侵染引起的辣椒疫病是一种世界性分布的毁灭性病害。该病原菌寄生性较强,但病菌主要以卵孢子和厚垣孢子在土壤中或残留在地上的病残体内越冬,是典型的土壤习居菌。实行轮作是防治辣椒疫病的主要措施,但卵孢子在土壤中一般可以存活3年。因此,与非茄果类和瓜类作物轮作3年以上轮作才能有效防治疫病的发生。引起十字花科植物根肿病的芸苔根肿菌(*Plasmodiophora brassicae* Wornin)是专性寄生菌,只能侵染甘蓝、白菜、花椰菜、苤蓝、芥菜、萝卜、芜菁等十字花科植物。目前轮作是防治该病的主要措施,但由于根肿菌可以休眠孢子囊随病残体在土壤中存活6～7年,因此短期轮作并不能达到控制根肿病的目的。生产上必须与其他非寄主作物进行3年以上轮作或水旱轮作才能减轻病害的发生和危害。

有的病原菌腐生性较强,可在缺乏寄主时长期存活,也需要长期轮作才能表现防治效果。例如,瓜类枯萎病是瓜类作物上的一种重要土传病害,该病由腐生性较强的半知菌类镰刀菌属真菌尖孢镰刀菌(*Fusarium oxysporum* Schlecht.)或瓜萎镰刀菌(*Fusarium bulbigenum* Cke. Et Mass. var. *niveum* (E. F. Sm.) Wr.)侵染所致。病菌主要以菌丝和厚垣孢子在土壤、病残体、种子及未腐熟的带菌粪肥中越冬,成为翌年的初侵染来源。该类病菌的生活能力极强,在土壤中可存活5～6年。因此,该病的防治最好与非瓜类作物轮作6～7年。

2.3.1.2 轮作对叶部病害的防治

一些引起作物叶部病害的病原菌,虽然不能侵染根部,但能在土壤或地表病残体上越冬,轮作也可以有效减少一些气传病害的初侵染来源。作物早疫病菌、引起瓜类病害的尾孢菌和大多数叶部细菌病害的初侵染源都可以通过清除病残体和一年轮作得到很好控制。例如,引起玉米灰斑病的玉蜀黍尾孢菌(*Cercospora zeae-maydis* Tehon et Daniels)以菌丝体、子座在病株残体上越冬,成为第二年田间的初侵染来源。该菌在地表病残体上可以存活7个月,但埋在土壤中的病残体上的病菌则很快丧失生命力。因此,玉米收获后,及时深翻土壤结合一年轮作,可以有效减少越冬病原菌数量。

2.3.1.3 轮作对线虫病害的防治

作物轮作也能有效控制一些寄生线虫的危害。利用非寄主作物轮作一定年限后使线虫在土壤中的虫卵或虫体群体数量降低至经济受害水平以下的阈值,然后再种植感病作物,能有效地降低线虫的危害。例如,大豆是典型的不耐重、迎茬的作物,且受大豆胞囊线虫的危害严重。大豆胞囊线虫是专性寄生物,而且寄主范围很窄,仅限于少数豆科植物,轮作非寄主植物,使线虫找不到寄主便会死亡。研究发现轮作是防治大豆胞囊线虫病最经济有效的措施,轮作植物与大豆胞囊线虫间的关系的研究也备受关注。李国祯等的调查数据显示随着大豆轮作年限的减少和连作年限的增加，每株大豆根上的胞囊数是逐渐增加的（李国祯等，1993）。董晋明（1988）以山西当地大豆农家品种重茬为对照，轮作年限分别为3、4、5年三个处理。结果表明，轮作使土壤中的胞囊有减退趋势，但并无规律可循。靳学慧等（2006）研究表明，长期轮作使土壤中胞囊数量有减少的趋势，轮作12年后土壤中胞囊数量达到动态平衡。王克安等（2000）研究表明小麦-大麦-大豆的轮作方式对大豆胞囊线虫有较好的防治效果，小麦-玉米-大豆的轮作方式对减少大豆胞囊线虫数量有明显效果，而小麦-油菜-大豆的轮作方式防治效果最差。肖枢等（1997）通过研究烟草根结线虫与轮作的关系表明，轮作可显著降低虫口密度，减少线虫种群。

轮作对大豆胞囊线虫的防治与轮作作物根系分泌物对卵孵化的影响有关。作物的根分泌物是胞囊和卵孵化的一个重要影响因子，寄主根分泌的化学物质对大豆胞囊线虫卵孵化具有促进作用，非寄主植物高粱、玉米/万寿菊、红三叶草和棉花等根渗出物能抑制大豆胞囊线虫卵孵化（杨岱伦等，1984；刘淑霞等，2011；于佰双等，2009）。

2.3.2　轮作方式对病害防效的影响

作物合理轮作能有效地防治病害，但轮作对病害的有效防治必须建立在对病原菌发生流行规律充分了解的基础上选择合理的轮作作物、轮作年限和轮作方式等。

2.3.2.1　轮作作物的选择与病害防效的关系

（1）作物种类的选择。同种作物有同样的病虫害发生，不同科作物轮作，可使病菌失去寄生或改变其生活环境，达到减轻或消灭病虫害的目的。一种作物需要与另外其他科的作物至少轮作两年。例如，轮作的科可以包括十字花科（Brassicaceae）、菊科（Asteraceae）、茄科（Solanaceae）、葫芦科（Cucurbitaceae）等。

（2）作物化感特性的选择。部分作物品种的根际分泌物可以抑制一些土壤病原物的生长，生产上可以考虑利用前茬作物根系分泌的杀菌物质抑制后茬作物病害的发生。生产实践表明，葱属作物（蒜、葱、韭菜等）与其他作物轮作对土传病害的防治效果好（金扬秀等，2003；Nazir et al.，2002；Kassa et al.，2006；Zewde et al.，2007）。如栽培葱蒜类后，种植大白菜可以减轻白菜软腐病。前茬是洋葱、大蒜、葱等作物，马铃薯晚疫病和辣椒疫病的发生轻。

2.3.2.2　轮作年限与病害防效的关系

轮作对土传病害的防治效果与轮作时间长短有关系。通常，一种作物与其他非寄主作物轮作4年可以有效降低土传病害。但对于腐生性较强，或能产生强抗逆性休眠体的病原物，可在缺乏寄主时长期存活，故只有长期轮作才能表现防治效果。如十字花科根肿病、莴苣菌核病和镰刀菌引起的枯萎病等（表2.13）。4年或更长年限的轮作才能降低这些病害的危害。

表 2.13　常见土传病害的轮作周期

作物	病害	非寄主作物轮作年限
芦笋（Asparagus）	镰刀菌根腐病（Fusarium rot）	8
甘蓝（Cabbage）	十字花科根肿病（Clubroot）	7
甘蓝（Cabbage）	甘蓝黑根病（Blackleg）	3～4
甘蓝（Cabbage）	甘蓝黑腐病（Black rot）	2～3

续表 2.13

作物	病害	非寄主作物轮作年限
甜瓜(Muskmelon)	镰刀菌萎蔫病(Fusarium wilt)	5
牛蒡(Parsnip)	根腐病(Root canker)	2
豌豆(Peas)	根腐病(Root rots)	3~4
豌豆(Peas)	镰刀菌萎蔫病(Fusarium wilt)	5
南瓜(Pumpkin)	黑腐病(Black rot)	2

2.3.2.3 合理的轮作方式可以缩短轮作周期

虽然对一些腐生性较强,或能产生抗逆性强的休眠体的病原物需要长期轮作才能有效控制病害,但可以根据病原菌的特点采用合理的轮作方式,创造一些不利于病原存活的环境条件从而缩短轮作周期。

(1) 水旱轮作缩短轮作周期。例如,防治茄子黄萎病需实行5~6年旱旱轮作,但改种水稻后只需1年。核盘菌(*Sclerotinia sclerotiorum* (Lib) de Bary)是具有广泛寄主的病原菌,除了危害十字花科植物外,还能侵染豆科、茄科、葫芦科等19科的71种植物。该菌可以形成菌核,菌核在温度较高的土壤中能存活1年,在干燥的土壤中可以存活3年以上,但土壤水分含量高的情况下,菌核一个月便腐烂死亡。与禾本科作物旱旱轮作需3年以上,有条件的地区实行水旱轮作一年便可以有效降低病害的发生。

(2) 合理耕作缩短轮作周期。例如,白绢病菌通常只能在5~8 cm深土表存活一年,玉米灰斑病菌、大小斑病菌等叶部病原菌能在地表病残体上短期存活,但埋在土壤中的病残体上的病菌则很快丧失生命力。因此,深耕结合短期轮作能有效降低病害的发生。

(3) 条带轮作缩短轮作周期。长期轮作会造成用地矛盾,不同作物条带轮作,减少土壤病原菌积累和初侵染源,可缩短轮作周期。云南农业大学研究表明,魔芋与玉米、马铃薯与玉米、小麦与蚕豆等作物条带轮作能有效降低病情指数,减少病害危害,克服用地矛盾。条带轮作与连作对照相比,魔芋软腐病和玉米大小斑病平均分别降低病情指数26.74%和7.15%;玉米大小斑病和马铃薯晚疫病平均分别降低8.06%和11.66%,小麦条锈病和蚕豆褐斑病分别降低5.23%和6.12%。

参 考 文 献

巴沙拉特,丁效华,曾列先,等.2006.水稻抗白叶枯病基因的聚合育种.分子植物育种,4(4): 493-499.

曹克强,曾士迈.1991.小麦混合品种对条锈、叶锈及白粉病菌相互作用研究.博士论文,中国农业大学,北京.

曹克强,曾士迈.1994.小麦混合品种对条锈叶锈及白粉病的群体抗病性研究.植物病理学报,24:21-24.

陈红旗,陈宗祥,倪深,等.2008.利用分子标记技术聚合3个稻瘟病基因改良金23B的稻瘟病抗性.中国水稻科学,22(1):23-27.

陈利锋,徐敬友.2001.农业植物病理学.北京:中国农业出版社.

陈企村,朱有勇,李振岐,等.2008.小麦品种混种对条锈病发生程度的影响.西北农林科技大学学报(自然科学版),36(5):119-123.

陈学伟,李仕贵,马玉清,等.2004.水稻抗稻瘟病基因 $Pi\text{-}d(t)$、Pib、$Pita$ 的聚合及分子标记选择.生物工程学报,20(5):708-713.

邓其明,王世全,郑爱萍,等.2006.利用分子标记辅助育种技术选育高抗白叶枯病恢复系.中国水稻科学,20(2):153-158.

邓其明,周宇爝,蒋昭雪,等.2005.白叶枯病抗性基因 $Xa21$、$Xa4$ 和 $Xa23$ 的聚合及其效应分析.作物学报,31(9):1241-1246.

董晋明.1988.山西省大豆胞囊线虫病研究进展.山西农业科学,2:31-34.

房辉,朱有勇,王云月,等.2004.品种多样性混合间栽田间种植模式研究.//朱有勇.生物多样性持续控制作物病害理论与技术.昆明:云南科技出版社,512-517.

郭士伟,张彦,孙立华,等.2005.水稻白叶枯病抗性研究进展.中国农学通报,21(9):339-345.

何念杰,唐祥宁,游春平.1995.烟稻轮作与烟草病虫害关系的研究.江西农业大学学报,17(3):294-299.

侯明生,黄俊斌.2006.农业植物病理学.北京:科学出版社.

黄廷友,李仕贵,王玉平,等.2003.分子标记辅助选择改良蜀恢527对白叶枯病的抗性.生物工程学报,19(2):153-157.

金扬秀,谢关林,孙祥良,等.2003.大蒜轮作与瓜类枯萎病发病的关系.上海交通大学学报(农业科学版),3(1):9-12.

靳学慧,辛惠普,郑雯,等.2006.长期轮作和连作对土壤中大豆胞囊线虫数量的影响.中国油料作物学报,28(2):189-193.

李国祯,杨兆英.1993.抗大豆胞囊线虫病育种的进展.大豆通报,3:27-29.

李明晖,王贵学,王凤华,等.2005.水稻抗白叶枯病基因及其抗病机理的研究进展.中国农学通报,21(11):307-310.

李振岐,商鸿生.2005.中国农作物抗病性及其利用.北京:中国农业出版社.

李振岐.1995.植物免疫学.北京:中国农业出版社.

李振岐.1998.我国小麦品种抗条锈性丧失原因及其控制策略.大自然探索,17(4):21-24.

刘二明,朱有勇,肖放华,等.2003.水稻品种多样性混栽持续控制稻瘟病研究.中国农业科学,36(2):164-168.

刘丽芳,唐世凯,熊俊芬,等.烤烟间套作木樨和甘薯对烟叶含钾量及烟草病毒病的影响.中国农学通报,2006,22(8):238-241.

刘淑霞,潘冬梅,魏国江,等.2011.轮作防治大豆胞囊线虫病的研究现状.黑龙江科学,2(1):35-47.

刘旭,董玉琛.2003.中国农用植物多样性与农业可持续发展.第三届全国生物多样性保护与持续利用研讨会.

马占鸿.2010.植病流行学.北京:科学出版社.

彭磊,卢俊,何云松,等.2006.农业综合措施防治魔芋软腐病.北方园艺,4:176

47

彭磊,孙雁,王云月,等.2004.玉米魔芋多样性间作控制魔芋软腐病害研究//朱有勇.生物多样性持续控制作物病害理论与技术.昆明:云南科学技术出版社,574-579.

秦钢,李杨瑞,李道远,等.2007.水稻白叶枯病抗性基因 $Xa4$、$Xa23$ 聚合及分子标记检测分子植物育种,5(5):625-630.

孙雁,周天富,王云月,等.2006.辣椒玉米间作对病害的控制作用及其增产效应.园艺学报,33(5):995-1000.

孙雁、王云月,等.2004.小麦蚕豆多样性间作与病害控制田间试验//朱有勇.生物多样性持续控制作物病害理论与技术.昆明:云南科学技术出版社,543-551.

王克安,马芳.2000.不同轮作方式对大豆胞囊线虫消长的影响试验初报.大豆通报,3:12.

王云月,范金祥,赵建甲,等.1998.水稻品种布局和替换对稻瘟病流行控制示范试验.中国农业大学学报,3(增刊):12-16.

吴俊,刘雄伦,戴良英,等.2007.水稻广谱抗稻瘟病基因研究进展.生命科学,19(2):233-238.

吴新博.2001.系统论与农业现代化模式.系统辩证学学报,9(2):64-66.

谢红军,王建龙,陈光挥.2006.水稻稻瘟病抗性育种研究进展.作物研究,5:417-421.

谢联辉.2006.普通植物病理学.北京:科学出版社.

徐建龙,林贻滋,翁锦屏,等.1996.Convergence of resistance genes to bacterial blight in rice and its genetic effect. Acta Agronomica Sinica(作物学报),22(2):129-134.

杨昌寿,孙茂林.1989.对利用多样化抗性防治小麦条锈病的作用的评价.西南农业学报,2:53-56.

杨岱伦.1984.大豆胞囊线虫的生物学研究.辽宁农业科学,5:23-26.

杨国胜.1998.小麦、烤烟、晚稻间套轮作栽培技术.作物杂志,3:30.

杨进成,杨庆华,等.2004.小春作物多样性控制病虫害实验研究初探//朱有勇.生物多样性持续控制作物病害理论与技术,昆明:云南科技出版社,536-542.

易懋升,丁效华,张泽民,等.2006.水稻抗白叶枯病恢复系的分子育种.华南农业大学学报,27(2):1-4.

于佰双,段玉玺.2009.轮作植物对大豆胞囊线虫抑制作用的研究.大豆科学,2:34～37.

曾祥艳,陈孝,张增艳,等.2006.小麦多基因聚合体 YW243 的改良与利用.作物学报,32(5):645-649.

曾祥艳,张增艳,辛志勇,等.2005.分子标记辅助选育兼抗白粉病、条锈病、黄矮病小麦新种质.中国农业科学,38(12):2380-2386.

朱有勇,Hei Leung,陈海如,等.2004.利用抗病基因多样性持续控制水稻病害.中国农业科学,37(6):832-839.

朱有勇,陈海如,范静华,等.1999.水稻品种多样性持续控制稻瘟病田间试验//云南省植物病理重点实验室论文集(第三卷).昆明:云南科技出版社,66-74.

朱有勇,范金祥,王云辉,等.1999.品种混栽对稻瘟病持续控制示范试验//喻盛甫.云南省植物病理重点实验室论文集(第二卷).昆明:云南科技出版社,93-100.

朱有勇.2004.生物多样性持续控制作物病害理论与技术.昆明:云南科技出版社.

Akanda S I, Mundt C C.1996.Effects of two-component wheat cultivar mixtures on stripe rust severity. Phytopathology,86：347-353.

Bonman J M,Estrada B A,Denton R I. 1986. Blast management with upland rice cultivar mixtures. In：Progress in Upland Rice Research. Manila：International Rice Research Institute,375-382.

Borlaug N E. 1953. New approach to the breeding of wheat varieties resistant to *Puccinia graminis tritici*. Phytopathology,43：467.

Brophy L S,Mundt C C. 1991. Influence of plant spatial patterns on disease dynamics,plant competition and grain yield in genetically diverse wheat populations. Agriculture, Ecosystems and Environment,35：1-12.

Browning J A,and Frey K J. 1969. Multiline cultivars as a means of disease control. Annual Review of Phytopathology. 7：355-382.

Chin K M,Husin A N. 1982. Rice variety mixtures in disease control. Proceedings of International Conference of Plant Protection in the Tropics，241-246.

Daolin Fu,Cristobal Uauy,Assaf Distelfeld,*et al.* 2009. A *Kinase-Start* gene confers temperature-dependent resistance to wheat stripe rust. Science Express,323：1357-1360.

Dileone J A,Mundt C C. 1994. Effect of wheat cultivar mixtures on populations of *Puccinia striiformis* races. Plant Pathology,43：917-930.

Dubin H J， Wolfe M S. 1994. Comparative behavior of three wheat cultivars and their mixture in India,Nepal and Pakistan. Field Crops Research,39：71-83.

Finckh M R， Mundt C C. 1992. Stripe rust,yield,and plant competition in wheat cultivar mixtures. Phytopathology,82：905-913.

Garrett K A, Mundt C C. 1999. Epidemiology in mixed populations. Phytopathology,89：984-990.

Garrett K A， Mundt C C. 2000. Effects of planting density and the composition of wheat cultivar mixtures on stripe rust：An analysis taking into account limits to the replication of controls. Phytopathology,90：1313-1321.

Garrett K A， Mundt C C. 2000. Host diversity can reduce potato late blight severity for focal and general patterns of primary inoculum. Phytopathology,90：1307-1312.

Gieffers W，Hesselbach J. 1988. Krankheitsbefall und Ertrag verschiedner Geteridesorten im Reinund Mischanbau. Ⅲ. Winter weizen (*Triticum aestivum* L.). Zeitschrift fur Pflanzen Krankheiten PflanzenSchutz,95：182-192.

Gomez-Rodrfiguez O, Zavaleta-Mejfia E,Gonzalez-Hernandez V A,*et al.* 2003. Allelopathy and microclimatic modification of intercropping with marigold on tomato early blight disease development. Field Crops Research,83：27-34.

Hariri D,Fouchrd M,Prud'homme H. 2001. Incidence of *Soil-borne wheat mosaic virus* in mixtures of susceptible and resistant wheat cultivars. Eur. J. Plant Pathology, 107：625-631.

He X H,Zhu S S,Wang H N,*et al.* 2010. Crop diversity for ecological disease control in potato and maize. Journal of Resources and Ecology,1(1)：45-50.

Hei Leung，Youyong Zhu，Imelda Revilla-Molina，*et al*. 2003. Using genetic diversity to achieve sustainable rice disease management. Plant disease，87(10)：1155-1169.

Hittalmani S，Parco A，Mew T V，*et al*. 2000. Fine mapping and DNA marker—assisted pyramiding of the three major gene for blast resistance in rice. Theor. Appl. Genet. ,100：1121-1128.

Huang N，Angeles E R，Domingo，*et al*. 1997. Pyramiding of bacterial blight resistance gene in rice：marker-assisted selection using RFLP and PCR. Theor. Appl. Genet. ,95；313-320.

Jeger M J. 2000. Theory and plant epidemiology. Plant Pathology,49：651-658.

Jeger M J，Griffiths E，Jones D G. 1981a. Disease progress of non-specialised fungal pathogens in intraspecific mixed stands of cereal cultivars：Ⅰ. Models. Ann. Appl. Biol. , 98：187-198.

Jeger M J，Jones D G，and Griffiths E. 1981b. Disease progress of non-specialised fungal pathogens in intraspecific mixed stands of cereal cultivars：Ⅱ. Field experiments. Ann. Appl. Biol. ,98：199-210.

Kassa B，Sommartya T. 2006. Effect of Intercropping on potato late blight，*Phytophthora infestans*（Mont. ）de Bary development and potato tuber yield in Ethiopia. Kasetsart J. , 40：914-924.

Li C，He X，Zhu S，*et al*. 2009. Crop Diversity for Yield Increase. PLoS ONE. 4 (11)：e8049.

Mahmood T，Marshall D，and McDaniel M E. 1991. Effect of winter wheat cultivar mixtures on leaf rust severity and grain yield. Phytopathology,81：470-474.

Manthey R，and Fehrmann H. 1993. Effect of cultivar mixtures in wheat on fungal diseases，yield and profitability. Crop Prot,12：63-68.

Manwan I，Sama S，Rizvi S A. 1985. Use of varietal rotation in the management of rice tungro disease in Indonesia. Indonesia Agricultural Research Development Journal,7：43-48.

Matian W S. 2000. Crop strength through diversity. Nature,406：681-682.

Mew T W，Borrmeo E and Hardy B. 2011. Exploiting biodiversity for sustainable pest management. International Rice Research.

Mille B，Jouan B. 1997. Influence of varietal associations on the development of leaf and glume blotch and brown leaf rust in winter bread wheat. Agronomie,17：247-251.

Mundt C C，Brophy L S，Kolar S C. 1996. Effect of genotype unit number and spatial arrangement on severity of yellow rust in wheat cultivar mixtures. Plant Pathol，45：215-222.

Mundt C C. 2002a. Use of multiline cultivars and cultivar mixtures for disease management. Annu. Rev. Phytopathology,40：381-410.

Mundt C C. 2002b. Performance of wheat cultivars and cultivar mixtures in the presence of Cephalosporium stripe. Crop Prot. ,21：93-99.

Mundt C C. Use of host genetic diversity to control cereal diseases：implications for rice blast. ∥ Rice Blast Disease，ed. S Leong，RS Zeigler，PS Teng，pp. 293-307. Cambridge：CABI Int. ,1994.

Mundt C C，Brophy L S and Kolar S C. 1996. Effect of genotype unit number and spatial arrangement on severity of yellow rust in wheat cultivar mixtures. Plant Pathology, 45: 215-222.

Mundt C C, Brophy L S, Schmitt M E. 1995a. Disease severity and yield of pure-line wheat cultivars and mixtures in the presence of eyespot, yellow rust, and their combination. Plant Pathology, 44: 173-182.

Mundt C C, Brophy L S, Schmitt M E. 1995b. Choosing crop cultivars and mixtures under high versus low disease pressure: a case study with wheat. Crop Prot. ,14:509-515.

Mundt C C, Hayes P M and Schon C C. 1994. Influence of barley variety mixtures on severity of scald and net blotch and on yield. Plant Pathology, 43: 356-361.

Nazir M S, Jabbar A, Ahmad I, et al. 2002. Production potential and economic of intercropping in Autumn-planted sugarcane. International Journal of Agriculture & Biology, 4(1): 139-142.

Priyadarisini V B, Gnanamanickam SS. 1999. Occurrence of subpopulation of Xanthomonas oryzae pv. Oryzae with virulence to rice cv. IR-RBB21 (Xa21) in southern India. Plant-Disease, 83(8):781.

Ren L, Su S, Yang X, et al. 2008. Intercropping with aerobic rice suppressed Fusarium wilt in watermelon. Soil Biology & Biochemistry, 40:834-844.

Sanchez A C, Brat D S, Hung N, et al. 2000. Sequence tagged site marker-assisted selection for three bacterial blight resistance genes in rice. Crop Science, 40:792-797.

Sharma R C and Dubin H J. 1996. Effect of wheat cultivar mixtures on spot blotch (Bipolaris sorokiniana) and grain yield. Field Crops Research, 48: 95-101.

Smithson J B and Lenne J M. 1996. Varietal mixtures: a viable strategy for sustainable productivity in subsistence agriculture. Ann. Appl. Biol, 128: 127-158.

Stuke F von and Fehrmann H. 1988. Pflanzepathologische Aspekte bei Sortenmischung im Weizen. Zeitschrift fur PflanzenKrankheiten PflanzenSchutz, 95: 531-543.

Van den Bosch F, Verhaar M A, Buiel A A M. 1990. Focus expansion in plant disease. 4: Expansion rates in mixtures of resistant and susceptible hosts. Phytopathology, 80: 598-602.

Winterer J, Klepetka B, Banks J, et al. 1994. Strategies for minimizing the vulnerability of rice pest epidemics. In: Teng P S, Heong K L, Moody K. eds. Rice Pest Science and Management. Manila: International Rice Research Institute, 53-70.

Yoshimura S, Yoshimura A, Saito A, et al. 1992. RFLP analysis of intro-gressed chromosomal segments in three near-isogenic lines of rice for bacterial blight resistance genes, Xa-1, Xa-3 and Xa-4 Japan J. Genet. ,67:29-37.

Yoshimura S, Yoshimura A, Iwata N, et al. 1995. Tagging and combining bacterial blight resistance gene in rice using RAPD and RFLP markers. Mol. Breed, 1:375-387.

Youyong Zhu, Hui fan, et al. 2005. Panicle blast and canopy moisture in rice cultivar mixture. Phytopathology. 95(4):433-438.

Zewde T, Fininsa C, Sakhuja P K. 2007. Association of white rot (Sclerotium cepivorum) of garlic with environmental factors and cultural practices in the North Shewa highlands of

Ethiopia. Crop Protection，26：1566-1573.

Zheng K，Huang N，Bennett J. 1995. PCR—based marker—assisted selection in rice breeding. Discussion Paper Series，102（12）：1148-1152.

Zhu Y Y，Chen H R，Fan J H，*et al*. 2000a. Genetic diversity and disease control in rice. Nature，406：718-722.

Zhu Y Y，Chen H R，Wang Y Y，*et al*. 2000b. Diversifying varity for the control of rice blast in China. Biodiversity，2（1）：10-15.

第**3**章

农业生物多样性种植
控制病害的原理

农业生物多样性对保障全球粮食安全和农业可持续发展至关重要。根据不同作物和病原菌生物学特性,建立合理的农业生物多样性生态系统,能有效降低作物病害流行。近年来我国科技工作者在利用生物多样性调控作物病害的原理方面做了大量研究和实践,初步解析了作物品种多样性稀释病菌、阻隔病害、协同作用、诱导抗性和改善农田小气候等物理学、气象学和生物学方面的主要因素,为阐明作物多样性调控病害的作用机理打下了良好的基础。

3.1 农业生物多样性控制病害的遗传学基础

植物病害的发生是寄主和病原物在细胞及分子水平上进行相互选择和相互识别的复杂过程,涉及植物抗病基因产物与病原物无毒基因产物间的相互作用及信号转导。进行农作物品种的优化布局和种植,增加寄主的遗传多样性,能够减轻品种单一化种植给病原物造成的选择压力,从而增加病原物群体的遗传多样性。大量无毒性小种的存在并与寄主进行相互识别必然对毒性小种与寄主间的相互作用产生影响,从而影响病害的发生。

本节将对利用遗传多样性持续控制农作物病害的遗传学基础进行探讨。

3.1.1 基因对基因学说

Flor(1971)在对亚麻锈病进行长期深入研究的基础上提出了"基因对基因学说"(gene for gene theory),阐述了植物与病原物相互作用的遗传学特点。该学说认为,对应于寄主的每一个决定抗病性的基因,病原物也存在一个决定致病性的基因;反之,对应于病原物的每一个决定致病性的基因,寄主也存在一个决定抗病性的基因,任何一方的有关基因都只有在另一方相对应的基因作用下才能被鉴别出来。"基因对基因学说"不仅可用于改进品种抗病基因型与病原物致病性基因型的鉴定方法,预测病原物新小种的出现,而且对于植物抗病机制和植物与病原物协同进化理论的研究也有重要指导作用。

近十年来,随着分子生物学技术的发展,植物与病原菌互作的分子机制研究取得了重要进展。已经克隆了 40 多个植物抗病基因和 40 多个植物病原细菌的无毒基因,20 多个病原真菌及其他病原物的无毒基因,阐明了植物抗病基因表达产物与病原菌无毒基因编码产物之间的识别反应方式,发现并证实了植物抗病基因引发防卫基因表达的多种信号转导途径,克隆了信号转导途径中的一些关键因子(Zeng *et al*.,2004),从分子水平证实了"基因对基因"学说(Martin *et al*.,2003)。

3.1.2 寄主与病原物协同进化的遗传学基础

从物种意义上讲,寄主植物和病原物在自然界能够长期共存,得益于两者间不断的相互选择和相互适应,正是这种选择和适应赋予了病原菌产生各种生理小种的能力,也使得植物的抗病性具有多种表现方式。从基因对基因模式来看,寄主植物和病原物的长期共存是植物抗病基因与病原物无毒基因之间不断的相互选择、相互适应及协同进化的结果。因此,为适应病原菌的不断变异和进化,植物中的抗病基因也会不断地变异和进化。

3.1.2.1 病原菌无毒蛋白与寄主植物 R 蛋白

根据基因对基因学说,寄主植物和病原菌在互作时通过其 R 基因编码的蛋白质(简称 R 蛋白)来识别病原菌,并直接或间接地产生特异信号分子(激发子),从而产生防卫反应(Staskawicz,1995)。具体地说,植物的 R 蛋白作为受体,而病原菌无毒基因编码的蛋白质(Avr 蛋白、无毒蛋白)作为配体(或称效应子),通过配体和受体的相互识别来激活植物对病害的防卫反应过程。目前,已在病毒、细菌、真菌、线虫中鉴定了一些无毒基因及无毒蛋白,根据这些无毒蛋白的序列特征,很难简单地对它们进行分类,例如,不同的病毒其无毒蛋白既可能是复制酶(replicase),也可能是外壳蛋白(coat protein)或运动蛋白(movement protein),它们都能和 R 蛋白进行相互识别。稻瘟病菌的无毒蛋白基因 AVR Pita 编码的是一个金属蛋白酶(metalloprotease)。

目前克隆的 R 基因所编码的蛋白(R 蛋白)大多含有一些保守结构域,包括富含亮氨酸的重复序列(leucine rich repeat,LRR),核苷酸结合位点(nucleotide binding site,NBS),亮氨酸拉链/超螺旋(leucine zipper/coiled-coiled,LZ/CC),Toll 及白细胞介素受体(Toll and interleukin receptor,TIR),丝氨酸/苏氨酸蛋白激酶(ser-ine/threonine protein kinase,STK)等,这些保守的结构域在与无毒蛋白的相互识别的过程中起着十分重要的作用。

绝大多数 R 蛋白中都含有 LRR 结构,表明这一结构在植物 R 蛋白与无毒蛋白的相互识别过程中起着重要作用(Dixon,1996)。LRR 结构域主要通过参与蛋白质—蛋白质互作以及与配体相结合用于识别病原菌的无毒蛋白并将识别信息传递给参与防卫反应信号转导系统中的下游组分。LRR 结构一般每间隔 2 或 3 个氨基酸出现亮氨酸,其重复单元的序列一般为LXXLXXLXXLXLXXNX LXGXIPXX,在不同的 R 蛋白中其重复数不等,但一般都在 10 个重复以上,有的甚至将近 30 个重复。不同物种 LRR 序列的差异很可能决定了 R 蛋白与不同病原菌无毒蛋白识别和结合的特异性。亚麻抗病基因 L 和 P 座位的 LRR 序列主要负责对病原菌无毒蛋白的识别,并决定其识别的特异性(Dodds,2001),Jia 等(2000)研究表明,L 和 P座位中至少都有一个 P 蛋白结构直接与病原菌无毒蛋白相互作用。LRR 结构除了具有直接与无毒蛋白识别之外,还介导抗病过程的信号转导,对 R 基因 RPS5 的 LRR 区域定点突变研究表明当一些氨基酸变异后 RPS5 就丧失了信号转导能力,Hwang 等(2000)对 Mi-I 基因研究表明,LRR 结构是通过与 Mi-1 蛋白的氨基末端相互作用来实现信号转导这一过程的。通过对 R 基因 RPS2,RPM 和 N 等(Grant,1995)的研究,表明 LRR 结构域中氨基酸的改变或经某些微小的修饰就可能破坏 LRR 的正常功能,使得 LRR 不能正常地识别病原菌无毒基因,或者即使识别也不能将识别信号传递给植物抗病信号系统中的下游组件,最终导致抗病性丧失,这一研究结果也说明 R 蛋白的 LRR 结构既能与病原菌无毒蛋白识别,又能将识别信号传递给下游的组分。

在 R 蛋白中,NBS 结构相对比较保守,具有与 ATP 或 GTP 结合的活性特点,推测 NBS 结构通过与 ATP,GTP 结合或发生水解作用来影响 R 基因的功能。研究表明,一旦改变 NBS 的结构,破坏其与 ATP 或 GTP 的正常结合,就可能改变 R 基因蛋白质与防卫反应信号转导途径中各组件间的作用方式,从而使得 R 基因丧失其抗病能力(Axtell, 2001;Dinesh-Kumar, 2000;Tornero, 2002),但是 NBS 结构在植物防卫反应中激活机制仍然不太清楚。通过对 NBS 序列的分析发现其保守区域与动物中参与细胞程序性死亡(PCD)的蛋白质 APAF-1 和 CED-4 具有很高的同源性,因此又将这一结构定名为 NB-ARC(nucleotide binding in APAF-1,R gene products,and CED-4)结构,推测这一结构与抗病反应过程中的细胞坏死有关。

R 蛋白中的 CC 结构域一般由 7 个疏水氨基酸散布构成,如亮氨酸拉链 LZ 结构。CC 结构主要通过两个或两个以上的 a 螺旋相互作用形成超螺旋结构来行使其功能,主要包括蛋白质与蛋白质的相互作用及寡聚核苷酸结合。对该结构在抗病过程中的具体机制了解得并不多,不过更倾向于认为,其主要参与抗病过程的信号转导,与信号识别过程关系不大(van der Biezen, 2002)。

R 蛋白中的 TIR 结构主要与信号转导有关,对果蝇 Toll 及哺乳动物类的细胞介素-1 受体(IL-1)信号结构域在防卫过程中的作用进行研究将有助于解析 TIR 结构域在 R 基因中的作用。在 Toll/IL-1R 信号系统中,胞质 TIR 结构域借助 Tube/IL-lAcP 和 MYD88 蛋白为媒介参与 Pelle/IRAK 和 IRAK2 蛋白激酶激活过程;而 MyD88 作为一个接头(adaptor)蛋白,其氨基端正好与 IRAK 和 IRAK2 的氨基端结构域相似,另一羧基端则与 IL-1R 和 IL-lAcP 相似,从而形成的杂合二聚体结构使 MyD88 成为 IL-lAcP 信号系统中上、下游组分之间的桥梁,因此推测 TIR-NBS-LRR 类的 R 基因可能采用与 Toll/IL-1R 信号系统中类似的方式来激活植物的防卫反应。对亚麻 L 基因位点研究表明 TIR 结构还参与对病原菌的识别过程。另外,最近有遗传证据表明这两个亚类蛋白质是通过不同的途径来进行信号传递的:在拟南芥中,包含 TIR 结构的 R 蛋白是通过包含 EDSI 基因的途径来传递信号的(Parker,1996);而 LZ 类 R 蛋白的信号传递则依赖于 NDRl 基因(Century,1997)。通过对植物 EST 数据及水稻基因组数据分析发现,在单子叶植物中可能并不存在含有 TIR 结构的 TIR-NBS-LRR 类型的 R 基因(Meyers,1999;Pan,2000)。

Pto 和 Xa21 都具有功能 STK 结构(Liu,2002;Sessa,2000a),这一结构主要通过借助于自身激酶的磷酸化将对病原菌无毒蛋白的识别信号传递至抗病信号途径的下游组件。Rathjen 等(1999)及 Sessa 等(2000b)研究表明,Pto 蛋白的磷酸化是基因 Pto 发挥抗病功能所必需的;R 蛋白能直接与病原菌无毒蛋白进行识别,并将识别信号进行转导,从而行使其抗病功能,在 Pt 蛋白与无毒蛋白 AvrPto 识别的过程中,第 204 位苏氨酸 T204 是必需的,该苏氨酸在其他很多的 STK 中都相当保守,一旦改变或缺失,STK 就不能自身磷酸化,从而不能行使其正常的功能。

虽然在植物中已克隆到了 40 多个抗病基因,但目前仅找到了 10 余个与 R 蛋白相应的无毒蛋白,例如,Pto 蛋白对应的 AvrPto 或 AvrPtoB (Kim, 2002),Pi-to 蛋白对应的 AVR-Pita (Jia, 2000)及 RPS2 蛋白对应的 AvrRpt2 或 AvrB (Leister, 2000),对它们的作用方式都有了比较清楚的认识,但对于更多的其他 R 蛋白,却未找到其直接作用的无毒蛋白。对 R 蛋白与无毒蛋白作用的方式,提出了这样的假说,即在 R 蛋白与无毒蛋白的识别过程中,可能需要其他蛋白质参与,形成复杂的多蛋白质复合体形式。这种假说能得到 Pto 蛋白与其无毒蛋白 AvrPto 作用方式的支持,因为 Pto 蛋白与 AvrPto 作用时,实际上也需要另外一个蛋白质 Prf 的参与;对其他 R 蛋白 Xa21 (Song,1997)、RPS5 (Swiderski, 2001)、RPMl (Li, 2002)、Pi-to (Jia, 2000)、RPS2 (Leister,2000)、HRT (Ren, 2000)、Cf-2 (Kitagawa, 2001)、Cf-4 (Rivas, 2002)及 Cf-9 (Rivas,2002)的研究也发现识别蛋白是以多聚体方式存在的。因此,多聚蛋白体识别模型有望很好地解释 R 蛋白与无毒蛋白相互作用的分子机制。对于 R 蛋白与无毒蛋白相互作用的分子模型,提出了"防护(guard)"论,认为效应子即无毒蛋白如 AvrPto,攻击植物的 R 蛋白 Pto,促进病害的产生,而另外的 R 蛋白 Prf 可通过识别无毒蛋白与目标蛋白的复合体 Pto-AvrPt 来阻止无毒蛋白的攻击,从而激活其防御体系,产生防卫反应。有的研究者也提出了"非防护"论的激活下游的防卫反应体系。

3.1.2.2 Avr 蛋白与 R 蛋白的相互作用机制

R-Avr 蛋白相互作用的最简单模式是受体-配体模式。然而,进一步的研究分析,R 蛋白与 Avr 蛋白的识别很可能并不是简单的受体-配体模式。由于很难检测到 R 蛋白和 Avr 蛋白的直接相互作用,因而提出的假设认为,R 蛋白"监控"与 Avr 作用的植物寄主靶蛋白,一旦检测到二者相互作用,就会启动 HR 和其他防御反应。

许多事实表明,R 蛋白的 LRR 结构域可能对于配体的识别起决定作用。最近,通过酵母双杂交系统的分析,发现水稻抗性蛋白 Pita 的类 LRR 结构域对于 Avr-Pita 的相互作用是必需的,如果 Avr-Pita 或者 Pita 发生突变引起抗性小时,则二者体外的相互作用也随之小(Jia *et al.*,2000),这是首次表明在 R 蛋白的 LRR 结构域与相应 Avr 之间存在相互作用。

在 Avr 和 R 蛋白识别过程中是否需要另外的蛋白质分子呢？Salmeron 等(1996)研究发现番茄抗细菌斑点基因 *Pto* 与无毒基因 *AvrPto* 的相互作用需要另一个 NBS-LRR 蛋白 Prf,Prf 作用于信号级联反应中,这表明 Pto,Prf 和 AvrPto 形成的三元复合物对于 HR 反应的激活是必需的。

尽管 R 蛋白的 LRR 结构域相对保守,但是各 R 蛋白之间的核苷酸结合区 TIR 结构域以及 NBS 的起始区域存在很多变异,Avr 蛋白的结构也很少具有同源性。此外,在识别过程中,可能还有寄主的一些其他因子参与,因而 R 蛋白和 Avr 蛋白的识别并不是固定的、简单的受体-配体相互作用,在不同的寄主和病原物之间不可能完全一致。

3.1.2.3 抗病信号转导

在对植物抗病反应信号转导的研究中,为了找到抗病信号转导系统中相关的信号元件基因,很多研究者在单子叶植物和双子叶植物中进行了大量的遗传突变体的筛选工作(de Ilarduya, 2001;Jorgensen, 1996;Tornero, 2002),这些与抗病性相关的突变体基因所编码的蛋白质也用于对病原菌的早期识别和信号传递,例如,番茄的 *Prf* 基因(Deilarduya, 2001),

在蛋白 Pt 与无毒蛋白 AvrPto 相互识别和信号转导中起着十分重要的作用；*Rcr3* 基因 (Kruger，2002)表达的蛋白质是番茄抗病基因 *Cf 2* 对病原 Cladospo-rium fulvum 产生抗性所必需的组件；由 *R* 基因 *Mi-I* 介导，对病原物产生抗病反应时离不开 *Rmel* 基因的参与；拟南芥的 *PBS1* 和 *RIN4* 表达的蛋白质分别参与了 *R* 基因 *RPS5*、*RPM* 介导的抗病反应的早期过程(Swiderski，2001；Mackey，2002)。另外，一个信号元件基因可能为某些 *R* 基因介导的信号转导系统所共有，这样的信号元件基因义分为两种，一种如拟南芥的 *EDS1* (Falk，1999)、*PAD4* (Feys，2001)、*NDRl* (Century，1997)等分别参与的是同种类型的 *R* 基因所介导的信号转导过程，其中 *EDS1* 和 *PAD4* 为 TIR-NBS-LRR 类的 *R* 基因所共有，*NDR1* 为 CC-NBS-LRR 类 *R* 基因所共有；另一种如 *PBS3* (Mackey，2002)、*PBS2/RAR1* (Jorgensen，1996)、*Rar2* (Tornero，2002；Jorgensen，1996)、*SGT1* (Azevedo，2002)等，分别参与了不同类型的 *R* 基因介导的信号转导过程。

近十年来，在植物抗病研究领域取得了很多骄人的进展，但对于植物与病原物的识别以及 *R* 基因介导的信号转导体系等复杂的分子机制尚缺乏一个准确、系统的认识。对拟南芥和水稻(Goff，2002；Yu，2002)基因组学的研究、微生物基因组测序及表达序列标签(expressed sequence tag，EST)的挖掘、计算机分析和数据开发手段的进步为植物抗病研究提供了大量有用的序列信息；此外，利用一些高效的分子生物学技术如 cDNA 或寡聚核苷酸芯片(cDNA and oligonucleotide microarray)，基因表达系列分析(serial analysis of gene expression，SAGE)、cDNA-AFLP 分析，可筛选出参与植物抗病防卫反应过程的大量相关候选基因，进一步确定那些真正与抗病过程有关的基因，从而全面深入地解析植物抗病防卫反应过程的基因表达模式。近年来基因敲除(gene knockout)技术如病毒诱导的基因沉默(virus-induced gene silencing，VIGS) (Liu，2002；Peart，2002)及 RNA 干扰(RNA interference，RNAi) (Vance，2001)等的应用更加速鉴定抗病基因及相关基因的进程。而蛋白组学的研究可进一步解析抗病 R 蛋白及抗病相关基因编码蛋白质的生化特征，例如，复式双向凝胶电泳(reproducible 2-D gel electrophoresis)技术、质谱分析技术有助于精细分析植物与病原物互作过程中蛋白质的差异表达及翻译后的修饰如磷酸化、甲基化。另外，蛋白质芯片技术也可很好地应用于筛选抗病反应信号转导过程中与目标蛋白质或其他信号分子互作的其他蛋白质。总之，基因组和蛋白质组研究技术的兴起和不断发展将有助于植物抗病分子机制深入研究。随着时间的推移，相信植物抗病反应的分子机制将会越来越明晰。

3.1.2.4 水稻遗传多样性田间寄主与病菌的协同进化作用研究

在自然选择中，生物的大多数形态和生理性状都有利于它们在所处的环境中表现出一种连续变异，而且受稳定化选择支配。农业生态系统特别是植物病害系统对病原菌群体遗传起到定向性选择的作用，在农田生态系统中，寄主—病原物群体水平上的相互作用主要是品种—小种群体水平上的互作。这种互作是指几组品种对病原菌小种的选择和病原物群体致病性遗传结构怎样决定寄主各品种发病受害程度，涉及寄主对病原物的定向选择和稳定化选择。

例如，稻瘟病菌在漫长的进化过程中形成了遗传上的多样性和复杂性，使得在致病性方面也表现为多变性，因而育成的抗性品种经常会由于稻瘟病菌变异而被生产淘汰。解决这一问题的措施之一是不断培育新的抗病品种，但这些抗病品种经过连续几年的单一种植后，其抗病性又很快"丧失"，出现了育种速度赶不上品种抗性丧失速度这样一种恶性循环。品种的抗病性是针对病原菌不同生理小种而反映出来的，而生理小种的组成也依赖于水稻品种的组成，当品种组成改变时，往往导致生理小种组成的改变。针对以上原因，有必要充分挖掘品种的抗性资源，在生产上避免单一品种或具有同一抗原的不同品种在同一地区大面积连续种植，而将遗传背景差异大的品种合理搭配、轮换种植和更新，以防止品种单一化和优势小种的形成，以稳定稻瘟病菌生理小种组成，防止稻瘟病大发生与流行，延长品种可利用的年限，从而减少农药的使用量，减少对生态环境的破坏。

何霞红等（2004）采用 Pot2-rep-PCR 和致病性测定的方法定点多年研究了石屏县水稻品种多样性种植稻区稻瘟病菌的群体遗传结构，Pot2 重复序列能反映稻瘟病菌群体的遗传多样性，因此将不同年份净栽和间栽田块的病菌扩增结果一起进行聚类分析，证实了水稻品种多样性种植有利于稻瘟病菌的稳定化选择。多年的定点监测结果表明石屏县净栽杂交稻和糯稻的田间稻瘟病菌菌株单一，而杂交稻与糯稻混栽田块的菌株多样，且没有优势群体，比较混栽田与净栽田病菌生理小种组成可以看出，在净栽杂交稻和净栽糯稻田间生理小种组成较少，较单一，且生理小种明显，而间栽田间生理小种较净栽田间多，优势小种不明显。由此说明，分子指纹技术和传统生理小种测定研究水稻品种多样性田间稻瘟病菌遗传结构和生理小种组成，其结果都表明了水稻品种单一种植田间，稻瘟病菌遗传宗群、生理小种组成均较为单一，容易造成对稻瘟病菌毒性小种的定向选择；而品种多样性种植田间品种遗传背景差异大，病原菌的遗传结构就比净栽田间病菌的遗传结构复杂，稻瘟病菌遗传宗群和生理小种组成丰富，有利于稻瘟病菌的稳定化选择。

3.1.3　诱导抗性的作用机理

诱导抗性是指植物由于外源生物或非生物因子的作用，启动植物自身防御体系，从而产生对病原菌抗性的现象。植物的诱导抗性，是指由各种生物和非生物因子刺激、胁迫或应力诱发的植物抗病害防御，即这些刺激、胁迫可以使植物由原来对某种病害感病变为程度不等的抗病（赵可夫，1992）。这是一种植物-微生物在协同进化的过程中赋予植物的，需刺激才能表达的抗病能力。从生物进化的角度来说，这种诱导抗性机制是植物生存所必需的，因为产生抗病反应需要消耗能量。在没有外来胁迫侵袭时，植物只要正常的新陈代谢维持其生长发育所需即可，一旦有外来胁迫入侵时，植物才汇聚能量应对外界的胁迫。从宏观水平看，植物的诱导抗性在群体水平可提高植物的抗病能力，如小麦/蚕豆间作、辣椒/玉米间作、玉米/马铃薯间作等可减轻病害发生（Li et al.，2009）。从微观水平看，植物个体可被诱导而改变细胞结构物质来抵御病原物的入侵，比如胼胝质沉积或者活性氧暴发；或者，在分子水平，植物个体可被诱导相关防御基因的表达来抵御病原物入侵。

病原菌诱导的防卫系统又可分为局部和系统的抗病反应两种。前者主要是指过敏性反应，即当植物受非亲和性病原菌感染后，侵染部位细胞迅速死亡，使病原菌不易获取养分，同时又诱导周围细胞合成抑制病原菌生长的物质，从而限制了病原菌的增殖。在过敏性反应过程中的细胞死亡，过去称为坏死，现在被认为是编程性细胞死亡或细胞凋亡。而系统的抗病反应是建立在局部的抗病反应基础之上的，又称诱导抗性。其中研究较透彻的是系统获得抗性和诱导系统抗性。系统获得抗性是指植物由死体营养生物侵染或者局部组织经化学诱导物处理，导致植株未侵染（处理）部位产生对后续多种病原菌侵染表现出的抗性。这种抗性具有系统、持久、广谱的特点。水杨酸是诱发系统获得抗性产生的关键讯息分子之一。植物受到病原菌感染后,水杨酸可介导植物的防御反应,包括过敏性反应以限制病原菌扩展、促进寄主细胞死亡和诱导植物产生系统性抗病。诱导系统抗性则是指由部分非致病性根圈细菌定殖于植物根部,诱发植物产生的整株系统性的抗性。而茉莉酸和乙烯也是细胞中诱导防御基因表达的关键信号分子。

发现植物体的诱导抗病现象可追溯到 100 多年前,而植物诱导抗病性的研究工作则始于 20 世纪 50 年代,70 年代以后植物诱导抗性研究日渐增多,证实诱导抗病性的现象普遍存在,不仅同一个病原物的不同株系和小种交互接种能使植物产生诱导抗病性,而且不同种类、不同类群的微生物(病毒、细菌、真菌等)交互接种也能使植物产生诱导抗病性。不仅如此,热力、超声波或药物处理致死的微生物、由微生物和植物提取的物质(葡聚糖、糖蛋白、脂多糖等)、化学物质($HgCl_2$、液氮等),甚至机械损伤,在一定条件下,均能诱发出抗病性。就目前来看,人们已在烟草、黄瓜、西瓜、甜瓜、菜豆、马铃薯、小麦、苹果、番茄等多种作物的研究中获得成功。据统计,早在 1979 年,在寄主—病原菌单一的诱导抗病性中,就有 100 多对获得成功,有关植物诱导抗病性的研究近年进展较快,越来越引起人们的兴趣,诱导抗病性已成为植物病理学、植物生理学及生物化学领域最活跃的研究分支之一,有些研究成果已在生产上开始推广应用,为植物病害的防治开辟了一条新途径。

3.1.3.1　诱导抗性的组织病理学机理

病原菌对植物侵染,植物的外表结构和组织结构特性会在与病原菌接触之后,诱发产生形态组织结构上复杂的反应。

(1)木质素积累。病原菌侵染寄主植物会诱导寄主植物细胞壁的木质化。木质素含量的增加是寄主植物抗性反应的一种特性,为阻止病原菌对寄主的进一步侵染提供了有效的保护作用。

(2)胼胝质的沉积。病原物入侵寄主后造成寄主细胞壁胼胝质积累,造成细胞壁加厚,有阻碍病原物扩散的作用。近年来,在植物与微生物互作的研究中,胼胝质在植物表皮细胞或叶肉细胞的沉积常被用做植物在应答不亲和微生物入侵时、与非寄主抗性相关的一项细胞学证据(Edgar *et al.*,2003；Laurent *et al.*,2004；Mollah *et al.*,2005)。胼胝质的主要成分为 β-1,3-葡聚糖,一个多世纪以来已有研究报道,在植物的花粉细胞和维管组织的韧皮部筛板中含有胼胝质(Xie *et al.*,2011)。近年来研究发现,胼胝质在植物的生长发育过程中可以非常及时地合成和降解(Verma and Hong,2001；Barratt *et al.*,2011；Zavaliev *et al.*,2011),来应答外界的机械损伤(Xie *et al.*,2011)、各种病原菌入侵引起的生物胁迫(Luna *et al.*,2011；Wan *et al.*,2011),以及物理、化学、环境因子等引起的非生物胁迫(Zavaliev *et al.*,2011)等。因此,与病原侵染有关的 β-1,3-葡聚糖酶的活性变化相关研究,或与病原侵染有关的胼胝质沉积(callose deposition)的相关研究将会越来越多(田国忠等,1994)。胼胝质在植物细胞中沉积,是植物应对病原菌入侵等生物胁迫的一种应激反应。

(3)胶质体和侵填体的产生。病原物侵染后会造成寄主植物维管束阻塞,这也是植物抗病的反应。胶质体的主要成分是果胶和半纤维素,侵填体是与导管相邻的薄壁细胞通过纹孔膜在导管腔内形成的膨大球状体。它们的形成既能阻止真菌孢子和细菌菌体随植物的蒸腾作用上行扩张,又能导致寄主抗菌物质积累。

3.1.3.2　诱导抗性的生理生化机理

植物受到病原菌侵染后,还可引发植物体内各种防御反应,这是因为植物细胞表面具有受体,而受体是接收环境刺激的主要物质,对植物个体而言扮演重要的角色。病原菌感染后,诱使植物体产生过敏性反应、活性氧、脂氧化酵素及细胞膜破裂、寄主细胞壁的强化因子、植物受病原菌刺激产生抑制物如病程相关蛋白质,在植物受到病原菌攻击后,诱使基因转译大量 PR 蛋白质,原来少量的蛋白质种类会急剧地增加而能毒害入侵的病原菌。受伤害、生理刺激、病原菌等刺激产生具有杀菌及抑菌物质的局部性分布。在被侵入植物细胞及病原菌激发子可及之处,会产生植物抗生素。只有当病原菌突破植物固有的第一道防线时才起作用。

(1)植保素的产生和积累。植保素(phytoaiexin,PA)是植物被病原物侵染后,或受到多种生理、物理、化学的因子诱导后,所产生或积累的一类低分子量抗菌性次生代谢产物。这些产物是参与植物防卫反应重要的生理性物质之一。当今研究较多的是类黄酮植保素和类萜植保素。植保素在植物中的诱导积累有以下几个特点:植保素的诱导积累只局限在植物受侵染的细胞周围,起化学屏障作用;抗病植株与感病植株积累植保素的速度是不同的,抗病植株积累速度快,在感病初期就达到高峰,产生过敏反应,而感病植株积累植保素速度较慢,几天后才达到高峰或积累不明显;植保素的诱导是非专一性的,致病和非致病都能诱导植保素的合成。

(2)活性氧暴发。活性氧(active oxygen species,AOS)是细胞代谢副产物,也可能由病原物诱导产生(Adam,1989)。它是由于 O_2 的连续单电子还原而产生的一系列毒性中间物,主要包括超氧阴离子 O_2^-、羟自由基 OH^- 和过氧化氢 H_2O_2(邱金龙等,1998),产生于植物的线粒体、叶绿体、过氧化物酶体/乙醛酸循环体和原生质膜上(蔡以滢和陈珈,1999)。植物对病原物的抗性通常依赖于植物在病原侵染早起能否识别病原,从而启动防卫反应。在植物与病原互作过程中,活性氧的暴发是植物应答病原最早期的反应之一,同时也被认为是过敏反应的特征性反应(Wojtaszek,1997;Lamb and Dixon,1997)。Doke(Doke,1983)于 1983 年首次发现了晚疫病菌(*Phytipfthora infestans*)与马铃薯非亲和互作中有活性氧的产生。还有研究报道(Baker and Oriandi,1995;Mehdy and Sharmma,1996),病原菌能诱导活性氧的产生。活性氧可以抵御病原入侵(Kiraly *et al.*,1993;Aver'yanov *et al.*,1993)、诱导细胞壁加厚(Bruce and West,1989;Lange *et al.*,1995)、激发植物细胞过敏性死亡(Mussell,1973)、诱导植保素的合成(Doke,1983;Apostol *et al.*,1989)及 *PR* 基因的表达(Levine *et al.*,1994)等。

(3)植物防御酶系活性的变化。大部分研究表明,诱导处理后寄主的主要防御酶苯丙氨酸解氨酶、过氧化物酶、多酚氧化酶以及几丁质酶活性都大大增加(李堆淑等,2008)。这些酶活性的提高能直接或间接地对病原菌的生长起到抑制作用。

(4)病程相关蛋白的产生。病程相关蛋白(pathogenesis-related protein,PR 蛋白)是植物受病原侵染或不同因子的刺激、胁迫产生的一类蛋白质。大部分病程相关蛋白在细胞间和液泡中积累,可能攻击病原物,降解细胞壁而释放内源激发子、解毒酶、病毒外壳蛋白或抑制蛋白、二级信使分子等。具有生物学活性的 PR 蛋白主要有几丁酶、β-1,3-1,4-葡聚糖酶、脱乙酰几丁酶、过氧化物酶、类甜味蛋白、α-淀粉酶、溶菌酶等。这些病程相关蛋白在性质上有相似性,如分子质量较小;大多是单体,非糖蛋白或脂蛋白;一般呈酸性,也具有碱性异构体;较稳定,对大多数蛋白酶不敏感;多数能分泌到细胞间隙中,也有一些存在于细胞液泡内;来自不同植物的同类病程相关蛋白,其分子结构、血清学反应等具有很大的相似性(崔晓江和彭学贤,1994)。

3.1.3.3 诱导抗性的信号转导机理

诱导抗病性要靠多种防卫基因的诱导表达和产物的协调作用才能有效地抵抗病原物的侵染。在多数情况下,防卫基因表达是诱导信号刺激后,经分子识别和信号转导,作用于基因结构中相应调控元件的结果。植物诱导抗病性产生的过程,其实质就是信号逐渐放大和传递的过程,而每次的转导都会发生相应的生化反应,进而发挥一定的生理功能,完成特定的生物学效应。从信号转导通路上的分子时间分为 4 个步骤:激发子诱导产生胞间信号、跨膜信号转换、胞内信号的转化与传递、蛋白质可逆磷酸化。

(1)胞间信号转导。当激发子作用位点与效应位点处在植物体的不同部位时,就必然有胞间信号传递信息。作为胞间传递的分子主要是小分子物质,可以在胞间扩散,也可通过韧皮部输导到其他部位,属于次生代谢产物,如水杨酸(SA)、茉莉酸(JA)和衍生物、乙烯以及系统素等分子,具有胞外信号分子的功能,参与植物防御系统的信号转导,诱导防卫基因的表达(Li et al.,2004)。

(2)跨膜信号转换。胞间信号被细胞表面受体接受后,主要是通过膜上 G-蛋白偶联结合同样位于膜上的酶或离子通道产生胞内信使,才能完成跨膜信号转化,最终导致细胞反应。G-蛋白(GTP 结合蛋白)在植物细胞跨膜转换中起着信号放大以及调节信号转换通路的作用,它是位于寄主植物细胞质膜内的一种信号转换蛋白或偶联蛋白。近几年来,GTP 结合试验、免疫反应、分离纯化以及分子生物学和生理试验都说明植物中存在 G-蛋白。从现有研究结果看,其效应物可能主要是 cAMP、cGMP、IP^3、Ca^{2+}/CaM,并通过级联反应使信号得以放大,一种外界信号可与多种 G-蛋白发生作用,这些蛋白再作用于细胞内效应物,使单一信号引起复杂的生理效应成为可能(张景昱等,1999)。

(3)胞内信号的转化与传递。胞内信号之间的相互作用是极其复杂的。在某些情况下,一定的胞外信号可能主要通过特定的信号系统起作用,但所产生的细胞效应却不仅仅是由单一的信号系统完成的。植物对病原菌防御反应的研究表明,诱发抗病反应的信号分子是多样的,信号转导也是多途径的,不同的信号尽管可能诱导出相似的抗性反应,但也可能激活不同的信号转导途径(赵淑清和郭建波,2003)。

(4)蛋白质可逆磷酸化。研究表明,在植物-病原菌互作系统中,蛋白质磷酸化、脱磷酸化平衡是调控植物抗病防卫反应的一个重要机制(Achuo et al.,2004),可影响 PAL、PR 蛋白、植保素积累、H$^+$-ATP 酶活性等与细胞抗病防卫反应相关的细胞代谢活动。胞内信使通过调节蛋白质磷酸化或脱磷酸化过程进一步传递信息。

此外,防卫基因的表达调控也是病原物诱导寄主植物产生抗性的重要机理。防卫基因大致可分为两类:一类是与抗病性直接相关或主要赋予植物抗病性的基因,其编码的产物具有特异性;另一类是主要参与植物的生长发育,在植物抗病机制中最终作用的防卫反应基因,其基因编码的产物具有普遍性(彭金英和黄刃平,2005)。这些防卫反应基因多是诱导表达的,且以基因家族出现,不同植物中的同类基因有较高的保守性。

3.1.3.4 水稻品种混栽田间诱导抗性的作用机理研究

非亲和性或弱致病性病原物孢子能诱发寄主对亲和性病原物的抗性。诱导致病性一般来说并不常见,诱导抗病性却极为普遍。诱导抗性的作用能使亲和性病原的成功侵染率降低,这种作用具有加和性,在病原物的每个繁殖周期都起作用,从而对病原物起到显著的抑制作用。非亲和性病原物不只诱导出局部抗性,也可能诱导出植物的系统抗性,诱导的系统抗性就更为有效。据范静华等(2002)报道:用非亲和性小种作"诱导接种",再用亲和性小种作"挑战接种",对稻瘟病菌诱导植株抗性进行测定。结果表明,供试品种通过诱导接种均能诱发植株对稻瘟病的抗性,抑制亲和性小种的侵染,表现为病斑数少,病斑面积小,一般降低发病率在

26%～30%,减轻病害程度在 3%～25%;以稻瘟病弱致病菌株对关东 51、爱知旭、新 2 号作诱导接种,又用稻瘟病强致病菌株、稻胡麻叶斑菌、稻白叶枯病菌进行挑战接种,不同的水稻品种均获得对这三种病害的诱导抗性;又以稻胡麻叶斑菌为诱导因子,也同样使水稻表现了不同程度的抗瘟性。万芳(2003)研究发现:稻瘟病菌非致病菌株诱导接种处理使水稻对稻瘟病强致病性菌株产生了一定程度的抗性,以诱导接种后 24 h 进行挑战接种产生的抗性最强;水稻品种关东 51 经马 01-11 诱导接种处理后,挑战接种水稻白叶枯病菌 X8 和 Y10,水稻胡麻斑病菌,水稻也同样对白叶枯病菌和胡麻叶斑病菌产生了一定程度的抗性,证明了诱导抗性具有广谱性的特点。同时发现:与对照相比,经诱导接种处理过的水稻叶片内的过氧化物酶和苯丙氨酸解氨酶的活性明显升高,木质素的含量也明显增加。说明诱导抗性的产生与此三种物质有关,酶活性的增加以及木质化反应是诱导抗性可能的机制。沈瑛等(1990)研究发现:用稻瘟病菌非致病菌株和弱致病菌株预先接种,能诱导抗性,减轻叶瘟和穗瘟的发生。

在多样性混合间栽田中,稻瘟病菌的寄主品种至少为两个,两个品种的农艺性状、抗病特性及遗传背景不同,因而混栽与净栽田块稻瘟病菌的遗传宗群差异较大,在相似的遗传背景水平上,混栽田块病原菌的遗传宗群数较多,净栽田块病原菌的遗传宗群数较少;净栽田块稻瘟病菌生理小种组成相对简单,优势小种比较明显;混栽田块稻瘟病菌生理小种组成较为复杂,有较多的病菌小种群但没有优势种群,从而大大降低了发病程度。导致这种现象的原因可能很复杂,有可能出现稻瘟病菌非致病性菌株和弱致病性菌株预先接种,从而诱导植株产生抗性,减轻叶瘟和穗颈瘟的发生。范静华等用来自云南省石屏县水稻品种多样性混合间栽及净栽田块中的汕优 63,并经 rep-PCR 分子指纹分析分属于 G1,G2,G4(在 80%遗传相似水平)遗传宗亲群的 34 个单胞菌株,分别接种于汕优 63、汕优 22、大黄壳糯、小黄壳糯、紫糯等 5 个大面积应用的混合间栽组合品种上,筛选出分别针对每个品种的非亲和性、极弱致病菌和强致病菌。先用非亲和性和极弱致病菌分别对每个品种作"诱发接种",然后再以强致病菌作"挑战接种",结果表明,无论是杂交稻,还是大黄壳糯,小黄壳糯,紫糯均有不同程度的诱导抗性。以非亲和性或极弱致病菌株——强致病菌株不同组合对同一品种进行接种试验,共做了 45 个组合,表现诱导抗性的有 22 个,占 48.88%。又以同一菌株对不同品种进行诱导接种试验,共做了 46 个组合,表现诱导抗性的有 24 个,占 52.17%,表明诱导抗性是多样性种植减轻病害的可能原因之一,对其深层次的机理研究正在进行之中。

与化学农药控病相比,植物的诱导抗性更具优越性。第一,诱导抗性抗菌谱广,通常能同时抗真菌、细菌和病毒引起的病害;而某一抗病品种或化学药剂不可能具有如此广泛的抗菌谱;第二,诱导抗性是较稳定的,并且抗性较持久,且往往是整体的,一年生植物的整个生命过程都能持续保持;第三,诱导抗性对植物和人畜安全,不会污染环境;第四,诱导抗性可以通过嫁接传递,有可能提供一个更广阔的免疫领域。

3.1.3.5 不同物种间诱导抗性作用机理研究

不同作物多样性种植时,作物种类不同,所携带的病原菌种类也不同,就使得某种微生物可能是一种植物的致病菌,也可能是其他植物的非致病菌。同理,某种植物可能是一种微生物的寄主,同时成为另一种微生物的非寄主。非寄主植物是不能为寄生物提供任何营养的植物,即不能被某些病原菌侵染而发病的植物(Duncan et al.,2006)。非寄主抗性包括一些细胞先天预存的屏障和成分,如皂苷类化合物在植物应对丝状真菌入侵时的非寄主抗性中起到重要作用(Morrissey and Osbourn,1999;Osbourn,1996),以及诱导产生的局部坏死型过敏反应、防御相关基因的上调表达、胼胝质沉积和活性氧暴发等（Mehdy，1994；Staskawicz *et al.*，1995；Laurent *et al.*，2004；Mollah *et al.*，2005）。玉米（单子叶植物禾本科）/大豆（双子叶植物豆科）是我国传统的间作模式，玉米小斑病菌是大豆的非致病菌，而大豆就是玉米小斑病菌的非寄主植物。通常，小斑病发生时期为玉米与大豆的共生期，就会有小斑病菌孢子不断落在大豆叶片上，形成大豆非寄主抗性的天然诱导源，可不断诱导其非寄主抗性系统，从而产生对大豆病害的抗性。这种增强非寄主抗性的作用很可能是间作减少病害发生，减缓病害流行速度的重要机制之一。已初步探明如下的细胞学现象，而玉米小斑病菌诱导非寄主植物大豆的防御基因上调表达的转录和翻译水平研究正在进一步验证之中。

1. 玉米小斑病菌孢子在非寄主植物大豆叶片上的萌发行为

将玉米小斑病菌（*Bipolaris maydis*）孢子悬浮液喷雾接种到非寄主植物大豆叶片上，用乙醇苯酚溶液脱除叶绿素后，再用棉兰染色法将菌丝染成蓝色进行显微观察，多次重复验证，玉米小斑病菌孢子在大豆叶片上能正常萌发，其萌发速度和形态与其在玉米叶片上的萌发速度和形态类似，例如，接种后3 h，孢子在玉米和大豆叶片上开始萌发，此时由于菌丝较短、较直，还能测量其菌丝长度，有的从孢子的一端萌发菌丝，绝大多数孢子可从两端同时萌发菌丝；6 h后，菌丝生长较长，并开始弯曲；24 h和48 h时，玉米小斑病菌孢子在叶片上萌发的行为开始出现差异：在玉米叶片上菌丝向气孔弯曲生长并经气孔入侵玉米，而在大豆叶片上，并未观察到菌丝从大豆叶片气孔入侵的现象。

大豆接种玉米小斑病菌后，玉米小斑病菌能够在大豆叶片上正常萌发，并形成附着胞。而玉米小斑病接种寄主玉米后，萌发菌丝能从玉米叶片气孔进入叶肉细胞，但萌发菌丝不能从大豆叶片气孔进入叶肉细胞。这可能是由于大豆对玉米小斑病菌萌发的菌丝产生了识别作用，而发生防御反应，如气孔有胼胝质沉积增加的现象，使得气孔变小，从而阻止菌丝的入侵，进而达到抵抗小斑病菌的目的。或者是，小斑病菌菌丝不能识别大豆叶表皮细胞的气孔，遂不能从气孔入侵。

2. 玉米小斑病菌诱导大豆叶片中的胼胝质沉积

同样将玉米小斑病菌接种到非寄主植物大豆叶片上，采用苯胺蓝染色法观察胼胝质。玉米小斑病菌菌丝萌发后，在大豆叶片细胞中对应于菌丝入侵的相应位置和气孔周围有胼胝质沉积的现象发生。在处理和对照叶片上某些相同部位也可观察到胼胝质沉积的现象，如在大豆叶片的叶脉、腺毛和蜜腺处，处理和对照均能发绿色荧光。但在对照叶片上，未见气孔周围有胼胝质沉积增加的现象。可作出初步结论，玉米小斑病菌接种大豆后，能诱导大豆胼胝质沉积增加，典型的现象就是菌丝入侵的相应部位和气孔周围胼胝质沉积现象清晰可辨，可初步预言，玉米小斑病菌能够诱导大豆产生抗性反应。

3. 玉米小斑病菌诱导大豆叶片中的活性氧暴发

玉米小斑病菌孢子悬浮液喷雾接种大豆植株后，不同时间点取叶片于二氨基联苯胺（DAB）溶液中孵育8 h，再用棉兰染色将小斑病菌菌丝染成蓝色，观察大豆叶片上，在蓝色菌丝周围有大量的红色的 H_2O_2 出现。

活性氧暴发是植物防御反应的一种典型症状。研究发现，利用 DAB 染色法观察 H_2O_2 在接种玉米小斑病菌3 h就已开始产生，直到接种后24 h能产生最多的 H_2O_2。可初步推测，在玉米与大豆多样性种植模式中，玉米小斑病菌可诱导非寄主植物大豆产生活性氧暴发的防御反应。

参 考 文 献

崔以滢,陈珈.1999.植物防御反应中活性氧的产生和作用.植物学通报,16(2):107-112.

崔晓江,彭学贤.1994.抗病原菌植物基因工程进展.生物多样性,2(2):96-102

范静华,周惠萍,王洪珍,等.2002.稻瘟菌诱导的广谱抗性.云南农业大学学报,19(2):156-160.

雷新云,等.1987.植物诱导抗性对病毒侵染的作用及诱导物质 NS-83 的探讨.中国农业科学,20(4):1-6.

李冠,欧阳光察.1990.植物诱导抗病性.植物生理学通讯,6:1-5.

李堆淑.2008.植物诱导抗病性机制的研究进展。商洛学院学报,22(2):46-50.

李洪连,王守正,袁红霞,等.1994.植物诱导抗病性研究的现状与展望.河南农业大学学报,28(3):219-223.

刘爱新,梁元存,张博,等.1998.植物诱导抗病性研究进展.山东农业大学学报,29(3):410-413.

刘莉.1989.蔬菜的诱导抗病性研究及进展.农牧情报研究,10:20-27.

沈瑛,黄大年,范在丰,等.1990.稻瘟病非致病菌性和弱致病菌性菌株诱导抗性的初步研究.中国水稻科学,4(2):95-96.

田国忠,张锡津,熊耀国,等.1994.泡桐筛管内胼胝质与抗丛枝病关系的研究.植物病理学报,24,4:352.

万芳.2003.稻瘟病非致病菌株对水稻诱导抗性的初步研究.云南农业大学硕士论文.

王海华,康健.2001.植物诱导抗病性及应用前景.生物学通报,36(6):3-5.

薛应龙.1985.植物生理学实验.北京:高等教育出版社.

杨静,何霞红,王云月,等.2004.水稻遗传多样性田间稻瘟病菌遗传宗群和生理小种研究.生物多样性持续控制作物病害理论与技术.昆明:云南科学技术出版社.

张欣.2000.与植物抗病性有关酶的研究进展.华南热带农业大学学报,6(1):41-46.

张秀华,等.1980.植物病毒弱毒株及其应用Ⅰ.植物病理学报,10(1):49-54.

张景昱,何之常,杨万年.1999.G-蛋白及其在植物信号转导中的作用.武汉植物学研究,17(3):267-273.

赵可夫.1992.植物抗性生理研究.济南:山东科学技术出版社,193-201.

赵淑清,郭建波.2003.植物系统获得抗性及其信号转导途径.中国农业科学,36(7):781-787.

朱有勇,何霞红,周江鸿.2004.生物多样性持续控制作物病害理论与技术.昆明:云南科学技术出版社,3-16.

朱有勇.2007.遗传多样性与作物病害持续控制.北京:科学出版社.

Adam N, Metz M, Holub E. et al.1998.Different requirements for EDS1and NDR1 by disease resistance genes define at least two Rgene-mediated signaling pathways in Arabidopsis,Proc Natl Acad Sci. USA,95:10306-10311.

Achuo E A, Aulcnaert K, Meziane H, et al. 2004. The salicylitc acid-dependent defense pathway is effective against different pathogens in tomato and tobacco. Plant Pathology,53 (1):65-72.

Apostol I, Heinstein P F, Low P. S. 1989. Rapid stimulation of oxidative burst during elicitation of cultured plant cells, Plant Physiol,90:109-116.

Aver'yanov A A, Lapikova V P, Djawakhia V C. 1993. Active oxygen mediates heat induced resistance of rice plant to blast disease, Plant Sci,92: 27-34.

Baker C J, Oriandi E W. 1995. Active oxygen in plant pathogensis, Annu Rev. Phytopathol, 33: 299-321.

Barratt D H, Kölling K, Graf A, et al. 2011. Callose synthase GSL7 is necessary for normal phloem transport and inflorescence growth in Arabidopsis, Plant Physiol. , 155 (1): 328-341.

Bruce R J, West C A. 1989. Elicitation of linin biosynthesis and isoperoxidase activity by pectic fragments in suspension cultures of castor bean, Plant Physiol,91: 889-897.

Doke N. 1983. Involvement of superoxide anion generation in the hypersensitive response of potato tuber tissues to infection with an incompatible race of Phytophthora infestans and to the hyphal wall components, Physiol Plant Pathol,23(3): 345-357.

Duncan D C, Alison M C, Wendy E. S. 2006. Differential Resistance among Host and Non-host Species Underlies the Variable Success of the Hemi-parasitic Plant Rhinanthus minor, Annals of Botany,98: 1289-1299.

Edgar H, Vivianne G A A V, David M F, et al. 2003. Active defence responses associated with non-host resistance of Arabidopsis thaliana to the oomycete pathogen Phytophthora infestans, Molecular Plant Pathology,4(6): 487-500.

Faivre-Rampant O, Thomas J, Allegre M, et al. 2008. Characterization of the model system rice-Magnaporthe forthe study of nonhost resistance in cereals, New Phyol, 180 (4): 899-910.

Hamid S, Roya R, Yohei N, et al. 2010, Proteome analysis of soybean leaves, hypocotyls and roots under salt stress, Proteome Sci. ,19(8):1-15.

Jacobson D J, and Gordon T R. 1990. Varibility of mitochondria DNA as an indicator of relationships between populations of Fusarium oxysporum f. sp. melonis. Mycol. Res. ,94: 734-744.

Jia Y, McAdams S A, Bryan G T, et al. 2000. Direct interaction of resistance gene and avirulence gene products confers rice blast resistance. EMBO j,19:4004-4014.

Kiraly Z, EI-Zahaby H, Colal A, et al. 1993. Effect of oxy free radicals on plant pathogenic bacteria and fungi and on some plant diseases, See Ref,77a:9-19.

Lamb C, Dixon R A. 1997. The oxidative burst in plant disease resistance, Annu Rev Plant MolBiol,48: 251-275.

Lange B M, Lapierre C, Sandenmnn H J. 1995, Elicitor-induced spruce stress lignin, Plant Physiol,102: 1277-1287.

Laurent Z, Monica S, Volker L, *et al*. 2004. Host and non-host pathogens elicit different jasmonate/ ethylene responses in Arabidopsis, The Plant Journal, 40: 633-646.

Levine A, Tenhaken R, Dixon R, *et al*. 1994. H_2O_2 from the oxidative burst orchestrates the plant hypersensitive disease resistance response, Cell, 79: 583-593.

Li C Y, He X H, Zhu S S, *et al*. 2009. Crop Diversity for Yield Increase, PLoS ONE, 4 (11): e8049.

Li J, Brader G, Palvav E T. 2004. The WRKY70 transcription factor: a node of convergence for jasmonate-mediated signals in plant defense. Plant Cell, 16(6): 319-333.

Luna E, Pastor V, Robert J, *et al*. 2011. Callose deposition: a multifaceted plant defense response, Mol Plant Microbe Interact, 24(2): 183-193.

Mehdy M C. 1994. Active oxygen species in plant defense against pathogens, Plant Physiol, 105: 467-472.

Mehdy M C, Sharmma Y K. 1996. The role of activated oxygen species in plant disease resistance, Physiol Plant, 98: 365-374.

Mollah M H, Gabor J, Laurent B, *et al*. 2005, β-Aminobutyric Acid-Induced Resistance Against Downy Mildew in Grapevine Acts Through the Potentiation of Callose Formation and Jasmonic Acid Signaling, MPMI, 18(8): 819-829.

Mussell H W. 1973. Endopolygaacturonasc: evidence for involvement in verticillium wilt of cotton, Phytopathology, 61: 62-70.

Osbourn A. 1996. Preformed antimicrobial compounds and plant defense against fungal attack. Plant Cell, 8: 1821-1831.

Salmerion J M, Oldroyd G E D, Rommens C M T, *et al*. 1996. Tomato *Prf* is a member of the Leucine-Rich-Repeat class of plant disease resistance genes and lies embedded within the *pto* kinase gene cluster. Cell, 86: 123-133.

Staskawicz B J, Ausubel F M, Baker B J, *et al*. 1995. Molecular genetics of plant disease resistance, Science, 268: 661-667.

Verma D P S, Hong Z. 2001. Plant callose synthase complexes, Plant Mol. Biol. 47: 693-701.

Wan L, Zha W, Cheng X, *et al*. 2011. A rice β-1,3-glucanase gene Osg1 is required for callose degradation in pollen development, Planta, 233(2): 309-23.

Wojtaszek P. 1997. Oxidative burst: an early plant response to pathogen in infection, Biochem, 322: 681-692.

Xie B, Wang X, Zhu M, *et al*. 2011. CalS7 encodes a callose synthase responsible for callose deposition in the phloem, Plant J. , 65(1): 1-14.

Zavaliev R, Ueki S, Epel B L, *et al*. 2011. Biology of callose (β-1, 3-glucan) turnover at plasmodesmata, Protoplasma. , 248(1): 117-30.

Zeigler R S, Scott R P, Bernardo M A, *et al*. 1995. The relationship between lineage and virulence in Pyricularia grisea in the Philippines. Phytopathology, 85: 443-451.

3.2　农业生物多样性控制病害的生态学基础

作物病害生态系统是农业生态系统中的一个子系统,由寄主、病原物及其所处的生态环境构成。作物的抗病性、病原物的致病性和环境(包括人的活动)的相互作用导致寄主特异性的病害反应。利用遗传多样性控制作物病害就是应用生物多样性与生态平衡的原理,进行农作物品种的优化布局和种植,增加农田作物和微生物的遗传多样性,保持农田生态系统的稳定性;创造有利于作物生长,而不利于病害发生的田间微生态环境;有效地减轻植物病害的危害,大幅度减少化学农药的施用和环境污染,提高农产品的品质和产量,最终实现农业的可持续发展。

本节将对利用遗传多样性控制持续农作物病害的生态学机理进行探讨。

3.2.1　作物病害流行与农田生态环境的关系

作物病害的发生、发展,受许多因素的综合影响,当各种因素都有利于病害的发生和发展时,就会导致病害的大流行(epidemic)。影响作物侵染性病害流行的三要素是寄主、病原和环境条件。作物病害的发生和流行是在环境因素的影响之下,寄主与病原物相互作用的结果,只有在同时满足感病寄主大面积集中种植、存在大量强致病力的病原物和具备有利于病害发生的环境条件,病害才有可能流行(宗兆峰,2002)。

多数作物病害在寄主生长的大部分地区都不同程度地发生,但通常达不到广泛流行的程度,其中环境条件对病害的发展起着主导作用。环境条件(生物、土壤气候、人为因素等)对病原物侵染寄主的各个环节都会发生深刻而复杂的影响。它不但影响寄主植物的正常生长状态、组织质地和原有的抗病性,而且影响病原物的存活力、繁殖率、产孢量、传播方向、传播距离以及孢子的萌发率、侵入率和致病性。另外,环境也可能影响病原物传播介体的数量和活性,各因子间对病害的流行还会出现各种互作或综合效应(王子迎等,2000)。

影响植物病害流行最重要的环境因素是湿度和温度。雨、雾、露、灌溉所造成的长时间的高湿度不但促进了寄主长出多汁和感病的组织,更重要的是它促进了真菌孢子的产生和细菌的繁殖,促进了许多真菌孢子的释放和细菌菌脓在叶表的流动传播;还能促进线虫活动。持续的高湿度能使上述过程反复发生,进而导致病害流行。反之,即使是几天的低湿度,亦可阻止这些情况的发生而使病害的流行受阻或完全停止。病毒和菌原体导致的病害间接受到湿度的影响,如病毒和菌原体的介体是蚜虫、叶蝉和其他昆虫,则高湿度使它们的活动减弱,所以在雨季这些介体的活动明显降低。

高于或低于植物最适范围的温度时有利于病害的流行,因为在那样温度下降低了植物的水平抗性,在某些情况下甚至可以减弱或丧失主效基因控制的垂直抗性。生长在这种温度下的植物变得容易感病,而病原物却仍保持活力或比寄主受到不良温度的压力较小。寒冷的冬季能减少真菌、细菌和线虫接种体的存活率,炎热的夏季亦能减少病毒和菌原体存活的数量。此外,低温还能减少冬季存活的介体数目,在生长季节出现的低温能减少介体的活动。

因此,环境条件适宜,病原物完成每一个侵染过程的时间就短,这样在一个生长季节里就会形成多次病害循环。由于经过每一次循环,接种体的数量增加许多倍,新的接种体可以传播到其他植物上,多次的病害循环导致更多的植物受到越来越多的病原物侵染,很容易造成病害大流行(宗兆峰,2002)。

3.2.2　遗传多样性对田间小气候的影响

水稻品种多样性种植有效控制稻瘟病发生和流行的重要机制之一是改善水稻植株冠层温度、湿度、光照等小气候环境,不利于稻瘟病的发生和流行。

3.2.2.1　水稻多样性种植对湿度的影响

1. 相对湿度的变化

朱有勇等(2007)研究表明,高秆优质稻与矮秆杂交稻混合间栽能显著地降低田间微环境的相对湿度(图3.1和表3.1)。2000年在58 d的调查中,净栽 H(黄壳糯)与 Z(紫糯)的相对湿度分别有24 d和19 d达到饱和(100%),达95%～99%的分别有11 d、13 d,达90%～94%的分别有11 d、6 d,90%以下的分别有12 d、20 d;而在混合间组合中 S/H 与 S/Z 的相对湿度分别只有2 d、6 d达到饱和(100%),达95%～99%的分别有14 d和17 d,达90%～94%的分别有22 d、12 d,90%以下的分别有20 d、23 d。

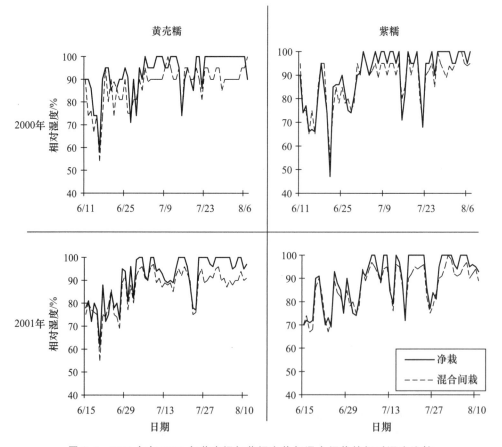

图 3.1　**2000 年与 2001 年黄壳糯与紫糯净栽与混合间栽的相对湿度比较**

表 3.1 净栽与混栽的相对湿度大数比较[1]

年份	类 型	品 种	相对湿度变化幅度/d			
			100%	95%~99%	90%~94%	<90%
2000	净栽	H	24	11	11	12
	混栽	H/S	2	14	22	20
	净栽	Z	19	13	6	20
	混栽	Z/S	6	17	12	23
2001	净栽	H	19	12	7	20
	混栽	H/S	0	9	21	28
	净栽	Z	18	7	8	25
	混栽	Z/S	1	12	16	29

[1] H/S,黄壳糯与汕优混栽 63;Z/S,紫糯与汕优 63 混栽;H,净栽黄壳糯;Z,净栽紫糯。

2001 年也有相似的结果,净栽黄壳糯与紫糯相对湿度分别有 19 d 和 18 d 达到饱和（100%）,95%~99%的分别有 12 d、7 d,90%~94%的分别有 7 d、8 d,90%以下的分别有 20 d、25 d,而在 S/H 与 S/Z 的混合间栽组合中相对湿度分别有 0 d、1 d 达到饱和（100%）,95%~99%的分别有 9 d、12 d,90%~94%的分别有 21 d、16 d,90%以下的分别有 28 d、29 d。

2. 植株持露面积的变化

高秆优质稻与矮秆杂交稻混合间栽能显著地降低稻株叶面持露的表面积（表 3.2）。2000 年净栽植株平均持露表面积分别为 H 85.34%、Z 86.58%,而混合间栽组合植株分别为 S/H 35.58%、S/Z 37.68%,与净栽相比,降幅为 49.76%~48.90%。2001 年也有相似的结果,净栽植株平均持露表面积分别为 H 82.96%、Z 84.42%,而混合间栽组合植株分别为 S/H 35.46%、S/Z 为 36.22%,与净栽相比降幅为 47.50%~48.2%。

表 3.2 品种多样性混合间栽糯稻叶面的平均持露面积变化[1]

年份	处理		每丛水稻叶面的平均持露面积/%					
			重复Ⅰ	重复Ⅱ	重复Ⅲ	重复Ⅳ	重复Ⅴ	平均
2000	混栽	H/S	31.8	36.5	38.4	35.7	35.5	35.58
		Z/S	38.1	39.2	37.5	36.4	37.2	37.68
	净栽	H	84.5	86.2	81.5	88.3	80.7	85.34
		Z	85.1	85.8	88.9	85.5	87.6	86.58
2001	混栽	H/S	35.3	34.8	32.9	37.5	36.8	35.46
		Z/S	32.5	38.4	35.6	38.1	36.5	36.22
	净栽	H	80.5	80.1	83.5	82.1	88.6	82.96
		Z	81.1	86.7	85.6	83.9	84.8	84.42

[1] H/S,黄壳糯与汕优混栽 63;Z/S,紫糯与汕优 63 混栽;H,净栽黄壳糯;Z,净栽紫糯。

3. 植株不同冠层部位及叶面的相对湿度

水稻遗传多样性不同群体按比例种植,上午 10:30~11:30,灌浆期不同行比植株冠层相同部位的叶面相对湿度不同（表 3.3）。相同种群比例下植株冠层的上、中、下的相对湿度有差异,但差异很小。从表 3.3 中可以看出,植株冠层上、中、下的叶面相对湿度均随行比及种群结构的增加而降低。冠层上部,净栽糯稻叶面的相对湿度为 48.80%,在混合间栽的种群结构中,1:(1~10)的相对湿度依次为 48.22%、47.23%、46.98%、46.08%、45.97%、44.92%、45.57% 和 47.40%,相对于净栽糯稻,依次降低 0.58%、1.57%、1.82%、2.72%、2.83%、3.88%、3.32% 和 1.40%。在冠层中部,除 1:1 的行比下 RH 比净栽糯稻高出 0.06% 外,其余的种群结构下也是随着杂交稻行比的增加相对湿度降低,下降的幅度在 1.25%~4.37%,冠层下部的情况与冠层上部和中部相似,随着行比和种群结构的增加,相对湿度下降的幅度在 1.13%~4.92%。同一种群结构下冠层不同部位的叶面相对湿度略有差异,总体来说是冠层下>冠层中>冠层上,差值在 1.50% 以内。

同一时期于下午 18:00—19:00 观测植株冠层上部和下部的空气相对湿度,结果表明,随着杂交稻种群结构的增加,冠层上下的空气相对湿度均呈下降趋势(表 3.3)。净栽糯稻冠层上部的平均相对湿度为 87.88%,1:1 的糯稻相对湿度为 87.89%,至 1:10 的行比下糯稻的平均相对湿度下降为 84.70%,1:(2~10)的相对湿度依次下降了 0.25%、0.16%、0.85%、1.46%、2.64%、3.33% 和 3.18%;冠层下部亦有相似的结果:净栽糯稻的平均相对湿度为 91.07%,而 1:(1~10)的行比下,空气相对湿度依次为 91.06%、90.45%、89.63%、89.77%、89.13%、87.24%、86.86% 和 86.88%,与净栽糯稻相比依次下降了 0.01%、0.62%、1.44%、1.30%、1.94%、3.83%、4.21% 和 4.19%。同一种群结构下冠层上下的空气平均相对湿度也有差异,总体上都是冠层下的湿度大于冠层上的,差值在 1.00%~3.19%。

表 3.3 灌浆期不同种植模式下糯稻叶面及冠层相对湿度(朱有勇,2007)

| 模式 | 灌浆期叶面相对湿度 | | | | | | 灌浆期冠层相对湿度 | | | |
	冠层下	差值	冠层中	差值	冠层上	差值	冠层下	差值	冠层上	差值
净糯	49.75		49.25		48.80		91.07		87.88	
1:1	48.62	1.13	49.31	−0.06	48.22	0.58	91.06	0.01	87.89	0.01
1:2	48.03	1.72	48.00	1.25	47.23	1.57	90.45	0.62	87.63	0.25
1:3	47.30	2.45	47.22	2.03	46.98	1.82	89.63	1.44	87.72	0.16
1:4	47.39	2.36	47.01	2.24	46.08	2.72	89.77	1.30	87.03	0.85
1:5	45.70	4.05	45.57	3.68	45.97	2.83	89.13	1.94	86.42	1.46
1:6	45.78	3.97	44.88	4.37	44.92	3.88	87.24	3.83	85.24	2.64
1:8	44.83	4.92	45.40	3.85	45.57	3.23	86.86	4.21	84.55	3.33
1:10	47.38	2.38	47.73	1.53	47.40	1.40	86.88	4.19	84.70	3.18

供试品种的株高是形成田间立体植株群落,增强通风透光,降低相对湿度和植株持露表面积的重要基础。本试验中优质稻黄壳糯株高比杂交稻高 30 cm 以上,在田间形成了高矮相间的立体株群,因为优质稻高于杂交稻而使优质稻的穗颈部位充分暴露于阳光中,并且使其群体密度降低,增加了植株间的通风透光效果,大大降低了叶面及冠层空气湿度,并表现出植株冠层不同部位叶面及空气相对湿度均随杂交稻行比的增加而降低的规律,造成了不利于病害发生的环境条件,而使稻瘟病的发生得到控制。

3.2.2.2 水稻遗传多样性对田间光照的影响

1. 植株冠层光照强度变化

研究发现,多样性种植的不同种群结构下,植株冠层上部、中部和下部的光照强度均随杂交稻种群结构的增加而明显上升。在冠层上部,净栽糯稻的光照强度为 $5.46×10^4$ lx,在糯稻与杂交稻的行比为 $1:(1～10)$ 的种群结构中,光照强度依次为: $5.92×10^4$ lx、$6.00×10^4$ lx、$6.14×10^4$ lx、$6.29×10^4$ lx、$6.69×10^4$ lx、$6.72×10^4$ lx 和 $6.84×10^4$ lx,随着杂交稻行比及种群结构的增加而增加的效果明显;在冠层中部,在行比为 $1:4$ 以前的随杂交稻增加而上升的效果明显,从净糯的 $0.855×10^4$ lx 上升到 $1:4$ 的 $1.561 7×10^4$ lx,在行比为 $1:5$ 以后,随行比的增加光照增加的趋势趋于缓和,说明随种群结构的增加光照的增加有一个限度;在冠层下部,各种种群结构亦有随杂交稻行比的增加而上升的趋势,在行比为 $1:3$ 之前,随行比增加而光照增加的效果显著,在行比为 $1:3$ 之后,这种趋势不太显著。

在单作情况下,同种作物各植株的叶片分布在同一空间内,生长速度又比较一致,生育前期叶面积小,绝大部分阳光漏在地上,在生育中、后期,因植株长起来郁闭封行,大部分阳光被上层的叶片所吸收或反射,中、下层的叶片则处于较微弱的光照条件下,光合率低,光能的利用较低。在水稻高、矮秆品种间作的情况下,叶片层次多,叶面积增大,还可充分利用作物生育中后期的光照,提高光能利用率。在高、矮秆品种间作的条件下,由于不同品种的株高、株型、叶型等的不同,在农田中形成了高低搭配、疏密相间的群体结构。矮秆品种生长的地方,成为高秆糯稻通风透光的"走廊",光线可通过这一"走廊"直射到高秆品种中、下部,同时由于矮秆杂交稻的叶面反射,田间漫射光也大为增加,从而使间作能发挥田间群体利用光能的效益(陈盛录,1986)。

光照强度的改善还与水稻吸收 SiO_2 有关,光照强度越强,吸收的 SiO_2 量越大(叶春,1992),水稻品种多样性种植,混栽田块由于选用株高不同的品种混栽,形成立体植株群落,改变了田间小气候,减少了植株间的互相遮盖,形成受光良好的株型,增加通风透光,有利于光合作用和呼吸作用的进行,提高光合作用和呼吸作用的效率(高尔明等,1998),使水稻对硅的吸收增加。而硅在植株表皮组织内沉淀,增加其机械强度,使稻叶宽厚硬挺开张角度小,弯曲度也小,减少叶片互相遮阳,又可增加通风透光,提高群体的光合效率。如此形成一个相辅相成的良性循环。

同时,茎秆中硅含量的变化是影响植株倒伏的重要因素。水稻品种多样性种植能显著提高植株的硅含量。孕穗期、扬花期和成熟期,从净栽糯稻到行比为 $1:1$、$1:2$、$1:3$、$1:4$ 的种群结构中,糯稻茎秆中硅含量呈上升趋势,优质稻硅含量比净栽高 $11.83\%～16.47\%$。混栽优质稻硅含量比净栽优质稻高,增强了混栽优质稻茎秆的硬度和机械强度,特别是中下部节间充实度大大增加,提高植株的抗病性及抗倒伏能力,降低了混栽优质稻的发病率和倒伏率,从而减少因病害及倒伏造成的损失。同时,硅能促进水稻根系生长,增强活力,提高稻株对水分和养分(如氮素)的吸收和转化量;使叶片增厚,维管束加粗,植株健壮;促进生殖器官的生长发育,提早抽穗,使穗轴增粗、穗长增加,从而对水稻增产有利(高尔明等,1998)。

2. 植株冠层不同部位的光合有效辐射变化

孕穗期和灌浆期的观测结果表明:不同种群结构下的植株冠层不同部位的光合有效辐射(photosynthetic active radiation,PAR,单位为 $\mu mol\ photon/(m^2 \cdot s)$,简写为 $\mu mol/(m^2 \cdot s)$)不同,在相同部位均有随着杂交稻行比和种群结构的增加而增加的趋势(表 3.4)。孕穗期中,植株冠层上部的光合有效辐射在净栽糯稻中仅为 $433.00\ \mu mol/(m^2 \cdot s)$,糯稻与杂交稻行比为 $1:1$ 时增加为 $604.19\ \mu mol/(m^2 \cdot s)$,除 $1:2$ 时为 $539.29\ \mu mol/(m^2 \cdot s)$,比 $1:1$ 的行比下有所下降,1∶4 的比 1∶3 有所下降外,其余情况下都是随着杂交稻行比和种群结构的增加,光合有效辐射也逐渐增强。凡是混合间栽的处理,光合有效辐射均比净栽糯稻的要高,增加的倍数在 0.25～2.28 倍。冠层中部的观测结果与冠层上部的相似,即随着行比及种群结构的增加,光合有效辐射逐渐升高,净栽糯稻的光合有效辐射仅为 97.00 $\mu mol/(m^2 \cdot s)$,行比为 1∶1、1∶2、1∶3、1∶4、1∶5、1∶6、1∶8 和 1∶10 下的光合有效辐射依次分别为:128.87 $\mu mol/(m^2 \cdot s)$、265.00 $\mu mol/(m^2 \cdot s)$、221.00 $\mu mol/(m^2 \cdot s)$、342.49 $\mu mol/(m^2 \cdot s)$、381.92 $\mu mol/(m^2 \cdot s)$、377.47 $\mu mol/(m^2 \cdot s)$、630.73 $\mu mol/(m^2 \cdot s)$ 和 853.28 $\mu mol/(m^2 \cdot s)$,增加的倍数在 0.33～7.80。冠层下部各行比下的光合有效辐射变化不大,且随着杂交稻行比和种群结构的增加而上升的趋势不明显。

表 3.4　不同行比下糯稻的光合有效辐射(朱有勇,2007)　　　　　$\mu mol/(m^2 \cdot s)$

模式	孕穗期光和有效辐射						灌浆期光和有效辐射					
	冠层下	增幅	冠层中	增幅	冠层上	增幅	冠层下	增幅	冠层中	增幅	冠层上	增幅
净糯	15.46		97.00		433.00		89.20		157.23		669.32	
1∶1	6.46	−0.58	128.87	0.33	604.19	0.40	111.63	0.25	213.75	0.36	737.22	0.10
1∶2	45.03	1.91	265.00	1.73	539.29	0.25	176.58	0.98	331.54	1.11	749.06	0.12
1∶3	17.03	0.10	221.00	1.28	1 179.75	1.72	187.00	1.10	367.00	1.33	728.97	0.09
1∶4	8.98	−0.42	342.49	2.53	1 013.31	1.34	206.90	1.32	373.32	1.37	760.00	0.14
1∶5	9.81	−0.37	381.92	2.94	1 183.95	1.73	210.00	1.35	408.49	1.60	770.00	0.15
1∶6	20.78	0.34	377.47	2.89	1 322.80	2.05	207.00	1.32	388.09	1.47	746.00	0.11
1∶8	61.44	2.98	630.73	5.50	1 335.52	2.08	203.00	1.28	388.81	1.47	770.00	0.15
1∶10	22.71	0.47	853.28	7.80	1 419.21	2.28	203.00	1.28	386.00	1.46	770.00	0.15

注:增幅(倍)=(混合间栽糯稻 PAR−净栽糯稻 PAR)/净栽糯稻 PAR。

灌浆期测定的结果与孕穗期有所不同,在糯稻植株冠层上部的光合有效辐射变化不大,但各混合间栽模式下的光合有效辐射均较净栽糯稻的要高。净栽糯稻的光合有效辐射为 669.32 $\mu mol/(m^2 \cdot s)$,1∶(1～10)的为 728.97～770.00 $\mu mol/(m^2 \cdot s)$,增加倍数在 0.1～0.15 倍;冠层中部的光合有效辐射随着行比增加和种群结构的变化,上升速度较快,尤其是在行比为 1∶5 以前,到 1∶5 时达到最高[408.49 $\mu mol/(m^2 \cdot s)$],此后从 1∶(6～10)之间的变化不大,在 388.09～388.81 $\mu mol/(m^2 \cdot s)$;冠层下部的情况与冠层中部相似:在 1∶4 以前随杂交稻行比和种群结构的增加,光合有效辐射增加得较快,净栽糯稻的仅为 89.20 $\mu mol/(m^2 \cdot s)$,1∶5 时增加到 210.00 $\mu mol/(m^2 \cdot s)$,增幅在 0.25～1.35 倍,而在 1∶6、1∶8 和 1∶10 的行比下相互之间差异较小,增加的相对较为缓慢。说明随行比的增加和种群结构的变化,光合有效辐射的增加是有限的。到达一定的行比和种群结构后,其增加的潜力已不大。

据李林等(1989)研究,栽插密度能显著影响汕优 63 光合特征值,栽插密度为 2.0 万的群体受光最好。在行比为 1∶(4～6)时,汕优 63 的密度为 2.0 万～2.1 万丛,接近李林等提出的 2.0 万的最佳受光密度。这也从另一角度说明,混合间栽在 1∶(4～6)的行比下,综合效应才比较好。而在净栽田块中,随着群体叶面积指数的增大,群体光照减弱,叶片光合速率随之降低。

3. 植株冠层不同部位的净光合速率变化

植株冠层不同部位的净光合速率(net photosynthesis rate,NPR)随着杂交稻行比和种群比例增加而增加(表 3.5)。孕穗期,净栽糯稻植株冠层上部的净光合速率为 19.70 μmol/(m^2·s)(CO$_2$),糯稻与杂交稻的行比为 1:1(种群结构为 1:2.92)时为 23.06 μmol/(m^2·s)(CO$_2$),在行比为 1:1 以后的种群结构中,均比净栽糯稻高,增加的倍数在 0.17~2.45;冠层中部的净光合速率均随杂交稻行比和种群结构的增加而上升,且都增加 30 倍以上,在行比为 1:10 的种群结构中,比净栽糯稻增加了 92.02 倍;冠层下部的情况大致相同,与净栽糯稻相比,各处理中净光合速率均比糯稻的高,但随杂交稻行比及种群结构的增加而上升的趋势不明显。

表 3.5 不同行比种植糯稻冠层的净光合速率(朱有勇,2007) μmol/(m^2·s)

模式	孕穗期净光和速率						灌浆期净光和速率					
	冠层下	增幅	冠层中	增幅	冠层上	增幅	冠层下	增幅	冠层中	增幅	冠层上	增幅
净糯	−60.05		−0.92		19.70		15.00		4.00		10.23	
1:1	25.27	1.42	29.28	32.97	23.06	0.17	20.00	0.33	11.27	1.82	28.87	1.82
1:2	52.67	1.88	34.00	38.11	28.30	0.44	20.37	0.37	16.34	3.08	30.00	1.93
1:3	−55.33	0.08	49.59	55.13	34.40	0.75	21.70	0.45	25.69	5.42	30.75	2.01
1:4	75.62	2.26	38.00	42.48	31.03	0.58	24.23	0.62	26.30	5.57	50.07	3.90
1:5	−71.17	−0.19	39.40	44.01	30.65	0.56	24.60	0.64	51.35	11.84	55.85	4.46
1:6	45.97	1.77	43.00	47.94	35.36	0.80	25.10	0.67	52.70	12.18	84.00	7.21
1:8	22.14	1.37	68.94	76.25	58.68	1.98	60.06		57.50		80.70	6.89
1:10	−7.07	0.88	83.38	92.02	67.87	2.45	57.50	2.83	49.30	11.33	78.00	6.63

注:增幅(倍)=(混合间栽糯稻 PAR−净栽糯稻 PAR)/|净栽糯稻 PAR|。

灌浆期冠层上部的净光合速率随杂交稻种群比例的增加而上升的趋势比较明显,均在 1:6(种群比例为 1:16.82)的行比下达到最高值 84.00 μmol/(m^2·s)(CO$_2$),1:8 和 1:10 的行比下与 1:6 的行比相比有所下降,但与净栽糯稻相比均升高,增幅在 1.82~7.21 倍;冠层中部与冠层上部的趋势基本一致,与净糯相比增加 7.27~48.70 μmol/(m^2·s)(CO$_2$),增大倍数为 1.82~12.18;冠层下部在 1:6 的行比之前变化不大,在行比为 1:8 的行比(种群结构为 1:23.58)下达到最高,其值为 60.06 μmol/(m^2·s)(CO$_2$)。

在栽培措施基本一致的情况下,水稻群体净同化率的大小明显地受温、光因子所制约。一般在同一生育阶段,温度高、日照多时,群体净同化率高,各生育阶段均有一致的趋势。混合间栽中冠层不同部位光照强度随行比的增加而上升的现象,说明混合间栽有利于增强植株的透光性,也有利于植株中下部叶片的光合作用,对提高植株的净光合速率、增加干物质积累及降低冠层中下部的湿度、减少病原菌入侵机会有利。

3.2.2.3 遗传多样性种植对温度的影响

上午 10:30~11:30,混合间栽中的糯稻植株冠层不同部位的叶片温度在灌浆期均高于净栽糯稻,在孕穗期多数混栽处理高于净栽糯稻(表 3.6)。同一生育期植株不同冠层部位温度不同,一般冠层上的温度高于冠层下的温度,而冠层下的温度又高于冠层中的温度。在不同种群结构的同一冠层高度下,植株叶片温度随着杂交稻行比的增加而升高。在同一时期同一冠层高度中,不同种群结构中均以净栽糯稻的叶温为最低。在孕穗期,冠层上部净栽糯稻的叶温为 33.17℃,在混合间栽中冠层同一部位升高 0～2.51℃;冠层中部 1:(2～5)的叶温比净栽糯稻的略低,1:6、1:8 和 1:10 的比净糯的分别高出 0.42、0.67 和 1.39℃;冠层下部除 1:2 的比净糯低 0.05℃外,其余混合间栽种群结构中均比净糯高出 0.34～2.02℃。

在灌浆期上午 10:30～11:30,冠层上、中、下部的混合间栽中糯稻的叶温均比净栽糯稻冠层同一部位的叶温高。混合间栽糯稻冠层上部的叶温比净糯的高出 0.91～2.51℃,冠层中部的间栽糯稻的比净栽糯稻的高出 0.6～2.21℃,冠层下部的高出 0.45～2.18℃(表 3.6)。

表 3.6　不同行比下糯稻不同部位的叶温(朱有勇,2007)　　　　　　℃

| 模式 | 孕穗期叶温 | | | | | | 灌浆期叶温 | | | | | |
	冠层下	差值	冠层中	差值	冠层上	差值	冠层下	差值	冠层中	差值	冠层上	差值
净糯	32.87		33.31		33.17		29.92		30.09		30.46	
1:1	33.38	0.51	33.57	0.26	33.17	0.00	30.83	0.91	30.69	0.60	30.91	0.45
1:2	32.82	-0.05	33.05	-0.26	33.77	0.60	31.09	1.17	30.97	0.89	31.21	0.74
1:3	33.35	0.48	33.23	-0.08	33.99	0.82	32.00	2.08	31.82	1.73	32.21	1.75
1:4	33.21	0.34	33.11	-0.20	34.40	1.23	32.43	2.51	32.04	1.95	32.64	2.18
1:5	33.25	0.38	33.17	-0.14	33.61	0.44	32.22	2.30	32.20	2.11	32.58	2.12
1:6	33.81	0.94	33.73	0.42	34.33	1.16	32.12	2.20	32.35	2.27	32.27	1.80
1:8	34.34	1.47	33.98	0.67	34.60	1.43	31.16	1.24	31.24	1.15	31.22	0.76
1:10	34.89	2.02	34.70	1.39	35.21	2.04	31.04	1.12	31.26	1.17	31.16	0.70

注:差值=混合间栽冠层的叶温-净栽糯稻同冠层叶温。

光合作用的过程是酶促反应过程,根据生物学温度的三基点理论,净光合速率应与温度呈二次曲线型关系(刘静等,2003),即在一定的范围内,光合速率随温度的升高而升高,有利于植株光合产物的积累,但超过某一温度后,光合速率反而随温度的升高而下降。就水稻而言,光合速率随温度升高而加快的上限是 35℃。因而,在 35℃以下,叶片温度的升高,有利于光合作用的进行。在本研究中,不同种群结构的同一冠层高度下,植株叶片温度随着杂交稻行比的增加和种群结构的变化而升高,且均在 35℃以内,同期净光合速率也随着杂交稻行比的增加而上升。

3.2.2.4　水稻遗传多样性对田间通风状况的影响

不同种群结构对植株冠层顶部及 2 m 高处的风速影响不大,但对植株冠层中下部的风速影响较大,植株冠层中下部的风速随着杂交稻行比和种群结构的增加而加快。在试验中以 2 m 高处的风速代表外界风速,在植株冠层顶部各行比下的风速与植株 2 m 高处的风速极为相似,其变化随外界风速的强弱变化而发生相应的变化。外界风速高,冠层顶部风速也大,并没有显示表现出随行比及种群结构增加而变化的规律。在净栽糯稻冠层顶部的风速为 4.4 m/s,而在行比为 1:1 的种群结构中的风速为 0.4 m/s,在 1:6 时的风速最高(4.7 m/s),在 1:8 和 1:10 下却又下降,这种变化与外界的风速变化形式一致。然而,在冠层中下部,情况却大不相同。不管外界及冠层顶部的风速如何变化,冠层中下部的风速都是随着杂交稻行比及种群结构的增加而加快,且在各混合间栽种群结构中,糯稻中的风速均是最低的。同一行比下多数处理冠层中部的风速比冠层下部的风速要低,但 1:6、1:8 和 1:10 三个行比,下冠层中部的风速＞冠层下部(表 3.7)。

表 3.7 不同种植模式下糯稻冠层不同部位的风速状况（朱有勇，2007） m/s

高度	净糯	1∶1	1∶2	1∶3	1∶4	1∶5	1∶6	1∶8	1∶10	净杂
2 m	6.60	2.70	1.90	5.50	1.80	2.00	9.00	8.20	9.30	6.30
冠层顶	4.40	0.40	0.60	3.40	0.70	1.50	4.70	3.70	3.92	0.80
冠层中	0.03	0.10	0.08	0.15	0.18	0.30	0.46	0.44	0.49	0.20
冠层下	0.10	0.20	0.18	0.30	0.31	0.35	0.44	0.42	0.44	0.20

在植株冠层顶部及 2 m 处，风基本不受阻挡，只因空间高度的下降而风速减弱，这也符合空气流动学的原理，因而冠层顶部的风速变化与外界风速变化极为一致。但在冠层中下部，风因为植株的阻挡作用而改变了流动形式。由于糯稻的植株较高，对风的阻挡较大，因而净栽植株冠层中下部的风速降低得较快。随着杂交稻行数的增加，糯稻对风的阻挡作用下降，而使风速随杂交稻行比的增加而加大。植株冠层下部的风速快于中部，是因中部的叶片较下部的繁茂，下部叶片因枯萎而对风的阻挡作用下降。因此，水稻品种的多样性混合间栽，有利于增强植株冠层中下部的空气流动，从而降低冠层中下部的空气相对湿度，对减少病菌的萌发、侵入及减缓病害的扩展蔓延速度有极大作用，这也验证了前面所论述的植株冠层不同部位的相对湿度均随杂交稻行比的增加而降低。

在单作群体内部，CO_2 扩散受到植株叶片的阻挡和摩擦，CO_2 交换系数比大气层小很多，风速的削弱是影响 CO_2 湍流交换的重要因素。冠层内风速减弱，CO_2 输送受阻，使得因作物光合引起的 CO_2 降低得不到及时补充，影响群体物质生产。通过水稻品种的多样性混合间栽，加速了空气流动，改善农田通风条件，从而减轻群体内部 CO_2 降低的程度，从而提高冠层中 CO_2 的浓度，提高 Rubisco 的羧化活性，增加干物质的积累，提高产量。

此外，风引起的茎叶振动具有一定的生态学意义，它可以造成群体内的闪光，进而可改变群体特别是下部的受光状态和光质。一般来说，群体的阴暗处红外线的比例较大，而风力引起的光暗相互交错，可以使光合有效辐射以闪光的形式合理分布于更广泛的叶片上，并能使光反应交替进行，进而可充分利用光能，提高作物的光合效能。作物群体的这种光合效能的提高与风速及闪光的频率（或周期）有关。因此，保持适宜的植株高度、风速与闪光频率对作物群体的光合作用有着重要作用（章家恩，2003）。

3.2.3 物种多样性种植对田间小气候的影响

农业系统中，多个作物品种存在可降低病害的发生。不同作物高矮不同，在田间形成立体结构，田间通风透光作用增强，使多样性种植的植株上部的相对湿度降低，缩短了露珠在植株、叶片上停留时间，从而减少适宜病害发病的条件。何霞红等（2010）通过多年多点试验，研究调整马铃薯播期与玉米套作后对病害的控制作用。试验观测结果表明，处理与对照相比，提前种植处理的田间饱和相对湿度天数平均降低 64.9%，推后种植处理的田间饱和相对湿度天数平均降低 44.85%。玉米行距变宽，田间空气相对湿度显著降低，减轻病害。马铃薯提前种植处理中，套种玉米的大斑病平均降低病情指数为 20.1%，小斑病平均降低 32.5%。马铃薯推后种植处理中，套种玉米的大斑病平均降低病情指数为 9.6%，小斑病平均降低 12.5%。行距变宽降低田间湿度减轻病害。马铃薯与玉米提前或推后的时空优化配置使得田间间作变套作，行距拉宽株距缩小,增强通风透光减轻病害。

　　研究马铃薯提前或推后种植的时空优化配置方式还发现物种多样性种植除了可以改变田间小气候外,还可以避开降雨与病害发生高峰期,从而避雨避病。通过研究试验地区的降雨与晚疫病发生发展规律,明确了西南山区降雨与晚疫病病害的高峰期重叠关系,尤其是7—9月连续降雨,田间空气相对湿度高是晚疫病发生流行主要因素。根据目前农药防治和抗病品种等常规措施的局限,马铃薯和玉米两种作物时空优化配置研究,提前或推后马铃薯播种,使马铃薯的主要生长时期避开7—9月降雨高峰期,减轻晚疫病危害。研究结果表明,马铃薯提前种植平均降低晚疫病病情指数49.8%,推后种植平均降低病情指数38.8%。试验也证明了在西南山区合理的提前或推后马铃薯种植是减轻晚疫病危害的简单有效措施之一。

　　物种多样性时空优化种植在改变作物发病田间的同时还大幅度提高了耕地产出率。提前推后优化节令,进行马铃薯玉米种植时空合理配置,天拉长地拉宽,间作变套作,大幅度提高耕地产出率。研究结果表明,提前种植平均提高土地利用率分别为1.737;推后种植平均提高1.766。

　　长期单一作物品种的大面积种植,造成了农田生物多样性丰度降低,农业生态环境日趋恶化,作物病虫害猖獗,农药化肥滥用,农产品农药残留量上升品质下滑,人类健康、资源保护和粮食安全等方面受到严重威胁。相比之下,许多自然生态系统由于本身群体丰富具有更好的稳定性。目前利用生物多样性控制作物病虫害,增强农田生物多样性丰度和农田生态稳定性,提高养分、水分的有效利用,减少化肥农药施用和环境污染,提高农产品质量和产量,促进农业生物多样性的保护,发展可持续农业,已成为国际农业研究的热点。朱有勇等在玉米与魔芋、玉米与大豆、玉米与辣椒等作物中进行作物多样性种植,既充分利用了水资源,又避开了作物病害发生高峰期和雨季重叠,达到生态控制病害增加粮食产量的目的,是传统农业的现代应用,为现代生态农业的发展提供了范例,为生态农业和循环农业提供有益的借鉴,促进农业与农村的可持续发展。

参 考 文 献

陈平,等.1999.硅和砷对水稻植株生长的影响.王永锐水稻文集.广州:中山大学出版社,17-21.

陈平,等.1998.硅在水稻生活的作用.生物学通报,33(8):5-7.

陈盛录.1986.种植方式小气候效应.中国农业百科全书(农业气象卷).北京:农业出版社,385-386.

高尔明,赵全志.1998.水稻施用硅肥增产的生理效应研究.耕作与栽培,28(5):20-22.

顾明华,等.2002.硅对减轻水稻的铝胁迫效应及其机理研究.植物营养与肥料学报,8(3):360-366.

韩光,等.1998.硅对水稻茎叶解剖结构的影响.黑龙江农业科学,4:47.

胡定金,等.1995.水稻硅素营养.湖北农业科学,5:33-36.

胡克伟,等.2002.施硅对水稻土磷素吸附与解吸特性的影响研究.植物营养与肥料学报,8(2):214-218.

柯玉诗,等.1997.硅肥对水稻氮磷钾营养的影响及增产原因分析.广东农业科学,5:25-27.

李家书,等.1998.湖北省硅肥在水稻、黄瓜、花生上的应用效果.热带亚热带土壤科学,7(1):16-20.

李林,沙国栋.1989.汕优 63 群体的光合生产特性研究:Ⅱ.群体的光合与同化特性.江苏农业科学,8:7-9.

李卫国,等.2001.氮、磷、钾、硅肥配施对水稻产量及其构成因素的影响.山西农人学报,36:23-25.

刘静,王连喜,戴小笠,等.2003.枸杞叶片净光合速率与其他生理参数及环境微气象因子的关系.干旱地区农业研究,21(2):95-98.

秦遂初.1995.硅肥对水稻抗病增产效果分析.浙江农业学报,7(4):289-292.

水茂兴,等.1999.水稻新嫩组织的硅质化及其与稻瘟病抗性的关系.植物营养与肥料学报,5(4):352-357.

王永锐,等.1997.硅营养抑制钠盐及铜盐毒害水稻秧苗的研究.中山大学学报(自然科学版),36(3):72-75.

王永锐,等.1996.水稻对硒吸收、分布及硒与硅共施效应.植物生理学报,22(4):344-348.

王子迎,吴芳芳,檀根甲.2000.生态位理论及其在植物病害研究中的应用前景.安徽农业大学学报,27(3).250-253.

章家恩.2000.作物群体结构的生态环境效应及其优化探讨.生态科学,(3):30-35.

宗兆峰,康振生.2002.植物病理学原理.北京:中国农业出版社,249-251.

朱有勇.2007.遗传多样性与病害控制.北京:科学出版社.

骆世明.2010.农业生物多样性利用的原理与技术.北京:化学工业出版社.

Cocker K M,Evans D E, Hodson M J. 1998. The amelioration of aluininum toxicity by silicon in higher plants:Solution chemistry or an in planta mechanism? Plant Physiol. ,104:608-614.

Gu M H,KoyaMa Hand Hara T. 1998. Effects of silicon supply on aluminum injury and chemical forms of aluminum in rice plants. Japanese Journal of Soil Science and Plant Nutrition,69:498-505.

Hara T,Gu M H, Koyana H. 1999. Ameliorative effect of sillcon on aluminum injury in the rice plant. Soil Sci. Plant Nutr. ,45:929-936.

He X X, Zhu S S, Wang H N, *et al*. 2010. Crop diversity for ecological disease control in potato and maize. Journal of Resource and Ecology,1(1):45-50.

Hodson M J, Sangster A G. 1993. The interaction between silicon and aluminum in Sorghum bicolor(L.) Moench:Growth analysis and X-ray microanalysis. Aan. Botany,72:389-400.

Ma J F, Takahashi E. 1990. The effect of silicate acid on rice in a P-deficient soil. Plant and Soil,26(1):121-125.

Nanda H P, Gangopadhyay S. 1984. Role of silicated cells in rice leaf on brown spot disease. Int. J. Trop. plant Disease,2:89-98.

Shoichi Yoshida *et al*. 1962. Histochemistry of silicon in rice plant. Soil Sci. Plant Nuir,8(1):30-41.

3.3 农业生物多样性控制病害的物理学基础

国内外大量的研究证实,作物多样性种植条件下病害的发生程度轻于单一作物种植模式。研究表明,不同作物病害不同,不同作物合理搭配形成的条带群落,互为病害蔓延的物理障碍,阻隔病害传播。

3.3.1 水稻遗传多样性对病原菌孢子稀释阻隔效应

通过对不同种群结构下的稻瘟病菌孢子的分布研究发现,不同水稻种群结构中的稻瘟病菌的孢子分布不同。在不同行比及种群结构下所捕捉到的孢子数不同,在净栽糯稻中不同生育期所捕捉到的孢子数都最多,而不同时期捕捉到的孢子的总量都是随着杂交稻行数和种群结构的增加而逐渐减少,这与田间发病情况相一致(图3.2)。

在同一种群结构下,不同的高度所捕捉到的孢子数亦有所不同。在 160 cm、110 cm、60 cm 三个高度中,以 60 cm 高度所捕捉到的孢子数最多,110 cm 高度所捕捉到的孢子数次之,160 cm 高度所捕捉到的孢子数最少(图3.3)。

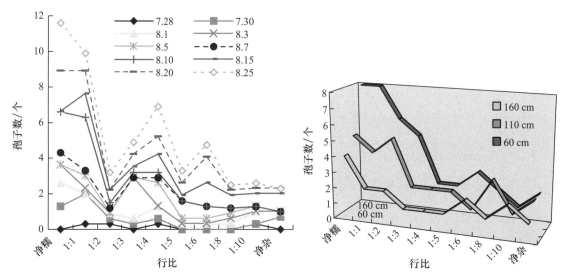

图 3.2　不同日期不同模式下的孢子数　　　　图 3.3　不同模式不同高度孢子分布图

上述研究情况说明,稻瘟病菌孢子的空间分布与混合间栽的种群结构有一定的关系,表现出在同一高度所捕捉到的孢子数量均随杂交稻行比的增加而减少的趋势。而在相应的田块中病害的发生也表现出相应的规律,即随杂交稻行比的增加稻瘟病的发生逐渐减轻,说明两者之间有一定的相关性:一方面由于混合间栽控制了病害的发生,减缓了流行速度,使得产生孢子的病斑数量减少,从而呈现出孢子分布的梯度现象。有可能是发病较重的种群结构中感病植株产生的孢子数量较多,因而被捕捉到的机会也相应增大;同时,由于孢子的飞散距离有限及抗病植株的空间阻隔作用,使杂交稻行比较多的种群结构中的孢子飞散到健康感病植株上的机会也减少,因而随杂交稻行数的增加,发病率、病情指数均下降;发病率的降低,使产生孢子的数量减少,最终导致所能捕捉到的孢子数也越来越少。

另一方面,孢子的空间飞散传播的有效距离是有限的,混合间栽中,随抗性杂交稻数量的增加,对病菌孢子阻挡作用愈来愈明显,使飞落到感病糯稻上的孢子逐渐减少,从而使发病减轻,然而,两者的定量关系尚需进一步研究。此外,混合间栽田间微生态条件随行比增加而呈现的规律性变化,对孢子的产生也有一定的影响,如湿度降低不利于孢子产生、空气流速的变化对孢子飞散产生影响等。

在相同的种群结构下,不同高度中以最低的 60 cm 处捕捉到的孢子最多。但所捕捉的稻瘟病菌孢子数量太少,其中原因有待研究。其中原因可能是在 60 cm 高度既能捕捉到从木桩附近发病植株上不同发病部位降下的孢子,又能捕捉到外部空间飞来的孢子,而较高处捕捉到木桩附近不同发病部位产生的孢子的机会较少,尤其是木桩附近较低发病部位产生的孢子。另外,说明在植株群体中下部,孢子的密度较高,其原因既有中下部光照较弱,空气流速较慢,相对湿度较高等因素造成了比冠层顶部更有利的发病条件,使植株中下部发病较严重,从而产生出更多的孢子,也有外部空间飞来的孢子多数最终要沉降到植株中下部的作用。

3.3.2 物种多样性种植对病原菌的稀释阻隔病害效应

3.3.2.1 优化群落空间,作物合理搭配稀释和阻隔病菌

根据不同作物发生不同病害的规律,改变单一作物种植传统习惯,实行作物合理搭配条带种植和长期条带轮作。条带轮作减少土壤病菌积累和初侵染。不同作物高矮搭配的条带群落,不仅互为病害蔓延的障碍,稀释病菌阻隔病害传播,而且通风透光抑制病害流行。

1. 作物搭配控制病害田间试验

根据不同作物不同病害,不同作物合理搭配形成的条带群落,互为病害蔓延的物理障碍,犹如道道防火墙,减轻病害危害的原理,2002—2006 年在宣威板桥、弥勒虹溪、玉溪红塔和石屏龙蓬等地进行了马铃薯与玉米、烟草与玉米,甘蔗与玉米,小麦与蚕豆等作物搭配控制病害同田小区试验。试验结果表明,马铃薯与玉米搭配条带种植处理与对照净栽相比,马铃薯晚疫病平均降低病情指数 36.13%,大斑病降低 16.75%;烟草后期与玉米搭配套作处理与对照净栽相比,烟草赤星病病情指数与对照无差异,玉米大斑病平均降低 18.42%;甘蔗前期与玉米搭配条带种植与对照净栽相比,甘蔗黄斑病与对照无差异,玉米大斑病平均降低病情指数 52.71%;小麦与蚕豆搭配条带种植与对照净栽相比,蚕豆褐斑病平均降低病情指数 32.55%,小麦条锈病降低 5.43%。作物合理搭配种植能够降低病情指数,但不同搭配效应不同。马铃薯与烟草搭配间作试验表明马铃薯和烟草共患病毒病的病情指数分别增加 36.75%和 27.31%,造成严重产量损失。因此,只有通过严格的田间试验才能进行作物合理搭配种植。

2. 田间群落结构稀释病菌观测

根据不同病害不同病菌,作物合理搭配形成病菌互不侵染寄主群落,有效地稀释单位面积内病菌数量的原理,2001—2004 年在宣威虹桥、玉溪红塔和嵩明小街等地进行了玉米与马铃薯、小麦与蚕豆等不同套种比例的病菌孢子观测试验。观测结果表明,两种作物不同种植比例

均明显降低病菌孢子数量。与净栽对照相比,马铃薯与玉米 1∶1 至 5∶5 行比种植的单位面积内有效侵染的晚疫病病菌孢子平均降低 53.45%,有效侵染的玉米大小斑病孢子降低 40.11%,不同行比间无显著差异;小麦与蚕豆 1∶1 至 5∶5 种植行比的单位面积有效侵染的条锈病孢子平均降低 39.35%,蚕豆褐斑病孢子降低 43.21%,不同行比无显著差异。结果表明合理的作物搭配种植能稀释田间有效侵染病菌孢子数量。

3. 田间群落结构阻隔病害观测

根据不同作物不同病害,不同作物合理搭配形成的条带群落,互为病害蔓延的物理障碍,阻隔病害传播的原理,2002—2005 年在曲靖富源、昆明嵩明、保山隆阳等地进行了魔芋与玉米、蚕豆与小麦、蚕豆与大麦条带种植阻隔病害的田间试验观测。观测结果表明,魔芋与玉米条带种植能有效地阻隔魔芋软腐病的传播蔓延,与对照净种魔芋相比,发病中心向四周传播病害速度明显呈梯度降低,其发病率从发病中心至 2、4、8 和 16 m 的最高发病率分别为 64.51%、46.20%、40.61%、31.15% 和 21.42%,而对照为 62.5%、62.8%、61.5%、62.2% 和 62.3%,发病率分别递减 −0.03%、26.56%、35.04%、50.16% 和 65.62%;在魔芋与玉米条带种植处理中,玉米大小斑病的病情指数比对照平均下降 13.62%,但魔芋阻隔玉米大小斑病效果不明显,仅分别递减 1.78%、1.63%、2.82%、3.46% 和 3.25%。蚕豆与小麦条带种植处理与对照净栽相比,蚕豆褐斑病病情指数分别递减 2.53%、19.8%、46.6%、55.7% 和 59.7%;在该处理中,蚕豆阻隔小麦条锈病的效果不明显,从观测中心到四周 16 m 处,其病情指数仅分别递减 0.05%、0.18%、1.55%、1.32% 和 1.61%。蚕豆与大麦条带种植处理观测结果相似蚕豆与小麦处理,蚕豆褐斑病病情指数递减明显,分别递减 1.39%、14.28%、27.21%、35.18% 和 40.05%,蚕豆阻隔大麦锈病效果不明显。这些结果表明,不同作物合理搭配形成条带群落能有效阻隔病害传播,但病害传播方式不同阻隔效果不同。试验结果表明对接触传播或雨水传播(魔芋软腐病)或产孢量小再侵染少(蚕豆褐斑病)的病害阻隔传播效果明显,而借风传播或产孢量大再侵染多(玉米大小斑病,小麦条锈病和大麦锈病)的病害阻隔传播效果不明显。

4. 群落结构影响田间相对湿度观测

田间相对湿度是影响病害发生的重要因素。根据不同作物合理搭配形成高矮条带群落,且条带种植行距拉宽株距缩小,通风透光降低湿度的原理,2003—2005 年进行了马铃薯与玉米、魔芋与玉米、小麦与蚕豆条带搭配种植的田间湿度变化的观测试验。试验结果表明,马铃薯与玉米条带种植处理与对照净种马铃薯相比,饱和相对湿度天数平均降低 27.3%,与对照净种玉米相比,平均降低 53.3%。魔芋与玉米条带种植处理与对照净种魔芋相比,饱和相对湿度天数平均降低 26.5%,与对照净种玉米相比,平均降低 48.9%。小麦与蚕豆条带种植处理与对照相比,相对湿度降低不显著,与净种蚕豆相比,饱和相对湿度天数平均降低 2.73%,与对照净种小麦相比,平均降低 0.93%。结果表明,作物合理搭配形成的田间高矮条带群落能明显降低饱和相对湿度天数,但作物高矮差异不大形成的植株群落对田间相对湿度的影响不显著。

3.3.2.2 作物合理搭配结合条轮作带稀释和阻隔病菌

1. 条带种植不同方式控制病害田间试验

条带种植方式可分为套作、间作和单作等不同栽培方式,不同方式在不同时间田间形成不同群落结构,影响病菌传播侵染和病害发生流行。2001—2004 年在会泽、宣威、陆良、楚雄、玉溪、保山、嵩明等地进行了马铃薯与玉米、玉米与大豆、小麦与蚕豆条带种植不同方式包括套作、间作和单作的同田对比小区试验。试验结果表明,马铃薯与玉米条带套种与对照单作相比,马铃薯晚疫病和玉米大斑病分别平均降低病情指数 43.37％和 26.96％;条带间作与对照单作相比,晚疫病平均增加病情指数 5.54％,玉米大斑病平均降低 7.85％。玉米与大豆条带套种与对照单作相比,玉米大、小斑病和大豆叶斑病(锈病、炭疽病和细菌性斑疹病)分别平均降低病情指数 21.68％和 19.41％;条带间作与对照单作相比,玉米大小斑病平均降低 8.12％,但大豆叶斑病平均增加病情指数 4.79％。小麦与蚕豆条带套种与对照单作相比,小麦条锈病和蚕豆褐斑病分别平均降低病情指数 12.75％和 23.64％;条带间作与对照单作相比,条锈病平均降低病情指数 2.08％,蚕豆褐斑病平均降低 7.83％。这些结果表明,条带种植不同方式对病害控制效果有显著差异;条带套种方式的不同处理与对照单作相比,对主要病害均有显著的控病效果;条带间作方式对大多数病害有控制效果,但差异不显著,个别病害如马铃薯晚疫病在间作方式处理中,病害发生比对照单作严重。

2. 条带轮作防治病害田间试验

不同作物带状种植,次年对调轮作,长期形成条带轮作,减少土壤病菌积累和初侵染。2004—2006 年在宣威、会泽、富源和玉溪等地进行了魔芋与玉米、马铃薯与玉米、小麦与蚕豆等作物条带轮作田间小区试验。试验结果表明,条带轮作与不轮作对照相比,魔芋软腐病和玉米大小斑病平均分别降低病情指数 26.74％和 7.15％;玉米大、小斑病和马铃薯晚疫病平均分别降低病情指数 8.06％和 11.66％,小麦条锈病和蚕豆褐斑病分别降低 5.23％和 6.12％。这说明条带轮作有效降低病情指数,减少病害危害。

参 考 文 献

Brophy L S. Mundt C C. 1991. Influence of plant spatial patterns on disease dynamics, plant competition and grain yield in genetically diverse wheat populations. Agriculture Ecosystems and Environment, 35:1-12.

Dybzinski R, Fargione J E, Zak D R, et al. 2008. Soil fertility increases with plant species diversity in a long-term biodiversity experiment. Oecologia, 158: 85-93.

He X, Zhu S, Wang H, et al. 2010. Crop diversity for ecological disease control in potato and maize. J. Resour. Ecol: 1(1)45-50. doi:10.3969/j. issn. 1674-764x. 2010. 01. 006.

Li L, Li S M, Sun J H, et al. 2007. Diversity enhances agricultural productivity via rhizosphere phosphorus facilitation on phosphorus deficient soils. Proc Natl Acad Sci. USA, 104: 1192-1196.

Li C, He X, Zhu S, et al. 2009. Crop Diversity for Yield Increase. PLoS ONE, 4(11): e8049. doi:10. 1371/journal. pone. 0008049.

Sharma R C, Dubin H J. 1996. Effect of wheat cultivar mixtures on spot blotch (Bipolaris sorokiniana) and grain yield. Field Crops Research, 48:95-101.

Tilman D, Reich P B, Knops J, et al. 2001. Diversity and productivity in a long-term grassland experiment. Science, 294: 843-845.

Tilman D, Reich P B, Knops J M H. 2006. Biodiversity and ecosystem stability in a decade-long grassland experiment. Nature，441：629-632.

Zhu Y，Chen H，Fan J，*et al*. 2000. Genetic diversity and disease control in rice. Nature，406：707-716.

3.4 农业生物多样性控制作物病害的化学基础

利用作物多样性间作或轮作是减轻土传病害的有效方法之一。作物根系分泌的化感物质抑制病原菌生长繁殖、增加根际有益微生物的种类和数量也是控制病害的主要原因。本节将探讨利用多样性种植控制病害系统中植物与病原物之间的化感作用控制病害的原理。

3.4.1 植物化感物质及其对根际微生物的作用

3.4.1.1 植物化感作用

化感作用(allelopathy)是自然界普遍存在的一种现象，是植物对环境适应的一种化学表现形式(孔垂华，2003)。Molisch 在 1937 年首先提出了植物化感作用(allelopathy)的概念，其定义为所有植物(含微生物)之间生物化学物质的相互作用，同时指出这种相互作用包括有害和有益两个方面，但 Molisch 对植物化感作用研究的具体内容未能作进一步的阐明。1974年，Rice 在其专著《Allelopathy》中将化感作用定义为：一种植物通过向环境释放化学物质而对其他植物(包括微生物)所产生的直接或间接的伤害作用。这一定义首次阐明植物化感作用的本质是植物通过向体外释放化学物质而影响邻近植物的。1984 年，Rice 的专著《Allelopathy》发行第二版，将有益作用和自毒作用补充到植物化感作用的定义中。至此，关于植物化感作用的定义被各国学者普遍接受，对于化感作用的研究起到了极大的推动作用(孔垂华，2002；谭仁祥，2003；闫世江，2009)。

按照 Rice(1984)的划分标准，植物化感作用中释放的化学物质称为化感物质，大体上可以分为：水溶性有机酸、直链醇、脂肪醛和酮；不饱和内酯；长链脂肪族和聚乙炔；萘醌、蒽醌和复合醌；酚、苯甲酸及其衍生物；肉桂酸及其衍生物；香豆素类；类黄酮；单宁；类萜和甾体化合物；氨基酸和多肽；生物碱和氰醇；糖苷和硫氰酸酯；嘌呤和核苷等。其中最为常见的是酚类和类萜类化合物(Einhellig，1995)。另外，有人将化感物质分为 4 类：①脂肪族化合物：水溶性的酸、醇；②芳香族化合物：简单的酚酸、酚、醌及以配糖体形式存在于植物体中的黄酮类、香豆素、单宁等；③脂肪酸：类脂物以及不饱和内酯；④萜类化合物：单萜、樟脑、蒎烯、桉树脑以及倍半萜烯等。

化感物质主要通过地上部挥发、雨雾淋溶、根分泌、残渣降解、种子和花粉传播等途径进入环境中，进而直接或间接地作用于自身或周围其他生物。其中根系分泌物是植物化感物质分泌的主要途径，这些分泌物参与植物与其他生物的互作过程。

3.4.1.2 根系分泌化感物质在植物与微生物互作过程中的作用

根系分泌物是指植物根系通过不同的方式向根际环境释放的各种物质，包括细胞脱落和裂解物、渗出物、高分子质量的凝胶状物和低分子量的次生代谢产物等(Bais，*et al*.，2001)。根据分子质量的大小又可以将根系分泌物分为两种类型：低分子量化合物，包括氨基酸、有机酸、糖、酚类和其他次生代谢物等;高分子量化合物,包括黏液(多糖类)和蛋白质类物质等,这些物质种类虽少,但在量上占有更大的比例。目前,虽然对大多数根系分泌物的功能还未知,但根系分泌物在植物根与根、根与昆虫、根与微生物间的互作中扮演着非常重要的角色(Hirsch et al.,2003;Walker et al.,2003)。根系分泌物在植物和根际微生物互作方面主要有两方面的功能:①根系通过分泌化学物质促进有益微生物在根际的定殖。例如,根系通过释放一些化学信号物质或者趋化物质吸引植物促生细菌、菌根真菌等有益微生物在根际的定殖和生长。②根系也能分泌一些物质抑制根际有害微生物的生长等。

3.4.2 作物多样性种植控制土传病害的化感原理

利用作物多样性间作或轮作有效控制土传病害,其不同作物的根系分泌物对根际有益和有害微生物的化感调控起着重要作用。目前研究表明,其功能主要体现在以下三个方面。

3.4.2.1 作物多样性种植改善根际微生态系统平衡

土壤是各种植物赖以生存的环境,又是微生物良好的生活场所。土壤中微生物以有机异养型为主,而土壤又不能为微生物生长提供足够的营养,但是植物的根系可以不断地分泌着各种代谢产物,为微生物提供营养(Hooper et al.,2000)。因此,根际和根系表面微生物种群的数量和种类与根系分泌物有直接或间接的相关性。作物可以通过调节根系分泌物的种类和数量影响根际微生物的种类、数量、分布、代谢、生长发育等(涂书新等,2000;Marschner and Crowley,1997)。根系分泌物的特征也影响根际病原菌的种类和数量。研究表明,一些植物根系分泌物可以通过改变根际微生物区系组成,间接影响病原微生物的种类和数量。棉花对黄萎病的抗性与根际真菌和放线菌数量呈正相关,且抗病品种根际微生物多于感病品种,区系组成更为复杂(李洪连,1999)。一些植物能分泌特定的根系分泌物促进其自身病原菌的定殖和生长,如桑苗根系分泌的氨基酸尤其是精氨酸、赖氨酸、组氨酸等必需氨基酸,可促进真菌孢子的萌发、菌丝的生长和游动孢子的积聚(Liljeroth et al.,1990)。

因此,不同植物都利用其自身独特的根系分泌物特征,影响根际有益微生物和病原菌的区系组成和比例。长期单一种植一种作物,前茬根系分泌物和植株残茬为病原物提供了丰富的养分、寄主条件和良好的繁殖生长条件,使得病原物数量不断增加,拮抗菌不断减少,病害发生日益加重。合理地增加作物多样性,进行作物的轮作或间作,可以通过根系分泌物的变化,改善根际微生物群落结构,增加根际有益微生物的种类和数量,提高和稳定土壤微生物群落结构与功能,改善作物根系微生态系统平衡,从而抑制病原微生物的生长和繁殖(Kennedy and Smith,1995;Janvier et al.,2007)。

3.4.2.2 作物多样性种植根系分泌物干扰病原菌对寄主的识别

在复杂的土壤环境中,微生物能否感应特殊的植物信号是其识别寄主随后定殖的关键(Bais et al.,2006)。微生物对植物根系分泌物的趋化性是识别寄主的重要方式(Bais et al.,2004;de Weert et al.,2002;Lugtenberg et al.,2001,2002)。例如,大多数疫霉菌对植物根系分泌的乙醇和一系列糖和氨基酸具有趋化效应(Morris et al.,1998)。一些疫霉菌还对特殊的植物信号分子具有趋化性。例如,大豆疫霉菌(*P. sojae*)的游动孢子除了对根系分泌的乙醇具有趋化性外,更特异性地趋向于大豆根系分泌的大豆苷元异黄酮和三羟异黄酮(Morris et al.,1998)。其他病原菌中,一些细菌和线虫对寄主的识别也依赖于寄主植物分泌的趋化物质

(Lugtenberg *et al.*,2002；Bais *et al.*,2004)。但很多非寄主植物也能分泌类似趋化物质干扰病原菌对寄主的识别。例如,大豆疫霉菌主要是靠游动孢子随土壤水流传播,游动孢子在土壤自由水中能游动,依靠对植物根系分泌的乙醇和一系列糖和氨基酸类物质及异黄酮类物质的趋化效应完成对寄主根系的识别。但很多非寄主植物也能分泌相同的趋化物质吸引游动孢子的聚集(Morris *et al.*,1998)。因此,生产上可以利用这些作物作为"陷阱"植物,与病原菌寄主作物间作后干扰病原菌的传播和对寄主的识别,降低病害的发生。

本课题组的研究表明,利用玉米和辣椒间作能限制辣椒疫病在行间的扩展,控制效果最高可以达到70%(孙雁,2006)。玉米根系与辣椒疫霉游动孢子互作研究表明,游动孢子除了能完成对辣椒根系的识别和侵染外,对玉米根系分泌物也具有强烈的趋化效应。玉米和辣椒间作后,玉米根系吸引了大量的游动孢子,从而稀释了辣椒根系游动孢子的数量,并能阻隔游动孢子在辣椒间的传播,从而有效地控制辣椒疫病的传播。

3.4.2.3 作物多样性种植根系分泌物抑制非寄主病原菌

植物在生长过程中会持续的接触不同的病原菌。在植物与病原菌的长期协同进化过程中,植物已建立起一系列抗病防御屏障。植物产生次生代谢物质抵御微生物的侵染是植物抗病防卫屏障中的重要部分(Bais *et al.*,2006；Iriti and Faoro,2009；Bednarek and Osbourn,2009)。根据产生时期不同,植物产生的抗菌次生代谢产物可以分为植物组成性表达的天然抗菌物质(phytoanticipins)和生物或非生物因素诱导表达的植保素(phytoalexins)两大类(Van Etten *et al.*,1994)。植物根系能在病原微生物长期持续侵袭下生存也依赖于根系分泌的抗菌物质来进行"地下化学防卫战"(Bais *et al.*,2003,2004)。已有的研究表明,很多植物根系具有分泌抑菌物质抵御根际病原菌侵染的特性。例如,罗勒多毛状根分泌的迷迭香酸对多种土壤微生物有抑菌活性(Bais *et al.*,2002)。紫草毛状根分泌的萘醌对土壤中多种微生物有抑制活性(Brigham *et al.*,1999)。常见作物番茄、黄瓜、菜豆、豌豆、鹰嘴豆、大麦、烟草、玉米和辣椒等根系分泌物中也含有具有抑菌活性的酚类、黄酮类及其他化合物(Steinkellner *et al.*,2005；Steinberg *et al.*,1999；Park *et al.*,2004)。Bais 等(2005)研究表明,将拟南芥根系分泌抑菌物质用活性炭吸附后,对根系分泌抑菌物质非常敏感的非致病菌(*Pseudomonas syringae* pv. *phaseolicola*)也能使拟南芥致病,这也验证了根系分泌的抑菌物质是植物抵御非寄主病原菌侵染的重要机制。

利用作物分泌抑菌物质的特性进行作物多样性间作或轮作也是控制作物土传病害的有效措施。Gomez-Rodríguez 等(2003)报道万寿菊与番茄间作后万寿菊释放的化感物质可降低番茄枯萎病病菌孢子萌发率。Ren 等(2008)研究表明,水稻和西瓜间作过程中水稻根系分泌物可以抑制西瓜枯萎病菌孢子萌发和菌丝生长。Park 等(2004)研究表明,玉米可以通过根系分泌两种抗菌化合物(6R)-7,8-二氢-3-氧代-α-紫罗兰酮和(6R,9R)-7,8-二氢-3-氧代-α-紫罗兰醇抑制茄子枯萎病菌的生长。本课题组的研究表明,大蒜和辣椒间作可以限制辣椒疫病跨过大蒜进行传播,其原理是大蒜根系分泌物中的抑菌物质能使靠近大蒜根际的游动孢子迅速休止并裂解,使其失去侵染能力,从而有效地控制辣椒疫病。生产实践也表明,葱属作物(蒜、葱、韭菜等)与其他作物间作或轮作对镰刀菌、丝核菌、根肿菌、疫霉菌等土传病原菌引起的根部病害具有较好的防治效果。如栽培葱蒜类后,种植大白菜可以减轻白菜软腐病。前茬是洋葱、大蒜、葱等作物,马铃薯晚疫病和辣椒疫病的发生轻(金扬秀等,2003；Nazir *et al.*,2002；Kassa *et al.*,2006；Zewde *et al.*,2007)。

综上所述,合理地利用不同作物根系分泌化感物质对根际微生物群落、病原菌识别和定殖的影响及抑菌作用等特征进行多样性种植,改善作物根系微生态系统平衡,是减少土传病害的有效措施。

参 考 文 献

金扬秀,谢关林,孙祥良,等.2003.大蒜轮作与瓜类枯萎病发病的关系.上海交通大学学报,3(1):9-12.

孔垂华,胡飞.2002.植物化感作用及其应用.北京:中国农业出版社.

孔垂华.2003.新千年的挑战:第三届世界植物化感作用大会综述.应用生态学报,14(5):837-838.

李洪连,袁红霞,王烨,等.1999.根际微生物多样性与棉花品种对黄萎病抗性的关系研究,II 不同抗性品种根际真菌区系分析及其对棉花黄萎病菌的抑制作用.植物病理学报,8:242-246.

彭磊,卢俊,何云松,等.2006.农业综合措施防治魔芋软腐病.北方园艺,4:176.

孙雁,周天富,王云月,等.2006.辣椒玉米间作对病害的控制作用及其增产效应.园艺学报,33(5):995-1000.

谭仁祥,王剑文,徐琛,等.2003.植物成分功能.北京:科学出版社.

涂书新,孙锦荷,郭智芬.2000.植物根系分泌物与根际关系评述.土壤与环境,9(1):64-67.

Bais H P,Loyola-Vargas V M,Flores H E,et al.2001.Root-specific metabolism:the biology and biochemistry of underground organs. In Vitro Plant,37:730-741.

Bais H P,Park S W,Weir T L,et al.2004. How plants communicate using the underground information superhighway. Trends Plant Sci. ,9:26-32.

Bais H P,Vepachedu R,Gilroy S,et al.2003. Allelopathy and exotic plant invasion:from molecules and genes to species interactions. Science,301:1377-1380.

Bais H P,Weir T L,Perry L G,et al.2006. The role of root exudates in rhizosphere interactions with plants and other organisms. Annu. Rev. Plant Biol. ,57:233-266.

Bednarek P,Osbourn A.2009.Plant-Microbe Interactions:Chemical Diversity in Plant Defense. Science,324:746-748.

Brigham L A,Michaels P J,Flores H E.1999.Cell-specific production and antimicrobial activity of naphthoquinones in roots of *Lithosper mumery throrhizon*. Plant Physiol. ,119:417-428.

de Weert S,Vermeiren H,Mulders I H.2002.Flagella-driven chemotaxis towards exudate components is an important trait for tomato root colonization by *Pseudomonas fluorescens*. Mol. Plant-Microbe Interact. ,15:1173-1180.

Dixon R A.2001.Natural products and plant disease resistance. Nature,411:843-847.

Einhellig F A.1995. Allelopathy. Current status and future goal In Allelopathy. Organisms, processes and applications. Inderjit *et al* (ed.). ACS Symp. Ser. 582. Am. Chem. Soc. Washington, D C. ,1-24

Gomez-Rodrﬁguez O, Zavaleta-Mejﬁa E, Gonzalez-Hernandez V A, *et al*. 2003. Allelopathy and microclimatic modiﬁcation of intercropping with marigold on tomato early blight disease development. Field Crops Research,83：27-34.

Hirsch A M, Bauer W D, Bird D M, *et al*. 2003. Molecular signals and receptors：controlling rhizosphere interactions between plants and other organisms. Ecology,84：858-868.

Hooper D U, Bignell D E, Brown V K, *et al*. 2000. Interactions between above and below ground biodiversity in terrestrial ecosystems：patterns, mechanisms, and feedbacks. Bioscience,50：1049-1061.

Iriti M, Faoro F. 2009. Chemical diversity and defence metabolism：how plants cope with pathogens and ozone pollution. Int. J. Mol. Sci. ,10：3371-3399.

Janvier C, Villeneuve F, Alabouvette C, *et al*. 2007. Soil health through soil disease suppression：which strategy from descriptors to indicators. Soil Biology & Biochemistry, 39：1-23.

Kassa B, Sommartya T. 2006. Effect of Intercropping on potato late blight, *Phytophthora infestans* (Mont.) de Bary development and potato tuber yield in Ethiopia. Kasetsart J. , 40：914-924.

Kennedy A C, Smith K L. 1995. Soil microbial diversity and the sustainability of agricultural soils. Plant and Soil,170：75-86.

Liljeroth E, Baathe, Mathiasson I. 1990. Root exudation and rhizoplane bacterial abundance of barley(*Herdeum vulgare* L.)in relation to nitrogen fertilization and root growth. Plant and Soil,127：81-89.

Lugtenberg B J, Chin-A-Woeng T F, Bloemberg G V. 2002. Microbe-plant interactions： principles and mechanisms. Antonie Van Leeuwenhoek,81：373-383.

Lugtenberg B J, Dekkers L, Bloemberg G V. 2001. Molecular determinants of rhizosphere colonization by *Pseudomonas*. Annu. Rev. Phytopathol. ,39：461-490.

Marschner P, Crowley D E, Higashi R M. 1997. Root exudation and physiological status of a root-colonizing fluorescent pseudomonad in mycorrhizal and non-mycorrhizal pepper (Capsicum annuum L.). Plant and Soil,189(1)：11-20.

Morris P F, Bone E, Tyler B M. 1998. Chemotropic and contact responses of *Phytophthora sojae* hyphae to soybean isoflavonoids and artiﬁcial substrates. Plant Physiol. , 117： 1171-1178.

Nazir M S, Jabbar A, Ahmad I, *et al*. 2002. Production potential and economic of intercropping in Autumn-planted sugarcane. International Journal of Agriculture & Biology,4：139-142.

Park S, Takano Y, Matsuura H, *et al*. 2004. Antifungal compounds from the root and root exudate of *Zea mays*. Biosci. Biotechnol. Biochem. ,68：1366-1368.

Ren L, Su S, Yang X, *et al*. 2008. Intercropping with aerobic rice suppressed Fusarium wilt in watermelon. Soil Biology & Biochemistry,40：834-844.

Rice E L. 1984. Ailelopathy,2nd edition. New York：Academic Press.

Steinberg C,Whipps J M,Wood D,*et al*. 1999. Mycelial development of *Fusarium oxysporum* in the vicinity of tomato roots. Mycological Research,103：769-778.

Steinkellner S,Mammerler R,Vierheilig H. 2005. Microconidia germination of the tomato pathogen *Fusarium oxysporum* in the presence of root exudates. Journal of Plant Interactions,1：23 30

Van Etten H,Temporini E,Wasmann C. 2001. Phytoalexin (and phytoanticipin) tolerance as a virulence trait：Why is it not required by all pathogens? Physiol. Mol. Plant Pathol. ,59：83-93.

Walker T S,Bais H P,Grotewold E,*et al*. 2003. Root exudation and rhizosphere biology. Plant Physiol. ,132：44-51.

Zewde T,Fininsa C,Sakhuja P K,*et al*. 2007. Association of white rot (*Sclerotium cepivorum*) of garlic with environmental factors and cultural practices in the North Shewa highlands of Ethiopia. Crop Protection,26：1566-1573.

第4章

作物多样性种植控制病害的
研究方法及应用

4.1 作物遗传多样性研究方法及应用

生物多样性的研究是目前世界上普遍关注的问题,遗传多样性是生物多样性的核心组成部分,保护生物多样性最终是要保护其遗传多样性,一个物种的稳定性和进化潜力依赖其遗传多样性,物种的经济和生态价值也依赖其特有的基因组成(王洪新等,1996)。检测物种不同群体和不同个体间遗传多样性的方法从起初的形态学发展到细胞学(染色体)水平以及分子生物学,目前发展到了蛋白组学和次生代谢组学等技术已经被越来越多地应用,并且随着新技术的不断发展,还将有更多的如表观遗传学、信息技术以及数字化技术等从更深层次和调控网络揭示遗传多样性的本质,开发有效的利用技术。研究作物遗传多样性对农业生产上合理利用不同品种搭配种植控制病虫害及抗病育种具有重要的意义。

本节将对主要作物抗病基因及遗传多样性研究进行综述。

4.1.1 植物抗病基因多样性研究

4.1.1.1 植物抗病基因克隆

植物抗病是一个十分复杂的过程,对抗病基因及其相应病原菌致病基因深刻解析无疑是对这一复杂过程认知的重要环节,因此,抗病基因的克隆对认识植物抗病的分子机制意义重大。基因克隆可分为两种,即正向遗传学和反向遗传学。前者也就是通常所说的"功能性"克隆(functional cloning)(Collis,1995),以目标基因所表现的功能为基础,通过鉴定基因的产物或某种明显的表型突变等信息合成寡核苷酸探针,从 cDNA 文库或基因组文库中筛选出编码该性状的基因,或制备相应的蛋白抗体对 cDNA 表达文库中筛选出目标基因,通过此方法克隆基因已在水稻(周兆斓,1996)、烟草(胡天华,1989)等植物中有所报道。反向遗传学方法则是以基因本身为基础,通过对其碱基序列或在基因组中的位置、编码的氨基酸序列及结构特点来开展。

近 20 年来,世界上许多重要实验室一直致力于植物 R 基因的克隆,直到 1992 年才取得突破,成功地克隆出第一个玉米 R 基因 Hml 。截至 2000 年,已经从 9 种不同植物中成功地克隆出了 22 种 R 基因。克隆植物 R 基因的方法有 5 种:产物导向法(product-orientated approaches)、鸟枪射击法(shotgun complementation)、扣除杂交法(subtractive hybridization)、转座子标记法(transposon tagging)和定位克隆法(mapbased cloning)等,其中转座子标记法和定位克隆法取得了成功。

转座子标签克隆基因是将转座子 DNA 插入目的基因位点引起基因突变实现对目的基因的标记,进一步利用转座子 DNA 作为探针来筛选目的基因。在分离到玉米 Ac/Ds 和 Spm 等转座子并发现这些转座子家族在其他植物中也具有转座功能后,就将转座子标签系统广泛地用于基因的鉴定及分离。用转座子标签方法成功克隆植物抗病基因的第一例报道是玉米的 Hml ,该工作由 Briggs 研究组完成 (Johal,1992),他们利用转座子标签法在玉米中分离到各种类型的对玉米圆斑病菌(Cochliobolus carbonum)隐性感病的突变株,并发现突变因子(mutator)与突变表型共分离,进一步对其他突变体进行吸印杂交验证了 Hml 即为目标抗病基因。尽管 Hml 并不是基因对基因的小种专化性的抗病基因,但它能产生稳定的抗病性,因此,Hml 的成功克隆是利用转座子标签克隆抗病基因的典范。随后烟草抗烟草花叶病毒基因 N (Whitham,1994),抗番茄叶霉病基因 Cf-9 (Jones,1994),Cf-4 (Thomas,1997),抗亚麻叶锈病基因 L6 (Ellis,1999)和 M (Anderson,1997),玉米的抗条锈病基因 Rp1-D (Collins,1999)等。

定位克隆又叫图位克隆(map-based cloning),该方法先是通过遗传连锁分析将控制目标性状的基因定位到染色体上距离很近的两个分子标记之间,并以这两个分子标记为出发点进行染色体步移(chromosome walking),构建基因位点的物理图谱,如果目标基因被界定在特别近的两个分子标记之间,也可不必构建物理图谱,而直接通过染色体登陆(chromosome landing)来获得目标基因,然后对目标基因进行功能互补验证。从理论上讲,任何基因只要其控制的性状可以鉴定都能借助该方法实现基因的克隆。该方法最大的优点就是只要能确定基因的遗传位点,就可实现对该基因的克隆。拟南芥、水稻等全基因组序列图的成功绘制,为定位克隆拟南芥、水稻中的目标基因提供了十分有利的条件。应用这种方法在一些植物中已成功地克隆了许多抗病基因,如大麦的抗白粉病基因 Mlo (Buschges,1997)、番茄的抗叶霉病基因 Cf-2 (Dixon,1996)、抗叶斑病基因 Pto (Martin,1993)、抗枯萎病基因 I2 (Ori,1994)、拟南芥的抗丁香单胞杆菌基因 RPS2 (Mindrinos,1994)、RPM1 (Grant,1995)、抗霜霉病菌基因 RPP5 (Parker,1997)、水稻抗白叶枯病基因 Xa21 (Song,1995)、Xa1 (Yoshimura,1998)、抗稻瘟病基因 Pib (Wang,1999)、Pi-ta (Bryan,2000),甜菜的抗线虫基因 Hs1[pro-1] (Cai,1997)等。

尽管转座子标签和定位克隆的方法在植物抗病基因的克隆中用得较多,但在实际应用中也有很大的局限性。应用转座子标签克隆抗病基因时,由于遗传变异、序列重排和重组等引起的自发突变频率较高[$(1.5 \times 10^{-4}) \sim (8 \times 10^{-3})$],明显高于转座子插入频率 $10^{-6} \sim 10^{-4}$,较高的背景突变可能会掩盖转座子插入引起的突变,因而难以筛选出正确的插入突变体;另外,转座子的插入频率和转座行为异常也会对筛选目标插入突变体带来困难。我们知道,如果转座子活性过低,筛选和鉴定目标插入突变体的工作量就很大,而如果转座子活性过高,虽然可增加插入目的基因的可能性,但遗留的足迹会导致目标基因序列阅读框架移码突变,最终无法鉴定和克隆基因,有的转座子在外源基因组中会失活或被甲基化修饰影响其活性也会导致不能有效筛选目标插入突变体。对于定位克隆而言,抗病和感病表型鉴定的准确性直接影响基因定位的准确程度,而病害的鉴定本身就会受到人为因素、环境因素的影响而降低准确性,尤其是某些真菌病害如稻瘟病等,从而影响基因的克隆。而且,对于基因组较大或基因组较复杂的植物时,这种克隆方法的效率也会降低,因为植物基因组太大或基因组太复杂,就很难获得高密度的分子遗传图谱和物理图谱,也难以将目标抗性基因界定于较小距离的两个分子标记之间,使得染色体步移的工作量大增甚至无法实现染色体步移。因此在克隆抗病基因的工作中,应根据实际情况选用不同克隆方法和策略。尽管如此,随着人们对植物基因组序列的全面把握,尤其是拟南芥基因组序列图,水稻基因组序列图的成功完成,有望在全面了解基因组中候选 R 基因的基础上,进行比较基因组克隆或候选基因克隆,并开展比较系统的 R 基因功能的研究,揭示研究植物抗病的分子机制。

4.1.1.2 抗性基因的结构与功能

自 1992 年克隆到第一个植物抗病基因 *Hm*1 以来,已分离到 40 多个植物抗病基因(表 4.1),但其编码产物具有一种或多种下列 5 种保守结构:亮氨酸富集重复序列域(leucine-rich repeats,LRR)、丝氨酸/苏氨酸激酶(serine-threonine kinase,STK)、核苷酸结合位点(nucleotide binding site,NBS)、亮氨酸拉链(leucine zippers,LZs)和 toll/白细胞介素-1 受体类似结构(toll/interleukin-receptor simility,TIR)。根据 R 基因产物编码的保守结构的不同,可把 R 基因分为 5 类:①编码含 LRR 和 NBS 的胞质内受体相关蛋白;②编码 STK;③编码具有大胞质外 LRR 区域的跨膜受体蛋白;④编码具胞外 LRR 区域和胞内 STKs 的跨膜受体蛋白;⑤编码毒素还原酶。

表 4.1　已经克隆的植物抗病基因

类别	R 基因	植物	病原菌或虫类	无毒基因	参考文献
1	*Bs2*	胡椒	*Xanthomnas campesteris*(B)	*AvrBs2*	Minsavage,1990
	DM3	莴苣	*Bremia lactucae*(F)		Meyers,1998
	Gpa2^a	马铃薯	*Globodera pallida*(N)		Vander,2000
	Hero	马铃薯	*G..G. pallida*(N)		Ernst,2002
	HRT^b	拟南芥	Turnip Crinkle Virus	Coat Protein	Cooley,2000
	I2	番茄	*Fusarium oxysporum*(F)		Ori,1994
	Mi	番茄	*Meloidogyne incognita*(N)		Milligan,1998
	Mi	番茄	*Macrosiphum euphorbiae*(I)		Rossi,1998
	Mla	大麦	*Blumeria graminis*(F)		Zhou,2000
	Pib	水稻	*Magnaporthe grisea*(F)		Wang,1999
	Pi-ta	水稻	*Magnaporthe grisea*(F)	*AVR-Pita*	Yoshimura,1998
	R1	马铃薯	*Phytophthora infestans*(O)		Ballvora,2002
	Rp1	玉米	*Puccinia sorghi*(F)		Collins,2002
	RPM1	拟南芥	*P. syringae*(B)	*AvrRpm1,AvrB*	Grant,1995
	RPP8^b	拟南芥	*Peronospora parasitica*(O)		McDowell,1998
	RPP13	拟南芥	*P. parasitica*(O)		Bittner-Eddy,2000
	RPS2	拟南芥	*P. syringae*(B)	*AvrRpt2*	Bent,1994
	RPS5	拟南芥	*P. syringae*(B)	*AvrPphB*	Warren,1998
	Rx1^a	马铃薯	Potato Virus X	Coat protein	Bendahmane,1995
	Rx2	马铃薯	Potato Virus X	Coat Protein	Bendahmane,2000
	Sw-5	番茄	Tomato spotted Wilt Virus		Brommonschenkel,2000
	Xa1	水稻	*Xanthomonas oryzae*(B)		Yoshimura,1998

续表4.1

类别	R基因	植物	病原菌或虫类	无毒基因	参考文献
2	*L*	亚麻	*Melampsora lini*（F）		Lawrence，1995
	M	亚麻	*Melampsora lini*（F）		Anderson，1997
	N	烟草	*Tobacco Mosaic Virus*	Helicase	Whitham，1994
	P	亚麻	*Melampsora lini*（F）		Dodds，2001
	RPP1	拟南芥	*P. parasitica*（O）		Botella，1998
	RPP4	拟南芥	*P. parasitica*（O）		van der，2002
	RPP5	拟南芥	*P. parasitica*（O）		Parker，1997
	RPS4	拟南芥	*P. syringae*（B）	*AvrRps4*	Hinsch，1996
	Y-1	马铃薯	Potato virus Y		Vidal，2002
3	*Cf-2ᶜ*	番茄	*Cladosporium fulvum*（F）	*Avr2*	Luderer，2002
	Cf-4ᵈ	番茄	*Cladosporium fulvum*（F）	*Avr4*	Jooste，1994
	Cf-5ᶜ	番茄	*Cladosporium fulvum*（F）		Dixon，1998
	Cf-9ᵈ	番茄	*Cladosporium fulvum*（F）	*Avr9*	Jones，1994
4	*Pto*	番茄	*Pseudomonas syringae*（B）		Kim 2002；Martin，1993
5	*Xa21*	水稻	*Xanthomonas oryzae*（B）		Song，1995
其他	*Hm1*	玉米	*Cochliobolus carbonm*（F）		Johal，1992
	HS1ᵖʳᵒ⁻¹	甜菜	*Heterodera schachtii*（N）		Cai，1997
	Mlo	大麦	*B. graminis*（F）		Buschges，1997
	Rpg1	大麦	*Puccinia graminis*（F）		Brueggeman，2002
	Rpw8	拟南芥	*Erisyphe chicoracearum*（F）		Xiao，2001
	RRS1-R	拟南芥	*Ralstonia solanacearum*（B）		Deslandes，2002
	Rtm1	拟南芥	*Tobacco Mosaic Virus*		Chisholm，2000
	Rtm2	拟南芥	*Tobacco Mosaic Virus*		Whitham，2000
	Ve1ᵉ，Ve2ᵉ	番茄	*Verticillium alboatrum*（F）		Kawchuk，2001

注：表中R基因的类别1,2,3,4,5依次表示：LZ(CC)-NBS-LRR,TIR-NBS-LRR,TM-LRR,STK,LRR-TM-NBS。病原菌或虫类括号中的字母分别表示 B:bacterium；F:fungus；I:insect；N:nematode；O:oomycete。

目前所克隆到的R基因大多属于第一种类型,即LZ(CC)-NBS-LRR类型。如拟南芥的*HRTᵇ*（Cooley,2000）,*RPM1*（Grant,1995）,*RPP8ᵇ*（Xiao,2000）,*RPP*13（Bittner-Edd,2000）,*RPS2*（Ori,1994）和*RPS5*（Warren,1998）；马铃薯的*Gpa2ᵃ*（van der Vossen,2000）,*Hero*（Ernst,2002）,*R1*（Ballvora,2002）,*Rx1ᵃ*（Bendahmane,1995）和*Rx2*（Bendahmane,2000）；西红柿的*I2*（Ori,1997）,*M i*（Milligan,1998,Rossi,1998）和*Sw-5*（Brommonschenkel,2000）；水稻的抗白叶枯病基因*Xa1*（Yoshimura,1998）,抗稻瘟病基因*Pib*（Wang,1998）和*Pi-ta*（Bryan,2000）；玉米的*Rp1*（Collins,1999）；大麦的*Mla*（Zhou,2000）；胡椒的*Bs2*（Minsavage,1990）及莴苣的*Dm3*（Meyers,1999）。研究表明LZ或CC结构在正常情况下参与蛋白二聚体的形成。但也有编码这种蛋白类型的基因不是抗病基因,如有些编码NBS-LRR蛋白的基因可能在植物细胞程序化死亡（Programmed Cell Death,PCD）发育过程中起作用。

TIR-NBS-LRR类型的R基因克隆得也比较多,包括拟南芥*RPP1*（Botella,1998）,

*RPP*4(van der Biezen,2002),*RPP*5(Parker,1997)和*RPS*4(Gassmann,2002);亚麻的抗条锈病基因 *L*(Ellis,1999),*M*(Anderson,1997)和 *P*(Dodds,2001);烟草的 *N*(Whitham,1994)以及马铃薯的 *Y*-1(Vidal,2002)。

TM-LRR 类型,又称为胞外 LRR 蛋白类型。该类型 *R* 基因没有 NBS 位点,仅有 LRR 结构,其氨基端为信号肽,蛋白产物是能锚定在细胞膜上的细胞外糖蛋白,其胞外结构域主要由 LRR 构成。通过氨基端信号肽来识别病原菌无毒基因的产物,并将这一识别信息由胞外的 LRR 结构传递给植物防卫反应信号传递系统中的下游元件来激活对病原菌的抗病性。这类 *R* 基因主要包括番茄的 *Cf*-2(*Cf*-2^c)(Luderer,2002),*Cf*-4(*Cf*-4^d)(Thomas,1997)、*Cf*-5(*Cf*-5^c)(Dixon,1998)和 *Cf*-9(*Cf*-9^d)(Jones,1994)。对 *Cf*-2、*Cf*-4、*Cf*-9 的研究发现此类型 *R* 基因所编码的 LRR 比 NBS-LRR 类蛋白的 LRR 更均匀更一致,而且 LRR 中有一保守的甘氨酸残基。*Cf*-9、*Cf*-4、*Cf*-2 三个基因高度同源,特别是后面 9 个 LRR 几乎相同,这可以在一定程度上解释它们所对付的是共同的病原物 *C. fulvum* 的特定小种。

STK 类型的 R 基因,目前仅克隆了番茄的 *Pto* 基因(Martin,1993)。该基因编码的丝氨酸/苏氨酸蛋白激酶虽然不含胞外或跨膜结构域,但其中的十四酰化位点可将其定位于细胞膜的内侧,因而可与跨膜或锚定在膜上的受体类似蛋白完成互作,为病原菌激发子所激活并通过磷酸化级联信号传导网络将这一信号传递给下游的防卫基因,实现 R 基因的抗病性反应。

跨膜受体激酶类(LRR-TM-STK)蛋白类型的 R 基因编码的蛋白带有胞外 LRR 结构域和胞内的丝氨酸/苏氨酸激酶结构域以及连接两个结构域的跨膜区,在水稻中克隆到的白叶枯抗病基因 *Xa*21(Song,1995)就属于这类。*Xa*21 的氨基端是一个疏水的信号肽,随后是由 23 个不整齐的以 24 个氨基酸为单位的 LRR 结构,其结构中也有特征性的保守的甘氨酸,羧基端由一个疏水的跨膜螺旋结构以及胞内的蛋白激酶结构域构成,其胞外的 LRR 作为受体结构可与病原物无毒基因的产物结合,识别病原菌侵染的信号,将识别信号进行传导并活化蛋白激酶的表达,从而激活细胞内一系列的防卫反应体系,产生对病原菌的抗性。由于 *Xa*21 能抗多个白叶枯病原菌,推测该基因在对某些病原物袭击时,有可能不是采用胞外的 LRR 结构来识别无毒基因产物,而是仅借助其蛋白激酶区发挥作用,就如同 *Pto* 那样利用 PK 结构域去识别对应的无毒蛋白,并通过蛋白激酶将信号传递给防卫系统中的下游基因,实现其抗病性。可见受体蛋白激酶识别病原物并将识别信号进行传递的能力是其发挥抗病作用的前提条件。

除了上述 5 类 *R* 基因外,目前还克隆了其他特殊类型的 *R* 基因。如玉米的 *Hm*1 基因(Johal,1992)是属于代表植物抗病基因中与病原菌亲和性因子相作用的一类基因,其编码的一个依赖于 NADPH 的 HC-解毒酶能使病原菌产生的毒素还原,从而丧失对植物的致病性。由于产生的抗性与病原菌的无毒基因没有关系,因而其抗病机制不符合基因对基因学说;甜菜的抗胞囊线虫的 *Hs*1^{pro-1} 基因(Cai,1997)所编码的蛋白含不完全的 LRR 结构和跨膜区;大麦的隐性抗白粉病(*Erysiphe graminis* f. sp. *hordei*)*mlo* 基因(Buschges,1997)编码一个至少含有 6 个跨膜蛋白螺旋(membrane spanning helices)的膜蛋白,而没有其他 *R* 基因类似的结构域,该蛋白可能作为负调控因子参与抗病反应信号过程,具有菌株非特异性的抗性特点,能对自然界中各种大麦白粉病菌株产生抗性;拟南芥的抗白粉病基因 *RPW*8(Xiao,2001)编码的蛋白具有一个跨膜结构及胞内的卷曲螺旋区,并包含 *RPW*8.1,*RPW*8.2 两个不同的位点,能够对病原菌产生广谱抗性;拟南芥的抗烟草花叶病毒基因 *Rtm*1(Chisholm,2000)和 *Rtm*2(Whitham,2000)分别编码热激蛋白;拟南芥中的抗病基因 *RRS*1-*R*(Deslandes,2002)虽然也编码一个 TIR-NBS-LRR 蛋白,但其蛋白的羧基末端包含由 60 个氨基酸组成的与 WRKY 家族的转录激活蛋白具有类似结构的核定位信号结构,而且该基因对病原菌 *Ralstonia solanacearum* 具有非小种特异性抗性,而且呈隐性遗传;番茄对病原菌 *Verticillium alboatrum* 的抗病基因 *Ve*(Kawchuk,2001)编码的是类似于参与细胞内吞作用信号途径的细胞表面甘氨酸受体蛋白。另外,最近在大麦中克隆的抗茎锈病基因 *Rpg1*(Brueggeman,2002)编码的蛋白含两个激酶区及一个疏水性较弱的跨膜区。

4.1.2 水稻抗稻瘟病基因多样性研究

稻瘟病(rice blast disease)是由子囊菌亚门真菌 *Magnaporthe grisea*(Hebert)Barr(其无性世代为 *Pyricularia grisea*(Cooke)Sacc.)侵染引起的水稻病害,是限制水稻生产的三大病害之一,严重影响水稻产量,如 1975—1990 年间全世界 11%～30% 的水稻因稻瘟病而颗粒无收。20 世纪 90 年代以来,我国稻瘟病的年发生面积均在 380 万 hm^2 以上,年损失稻谷达数亿千克。采用传统的化学防治和种植抗病品种来控制稻瘟病,化学防治因其成本较高且容易造成农田生态环境污染及农药残留,而种植抗病品种由于稻瘟病菌生理小种遗传变异的复杂性及致病性的易变性,单一抗病品种连续大面积种植数年后容易造成品种抗性丧失。因此,一方面有必要鉴定并开发更多的抗性基因,为抗稻瘟病育种提供充分的材料资源;另一方面,通过定位克隆的方法克隆出水稻抗瘟性基因,解析抗病的分子机制,为稻瘟病抗性育种提供更为可靠的理论依据。近几十年来,利用经典遗传学方法陆续从粳稻和籼稻上鉴定出了很多稻瘟病抗性基因,尤其在中国品种上也鉴定了一批抗性基因如 *Pi-zh*(朱立煌,1994),*Pi-h-1*(*t*)(郑康乐,1995),*Pi-8*(Pan,1996),*Pi-13*(*t*)(Pan,1998),*Pi-14*(*t*)(Pan,1998),*Pi-15*(*t*)(Pan,1998)等。随着分子生物学的发展,应用限制性片段长度多态性(restricted fragment length polymorphism,RFLP)等分子标记技术也定位了一系列的稻瘟病抗病基因,在此基础上,采用图位克隆策略克隆到了两个稻瘟病抗性基因 *Pi-b*(Wang,1998)和 *Pi-ta*(Bryan,2000)。

4.1.2.1 水稻抗稻瘟病基因克隆

水稻抗稻瘟病基因的克隆及产物结构与功能的解析是稻瘟病抗性分子机制研究的重要环节,也是水稻功能基因组研究的重要组成部分。随着分子生物学的发展及研究手段的进步,已经克隆到了不少抗性基因。利用转座子标签(transposon tagging)或图位克隆(map-based cloning)等方法,已在不同植物中先后分离到了 40 多个重要的抗病基因,其中包括水稻抗稻瘟病基因 *Pi-b* 和 *Pi-ta*。*Pi-b* 基因是水稻中最先通过图位克隆的方法分离到的基因。该基因的克隆过程是,将 *Pi-b* 基因定位于第 2 染色体的近末端,介于 RFLP 标记 RZ213 和 G1234 之间并与 RFLP 标记 RZ123 及 RAPD 片段 b-1 共分离(Miyamoto,1996),然后构建其物理图谱,分离其候选基因,通过功能互补验证,最终将该基因 *Pi-b* 得以克隆(Wang,1998)。*Pi-b* 编码的蛋白由 1 251 个氨基酸组成,氨基末端包含一个核苷酸结合位点,即 NBS 结构,且在 NBS 区域具有 Kinase 1a,2a 和 3a 的保守区(Motif),羧基末端包含 17 个亮氨酸重复 LRR,在 LRR 中有成簇的 8 个 Cys 残基,这在其他已经报道的 R 基因中并不存在,因此,该基因属于 NBS-LRR 类的抗病基因。

同样通过图位克隆策略也获得了 *Pi-ta*(Bryan,2000),分析其编码的蛋白质氨基酸序列,发现其氨基末端也有一个典型的 NBS 结构,而羧基末端是一个富亮氨酸结构域,但该亮氨酸重复结构并不像其他 NBS-LRR 类抗病基因的 LRR 结构典型均匀。随着水稻基因组序列图谱的完成,有望在已定位的一些抗稻瘟病基因区域设计更多的分子标记如 SSLP 和 CAPS 对其进行精细的物理定位,并最终成功分离这些抗性基因。同时,利用水稻基因组和 EST 序列,可大量筛选抗病候选基因,并对这些候选基因进行验证。由于在植物中所克隆的抗性基因在其编码的蛋白质结构上普遍存在有很多共同或相似的结构(保守结构),这些结构可能参与蛋白质之间的相互作用以及细胞信号的识别和转导。根据抗病基因的这些共性,以保守结构的序列为基础设计引物,在植物中应用 PCR 技术扩增和分离具有相似序列的 DNA 片段,即抗性基因同源序列(resistance gene analogue,RGA),提供了快速候选抗病基因的捷径。利用这种方法可以降低转座子标签克隆或图位克隆工作的难度。最近,利用抗性基因同源序列的方法分离抗性基因的方法已成功地在大豆、马铃薯、水稻、大麦、小麦和番茄中分离到许多与已知抗病基因同源的 DNA 序列。由此可以看出,利用抗性基因同源序列的基因分离法将成为抗病基因分离的主要方法之一。

4.1.2.2　水稻抗稻瘟病相关基因研究

目前由于工作基础及有效分子生物学技术的缺乏,因此,对于寄主—病原菌互作机制、寄主自身抗性或防卫反应机制的报道不多。Peng(1994)等从水稻抗病品种植株叶片上分离纯化到了两个受稻瘟病菌强烈诱导的蛋白 CMLOX-1 和 CMLOX-2,并且已获得相应的 cDNA 片段。研究表明,从接种稻瘟病菌 1～2 d 后的水稻抗病品种叶片上收集的渗出物能抑制 60%～80%的稻瘟病菌孢子萌发。Peng 等从水稻叶片中克隆了一个新的脂氧合酶(LOX)基因,该基因的 N-端有转位 (transit)肽序列,该序列可能位于叶绿体上,稻瘟病菌非亲和性小种接种水稻叶片后 LOX 基因的表达水平远远高于亲和性小种接种后的表达水平,研究结果表明,该基因为寄主对病原物侵染早期反应的元件之一,并且与小种专化性有关。水稻受包括稻瘟病菌在内的真菌侵染后响应的两个防卫反应基因,即 3-羟基-3-甲基戊二醛辅酶 A 还原酶(HMGR)基因和苯丙氨酸解氨酶(PAL)基因也已被克隆,并且研究表明水稻叶片 PAL 活性与水稻抗瘟能力呈正相关,Chen 等根据对稻瘟病菌有拮抗活性的蛋白质,借助 PCR 技术分离克隆了该基因,该基因全长 408 bp,编码 104 个氨基酸,与水稻胰蛋白酶抑制子高度同源,并且已定位于染色体上,与抗瘟性位点相近。水稻基因 PBZ 的积累与水稻受稻瘟病菌的强烈诱导有关,且在水稻与稻瘟病菌的非亲和互作中的诱导速度明显快于亲和互作,其编码的氨基酸序列与 IPR(intracellular pathogenesis related)蛋白有很高的同源性。尽管 PBZl 的积累与水稻抗瘟能力不完全呈正相关,但其在抗病反应中的作用不容忽视,PBZ(probenazole)能诱导水稻对稻瘟病菌的抗性。McCouch(1994)等克隆了水稻受 P. syringae 诱导表达且参与水稻抗瘟性反应的两个基因 Rirlb 和 Rirla,与其他受病原物诱导的 Rirl 蛋白有较高的同源性,而 Rirlb 中的内含子序列则包含了一个 Tourist 和一个 Wanderer 类微小转座单元,它们和其他类似的基因(Pir7b)一样被认为是参与水稻抗瘟性(防卫反应)家族中的一员。董继新等(1999)利用 mRNA 差别显示技术和差别筛选(differential screening,DS)的方法克隆了多个受稻瘟病菌诱导表达的 cDNA 片段和全长基因。其中 RMa1 与人的抑癌基因 SNC19 及牛 T-细胞受体 β 链基因有部分同源性。RMa3 则与黏质沙雷氏菌 C 蛋白(Serratia marcescens)有较高同源性,而克隆到的 RMa25 的 52-69 位碱基与菠菜(Spinacia oleracea)叶绿体转羟乙醛酶 mRNA 有同源性,推测其可能是介于抗病信号传导和防卫反应基因的激发与感病性表现之间的某个基因,即抗病信号在植物体内由抗病基因或感病基因接受,分别经一系列信号传导过程之后,都激活了一类基因的表达,而它们就是其中之一。

4.1.3 作物遗传多样性研究中的 DNA 分子标记技术

随着遗传多样性研究的不断发展,遗传多样性标记已从传统的以表型识别为基础的形态标记、以染色体结构和数目为特征的细胞学标记及有组织、发育和物种特异性的同工酶标记拓展到了目前的以 DNA 多态性为基础的 DNA 分子标记技术。DNA 水平上研究遗传多样性是 DNA 分子碱基序列变异的直接反应。直接进行基因测序,明确 DNA 序列的碱基变异是研究遗传多样性最为理想的方法。基因测序费时费力且投入较高,尤其对较大量群体进行遗传多样性分析时,基因测序不可能做到。

DNA 分子标记具有以下优点:①直接以 DNA 的形式表现,不受环境、季节及个体发育状况等其他因素的影响;②不存在上位性效应;③数量极多,几乎遍及整个基因组;④多态性高,不需专门创造特殊的遗传材料;⑤表现为中性标记,既不影响目标性状的表达,又与不良性状无必然的连锁;⑥大多数分子标记表现为共显性(codominance),能有效鉴别出纯合基因型和杂合基因型,从而提供系统完整的遗传信息;⑦部分分子标记甚至还可以用于分析微量 DNA 和古化石样品(Chowdhury,1998)。目前遗传多样性研究中应用较多的分子标记技术主要有 RFLP、RAPD、SSR、AFLP、SSCP、ISSR 等。

4.1.3.1 DNA 限制性片段长度多态性(RFLP)技术

限制性片段长度多态性 RFLP(restriction fragment length polymorphism)是由于限制性内切酶酶切位点或位点间 DNA 区段发生突变引起的。基本原理是:被提取的 DNA 片段经多种限制性内切酶消化所产生的长度不等的片段,经琼脂糖凝胶电泳后按大小分开,原位转移到硝酸纤维素膜上,最后用放射性同位素标记或荧光标记的一些特异性 DNA 片段作为杂交探针显示出同源片段的位置以此作为鉴定的依据。用于 RFLP 研究的探针具有高度特异性,一个 RFLP 探针只能检测到单一位点上的一对等位基因,故单个探针检测所能提供的信息是有限的,需要用多个探针才能获得更多的信息。RFLP 标记的主要特点有:①遍布于整个基因组,数量几乎是无限的;②无表型效应,不受发育阶段及器官特异性限制;③共显性,可区分纯合子和杂合子;④结果稳定、可靠;⑤DNA 需要量大,检测技术繁杂。

RFLP 分析首先要分离单拷贝的基因组 DNA 克隆或 cDNA 克隆,才能进行多态性分析。对于那些如玉米、水稻、番茄等已有覆盖整个基因组克隆的作物,可从有关单位和商家索取或购买到。但大多数作物还没有覆盖整个基因组的克隆,仍需研制特异探针。由于具有大量的酶和探针组合可供选配,因此任何一种作物都具有大量的 RFLP 标记数量。RFLP 标记具有共显性、信息完整、重复性和稳定性好等优点。但 RFLP 技术的实验操作过程较复杂,需要对探针进行同位素标记,即使应用非放射性的 Southern 杂交技术,仍然是个耗时费力的过程。

4.1.3.2 随机扩增多态性 DNA(RAPD)技术

随机扩增多态性 DNA(randomly amplified polymorphic DNA,RAPD)是美国杜邦公司科学家 Williams 和加利福尼亚研究所 Welsh 为首的两个研究小组于1990年经过各自的独立研究,建立起来的检测随机扩增 DNA(RAPD)的分子技术。它是在 PCR 的基础上,利用一系列不同的随机排列碱基顺序的寡聚核苷酸单链(通常为9~10个碱基聚合体)为引物,并对所要研究的基因组 DNA 进行扩增,扩增产物经琼脂糖或聚丙烯酰胺凝胶电泳分离后,用锈化乙锭染色或放射自显影,并在紫外灯下检测 DNA 片段的多态性,从而反映基因组相应区域的 DNA 多态性。

RAPD 技术所用的一系列引物 DNA(G+C 含量大于 40%,高的可达 60%)各不相同,但相对于特定的引物,它同基因组序列有其特定的结合位点,这些特定的结合位点在基因组某些区域内的分布如果符合扩增反应的条件,即引物在模板的两条链上有互补位置,且引物 3′端相距在一定的长度范围内,就可以扩增出片段。因此,如果基因组在这些区域发生片段插入、缺失或碱基突变就可能导致这些特定结合位点分布发生分子量的变化,而使 PCR 产物增加、缺少或发生分子量的改变。通过对产物的检测即可测出基因组在这些区域的多态性。由于进行分析时可用引物数很大(4^{10},几乎无法估计),虽然对每一个引物而言,其检测基因多态性的区域是在限的,但是利用一系列引物则可以使检测区域几乎覆盖整个基因组。因此,RAPD 可以对整个基因组进行多态性检测。

RAPD 技术作为一种新型的分子遗传标记,除具有其他一些分子标记技术如 RFLP、AFLP、SSR 等的共同优点,诸如检测不受年龄、性别、发育阶段或外界环境的影响外,还具有以下优点:①无需预先知道所研究的生物基因组 DNA 序列,因而可用于所有生物体。②引物为人工合成,且合成的一套引物无种属特异性。③每个 RAPD 标记相当于基因 DNA 上的一个靶序列位点,一套引物可检测整个 DNA 多态性。④避开了繁琐的分子分离、DNA 探针、Southern 吸印、分子杂交及测序序列等一系列前期工作。⑤所需 DNA 量少,一次反应仅需 10~50 ng。由于 RAPD 技术可以在一次反应中检测基因组的多个位点,因此它可迅速寻找两组 DNA 样品间的多态性差异,进而得到与此差异区域相连锁的 DNA 标记,这样就可利用 RAPD 技术定位某一特定 DNA 区域内的特定基因。同时 RAPD 标记还可扩展已有的遗传图谱或增加标记的密度。

RAPD 技术已在农作物品种、品系及病原菌的遗传关系的确定、基因的定位和分离、构建基因图谱以及作物抗性育种等方面得到了广泛应用。

4.1.3.3 微卫星(SSR)技术

微卫星(microsatellite)DNA 是短串联简单重复序列(simple sequence repeat,简称 SSR),它的组成基元是 1~6 个核苷酸,例如$(GA)_n$、$(GAG)_n$、$(GACA)_n$等。这些序列广泛存在于真核生物基因组中,串联重复的数目是可变的且呈现高度的多态性,在单个微卫星位点上可做共显性的等位基因分析,近年来微卫星序列作为比较理想的分子标记广泛应用于遗传图谱的构建。

Skinner 等早在 1974 年于寄居蟹中发现了卫星 DNA[重复序列是$(-T-A-G-G)_n$],此后对这种类型 DNA 在人类和动物、植物以及真菌中的分布做了大量研究(Stallings *et al*.1991)。这种短串联重复序列称之为"简单重复"(Tautz,1984)。后来 Litt 等(1989)在心肌肌动蛋白的基因内扩增了一种二核苷酸重复,命名为"微卫星"(microsatellite)。再后来这种序列又被称为"简单重复序列"(simple sequence repeat,简称 SSR)或"简单串联重复"(Edwards *et al*.,1991)。

微卫星 DNA 丰度高,变异大,极少量 DNA 即够用于 PCR 扩增,对群体遗传学研究提供了广阔的前景。大多数微卫星位点位于基因间或内含子内,并且微卫星引物具有专一性的特点,即对应于特定物种微卫星引物是特定的,只能应用于与该物种及亲缘关系非常近的物种,除此之外的物种都不能利用该物种的微卫星引物。因此,如果要对一个新物种进行 SSR 分析,需要发展一套适宜该物种的微卫星引物。

SSR标记的主要特点有:①数量丰富,广泛分布于整个基因组;②具有较多的等位性变异;③共显性标记,可鉴别出杂合子和纯合子;④实验重复性好,结果可靠;⑤由于创建新的标记时需知道重复序列两端的序列信息,因此其开发有一定困难,费用也较高。

SSR的基本重复单元是由几个核苷酸组成的,重复次数一般为数次至数十次。同一类微卫星DNA可分布在基因组的不同位置上。由于基本单元重复次数的不同而形成SSR座位的多态性。每个SSR位点两侧一般是相对保守的单拷贝序列,因此可根据两侧序列设计一对特异引物来扩增SSR序列。经聚丙烯酰胺凝胶电泳,比较不同个体间扩增产物的带谱,就可知不同个体在某个SSR位点上的多态性。

可以看出,检测SSR标记的关键在于必须设计出一对特异的PCR引物,为此,必须事先了解SSR位点两侧的核苷酸序列,寻找其中的保守区。开发SSR引物序列的过程是:①建立DNA文库,筛选鉴定微卫星DNA克隆;②测定这些克隆的侧翼序列,也可通过Genebank、EMBL和DDBJ等DNA序列数据库搜索SSR序列,省去构建基因文库、杂交、测序等繁琐的工作,但后者获得的SSR信息量往往不如基因组文库的多;③根据SSR两侧序列在同一物种内高度保守的特性设计引物。由此可见,开发新的SSR引物是一项费时耗财的工作,但随着GenBank中DNA序列的不断增加,尤其是基因组测序工作的进展,开发SSR标记的难度就越来越小,成本也很低,而且可以有针对性地对一些目标区域进行标记。

SSR标记的多态性主要依赖于基本单元重复次数的变异,而这种变异在生物群体中是大量存的。因此,SSR标记的最大优点是具有大量的等位差异,多态性十分丰富。SSR标记由于具有操作简便和稳定可靠等优点,似有逐渐取代RFLP标记的趋势。SSR引物来源有以下三个途径:①从数据库或有关文章查询,从公用的DNA序列数据库(Genebank和EMBL)或从已发表的有关文章中查找所要研究物种的微卫星DNA两翼序列或引物。②使用近缘种的引物。近几年,有关微卫星分析的进展很快,有几个实验室提出,微卫星位点可能在属内种间,甚至科内属间是保守的。③构建一个所研究类群的基因组文库。筛选出一整套SSR位点,然后根据SSR位点两翼的序列来设计引物。其过程是,首先建立DNA文库,筛选鉴定微卫星DNA克隆,然后测定这些克隆的侧翼序列。

4.1.3.4 扩增片段长度多态性(AFLP)技术

AFLP是在RFLP和PCR的基础上发展起来的,它既有RFLP的可靠性又具有RAPD的灵敏性,被认为是迄今为止最有效的分子标记,可以检出任何来源和复杂性的DNA之间的多态性(张德水等,1998)。

AFLP(Amplified Fragment Length Polymorphism,AFLP)是1992年由荷兰科学家Zabeau和Vos发明的一种新的DNA指纹技术。由于它有重要的实用价值,一出现就被Keygene公司以专利形式买下。较其他分子标记,AFLP有着明显的优越性,因此迅速传播开来,尽管它已受到了专利保护,但世界上很多实验室都在努力探索在自己的研究中应用AFLP技术。因此,Zabeau和Vos不得不将其专利解密,1995年以论文形式正式发表出来。

AFLP的基本原理是对基因组DNA限制性酶切片段的选择性扩增,使用双链人工接头(artificial adapter)与基因组DNA的酶切片段相连接作为扩增反应的模板,接头与接头相邻的酶切片段的几个碱基序列作为引物的结合位点。引物由三部分组成:①核心碱基序列,该序列与人工接头互补;②限制性内切酶识别序列;③引物3'端的选择性碱基。选择性碱基延伸到酶切片段区,只有那些两端序列能与选择性碱基配对的限制性酶切片段被扩增。扩增片段通过变性聚丙烯酰胺凝胶电泳(PAGE)分离检测。

AFLP 被称为最有力的分子标记或下一代分子标记,已在植物基因组研究、遗传图谱的构建、目的基因定位、品种识别等领域显示出广阔的应用潜力。其主要应用于:①遗传多样性的研究。Sharma 等(1996)用 AFLP 分析方法研究了兵豆属(Lens)的多样性和系统发生,并对 AFLP 和 RAPD 的分析结果加以比较,发现 AFLP 在构建 DNA 指纹图谱方面比 RAPD 具有更高的多态性。美国康奈尔大学的 Blair(1995)利用 AFLP 技术对 54 份水稻品种的遗传多样性进行了分析,研究其系统发育和分类,并与用同工酶生化标记及 RFLP 标记比较,结果表明 AFLP 仅次于 SSR,高于 RAPD 和 RFLP,而且 AFLP 对于研究水稻品种的遗传变异和构建基因组图谱更为理想。比利时 Breyne Peter(1996)分析拟南芥种内和种间的 22 个群体,1 个反应即可发现大量特异性带纹,在所有检测的区带中 50% 以上不同的生态型中表现出多态性。②构建遗传图谱。Herman 等(1995)应用 AFLP 标记对马铃薯的远缘杂交子代进行分子标记图谱的构建,应用 6 个引物组合,共得到了 264 个分离位点,每个引物组合可产生 38～49 个多态性位点。母本和父本分别得到了 138 个和 163 个 AFLP 标记。Eujayl 等(1998)利用兵豆属的 RILs 构建了 177 个标记(89 个 RAPD、79 个 AFLP、3 个形态学标记),覆盖染色体 1 073 cM,平均图距 6.0 cM 的遗传图谱。③基因定位。Thomas 等(1995)用番茄与野生种种间杂交 F_2 群体和集群分离分析(bulked segregant analysis,BAS)法获得了 42 000 个 AFLP 位点,并从中找出 3 个与番茄 Cf-9 抗性基因共分离的 AFLP 标记,进而结合定位克隆法将 Cf-9 基因克隆。德国 Max-Planck 研究所 Meksem(1995)发现了马铃薯 V 染色体上 7 个与抗晚疫病基因 R1 连锁的 AFLP 标记,其中距 $R1$ 最近的 1 个标记与 $R1$ 的遗传距离只有 0.8 cM。④标记辅助育种。美国 Texas 大学的 Reddy(1996)用 AFLP 技术指导棉花育种,把长绒的海岛棉与高产的陆地棉进行远源杂交,利用计算机 Gene scan672 软件分析 64 个 AFLP 引物实验结果,在杂交后代 F_2 群体中发现 300 个标记与亲本的长绒和高产性状有关。⑤鉴定品种绘制指纹图谱。AFLP 最适的应用范围是利用 AFLP 技术鉴定品种的指纹(fingerprint),检测品种的质量和纯度,辨别真伪,十分灵敏。美国先锋公司首先将 AFLP 技术用于玉米自交系和杂交种的鉴定工作,建立指纹档案,保护品种专利。2002 年王学德、李悦友应用 AFLP 技术,获得了棕色棉"三系"及杂种 F1 的 DNA 指纹图谱,在 18 对引物的扩增片段中存在 52 处多态性。表明 AFLP 是一种十分有效的 DNA 指纹技术,它具有多态性丰富、稳定性高、重复性好等优点。

4.1.3.5 CAPS 标记技术

CAPS(cleaved amplified polymorphic sequence)又称为 PCR-RFLP 技术,所用的 PCR 引物(长度为 20～25 bp)是针对特定位点而设计的,特异引物序列源自基因数据库、基因组或 cDNA 克隆以及已克隆的 RAPD 条带等。其基本步骤是:先进行 PCR 扩增,然后将 PCR 扩增产物用限制性内切酶酶切,再用琼脂糖凝胶电泳将 DNA 片段分开,用 EB 染色,观察。与 RFLP 技术一样,CAPS 技术检测的多态性其实是酶切片段大小的差异。在酶切前进行 PCR 产物检测,其多态性称为 ALP(扩增长度多态性),与 RFLP 分析相比,多态性比较难确定,因为只能扩增 300～1 800 bp 的片段,然而 CAPS 分析并不需要进行费时、投入高的 Southern 杂交和放射性检测。

20 世纪 90 年代初,PCR 技术的广泛应用以后,PCR-RFLP 分析受到青睐,它是对 PCR 扩增的 DNA 片段进行限制性酶切位点分析(Konieczny，1993)。现在该技术已在病原物基因组限制性位点分析上得到了广泛的应用,能对病原微生物科、属、种、型、亚型及分离株进行清晰分型。CAPS 标记在实际研究中经常用到。例如,Williamson 等(1994)找到了一个与抗线虫病基因 Mi 连锁的显性 RAPD 标记 REX-1。经克隆测序设计出 20 碱基特异引物,转化为 SCAR 标记。但所有抗感品系都会扩增出一条同样大小的带,无多态性表现。后用限制性内切酶 Taq 酶切后,抗感品系间表现了多态性,并能区分纯合、杂合品系,成为与 Mi 连锁的共显性标记。Caranta 等(1999)获得了辣椒中与抗马铃薯 Y 病毒病和辣椒斑驳病毒病的抗病基因 $Pvy4$ 紧密连锁的 AFLP 标记,将 8 个标记中最靠近的 1 个共显性 AFLP 标记转化成了共显性的 CAPS 标记。

4.1.3.6　RGA-PCR

RGA-PCR 技术是最近发展起来的分子标记技术。迄今为止,克隆了近 30 个植物的抗病基因,对这些基因的序列及所推测的氨基酸序列的分析结果表明,抗病基因大致可分为 5 类(Baker *et al*.1997；Hammond *et al*.1997)。不同植物的抗病基因之间存在一些共同的保守功能团,如核苷酸结合位点(nucleotide-binding site，NBS)、富亮氨酸重复子(leucine-rich repeat regions，LRR)、亮氨酸拉链(leucine zipper，LZ)和丝氨酸-苏氨酸蛋白激酶(serine-threonine kinase，STK)等。这些结构可能参与蛋白质之间的相互作用以及细胞信号的识别和转导。根据这些抗病基因的保守序列设计引物或简并引物,应用 PCR 技术在植物中扩增和分离具有相似序列的 DNA 片段,即抗病基因同源序列(resistance gene analogue，RGA),该技术是快速鉴定候选抗病基因和评价抗病种质遗传资源的一种新途径(Chen *et al*.，1998；吴建利等，1999)。

目前已在水稻、玉米、大麦、小麦、油菜、大豆、马铃薯、番茄、烟草等作物上分离出抗病基因同源序列,且也成功地应用抗性基因的保守序列在马铃薯、大豆、莴苣和小麦等作物中鉴定了候选抗病基因,通过定位作图发现它们在基因组的位置基本上就在已知的抗病毒、细菌、真菌和线虫等基因的区域。如 Leister 等(1996)以 $RPS2$ 基因和 N 基因的 LRR 结构为基础设计引物,在马铃薯中扩增得到两个 RGA 标记,分别与马铃薯晚疫病抗性位点 R7 和抗线虫位点 Gro1 完全共分离。Kanazin 等(1996)以 $RPS2$ 基因、N 基因和 $L6$ 基因为基础,Yu 等(1996)和 Shen 等(1998)以 $RPS2$ 基因和 N 基因为基础,也分别在大豆和莴苣中将多个 RGA 标记定位于一系列抗病基因所处的区域。由此可见,应用 RGA 进行基因定位可以较快地检测到与抗性基因紧密连锁的标记,而且,部分与抗性基因紧密连锁的标记可能就是抗性基因或抗性基因的一部分。

4.1.3.7　候选抗病基因技术

候选抗病基因(candidate resistance gene)作为一种最近发展起来的分子标记,是随着功能基因组和植物-微生物互作研究的深入而逐渐发展起来的一种高效的植物抗性基因分析方法。这种方法以植物识别有关的基因(抗性基因 R 基因或主基因)及防卫过程有关的基因(防卫反应 DR 基因或微效基因)作为分子标记用于植物的抗性分析,目前美国得克萨斯州州立大学已发展了 100 多个标记。由于这些标记本身是功能基因,通过标记与性状的共分离分析,可以迅速找到抗性基因(主效基因、QTLs),从而促进抗性基因分子标记辅助选择。目前这种方法已成功地应用于小麦和玉米的抗病、抗虫分析(Byrne *et al*,1996；Faris *et al*,1999)。

候选基因是一些被赋予潜在功能的 RFLP 探针,包括与氨基酸代谢、解毒、转录和翻译、激素反应途径、苯丙醇途径、编码病程相关(PR)蛋白、抗病基因同源序列、脂类代谢等有关的基因。根据研究的目的,可以有针对性地采用不同的候选基因,例如,研究病虫害的抗性时,可以选择候选抗性基因、防卫反应基因以及有关代谢途径中的基因。候选基因探针主要来源于cDNA 和 EST(expressed sequence tag)。由于所拥有的潜在功能,候选基因比起其他分子标记对生物功能基因组的研究具有更加重要的意义。许多生物特别是亲缘关系比较近的物种,特定核酸序列的同源性较高,可能编码功能相同或相近的多肽或蛋白分子,也就是说不同物种的候选基因可以交叉运用。因此,候选基因在基因鉴定,包括 QTL 的鉴定和定位与基因克隆研究中特别有用。如 Byrne 等(1996)在玉米中发现一个转录激活因子与另外 3 个候选基因,这 4 个候选基因与玉米对穗蛾的部分抗性有关,这是利用候选基因分析 QTL 极好的一个例子;此外,Faris 等(1999)报道了一些植物防卫反应基因包括催化酶,几丁质酶,离子通道调节子以及甜蛋白基因与小麦锈病的部分抗性有关。最后,在基因克隆中,候选基因的作用也非常明显,在动物和人类医学领域它已经成为基因克隆的快速和有效方法(Copeland *et al*,1993)。

Southern 杂交是一项在复杂的背景基因中识别特异性 DNA 序列的重要技术之一。它是 Southern 于 1975 年首创的杂交方法。其基本原理是具有一定同源性的两条核酸单链 DNA 在一定的条件下可按碱基互补原则(A=T,C=G)形成双链。杂交的双方是待测核酸序列及标记的探针。此杂交过程是高度特异性的。

ECL 直接核酸标记及检测系统用辣根过氧化物酶(HRP)直接标记探针。该法用带正电荷的核酸标记试剂(经修饰成为带正电荷的 HRP 聚合物:HRP-对苯醌-聚乙烯亚胺复合物)与变性过的、带负电荷的单链核酸探针松散连接,然后加入戊二醛,在戊二醛的化学交联作用下与带负电荷的单链 DNA 共价结合,从而标记 DNA。标记的探针 DNA 与膜上的单链 DNA 杂交形成双链 DNA,探针上的 HRP 在 H_2O_2 存在下,催化 H_2O_2 还原,同时使鲁米诺氧化并伴随蓝光产生,在增强剂的作用下使产生的光加强,从而可在 X 光片上检测。

4.1.4 蛋白(质)组研究技术

蛋白质组学(proteomics)是指研究蛋白质组的科学,本质上是在大规模水平上研究蛋白质的特征,包括蛋白质的表达水平、翻译后的修饰、蛋白与蛋白相互作用等,由此获得蛋白质水平上的关于组织变化,细胞代谢等过程的整体而全面的认识(赵欣等,2009)。近年来,蛋白质组学有了长足的发展,技术已经趋于成熟,并广泛应用于各个领域。成为生命科学研究进入后基因组时代的里程碑,也是后基因组时代生命科学研究的核心内容之一(林秀琴等,2009)。DNA 水平上的一些遗传标记已经广泛地应用于植物遗传多样性研究。与基因组学的遗传标记相比,由于蛋白质组学的研究对象是基因表达的产物,是介于基因型和表型之间的特性,因而蛋白质组学标记是联系基因多样性和表型多样性的纽带,具有独特的意义。

通过蛋白质组比较来检测植物遗传多样性的变化已有许多成功的尝试。Barrenche 等(1998)比较了 6 个欧洲国家的 23 种橡树,实验结果显示种内和间的距离非常接近。Picard等(1997)利用 2D-PAGE 分析了亲缘关系很近的硬粒小麦不同株系的遗传多样性,发现品系间的多态性很低并且 7 个蛋白可以用于基因型的鉴定。David 等(1997)也利用 2D-PAGE 技术比较了栽培于不同环境下而起源于同一种群的小麦,结果表明所有的种群都与原种群有差别,David 等认为,这不是由随机漂移引起,而是由适应其各自的气候条件而形成。蛋白(质)

组研究技术包括:①蛋白质样品制备。蛋白质样品的提取和制备是保障双向电泳质量的基础和关键。②双向聚丙烯酰胺凝胶电泳(2D-PAGE)。二维凝胶电泳-质谱仍然是目前最流行和可靠的技术平台(Rabilloud *et al*.2000)。2D-PAGE 方法的应用始于 20 世纪 70 年代,但迄今为止,它仍然是分离蛋白质最有效的方法。③图像扫描和分析。染色后的胶在扫描仪上进行扫描,图像分辨率设为 300 dpi。扫描得到的胶图像在双向电泳图像分析软件 PDQuest 7.4 (Bio-rad)中按其说明书进行分析,包括背景消减、蛋白质点的检测和匹配、计算各匹配上点的分子量和等电点。④质谱技术。质谱技术是目前蛋白质组研究中发展最快,也最具活力和潜力的技术。它是通过测定蛋白质的质量来判别蛋白质的种类。其原理是指样品分子离子化后,根据不同离子间的质荷比(m/z)的差异来分离并确定相对分子质量。质谱测定中首先将通过 2D-PAGE 分离到的蛋白质用特定的蛋白质酶(例如胰蛋白酶)消化成肽段,然后用质谱仪进行分析。

　　质谱鉴定有两条主要途径。一是"肽链质量图谱"途径。测量质谱的方法是基质辅助激光解吸附/电离法(matrix-assisted laser desorption/ionization,MALDI),通过测定一个蛋白质酶解混合物中肽段的电离飞行时间来确定其分子质量等数据,所以也称为基质辅助激光解吸/电离飞行时间质谱法(MALDI-TOF),最后通过相应的数据库搜索鉴定蛋白质(Berndt *et al*., 1999)。随着数据库中的全长基因序列越来越多,MALDI 鉴定的成功率也越来越高。二是串联质谱途径,将胰蛋白酶消化后的蛋白质单个肽链直接从液相经"电喷离子化"而被电离,分解为氨基酸或含有 C 末端的片段,片段化离子被喷射到"串联质谱仪"进行质量测定,以得到序列信息。它的主要优点是:对鉴定蛋白质来说,由几个肽链片段化得到的序列信息比一系列的肽链质量更具有特异性(Pandey *et al*.,2000)。片段的数据不仅可以在蛋白质序列数据库中搜寻,还可以在核酸数据库,例如 EST 数据库,甚至原始的基因组数据库中搜寻。质谱技术还可用于蛋白质磷酸化、硫酸化、糖苷化以及其他一些修饰的研究(Pandey *et al*.,2000)。蛋白质谱分析可以送到相关公司进行分析。下面就蛋白质质谱分析步骤进行简要介绍。

4.1.5　DNA 分子标记技术在作物遗传多样性研究中的应用

　　许多 DNA 分子标记技术已经广泛应用于作物遗传多样性研究。在此,我们主要以 SSR 标记技术和 RGA-PCR 技术在作物遗传多样性研究中的应用进行阐述。

4.1.5.1　SSR 标记技术在作物遗传多样性研究中的应用

　　云南是一个拥有丰富的水稻遗传资源和悠久的优良地方品种栽培历史的省份。我们以云南省元阳县的梯田稻作生态系统中连续栽种百年之久的三个优良地方品种(白脚老粳、红脚老粳和月亮谷)和曾经在当地推广但迅速被"淘汰"的三个改良品种(楚粳 26、楚粳 27 和合系 22)为研究对象,利用 24 对微卫星(SSR)引物比较二者的内部遗传异质性,以期解析优良地方品种"经久不衰"和多数改良品种"短命"的内因。研究结果表明,供试的 24 个 SSR 等位位点中,元阳地方品种在多数位点上的等位基因都高于改良品种,改良品种在多数位点上丢失了一部分等位基因,但也有少数位点存在等位基因升高的现象。通过遗传变异比较分析发现元阳地方品种内部遗传异质性丰富,特别是每份样品内部遗传异质性对其遗传多样性的贡献相对较高,这为杂种优势的利用提供了更广阔的选择空间。根据 UPGMA 法用遗传相似系数进行聚类分析,结果表明,供试各水稻品种在各自的遗传相似(similarity)水平上聚在各自的亚群体当中,所有品种在 0.40 的相似水平下聚在一起。各品种分别在以下相似水平上聚集为一类:0.700 5(白脚老粳)、0.973 1(月亮谷)、0.695 0(红脚老粳)、0.959 3(楚粳 26)、0.999 6(楚粳 27)和 0.898 9(合系 22)(图 4.1)。可以明显看出改良品种的遗传相似水平相当高,而地方品种遗传相似水平相对低。元阳地方品种的内部遗传结构相对复杂,改良品种除了个别户外,遗传结构十分单一,几乎都在相似系数 1.000 0 的水平上聚在一起。元阳地方品种户与户之间的遗传基础不同,户与户之间的样品在不同的遗传相似水平聚集,显示了其复杂的遗传结构。

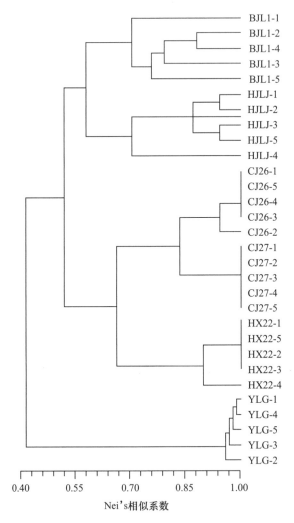

图 4.1　30 份供试水稻品种的系统聚类树状图谱

同时我们将遗传变异系数同系统聚类树状图谱结合分析,结果显示元阳地方品种在相似水平低的情况下,遗传分化系数(GST)有所不同;而改良品种在相似水平比较高的情况下,遗传分化系数也有所不同。这也从另一个方面说明了元阳地方品种比改良品种的内部遗传异质性高,而且元阳地方品种在户与户之间遗传多样性变化也较高。通过本研究我们发现元阳地方种内部遗传异质性丰富,特别是每份样品内部遗传异质性对其遗传多样性的贡献相对较高,这为杂种优势的利用提供了更广阔的选择空间。

4.1.5.2 RGA-PCR 标记技术在作物遗传多样性研究中的应用

课题组根据抗病基因同源序列保守区域序列同源的原理,利用 RGA(resistance gene analog)研究马铃薯抗病基因同源序列的多态性及品种的遗传多样性;从 RGA 划分的马铃薯类群中选取各类群有代表性的品种通过室内接种实验,分析品种的晚疫病抗性;并鉴定经 RGA 划分的类群与晚疫病抗性的相关性。以水稻抗白叶枯病菌(*Xanthomonas oryzae* pv oryzae)的 *Xa21* 基因中富含亮氨酸重复子区域(leucine-rice repeatregions,LRR)设计的 XLRRfor/rev 和 NLRRfor/rev、番茄抗丁香假单胞杆菌番茄致病变种(*Pseudomonas syringae* pv tomato)的 Pto 基因编码蛋白激酶(protine kinase,PK)的 Ptokin1/kin2 引物,利用 PCR 扩增、聚丙烯酰胺凝胶电泳和银染技术分析了 212 个马铃薯品种的抗病基因同源序列类似性(图 4.2)。结果表明:①3 对 RGA 引物在 212 个品种中共扩增出 211 条带,其中多态性带 90 条,占 42%。将 3 对引物对参试马铃薯品种进行扩增的结果置于一起进行聚类分析,总体来看,212 个品种具有较高的遗传多样性,当以欧氏距离 2.82 划分时,可以将 212 个品种划分为 2 个 RGA 类群,其中第一类群包括了已知田间晚疫病抗性类型的几乎所有感病品种;第二类群则包括了已知田间马铃薯晚疫病抗性类型的大部分抗病品种。当以欧氏距离 2.7 划分时,所有参试品种划分为 10 个 RGA 类群。所有参试品种最低的 RGA 相似程度为 47.8%,最高为 100%。在 4%变性 PAGE 上检测出的多态性谱带分布于 100~2 000 bp,其中 XLRRfor/rev 主要集中在 750~1 000 bp;NLRRfor/rev 分布较广,位于 250~2 000 bp;Ptokin1/kin2 分布于 750~2 000 bp。②本实验预期寻找 RGA 扩增结果与马铃薯品种形态指标之间的相关性,经分析,未发现二者有明显的内在联系。③通过选取具有代表性的 17 个马铃薯品种(分属于以相似性 54%为度划分的 7 个遗传宗群)进行马铃薯晚疫病人工接种,结果表明,从各遗传宗群选取的代表品种抗病程度各有不同,并与品种已知的田间抗性情况基本一致。

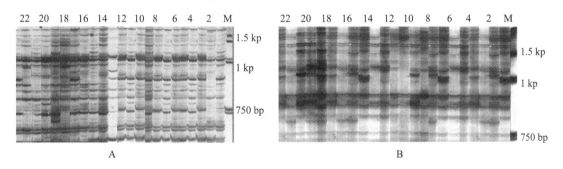

图 4.2 **RGA 指纹图谱**

A. XLRR for/rev;B. Ptokin1/kin2

4.1.6 蛋白(质)组研究技术在作物多样性研究中的应用

我们利用蛋白组技术对玉米/蚕豆和玉米/小麦间作下的玉米根系与净作玉米根系的蛋白质组进行比较分析(图 4.3),获得两种间作模式下表达量有差异的蛋白质并进行质谱鉴定(图 4.4)和功能分析。同时分析这些蛋白质在玉米根系生长和发育中的作用。

研究结果表明,在对玉米/蚕豆间作及玉米净作时玉米根系的比较蛋白质组学研究中共获得 34 个表达量差异点。对这些蛋白质的功能分析表明,玉米/蚕豆间作对玉米根系的主要影

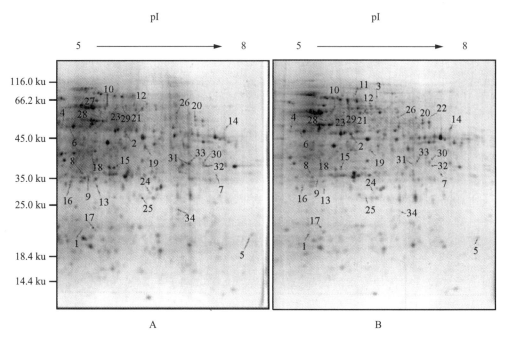

图 4.3　玉米幼苗根系蛋白质的双向电泳图谱

A. 玉米/蚕豆间作；B. 玉米净作

响有：①通过上调磷酸丙糖异构酶、腺苷激酶和烯醇化酶以及下调磷酸葡萄糖变位酶和丙酮酸脱氢酶的表达水平调整玉米细胞糖酵解的水平。通过上调谷氨酸合成酶、尿苷二磷酸葡萄糖焦磷酸化酶和异黄酮还原酶相似蛋白以及下调磷酸葡萄糖变位酶的表达水平对玉米细胞 N、P、S 和 C 的代谢产生影响。②通过下调过氧化物酶和 NADPH 产生的脱氢酶以及上调谷胱甘肽 S-转移酶和抗坏血酸过氧化物酶的表达水平影响了细胞的活性氧代谢。③细胞壁多糖的合成受到苯丙氨酸解氨酶、亮氨酸氨肽酶、O-甲基转移酶、尿苷二磷酸葡糖醛酸脱羧酶和尿苷二磷酸-葡萄糖-6-脱氢酶等表达水平下调的影响。④胱硫醚 β 合成酶结构域蛋白、线粒体加工肽酶、抗增殖蛋白和 D-3-磷酸甘油酸脱氢酶表达水平的下调能够影响玉米根系细胞蛋白质代谢、细胞分化和周期的控制。

在玉米/小麦间作及净作玉米根系的比较蛋白质组学研究中获得 37 个表达量差异点。对这些蛋白质的功能分析表明，玉米/小麦间作对玉米根系的主要影响有：①通过下调果糖二磷酸醛缩酶和上调 3-磷酸甘油醛脱氢酶、磷酸甘油酸变位酶和 ATP 合成酶的表达水平调整了玉米根系细胞糖酵解的水平。通过下调谷氨酰胺合成酶、S-腺苷甲硫氨酸合成酶及赤霉素受体 GID1L2 的表达水平调整了玉米细胞 N、P、S 和赤霉素代谢的水平。②通过上调过氧化物酶、黄素蛋白和谷胱甘肽 S-转移酶的表达水平影响了细胞活性氧代谢的水平。③抗性反应相关蛋白质：NADPH 醌氧化还原酶、病程相关蛋白 PR1/ PR10、噻唑合成酶（表达水平均上调）和 S 激酶相关蛋白抑制因子（表达水平下调）受到了间作的显著影响。④与细胞骨架形成的相关酶：肌动蛋白、β-微管蛋白、T 复合物蛋白及细胞壁木质素的合成相关酶：苯丙氨酸解氨酶的表达水平有显著下调的趋势。⑤与玉米根系细胞蛋白质代谢、细胞分化和周期控制的相关酶：26S 蛋白酶体、热激蛋白 STI、乙酰辅酶 A 乙酰基转移酶、真核生物翻译起始因子 5A 和 GTP

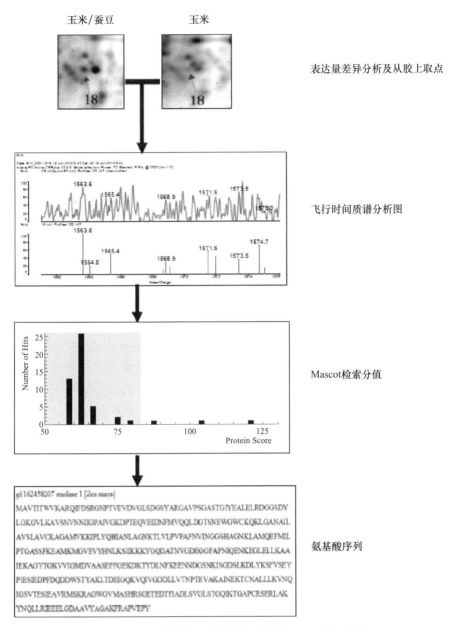

图 4.4　第 18 号差异点的质谱分析及 Mascot 的检索结果

结合核蛋白的表达水平均受到了下调的影响。

　　我们对上述两种间作模式下差异蛋白质的功能进行了比较分析。结果表明,种间互惠和竞争作用对作物在共同生长时期的影响涉及代谢、胁迫响应和发育等多路径和多种水平的调控。这说明间作时作物的相互作用是一个复杂、持续和系统的反应过程。在蛋白质组学水平上,种间互惠和竞争作用对作物主要的影响有:①对糖酵解、N、P、S 和 C 代谢等多种生化代谢途径的影响。②调整作物活性氧代谢、生物和非生物胁迫响应的水平。③通过对作物根系细胞发育、细胞分化及周期控制等的影响而调控作物的发育。种间互惠和竞争作用在间作时同时存在,其动态平衡主要体现在它们影响作物生长、胁迫响应及发育的分子机制存在明显差异。通过这些差异机制的调控作用分别对作物的生长产生了促进和抑制作用。

4.2 作物病原菌多样性研究方法及应用

微生物多样性是生物多样性的重要组成部分。由于微生物与动、植物相比,存在着多种显著差异,因此其多样性研究、保护及利用也有所不同。微生物多样性与其他生物类群相比有许多独特之处。例如,生存环境多样、生长和繁殖速度多样、营养和代谢类型多样和生活方式多样。微生物作为生态系统中极重要的一员,对动、植物的生长(Kennedy et al.,1995),生态系统中的能流和物质循环(Schlensinger,1990)及环境污染物的降解和解毒(Lammar et al.,1990)等方面起着重要作用。本节主要对植物致病微生物多样性研究进行概述。

4.2.1 植物病原菌效应蛋白基因研究概述

尽管植物抵御病原物侵染的防御系统不同于动物的免疫系统,但从一些特征看,二者之间的相似程度比以前认为得要高。植物及其病原物之间存在的基因对基因关系的遗传学证据是50年前 Flor 提出的,后来许多植物病理学家和遗传学家就致力于寻找支持这一学说的生化及分子证据。通过亚麻与亚麻锈病菌之间的相互关系的研究,Flor 发现真菌的显性 *Avr* 基因控制对持有显性抗病基因的亚麻品种的非致病性,并据此提出如下假说:*Avr* 基因的产物(后来描述成小种专化性诱导因子),能被 *R* 基因的产物(即感受体)识别,从而激发抗性。过敏性反应是植物对病毒、细菌、真菌、线虫乃至草食性昆虫最常见的抗性反应。

4.2.1.1 植物病毒效应蛋白基因

植物病毒的基因组较小,其所具有的编码复制酶基因、移动蛋白基因及外壳蛋白基因都作为 *Avr* 基因报道过。所有这三类基因都是病毒增殖及扩散所不可缺少的,因此可认为它们既是致病性基因,又是无毒基因。由于病毒的生存需要致病性基因,因此很多病毒必须设法不断改变其基因的产物,并且一般不引起特别严重的症状,以免被植物识破。至今被克隆到的抗病毒基因是烟草 *N* 基因,这一基因控制对 *TMV*(单链 RNA 病毒)的抗性。*TMV* 的感染一般要通过伤口,所以推测是在细胞质内被基因的产物识别出的(被识别部位可能是其复制酶中的抗原区域),*N* 基因的产物则可能是属于富白氨酸重复基因家族的一种细胞质蛋白。其中研究得较多的效应蛋白有 *PVX* 外壳蛋白、*TCV* 外壳蛋白基因和 *TMV* 复制酶基因等,其中 *PVX* 外壳蛋白基因具有无毒基因的特性,与马铃薯抗病基因 *Rx*1 或 *Rx*2 相对应,*Rx*1 和 *Rx*2 都编码细胞质 LZ-NBS-LRR 蛋白,其 C 端的 LRR 区域基本一致。

4.2.1.2 植物病原细菌效应蛋白基因

迄今已经克隆 40 多个植物病原细菌无毒基因,其中多数是从假单胞杆菌(*Pseudomonas*)和黄单胞杆菌(*Xanthomonase*)中克隆到。已有证据表明,植物病原细菌的 *Avr* 基因产物只有在持有相应 *R* 基因的细胞内被识别出来后,才能诱导寄主的过敏性反应,研究较为清楚的 *R* 基因与 *Avr* 基因对包括:番茄 *Pto* 与 *AvrPto*、南芥菜 *RPS2* 与 *AvrRpt2* 和拟南芥 *RPM1* 与 *AvrB* 等,其中 Avr 蛋白只有在细菌通过 III 型分泌系统转移到寄主细胞后才能发挥作用。

1. *X. campestris* 的 AvrBs2

甜椒抗性基因 *Bs2* 与持有 *avrBs2* 基因的细菌性疮痂病菌(*Xanthomonas campestris* pv. *vesicatoria*)发生非亲和互作,寄主表现抗性,*Bs2* 编码一个具有疏水 N 端的 NBS-LRR 蛋白,*AvrBs2* 对细菌的致病性是必需的,而且在不同的细菌性疮痂病菌(*X. campestris* pv. *vesicatoria*)的菌株间是高度保守的,在其他致病菌株中也是是高度保守的。*AvrBs2* 基因编码一个 80.1 kv 的亲水蛋白,其 C 端的一半与膦酸脂酶合成酶或水解酶具有同源性,但至今不知道这种同源性是否与 *AvrBs2* 的毒性功能相关。

2. *P. syringae* 的 AvrPto

AvrPto 是丁香假单胞杆菌番茄致病变种(*Pseudomonas syringae* pv. *tomato*)持有的无毒基因,与持有抗病基因 *Pto* 的番茄发生非亲和互作,*AvrPto* 是一个由 164 个氨基酸组成的亲水蛋白,该蛋白能增强病原菌对不持有 *Pto* 基因的番茄致病性。据报道,*AvrPto* 与 *Pto* 之间有直接的物理互作,在酵母双杂交系统中的互作强度与在植物体上诱发 HR 反应的能力之间有紧密的相关性,被认为是第一个植物 R 基因直接感知 *Avr* 基因的研究例子。

3. *P. syringae* 的 AvrPtoB

Kim 等(2002)鉴定到另外一个丁香假单胞 *Pseudomonas* 蛋白——*AvrPtoB*(GenBank AY074795),能够特异性地与番茄抗病基因 *Pto* 互作,抗病基因 *Pto* 编码的是一个丝氨酸/苏氨酸激酶。*AvrPtoB* 基因在该病原菌中广泛存在,也通过 III 型分泌系统分泌到寄主细胞中,能够在持有 *Pto* 的品种上激发抗病反应。*AvrPtoB* 与 *AvrPto* 在序列上的相似性并不大,但是,*AvrPto* 基因中与 *Pto* 互作的区域在 *AvrPtoB* 中是存在的。可见,两个不同的细菌作用因子通过与同一个寄主蛋白激酶的互作激发植物的免疫反应,而且是通过相似的结构进行互作的。

4. *P. syringae* 的 AvrPphB

AvrPphB(最先描述为 *avrPph3*)是控制菜豆、豌豆、大豆和拟南芥对 *Pseudomonas syringae* pv. *phaseolicola* 抗性的一个无毒基因,AvrPphB 是一个亲水蛋白,通过 N 端的加工形成一个 28 kV,含有十四酰化基序的蛋白。通过农杆菌介导法在菜豆中表达 *AvrPphB*,导致在持有 *R3* 抗病基因的品种上产生了 HR 反应,但在缺乏 *R3* 基因的品种上,*AvrPphB* 的表达却产生了小褐点。

4.2.1.3　植物病原真菌效应蛋白基因

至今只有少数几个真菌的 *Avr* 基因得到克隆,并且采用的是与克隆细菌 *Avr* 基因不同的克隆策略。多数已克隆的真菌 *Avr* 基因是以一个已知蛋白质诱导因子的氨基酸序列为基础,根据真菌产生的诱导因子的氨基酸序列设计一个寡核酸探针,用该探针从 cDNA 文库和基因组文库中筛选出 cDNA 克隆和基因组克隆。克隆真菌无毒基因的主要方法有两种,一种是利用基因产物——无毒蛋白提供的信息,合成简并引物后从基因组扩增出所需片断,再利用 RACE 等方法克隆出全基因;另一种是以遗传图谱为基础的克隆,首先建立无毒基因所在位置附近的遗传连锁图,找到紧密连锁的分子标记后用染色体步移的办法进行克隆。

1. 番茄叶霉病菌的无毒基因

第一个克隆到的真菌无毒基因是番茄叶霉病菌(*Cladosporium fulvum*)的 *Avr9*(Van den Ackerveken *et al*.,1992)。该基因能够特异性地在持有抗病性基因 *Cf-9* 的番茄品种上诱导抗性反应。实验表明了克隆到的 *Avr9* 具有无毒基因的特性。研究还表明,*Avr9* 的初级翻译产物由 63 个氨基酸残基组成,经病菌或植物蛋白酶的切割,除去信号肽后成为由 28 个氨基酸残基组成的成熟诱导因子。表达谱分析表明 Avr9 基因在感染过程中受到强烈诱导,同时证明,该基因在受到营养饥饿胁迫时也能诱导性地表达。

Joosten(1994) 等用同样的方法,成功地克隆出与抗病基因 Cf-4 相对应的无毒基因 Avr4。Avr4 编码的是一个由 135 个氨基酸组成的蛋白前体,具有明显的细胞外信号肽,然后再被植物或病菌加工成 86 个氨基酸组成的成熟蛋白。Avr4 和 Avr9 之间并无同源性,与基因组数据库中的其他序列也无同源性,这两个基因的共同特征是均编码小分子质量的富含半胱氨酸的蛋白质,并且在病原菌侵染番茄过程中分泌到寄主细胞周质中。在受到番茄叶霉病菌感染的番茄叶片细胞周质中,还存在许多其他的低分子质量蛋白,被命名为胞外蛋白 (extracellular proteins,ECPs)。这些蛋白曾经被认为是与尚未鉴定的番茄抗病基因相应的无毒基因产物,用其中两个蛋白 ECP1 (Joosten and de Wit,1988) 和 ECP2(Wubben et al.,1994)在许多抗病番茄品系上进行 HR 诱导活性测定时,发现经纯化的 ECP1 在所鉴定的番茄品系上都未能诱导出 HR,但少数品系对纯化的 ECP2 表现出了 HR,后来证实 ECP2 的编码基因确是一个由持有单个抗病基因番茄参与对番茄叶霉病菌引起病害识别的无毒基因 (Lauge et al.,1998)。这表明番茄叶霉病菌的无毒特性是通过不同番茄基因型识别其胞外蛋白,然后再诱发 HR 反应来实现的。

2. 稻瘟病菌的无毒基因

第二种被成功克隆的病原真菌是稻瘟病菌(*Magnaporthe oryzae*)。由于尚未分离到稻瘟病菌诱导因子,所以不可能像番茄叶霉病菌那样利用基因产物提供的信息进行克隆。但该病菌的部分菌株能形成有性世代,根据杂交后代的分离比,已经作成了数个 RFLP 图谱和一个较为饱和的 SSR 图谱。Sweigard 等利用图谱上的连锁标记,进行染色体步移,从稻瘟病菌克隆到对蟋蟀草的无毒基因 *PWL2*,*PWL2* 编码一个 145 个氨基酸组成的蛋白,分子质量为 16 176 u,富含甘氨酸(18%),饱和氨基酸的含量占很大比重(D+E+H+K+R 为 27.%),除 N-端外,是疏水性的,与数据库中的蛋白无显著的同源性。DNA 印迹分析证实 *PWL2* 基因的来源是水稻病原 Guy11,从法国的 Guiana 田间分离而来,2 539 菌株在同样的杂交条件下没有出现与 *PWL2* 基因能杂交的同源系列。*PWL2* 是一个控制对弯叶画眉草的寄主专化性基因,但在两个主要方面类似于典型的无毒基因:①*PWL2* 是高度专化性的,*PWL2* 基因的表达只是控制对弯叶画眉草的致病性,而不影响对水稻和大麦的致病性;②*PWL2* 是显性的,该基因的表达表现为对弯叶画眉草的不致病。

Valent 的研究小组利用 RFLP 图谱从稻瘟病菌中克隆到对水稻品种社糯表现出无毒性的无毒基因 Avr2-Yamo,后来根据其对其他持有 Pi-ta 的水稻品种也表现无毒性的特性命名为 Avr-Pita。无毒基因 Avr-pita 位于第三号染色体的末端,是一个由 223 个氨基酸编码的前蛋白,经过剪切修饰后成为 176 个氨基酸组成的成熟蛋白质,编码区中间被三个长度分别位于 56 bp,88 bp 和 66 bp 的内含子隔开,其末端离染色体末端的重复序列仅有 48 个碱基;是一个编码锌依赖性金属蛋白酶,从第 173 至第 182 的 10 个氨基酸残基为与中性锌蛋白酶的锌结合区域。三个重要的保守残基为第 176 组氨酸和第 180 组氨酸,是锌的配体功能区,第 177 谷氨酸残基是金属蛋白酶的激活位点。在稻瘟菌菌丝中并未检测到该基因表达,但在稻瘟病菌侵染水稻后期的水稻叶片组织中很容易检测到该基因的表达。

3. 大麦云纹病菌的无毒基因 *nip1*

从大麦云纹病菌的体外培养滤液中纯化到能够诱导大麦叶片产生坏死病斑的多肽 NIP1、NIP2 和 NIP3,分离到的多肽对大麦、禾谷类作物和豆科作物具有专化性,但是 NIP1 也会激发两个具有品种特异性的致病相关基因(pathogenesis-related,PR)的表达,这种 PR 蛋白的激发活性仅在持有抗病 *Rrs1* 基因(对 *R. secalis* 的抗性)的品种上才能表现。当持有 *Rrs1* 基因的大麦品种用纯化的 NIP1 蛋白处理或是接种对 *Rrs1* 基因无毒的 *R. secalis* 菌株时,就会有两种 mRNA 积累起来,通过反向遗传学途径,从 *R. secalis* 菌株中克隆到了与 *Rris1* 相匹配的编码 NIP1 的无毒基因 *AvrRrs1*,将 Nip1 转化到野生型 AvrRrs⁻ 菌株中,得到了对持有 *Rrs1* 的大麦品种无毒的基因,证明 *Nip1* 与 *AvrRrs1* 就是同一个基因。在对 *Rrs1* 表现无毒的野生型的 *R. secalis* 菌株中,两个编码 NIP1 蛋白的 *Nip* 基因仅相差 3 个氨基酸,在对持有 *Rrs1* 基因的大麦品种致病的 *R. secalis* 菌株中,还有其他地方的点突变或是整个 *Nip1* 基因完全缺失。

4. *Phytophthora* spp 编码激发蛋白的基因

在种水平上具有无毒基因功能的决定因子就是激发蛋白(elicitin)。这些从疫霉属(*Phytophthora*)和腐霉属(*Pythium*)得到的低分子质量蛋白能够在所有烟草属(*Nicotiana*)物种中引起种特异性的坏死斑,使用从烟草和其他植物分离的 *P. pararsitica* 对其激发蛋白生产水平进行分析发现,激发蛋白在烟草上的致病性与激发蛋白的产生量呈现高度负相关,因此编码 *P. pararsitica* 激发子(parasiticein)的 *para1* 基因就被认为是种特异性的无毒基因,基于此,就将这些蛋白作为无毒基因决定因子。近来从研究马铃薯晚疫病菌(*Phytophthora infestans*)编码激发蛋白 infestin 的基因 *inf1* 中找到了种专化性的分子证据:对烟草表现无毒性的野生型晚疫病菌株在侵染烟草的早期就被限制于个别烟草细胞中,而通过对野生型晚疫病菌株 *inf1⁺* 中 *inf1* 基因的沉默突变后得到的晚疫病突变株 *inf1⁻* 能够感染所有本氏烟(*Nicotiana benthamiana*)。由此看出,马铃薯晚疫病菌编码激发蛋白的基因 *inf1* 是在本氏烟(*N. benthamiana*)种水平上的无毒基因。

4.2.2 稻瘟病菌分泌蛋白基因研究概述

目前虽然已克隆到不少稻瘟病菌的致病基因和无毒基因,但对其基因表达产物的功能研究进展得较为缓慢。Wu 等(1995)、Lyer 和 Chattoo(2003)从稻瘟病菌培养液中分别分离到的木聚糖酶和漆酶是目前纯化到的两个稻瘟病菌分泌蛋白,但其与稻瘟病菌致病性的关系还不明确。对于稻瘟病菌这样一个分布广泛、危害严重、致病性生理分化复杂的致病菌,已纯化的分泌蛋白和克隆到的稻瘟病菌无毒基因和致病基因的数量还远远不能反映其致病性的复杂性。下面主要介绍我们利用生物信息学方法分析预测稻瘟病菌基因组序列中的潜在分泌蛋白和通过液相等电聚焦分离分泌蛋白并确定其致病性组分的实验进展。

4.2.2.1 稻瘟病菌基因组中分泌蛋白的计算机分析

分泌蛋白通常是由信号肽引导穿过细胞膜被运输到达胞外。穿过膜后的成熟蛋白质折叠成各自的构型,而留在膜内的信号肽则被降解(Von Heijne,1990;Martoglio and Dobberstein 1998)。我们利用信号肽预测(Nielsen *et al*.,1997)SignalP3.0(http://genome.cbs.dtu.dk/services/SingalP3.0)、亚细胞器蛋白定位(Emanuelsson *et al*.,2000)TargetPv1.01(http://www.cbs.dtu.dk/services/TargetP)、锚定蛋白分析(Eisenhaber *et al*.,2001)big-PI

Predictor（http：//mende. impunivie. ac. at/gpi/gpi-server）和跨膜螺旋分析（Krogh *et al.*，2001）THMM-2.0（http：//genome. cbs. dtu. dk/services/TM HMM-2.0）等数据库对稻瘟病菌基因组中 12 595 个蛋白质编码基因的可读框（ORF）进行了分析（在稻瘟病菌基因组中共有1 486 个编码蛋白质的序列，其中氨基酸的数目小于 100 的小蛋白质也一起分析）。用于分析的基因组数据版本为 2.3。结果得到 1 134 个在 N 端有信号肽的潜在分泌蛋白编码基因。编码这些蛋白质的可读框最小为 78 bp，最大值为 7 849 bp，平均 1 231 bp，其中信号肽长度为15～45 个氨基酸，平均为 21 个氨基酸，这些蛋白质的大小在 25～2 271 个氨基酸之间，等电点是 3.7～11.9。通过对分泌蛋白的分子质量和等电点的分析，小蛋白质组与其他通常的分泌蛋白（为便于说明将其他分泌蛋白用通常蛋白质来表述）在等电点上有较明显的差异。小蛋白质多是碱性蛋白质，而通常蛋白质组中酸性蛋白质和碱性蛋白质各占总数的比例接近，还有少量等电点为 7 的中性蛋白质。两者分析结果见表 4.2。

表 4.2　稻瘟病菌分泌蛋白等电点和蛋白质长度的分布

种类	通常蛋白质				小蛋白			
	分泌蛋白数量	等电点区间	比例/%	蛋白质长度区间	分泌蛋白数量	等电点区间	比例/%	蛋白质长度区间
酸性蛋白质	576	3.7～6.9	57.1	102～2 271	40	4.0～6.9	31.75	34～98
碱性蛋白质	425	7.1～11.9	42.2	101～1 133	86	7.5～11.7	68.25	25～98
中性蛋白质	7	7	0.7	111～651				

4.2.2.2　稻瘟病菌基因组中具酶类功能的分泌蛋白分析

对分泌蛋白功能分析发现，短 ORF 序列编码的 126 个小蛋白质的功能描述均为预测蛋白（predicted protein），即有每个基因表达的蛋白质序列，但功能未知即不能根据现有的碱基和氨基酸序列信息得到有关功能的任何描述。其余 1 008 个分泌蛋白在 PEDANT 数据库中有435 个有较明确功能描述，其大部分是与细胞执行生命功能作用如细胞代谢、能量运输和信号转导等有关功能的酶类。分析中出现了部分功能描述相同而功能分类不同的蛋白质序列，意味着该酶可能在不同的生理活动中发挥作用。例如，编号为 MG00086 的序列功能预测为几丁质酶，功能分类则在细胞代谢、防卫、细胞组分合成、分化和亚细胞定位 5 个功能类别中均有。在植物致病菌的分泌蛋白中有一部分是能够降解植物细胞壁组分的酶类，它们主要的功能是分解细胞壁中的纤维素和半纤维素、胶质、木质素和角质等组分。此类酶在致病菌侵染植物时，能够破坏或软化寄主的细胞壁，对致病菌定殖于寄主体内完成生活史并对寄主形成病害有重要意义。表 4.3 列出了植物致病菌产生的降解细胞壁组分的酶类，主要是多糖的水解酶。总体而言，不同致病菌降解植物细胞壁组分的水解酶类的构成不完全相同，其中角质酶、木聚糖酶和葡聚糖酶等酶类是植物致病菌（包括稻瘟病菌）产生的较常见的水解酶类；其他如丹宁酸酶和阿拉伯木聚糖酶等酶类在稻瘟病菌分泌蛋白功能比对中未出现，这可能与稻瘟病菌在侵染水稻时形成附着胞穿透水稻细胞壁的机制及水稻叶片细胞壁的构成有关（Mendgen *et al.*，1996）。在孢子萌发后致病菌与寄主的互作过程中，各相关基因及其表达的产物（其中许多是酶类）对病程的发展有重要作用。例如，在寄主与病原物的初始接触时，果胶裂解酶和角质酶等出现；在寄主与病原物防御反应互作时，无毒基因的产物激发子蛋白表达产生；从病原物获取营养时,与细胞色素 P450 有关的酶类产生;果胶裂解酶、多聚半乳糖醛酸酶则在寄生阶段出现。在某一时间表达的酶类,不一定具有致病功能。其中有研究表明,果胶裂解酶在豌豆根腐病菌(*F. solani* f. sp. *pisi*)与寄主的初始接触阶段、多聚半乳糖醛酸酶在番茄枯萎病菌(*F. oxysporum* f. sp. *lycopersici*)寄生阶段对于病原菌的致病性来说是非必需的。因此,不能把致病菌产生的酶类和寄主细胞组分中相关底物的反应与致病性简单联系起来,不同菌株、不同环境都可能对这些酶的产生和活性、对寄主致病的贡献产生不同的影响。在病程发展的不同阶段,致病基因及其产物的作用特别是关键基因和酶的作用需要多方面实验确认。表 4.3 和表 4.4 则分别列出了部分稻瘟病菌分泌蛋白功能描述以及其中具有降解植物细胞壁组分功能的酶类。

表 4.3　部分稻瘟病菌分泌蛋白功能描述

基因编号	功能描述	ORF 长度/bp
细胞代谢		
MG05489	1,3-β 内切葡聚糖酶	2 373
MG00276	6-羟基烟碱氧化酶	1 778
MG09098	阿拉伯糖酶	3 153
MG00086	几丁质酶	1 517
MG04253	羧肽酶	1 338
MG04419	头孢菌素酯酶前体	1 503
MG05790	漆酶	1 855
MG02441	鸟氨酸脱羧酶	3 305
MG04900	碱性磷酸酶	2 308
MG05875	果胶酸裂解酶	1 070
细胞修复与防卫机制		
MG06594	细胞外几丁质酶	1 459
MG08416	对硝基酯酶	1 704
MG00314	三酰基甘油脂肪酶	1 925
MG09081	与细胞色素 P450 有关	2 045
MG06327	天冬氨酸蛋白酶	1 425
MG08938	多聚半乳糖醛酸酶前体	1 313
MG05529	阿魏酸酯酶 B 前体	1 710
MG02987	B 型羧酸酯酶	1 685
MG05100	致病相关蛋白同系物前体	824

表 4.4　稻瘟病菌分泌蛋白中降解植物细胞壁组分的酶类

降解的细胞壁组分	酶	基因
纤维素	β-内切葡聚糖酶	+
	纤维二糖水解酶	+
	纤维素酶	+
	葡萄糖苷酶	+

续表 4.4

降解的细胞壁组分	酶	基因
半纤维素	β-外切葡聚糖酶	+
	内切木聚糖糖酶	+
	β-木糖苷酶	+
	乙酰木聚糖酶	−
	β-甘露聚糖酶	+
	阿拉伯木聚糖酶	−
胶质	葡糖醛酸木聚糖酶	−
	葡糖醛酸酶	−
	阿魏酸酯酶	+
	多聚氨基半乳糖醛酸酶	−
	鼠李糖半乳糖醛酸聚糖酶	−
	胶质裂解酶	+
	果胶裂解酶	+
	果胶甲酯酶	−
	阿拉伯糖酶	+
	阿拉伯呋喃糖酶	−
木质素	Mn 过氧化物酶	−
	木质素过氧化物酶	−
	漆酶	+
其他	单宁酸酶	−
	胶质酶	+

4.2.2.3 稻瘟病菌氮饥饿诱导下产生的分泌蛋与叶片衰老的关系

植物病原菌分泌蛋白或代谢产物的研究难点之一是如何获得病原菌在寄主体内表达的与致病相关的产物。迄今为止,只有少数的分泌蛋白如番茄叶霉菌(*Cladosporium fulvum*)的 ECP1、ECP2、ECP3、ECP4 和 ECP5(Lauge *et al*.,2000)是从番茄细胞的间隙液中获得。已有的实验表明,氮胁迫可能是植物致病菌在植物体内遇到的主要环境胁迫之一(Snoeijers *et al*.,2000)。Talbot 等(1997)研究表明,氮饥饿条件下诱导了大量分泌蛋白基因表达,而这些表达的基因同样能在稻瘟病菌感染水稻叶片组织,特别是在出现症状的水稻叶片中检测到。它们从氮饥饿培养稻瘟病菌的培养滤液中分离到的分泌蛋白在处理水稻叶片 48 h 时能够引起水稻叶片的衰老。叶片衰老的原因是由于叶片吸收分泌蛋白引起叶片组织快速水分流失。当用蛋白酶 K 或煮沸分泌蛋白培养滤液后再去处理水稻叶片则未引起水稻叶片衰老症状产生。其他病原真菌氮饥饿诱导下产生的分泌蛋白都能引起寄主叶片衰老的特性,说明这种特性在不同真菌中是保守的,与黑色素或 MPG1 的产生不相关。Talbot 等的实验证明了氮饥饿可作为稻瘟病菌侵染过程中症状出现的一个提示。为了进一步证实稻瘟病菌氮饥饿诱导下分泌蛋白引起水稻叶片衰老的成分是酸性蛋白还是碱性蛋白或是两者都能引起,我们利用 Bio-rad 公司的 Rotofor 液相等电聚焦电泳仪对稻瘟病菌在氮饥饿诱导下产生的总分泌蛋白进行分离,等电聚焦将总分泌蛋白分离得到 20 个组分,分别利用 20 个组分对蒙古稻的叶片进行处理,发现 4 个组分的酸性蛋白质和 4 个组分的碱性蛋白质都能引起水稻叶片明显衰老,与总分泌蛋白处理水稻叶片引起的症状类似,并且酸性蛋白质处理引起水稻叶片衰老程度比碱性蛋白引起的衰老程度明显。

4.2.2.4　稻瘟病菌分泌蛋白基因结构分析

已有研究表明,小分子质量的分泌蛋白在寄主与病原菌互作中参与了病原菌的致病性。目前已知的多数病原真菌的无毒基因产物及疫霉属(*Phytophora*)和腐霉属(*Phythium*)产生的激发蛋白(elicitin)都能诱导寄主产生过敏反应,且均为含信号肽的分泌蛋白,其氨基酸数目多数小于100(Rep,2005)。稻瘟病菌小蛋白是一群迄今未见报道的蛋白质,为了探索稻瘟病菌分泌小蛋白的结构特点和功能,我们对稻瘟病菌基因组中含信号肽的小蛋白进行了分析。

1. 稻瘟病菌分泌小蛋白信号肽及亚细胞位置分析

利用 SecretomeP 软件进行符合筛选以消除没有 N 端信号肽的蛋白质,即非典型分泌途径分泌的蛋白质。结果表明,在 1 486 个稻瘟病菌小蛋白中,119 个是具有 N 端信号肽的典型分泌蛋白,并对信号肽的类型及结构进行了分析,116 个具有分泌型信号肽,1 个具有 RR-motif 型信号肽,2 个具有信号肽酶Ⅱ型信号肽。

蛋白质的亚细胞定位在阐释这些蛋白质的功能上能够提供非常有价值的信息,根据蛋白质的氨基酸组成可分析其亚细胞定位。采用 Subloc v1.0 软件分析了 1 486 个小蛋白的亚细胞定位,发现其亚细胞位置包括细胞质、细胞外、线粒体和细胞核。有 625 个蛋白的亚细胞位置是细胞核,占 1 486 个小蛋白的 42.1%,392 个蛋白的亚细胞定位为胞外,占 26.4%,263 个小蛋白的亚细胞定位为线粒体,占 17.7%。206 个小蛋白的亚细胞定位是细胞质,占 13.9%。对预测得到的 119 个分泌小蛋白的亚细胞定位进行预测,发现 50 个小蛋白是在胞外发挥功能,占分泌小蛋白总数的 42.02%,其次是在细胞核和线粒体,分别有 33 个和 25 个,占 27.73%和 21.01%,亚细胞定位于细胞质的分泌蛋白有 11 个,占 9.24%。分析结果表明,稻瘟病菌中的分泌小蛋白的功能场所大多在细胞外、细胞核和线粒体中,说明大部分分泌小蛋白是经过跨膜运输后到达一定的位置发挥其功能。我们知道转运到细胞核内的蛋白质,可能与细胞核内调控基因的转录和翻译有关;在细胞膜外的蛋白质则可能参与细胞与环境的信号和物质传导。

2. 稻瘟病菌小蛋白与其他真菌基因组中蛋白同源性的比较

稻瘟病菌分泌小蛋白的序列与其他完成基因组测序的真菌的蛋白质序列进行了同源性分析。结果显示,其中有信号肽的 50 个,病原菌类 36 个,非病原菌类 14 个(表 4.5)。

表 4.5　病菌小蛋白与其他真菌基因组中蛋白同源性的比较

小蛋白	最佳击中序列	E 值	功能描述	最佳击中序列来源	有无信号肽	是否病原菌
MGS865	NcCon[10388]	3.00E-24	未知	*Neurospora crassa*	无	否
MGS0254.1	GzCon[3992]	8.00E-13	未知	*Gibberella zeae*	无	是
MGS0941.1	Gz47837343	8.00E-13	未知	*Gibberella zeae*	无	是
MGS562	En4064325	9.00E-11	未知	*Emericella nidulans*	无	否
MGS0014.1	PsCon[10125]	2.00E-10	RNA 聚合酶Ⅱ(DNA 指导的 RNA 聚合酶 K)	*Phytophthora sojae*	无	是

续表 4.5

小蛋白	最佳击中序列	E 值	功能描述	最佳击中序列来源	有无信号肽	是否病原菌
MGS0014.1	BgCon[1995]	2.00E-09	DNA 指导的 RNA 聚合酶 I,II,III	*Blumeria graminis*	无	是
MGS0789.1	FsCon[0784]	2.00E-08	未知	*Fusarium*	有	是
MGS0405	NcCon[11104]	5.00E-08	未知	*Neurospora crassa*	无	否
MGS1435.1	Gz47838383	1.00E-07	未知	*Gibberella zeae*	无	是
MGS0014.1	Um34332678	1.00E-07	与 RNA 聚合酶 I,II 和 III 亚基共享	*Ustilago maydis*	无	是
MGS0014.1	FsCon[2130]	2.00E-07	与 RNA 聚合酶 I,II 和 III 亚基共享	*Fusarium sporotrichioides*	无	是
MGS0014.1	GzCon[2531]	2.00E-07	RNA 聚合酶 II 亚基	*Gibberella zeae*	无	是
MGS0530.1	CpCEST-58-B-07	3.00E-07	未知	*Cryphonectria parasitica*	无	是
MGS0437.1	VD0201H05	4.00E-07	未知	*Verticillium dahliae*	无	是
MGS0437.1	VD0110E04	4.00E-07	未知	*Verticillium dahliae*	无	是
MGS0569.1	CpCEST-18-G-05	6.00E-07	未知	*Cryphonectria parasitica*	无	是
MGS1426.1	CpCEST-18-G-05	6.00E-07	未知	*Cryphonectria parasitica*	无	是
MGS0530.1	Gz74837852	2.00E-06	未知	*Gibberella zeae*	无	是
MGS1159.1	SSPG606	2.00E-06	环丙烷脂肪酰基磷脂合成酶	*Sclerotinia sclerotiorum*	有	是
MGS1159.1	Um34331889	3.00E-06	环丙烷脂肪酰基磷脂合成酶	*Ustilago maydis*	有	是

3. 稻瘟病菌分泌蛋白基因多态性分析

选取 119 个分泌小蛋白基因中的 45 个小蛋白作为候选基因,设计特异性引物对来自云南不同水稻种植区的 21 个稻瘟病菌株中的候选基因进行多态性分析,结果表明,根据这些菌株中 PCR 产物大小可将其多态性分为 3 种类型(表 4.6)。①21 个菌株中均检测到了某一个或某些基因的存在,且电泳结果并未出现 PCR 产物长度多态性,属于该类型的基因共有 18 个,说明了这些基因在 21 个菌株中是高度保守的;②在 21 个菌株中检测到了该基因的存在,而电泳结果显示 PCR 产物长度具有多态性,只有 1 个基因属于该类型;③其他 26 个基因并未全部出现在 21 个菌株中,其 PCR 产物在琼脂糖凝胶电泳上表现为有或无,表明这些基因存在菌株特异性。

表 4.6 稻瘟病菌效应蛋白基因在稻瘟病菌株中的多态性分布

基因代号	类型	稻瘟病菌株 1	2	3	4	5	6	7	8	9	10	11	12	13	14	15	16	17	18	19	20	21	频率/%
MGS0011.1	I	+	+	+	+	+	+	+	+	+	+	+	+	+	+	+	+	+	+	+	+	+	100
MGS0253.1		+	+	+	+	+	+	+	+	+	+	+	+	+	+	+	+	+	+	+	+	+	100
MGS0255.1		+	+	+	+	+	+	+	+	+	+	+	+	+	+	+	+	+	+	+	+	+	100
MGS0274.1		+	+	+	+	+	+	+	+	+	+	+	+	+	+	+	+	+	+	+	+	+	100
MGS0338.1		+	+	+	+	+	+	+	+	+	+	+	+	+	+	+	+	+	+	+	+	+	100
MGS0662.1		+	+	+	+	+	+	+	+	+	+	+	+	+	+	+	+	+	+	+	+	+	100
MGS0703.1		+	+	+	+	+	+	+	+	+	+	+	+	+	+	+	+	+	+	+	+	+	100
MGS0718.1		+	+	+	+	+	+	+	+	+	+	+	+	+	+	+	+	+	+	+	+	+	100
MGS0992.1		+	+	+	+	+	+	+	+	+	+	+	+	+	+	+	+	+	+	+	+	+	100
MGS0997.1		+	+	+	+	+	+	+	+	+	+	+	+	+	+	+	+	+	+	+	+	+	100
MGS1033.1		+	+	+	+	+	+	+	+	+	+	+	+	+	+	+	+	+	+	+	+	+	100
MGS1035.1		+	+	+	+	+	+	+	+	+	+	+	+	+	+	+	+	+	+	+	+	+	100
MGS1195.1		+	+	+	+	+	+	+	+	+	+	+	+	+	+	+	+	+	+	+	+	+	100
MGS1242.1		+	+	+	+	+	+	+	+	+	+	+	+	+	+	+	+	+	+	+	+	+	100
MGS1298.1		+	+	+	+	+	+	+	+	+	+	+	+	+	+	+	+	+	+	+	+	+	100
MGS1344.1		+	+	+	+	+	+	+	+	+	+	+	+	+	+	+	+	+	+	+	+	+	100
MGS1382.1		+	+	+	+	+	+	+	+	+	+	+	+	+	+	+	+	+	+	+	+	+	100
MGS1473.1		+	+	+	+	+	+	+	+	+	+	+	+	+	+	+	+	+	+	+	+	+	100
MGS0351.1	II	+	+	+	+	+	+	+	+	+	+	+	+	+	+	+	+	+	+	+	+	+	100
MGS0001.1	III	+	+	−	+	+	+	+	+	−	+	+	+	+	+	+	+	−	−	+	+	−	76.2
MGS0004.1		+	+	−	+	+	+	+	+	+	+	+	+	+	+	+	+	+	+	+	+	+	95.2
MGS0074.1		+	+	+	−	+	+	+	+	+	+	+	+	+	+	+	+	+	+	+	−	+	90.5
MGS0123.1		+	+	+	+	−	+	+	−	+	−	+	+	−	+	+	−	−	−	−	−	−	52.4
MGS0140.1		+	+	+	+	+	+	+	+	+	+	+	+	+	+	+	−	−	+	+	+	+	90.5
MGS0149.1		+	+	+	−	−	+	+	+	+	+	+	+	+	+	+	+	+	+	+	+	+	90.5
MGS0398.1		+	+	+	−	+	+	+	+	+	+	+	+	+	+	+	+	+	+	+	+	+	95.2

续表 4.6

基因代号	类型	稻瘟病菌株																					频率/%
		1	2	3	4	5	6	7	8	9	10	11	12	13	14	15	16	17	18	19	20	21	
MGS0415.1		+	+	−	+	+	+	+	+	+	+	+	+	+	+	+	+	+	+	+	+	+	95.2
MGS0431.1		+	+	−	+	+	−	+	+	+	+	+	−	+	+	+	+	+	+	+	+	+	85.7
MGS0621.1		+	+	+	+	+	+	+	+	+	+	+	+	+	+	+	+	+	+	+	+	−	95.2
MGS0698.1		−	+	+	+	+	−	+	+	+	+	+	+	+	+	+	+	+	+	+	+	+	85.7
MGS0879.1		+	+	+	+	+	+	+	+	−	+	+	+	+	+	+	+	+	+	+	+	+	95.2
MGS1011.1		+	+	+	+	+	+	+	+	−	+	+	+	+	+	+	+	+	+	−	+	+	85.7
MGS1041.1		+	+	+	+	+	+	+	+	+	+	+	+	+	+	+	+	+	+	−	+	+	95.2
MGS1070.1		+	+	+	+	+	+	+	+	+	+	+	+	+	+	+	+	+	+	+	−	−	90.5
MGS1078.1		+	+	+	+	+	+	+	+	+	+	+	+	+	+	+	+	+	+	+	+	−	95.2
MGS1117.1	Ⅲ	+	+	+	+	+	+	+	+	+	+	+	+	+	+	+	+	−	−	+	−	+	76.2
MGS1172.1		+	+	+	+	+	+	+	+	+	+	+	+	+	+	+	+	+	+	+	−	−	90.5
MGS1276.1		+	+	+	+	+	+	+	+	+	+	+	+	+	+	+	+	+	+	+	−	−	90.5
MGS1322.1		+	+	+	+	+	+	+	+	+	+	+	+	+	+	+	+	+	+	+	−	+	95.2
MGS1361.1		+	+	+	+	+	+	+	+	+	+	+	+	+	+	+	+	+	+	+	+	−	95.2
MGS1392.1		+	+	+	+	+	+	+	+	+	+	+	+	+	+	+	+	+	+	+	−	−	90.5
MGS1439.1		+	+	+	+	+	+	+	+	+	+	+	+	+	+	+	+	+	+	+	−	−	90.5
MGS1460.1		+	+	+	+	+	+	+	+	+	+	+	+	+	+	+	+	+	+	+	−	+	95.2
MGS1470.1		+	+	+	+	+	+	+	+	+	+	+	+	−	+	+	+	+	+	+	+	−	90.5
MGS1477.1		+	+	+	+	+	+	+	+	+	+	+	+	+	+	+	+	+	+	+	+	−	95.2
频率/%		97.7	97.7	93.3	93.3	95.6	95.6	100	93.3	95.6	93.3	97.7	95.6	95.6	100	100	97.7	95.6	95.6	97.7	82.2	57.8	—

注："+"表示在菌株中检测到该基因存在，"—"表示在菌株中没有检测到该基因存在。

4. 稻瘟病菌分泌小蛋白基因克隆

根据前述分泌小蛋白基因的多态性分析结果,选取致病性差异显著的菌株 Y98-16 和 Y99-63 的基因组 DNA 为模板,根据 45 个分泌小蛋白基因的核酸序列设计引物进行 PCR 扩增,将扩增产物克隆连接到克隆载体 pGEM-T 上,将其转化进入大肠杆菌菌株 DH5α,筛选阳性克隆,并对阳性克隆进行测序,采用 BLAST-analysis tool 对测序序列与基因原序列进行比对。对来自基因 MGS0001.1 的克隆序列与测序菌株 70-15 菌株中的基因 MGS0001.1 进行了比对,结果发现同源性高达 86.27%,仅在基因的内含子区域发生了几个碱基的变化。来自于基因 MGS0351.1 的阳性克隆序列与测序菌株中的该基因序列比对结果表明,克隆序列与 MGS0351.1 序列发生了明显变化,在内含子区域有两段碱基序列缺失,另外还有几个碱基发生了替换,DNA 序列同源性达 79.37%。碱基的替换、缺失是引起基因在菌株中呈现多态性分布的原因之一。

5. 稻瘟病菌小蛋白基因的原核表达及其功能初步鉴定

根据候选小蛋白基因的 PCR 多态性分析结果,我们选取其中的 10 个小蛋白基因进行了原核表达载体构建,并对其中的一个候选基因 *MgNIP1* 的原核表达产物进行了初步的功能鉴定。该基因的原核表达产物经纯化后按一定浓度处理丽江新团黑谷水稻致伤叶片,48 h 时观察到水稻叶片致伤点周围出现了褐色斑点,以空载体表达产物作为对照,对照处理致伤水稻叶片并未出现褐色斑点,该结果表明 *MgNIP1* 基因的原核表达产物能直接和水稻蛋白发生互作。我们进一步利用纯化后的原核表达产物处理水稻叶片和根组织,发现水稻叶片和根组织 24 h 时均产生了胼胝质。我们进一步构建了该基因的双元表达载体(融合有 GFP 蛋白),利用农杆菌介导的遗传转化方法获得了该基因的转化菌株,将野生型菌株和转化菌株接种水稻叶片和根组织,7 d 观察到转化菌株接种水稻叶片和根组织引起的发病程度较野生型菌株引起的发病程度轻。同时利用共聚焦显微镜在转化菌株侵染水稻 7 d 的叶片和根组织中观察到了 GFP 融合蛋白,该项结果表明,蛋白具有分泌特性。

4.2.3 植物叶部病原微生物遗传多样性技术研究进展

我们对病原菌分泌蛋白基因及其稻瘟病菌分泌蛋白基因研究进展进行了概述,有助于从基因水平了解寄主-病原菌互作过程中病原菌致病基因作用的时间和空间等,可为今后抗病育种提供有效的理论基础。而对病原菌遗传多样性的研究能够从 DNA 水平了解寄主-病原菌互作中病原菌群体遗传结构的变异,为作物品种多样性布局提供有效的理论依据。根据 van der Plank 的稳定化选择理论,寄主品种的多样性常常会导致致病微生物群体组成的多样性,病原物群体结构的多样性会使致病病原菌群体长期保持动态平衡,避免某个小种的数量在短时期内急剧增长形成优势小种,达到病害流行所需的菌源量,造成病害流行,对农业生产造成巨大损失。因此,了解病原菌群体遗传结构多样性将有助于进行病害防治。

研究植物病原菌遗传多样性的 DNA 分子标记技术有很多,诸如 DNA 限制性片段长度多态性(RFLP)技术、随机扩增多态性 DNA(RAPD)技术、微卫星(SSR)技术,这些技术的原理在第一节中已经介绍,下面主要就几种较为经典及常用的标记技术进行阐述。

4.2.3.1 Rep-PCR 技术

Rep-PCR (repetitive element based polymerase chain reaction)是根据生物基因组中已知

重复片段的碱基编码，设计特异性引物，特异扩增重复片段间的未知序列，所以能够对多态性和特异性进行更高水平的检测。Rep-PCR 技术可用于检测水稻白叶枯病菌、稻瘟病菌等群体内的遗传变异(Sharples *et al*.，1990)。

DNA 重复序列家族散布于病原微生物基因组中，目前已对 3 个在 DNA 序列水平上的重复序列进行了详细研究。一个是 35～40 bp 的外源反向重复序列 REP(repetitive extragenic palindrome)，另一个是 124～127 bp 肠杆菌内源正向重复序列 ERIC (enterobacteria repetitive intergenic consensus) 以及 154 bp 革兰氏阳性细菌的 BOX 片段。在对病原真菌的研究中，Kachroo 等(1994)从稻瘟病菌中克隆了一组重复 DNA 序列，其中一个序列可能编码一种反向重复转座子 Pot2 (Pyricularia oryzae transposon)，Pot2 全长 1 857 bp 具有 43 bp 的完全末端反向重复(TIRs)，在 TIRs 中包含有 16 bp 的正向重复，一大小为 1 605 bp 的开放阅读框架，编码类转座酶蛋白，这一蛋白编码区与另一种植物病原真菌 *Fusarium oxysporum* 的转座组件 Fot1 非常相似。Fot1 是真菌中的一组转座组件，长 1 928 bp，有 44 bp 的末端反向重复序列，其中包含有一段开放阅读框架。与其他许多转座组件一样，Pot2 在目标插入位点富含 TA 碱基，每个单倍体基因组中约含 100 个拷贝的 Pot2。因此，Pot2 可能是一种很活跃的转座子。目前我们还没有证据证明 Pot2 是一种功能转座组件，它的开放阅读框架与 Fot1 的开放阅读框架有 40% 的氨基酸序列相似性，而且在稻瘟病菌研究中 Pot2 所表现的与 DNA 多态相联系的特征说明 Pot2 是一功能片段。有研究表明在水稻致病菌和非致病菌中 Pot2 的拷贝数相同，Pot2 在稻瘟病菌基因组中的多拷贝数及其随机分布揭示了感染水稻和非水稻寄主的分离菌株有着共同的祖先。从稻瘟病菌上分离的一些其他转座片段对水稻病原和非水稻病原通常是专有的，但也有例外，例如反向片段 MAGGY 在水稻病原中占主要优势，而反向片段 grh 则对水稻病原 Eleusine 有特异性。它们都有一高度保守的反向重复序列，因为这些片段的保守性，许多微生物包括真菌都可进行扩增，基因组的遗传结构是通过选择形成的，这类短重复序列广泛分布于原核生物中，它们都有一高度保守的反向重复序列，因为这些片段的保守性，许多病原微生物包括真菌都可进行扩增(George *et al*.，1998)。

利用 REP、BOX、ERIC、Pot2 等引物对病原物基因组进行 PCR 扩增，扩增产物经过琼脂糖凝胶电泳的方法进行分离，此项技术合称 Rep-PCR DNA 指纹技术。Rep-PCR 技术不仅克服了随机扩增指纹技术的不足之处，而且还具有以下优点：①不需要菌株、种或属、科的特异性 DNA 探针，一组引物就能完成大量菌株的 DNA 多态性分析；②依据不同引物获得 DNA 指纹图谱进行综合分析，可靠性强、重复性高；③Rep-PCR 扩增的结果与 RFLP 有较高的一致性，而 Rep-PCR 扩增产物琼脂糖电泳检测，避免了 RFLP 中需要同位素标记和大量 DNA 样品的局限性；④Rep-PCR 指纹分析中模板 DNA 制备可以简化，也可用感病植物组织浸提液或菌体细胞。该技术在对菌株遗传多样性分析、DNA 多态性图谱的建立，是一种非常简单、可靠的技术(de Bruijn *et al*.，1996)。

在对稻瘟病菌遗传多样性的研究中，采用一对引物 Pot2-1 和 Pot2-2 即能获得长度为 400 bp～23 kb 的 DNA 片段。该技术操作简便、成本低、速度快，特别适宜大量样品的分析，为建立快速、简便、准确的病原菌群体消长分子监测体系和研究品种与病原菌互作的内在联系提供了重要的手段和方法。由于该技术具有这些优点，因而很快用于病原菌分子指纹研究。

我们利用 Pot2-rep-PCR 分子指纹技术和致病性测定的方法研究了石屏县近几年水稻品种净种与混种田间的稻瘟病菌群体遗传结构(图 4.5)。

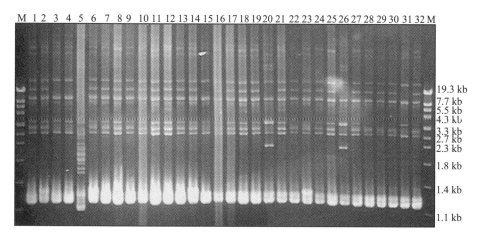

M 1 2 3 4 5 6 7 8 9 10 11 12 13 14 15 16 17 18 19 20 21 22 23 24 25 26 27 28 29 30 31 32 M

19.3 kb
7.7 kb
5.5 kb
4.3 kb
3.3 kb
2.7 kb
2.3 kb
1.8 kb
1.4 kb
1.1 kb

图 4.5 净栽汕优 63 田块菌株 DNA 指纹图谱

研究结果表明混栽田间稻瘟病菌遗传宗群或生理小种比净栽田间丰富,没有优势宗群或生理小种。同时分析了粳稻区稻瘟病菌的遗传宗群与生理小种组成,结果也表明混栽粳稻田间遗传宗群或生理小种比净栽粳稻田间丰富,没有优势宗群或生理小种。从以上的分析结果看出水稻遗传多样性使得稻瘟病菌在结构与组成上呈现多样性。从水稻遗传多样性田间稻瘟病菌遗传多样性的研究结果了解到,通过对病原菌遗传多样性的研究,及时掌握病原菌的群体组成变化及地理分布,从而使新的单基因抗性品种在抗性丧失前及时轮换品种,避免因病害流行而造成的严重损失,以延长抗性品种的使用寿命,最终达到农业可持续发展的目的。

4.2.3.2 核糖体 DNA 基础的 PCR 技术

真核生物及原核生物中的核糖体基因簇(gene cluster)是较为保守的区域,基因簇中的基因为多拷贝串联排列在染色体上,这些基因象单拷贝的基因一样演化,因而具有相同的序列。真核生物的核糖体基因簇由 3 个结构基因 5.8S、18S 和 28S 的结构区域组成,原核生物的结构则为 5.8S、16S 和 26S,分别转录成不同的 rDNA 分子,组成核糖体的一部分。在结构基因之间的部分称为内部转录间隔区(internally transcribed spacer,ITS);位于基因簇之间的成为基因间间隔区(intergenic spacer,IGS)。核糖体基因簇的拷贝数在种间具有较大差异,真菌的每个单倍体基因组可有 50～220 个拷贝。结构基因、内部转录区和基因间间隔区分别以不同的速率进化,结构基因最为保守,特别适宜较高等级水平的分类和鉴定;ITS 区和 IGS 区比结构基因的变化大,更适宜较低等级水平的分类和检测,如科、属、种或种间的分类鉴定。鉴于核糖体基因簇在分类、鉴定和研究系统发育能方面的重要意义,一套基于核糖体 DNA 的简便、快速的 PCR 技术已经被建立起来,对病原物的分类、鉴定、监测和系统发育研究起了重要作用。

1. 16s rDNA 序列分析

随核酸序列分析技术的自动化和标准化,对 16S rDNA 或 23S rDNA 基因进行全序列分析来说明其系统发育关系,已成为我们深入了解细菌和植原体等原核生物的进化和分类关系的重要手段。PCR 技术和测序技术结合,又发展了 PCR 直接测序方法,更使 16S rDNA 序列分析在细菌系统发育应用更加深入。已有资料表明不同属、种之间生物体的亲缘关系越远,16S rDNA 核苷酸序列差异越大。Hauben 等(1997)以 16S rDNA 序列分析黄单胞菌属内不同种之间的序列相似性达 98.2%,经聚类分析将 Vauterin 划分的 20 个基因种分成 3 个簇,其中簇 1 由 *X. albilineans*、*X. hyacinchi*、*X. theicola*、*X. translucens* 4 个种组成,甘蔗黄单胞菌 (*X. sacchari*) 则形成独特的谱系类群,簇 3 则以油菜黄单胞菌为核心,其余的 15 个种组成;胡方平等(1997)对非荧光假单胞菌不同种群的 16S rDNA 序列分析后认为以燕麦假单胞菌、卡特莱兰假单胞菌、类产碱假单胞菌西瓜亚种和魔芋亚种之间的 16S rDNA 序列同源性都在 98.4% 以上,进一步证实属同一个种,即燕麦噬酸菌(*A. avenae*)。16S rRNA 基因是原核生物的高度保守序列,在植原体及其他菌原体原核生物的分类研究中,它常作为系统分类比较的主要特征。因而,近年来对 16S rRNA 基因序列的研究比较深入,现已获得几种植原体的 16S rRNA 基因序列,并已基本探明其基因序列的结构特征。该基因 G+C 含量为 47%~48%,与其他柔膜菌纲原核生物的 G+C 含量相似,而明显低于真细菌(55%);其与 23S rRNA 基因间有一个单一的 tRNA^{Ile} 基因,此基因末端的 2 个碱基对后为 ACCA,这是所有 tRNA 3'氨基酸的结合位点,所以推测在 tRNA^{Ile} 后曾存在另一个 tRNA 基因,但在进化过程中却消失了。与 16S rRNA 基因一样,核糖体蛋白操纵子基因也是反映植原体等原核生物本质特征的基因,常用于植原体等相关原核生物的分类研究。个别植原体的核糖体蛋白质操纵子中的一段序列已经测定,包括 *rpl23* 基因的 3'区域及 *rpl2*、*rps19*、*rpl22*、*rps3* 基因的全部。*rpl2* 基因有 276 个密码子,*rps19* 有 89 个密码子,二者间为 12 bp 的间隔区;*rpl22* 有 129 个密码子,*rps3* 有 252 个密码子;植原体 *rps3* 基因使用 GUG 作为起始密码子而其他柔膜菌纲原核生物使用标准的 AUG 密码子;在植原体中,所研究的 5 个终止密码子均是 UAA;植原体和不需固醇菌原体都不使用 UGA 作为色氨酸的密码子,而是使用 UGG 密码。

在对植原体的系统发育地位有了肯定的结论和明确了解决其分类和鉴定方向后,对在多达 300 余种植物上发生的植原体的核酸生物学比较研究,将是今后研究的重要任务。这些研究也是确定种、亚种地位以及对各种植原体采用双名法命名的必要前提条件。

2. rDNA-PCR

细菌 rDNA 由 5S、16S、23S 及其基因间隔区(ITS)构成,依据 rDNA 序列设计引物,PCR 扩增产物的电泳谱型及其 DNA 序列,可在属、种水平上鉴定和检测植物病原细菌。

3. ITS-PCR

16S 和 23S rRNA 的 ITS 区包括几个 tRNA 基因和非编码区,比 16S 和 23S rRNA 变异更大,根据 ITS-PCR 扩增产物的数目及片段长度,以及结合产物的 RFLP 和 DNA 序列分析,可大幅度地增强检测的特异性。

4. 扩增核糖体 DNA 限制性分析(ARDRA)

主要采用通用引物用于扩增细菌 rDNA 序列,然后酶切扩增产物,电泳分离后,电泳谱型借助计算机辅助分析,可将菌株鉴定到属、种水平,比 16S rDNA 测序更快,ARDRA 产生的 16S rDNA 图谱还可与 Rep-PCR 基因组指纹图谱相结合一起分析,使分辨率更高,达亚种或菌株水平。该菌株已广泛用于细菌的分类和鉴定。例如引物组合(fD2 和 rp1)已用于扩增梨火疫病菌(*E. amylovora*),产生 1.5 bp 的扩增片段,经 Hae Ⅲ 酶切后,获得可于诊断的 RFLP 图谱,嵌套 16S rDNA-PCR 程序对特异性鉴定 *C. michiganens* 菌株相当有用,限制性酶切分析后,可用于区分不同的致病变种,嵌套 PCR 程序可用于检测马铃薯块茎中的 *C. m. subsp. sepedonicus*。这一技术可显著提高检测灵敏度;ARDRA 分析可用于区分 *Agrobacterium* 生化变种 1、2、3,但无法区分 *A. radiobacter* 和 *A. rubi*,以及种内菌株间的差异,相反,ITS-PCR

结合限制性酶切分析,可有效区分所有 *Agrobacterium* 种、变种,也可揭示种内菌株间的差异。

4.2.3.3 其他基于DNA序列分析的遗传多样性分析技术

其他基于DNA序列分析遗传多样性的方法还有线粒体ATP酶亚基、β-微管蛋白(β-tubulin)、延伸因子(EF-1α)和组蛋白H4基因等。Pedro等利用AP-PCR,rRNA-ITS和β-tubulin-2基因序列分析技术鉴定出橄榄炭疽病菌有128株是尖孢炭疽病菌,而仅有3株是胶孢炭疽病菌(Pedro等,2005)。Whitelaw等用RAPD-PCR,5.8S ITS和β tubulin-2基因序列分析技术分析了葡萄尖孢炭疽菌与其他园艺作物炭疽菌的系统发育关系(Whitelaw *et al.*,2007)。Pedro等(2002)利用*tub2*和*his4*基因序列分析了羽扇豆尖孢炭疽菌种内的遗传关系。*ITS*和*tub2*基因序列也被用于韩国葡萄尖孢炭疽菌的种内遗传关系分析(Sung *et al.*,2008)。延伸因子EF-1a早期用于研究原核生物和真核生物种内差异(Baldauf *et al.*,1993,1996)及昆虫种内关系(Cho *et al*,1995;Mitchell *et al*,1997)。在种水平的系统分类学中EF-1α也显示出它的能力,Kerry等(1998)较好地利用EF-1α分析了香蕉镰刀菌的遗传关系。在比较种内菌株间的遗传差异时,编码蛋白的非功能DNA片段通常比保守的rRNA基因提供的信息更多。

课题组利用基于β-tubulin2、EF1-α和组蛋白H4基因的DNA序列的遗传多样性分析技术对分离自云南葡萄炭疽病病标样进行基因谱系分析,目的旨在揭示云南葡萄炭疽病菌的类群和遗传多样性。研究结果表明,供试菌株与胶孢炭疽病菌聚为一类,而且发现分离自云南葡萄炭疽病病标样的菌株内存在丰富的遗传多样性(数据未发表)。

4.2.3.4 无毒基因标记技术

植物与病原物的互作类型受基因型组合调控并与生化特征相关。在寄主抗病/感病等位基因和病原物的无毒/毒性基因互作中,寄主抗病基因和病原物无毒基因都为显性。在经典遗传学中,植物与病原物互作被看做是由基因型控制的植物抗病性常常是由来源于植物的抗病基因 *R*(resistance)与相应的来源于病原物的无毒基因 *avr*(avirulence)互作所决定的,即"基因对基因"学说(gene-for-gene theory)(Flor,1971)。

基因与基因互作中,病原物的无毒基因是指与寄主抗病基因互作,其产物是与寄主抗病基因产物互补的基因。无毒基因是决定对寄主植物特异性不亲和的基因,也称为寄主转化性基因或反向调节寄主范围的基因。无毒基因具有双重功能:在含互补抗病基因植物中表现无毒效应,而在不含互补抗病基因植物中显示小种、菌株、致病型或种特异性毒性效应。在病原物与寄主植物之间存在的基因对基因关系中,病原物无毒基因产物,与寄主中相应抗病基因产物互作,从而导致不亲和反应,使病原物在植物中的定殖和扩展受到抑制,甚至在侵染初期就破坏了亲和关系。病原物无毒基因主要决定对植物不同品种的无毒性,有时也决定对不同种植物的无毒性(Keen,1990)。

从植物病原细菌、真菌和病毒中都发现存在与相应的寄主植物抗病基因互作的无毒基因。无毒基因直接或间接产物作为相应抗病基因产物识别并诱导寄主的防卫反应,从而表现小种-品种互作的不亲和性。无毒基因失活或缺乏相应的无毒基因则表现小种-品种互作的不亲和性反应。

迄今为止已有超过40种细菌的无毒基因被克隆、测序。这些无毒基因主要来源于假单胞属(*Pseudomonas*)和黄单胞属(*Xanthomonas*)。它们位于染色质粒上,编码亲水性可溶蛋白,并不具有典型的信号肽。大部分无毒基因只存在于特定病原菌中的某些小种中,它们的缺失,并不导致致病性的丧失。尽管很多细菌的无毒基因已分离到，但是除了 *avrBs3* 和 *avrRxv/yopJ* 家族外大部分没有或只有很少的同源性。

迄今只从为数不多的几种真菌中克隆到了一些无毒基因，主要是由于缺乏简便有效的克隆方法。目前得到的少数基因也是通过反向遗传方法克隆到的。大部分真菌 *avr* 基因是从能在植物组织胞内定殖的真菌中克隆到的。与病原物的定殖一样，这些 Avr 蛋白被注射到胞间区域——外质体中，可诱导 HR 反应。

主要包括番茄叶霉菌（*Cladosporium fulvum*）无毒基因 *avr9* 和 *avr4*；稻瘟病菌（*Magnaporthe grisea*）无毒基因 *AVR-Pita*（以前被称为 *Avr2-YAMO*）是第二类无毒基因编码物种特异性抗性激发子，被称为 PWL 激发子；还包括大麦云纹病菌（*Rhynchosporium secalis*）无毒基因在内的无毒基因都是真菌无毒基因。另外，其他真菌的无毒基因的克隆也正在进行之中。包括编码豇豆锈菌 *Uromyces vignae* 品种特异性激发子的基因；亚麻锈菌（*M. lini*）无毒基因；十字花科黑胫菌 *Leptosphaeria maculans* 无毒基因 *avrLm1*；以及 *M. grisea* 无毒基因 *avr1-CO39*，*avr1-MARA*，*avr1-Irat7*，*avr1-Mednoi* 和 *avr1-Ku86*。绝大多数已克隆的无毒基因间没有明显序列同源性，然而多数已克隆植物抗病基因有较高序列一致性，产物往往具有相似的结构域，如富亮氨酸重复序列（leucine rich repeat，LRR）、核苷酸结合位点（nucleotide binding site，NBS）、蛋白激酶（protein kinase，PK）结构域等。因此，由序列一致性很高的抗病基因产物与没有明显序列同源性的无毒基因产物相互作用，介导产生过敏性细胞坏死和抗病性机制的异同为近年来分子植物病理学领域关注焦点之一。

在稻瘟病的研究中，Hamer 等从稻瘟病菌中分离得到了中度重复序列 MGR586，为了解稻瘟病菌群体遗传特征奠定了基础。我国水稻研究所沈瑛等人对全国范围内的稻瘟病菌群体遗传结构进行了 RFLP 和 RAPD 分析；国际水稻所 He Leung 和 Nilson 利用 Pot2-rep-PCR 对菲律宾、泰国、越南、印度等国家的稻瘟病菌株进行了分子指纹分析。而以上这些研究主要是针对病菌谱系与地域分布的关系进行的。我们利用 Pot2-rep-PCR 和生理小种测定相结合的方法研究云南主要稻区石屏县稻瘟病菌群体遗传结构，结果表明遗传谱系与生理小种之间并没有对应关系，这一研究结果与 Levy 等（1991，1993）报道美国稻瘟病菌的致病型与谱系（lineage）关系简单，而哥伦比亚菌株的致病型与宗群关系复杂，没有发现谱系与致病性间的对应关系相一致。Valent 等（1994）采用中度重复序列 MGR586 研究菲律宾稻瘟病菌谱系和致病性间相互关系，其研究结果表明谱系和致病性间没有明显的相关性。Pastor 等（1998）利用致病性测定和分子标记的方法研究引起菜豆角斑病的 *Phaeoisariopsis griseola* 菌株，发现其致病表型和基因型之间没有任何的关系。George 等（2002）认为，毒性仅针对的是基因组的某一小段区域，而分子标记针对的是全基因组，并且通常讲的分子标记是中性标记，与无毒基因和抗性基因之间的互作没有关系。因此，寻找一种与毒性或无毒基因连锁的分子标记分析病原菌群体遗传结构显得非常必要。无毒基因分子标记技术能快速、准确监测病原菌群体中无毒基因的分布及年度变化，从而能指导抗病品种的合理布局和轮换，以更有效控制病害的发生。

4.2.4　植物根部病原微生物遗传多样性研究方法

动植物多样性方面的研究已经取得了较大进展，但植物根部致病土壤微生物多样性方面的研究很少涉及。土壤微生物指土壤中借助光学显微镜才能看到的微小生物,包括原核微生物如细菌、蓝细菌、放线菌及超显微结构微生物,以及真核生物如真菌、藻类(蓝藻除外)、地衣和原生动物等。土壤微生物多样性(任天志,2000)指生命体在遗传、种类和生态系统层次上的变化。它代表着微生物群落的稳定性,也反映土壤生态机制和土壤胁迫对群落的影响。土壤微生物多样性还可以定义为微生物生命的丰富性(richness of microorganism),通常以土壤生物区系的变化和生物化学过程间的相互关系来反映。多样性包括两部分内容:种类数量及其分布。

目前土壤微生物多样性研究主要从微生物遗传多样性、微生物种类多样性及微生物生态功能多样性这3个层面展开。微生物遗传多样性主要通过分子生物技术,研究土壤微生物多样性。微生物种类多样性主要通过各种方法鉴定土壤中微生物的种群及数量。微生物生态功能多样性主要通过分析测定土壤中的一些转化过程,如有机碳、氮矿化速率、土壤氮固持率、硝化作用以及土壤中酶的活性等(孙波等,1997;Louise *et al.*,2000)。土壤微生物多样性研究方法主要有:①传统的微生物平板纯培养方法;②Biolog 微平板分析方法;③脂肪酸分析法;④分子生物学方法;⑤其他方法,如用于微生物生物量测定的氯仿熏蒸法(fumigation incubation)、底物诱导呼吸法(substrate-induced respiration)和光合微生物色素法等。

4.2.4.1 微生物平板培养法

微生物平板培养方法是一种传统的实验方法。这种方法主要使用不同营养成分的固体培养基对土壤中可培养的微生物进行分离培养,然后根据微生物的菌落形态及其菌落数来计测微生物的数量及其类型。平板稀释法是进行土壤微生物分离培养的常用方法,一般分为土样稀释—不同体积接种于固体培养基—恒温箱培养—微生物计数等步骤。由于培养基选择和实验室条件等的限制,数量极为有限的培养基不可能培养出土壤中所有的微生物。因此,通过平板培养法获得的土壤微生物并不完全代表土壤中所有或绝大多数微生物多样性的状况,并且平板培养法测定的土壤微生物类群数量只能占到土壤中微生物总数的 $1\%\sim10\%$。

4.2.4.2 BIOLOG 微平板方法

BIOLOG 微平板法是测定土壤微生物对 95 种不同 C 源的利用能力及其代谢差异,进而用以表征土壤微生物代谢功能多样性或结构多样性的一种方法。BIOLOG ECO 微平板是有 3 个重复的 96 孔反应微平板,除 3 个对照孔 A1、A5、A9 只装有四氮叠茂和一些营养物质外,其余的孔均装有不同的单一碳底物。土壤微生物在 BIOLOG ECO 微平板反应中,其新陈代谢过程中产生的脱氢酶能降解四氮叠茂,使四氮叠茂变成紫色,根据每孔颜色变化程度可以反映土壤微生物对 31 种不同单一碳源的代谢能力高低。微生物群落在一定温育时间(144 h)内 BIOLOG ECO 微平板的变化孔数目和每孔颜色变化的程度与土壤微生物群落结构和功能有密切的相关性。土壤中微生物处于贫营养状态,其生长主要受碳源的限制,而 BIOLOG ECO 微平板就是通过微生物对单一碳源的利用来了解其微生物的动态,与传统的平板计数法相比,这种方法能比单纯了解微生物总数要行之有效。

BIOLOG ECO 微平板技术可以用于估价土壤微生物群落代谢多样性和功能多样性的研究。土壤中物种多样性与物种的丰富度及均匀度相关,群落内组成的物种越丰富、均匀度越大,则该群落的多样性越高。群落多样性和均匀度是间接反映群落结构和功能的重要特征,通过 BIOLOG ECO 微平板测定,可以反映出土壤的群落多样性和均匀度,而这两种指数可以反映群落的稳定性和群落的组成结构,这样可以更好地反映土壤微生态的状况。

4.2.4.3 PLFA 谱图分析

磷脂脂肪酸(phospholipid fatty acid,PLFA)谱图分析方法、脂肪酸(fatty acid)和脂肪酸甲酯(fatty acid methyl ester,FAME)谱图分析方法等早已成为土壤微生物多样性较为常用研究方法之一(蔡燕飞等,2002;张洪勋等,2003;John et al.,1996;Guckert et al.,1986;Petersen et al.,1997)。该方法首先是利用有机溶剂将土壤微生物中的磷脂脂肪酸浸提出来,然后再进行分离纯化,最后利用标记脂肪酸,通过气相色谱(GC)等仪器分析方法,得到土壤微生物的磷脂脂肪酸组成图谱,进而得到不同脂肪酸的含量和种类,即所谓的 FAME 指纹剖面(fingerprint profile)。根据 FAME 的多样性,利用相关的计算机分析软件和相关数据库便可同时得到土壤微生物的群落结构组成多样性、比例以及微生物生物量等方面的信息。

4.2.4.4 DNA 分子生物学技术

从土壤样品中提取和纯化微生物总 DNA 以进行 PCR 扩增(Leff et al.,1995),以便了解土壤微生物的多样性。土壤样品中提取微生物总 DNA 有两种方法:①直接用机械或化学方法破碎样品中的微生物,释放出总 DNA(Steffen et al.,1988);②从样本中分离出微生物细胞,然后抽提 DNA(Brenna et al.,1994)。DNA 分子标记技术已广泛应用于土壤微生物遗传多样性研究。常用的分子标记技术有限制性片段长度多态性(RFLP)、随机扩增多态性 DNA(RAPD)、DNA 扩增指纹分析(DAF)及扩增片段长度多态性(AFLP)等。

目前,以 16S rDNA、23S rDNA 以及 16～23S rDNA 间区(ISR)的序列分析正在成为细菌分类和鉴定中的热点。其中,原核生物的 16S rDNA 区域应用较多,它具有保守序列和高变异序列等优点,因此,16S rDNA 序列分析已广泛用于土壤微生物多样性的研究中。16S rDNA 序列分析主要基于已建立的微生物 16S rDNA 基因数据库,用以确定细菌的系统发育关系,设计并制备序列探针用以识别不可培养菌(蔡燕飞等,2002;张洪勋等,2003;John et al.,1996)。

4.2.4.5 PCR-DGGE 技术

1979 年 Fischer 和 Lerman 首先提出了 DGGE 技术,并将其用于医学上基因点突变的检测。与传统的琼脂糖凝胶电泳和聚丙烯酰胺凝胶电泳相比,这项技术可以分辨只有一个碱基差异的基因序列。PCR-DGGE 技术自 1993 年被引入微生物生态学领域以来,在研究微生物多样性和种群差异上已成为一种重要工具,避免了传统微生物研究方法的局限性。

PCR-DGGE 技术原理是在碱基序列存在差异的 DNA 双链解链时需要不同浓度的变性剂,它们一旦解链,在聚丙烯酰胺凝胶中的电泳行为将发生很大的变化,每个条带代表一个特定序列的 DNA 片段。在不同泳道中停留在相同位置的条带,一般可视为具有相同的 DNA 序列。为了使仅有一个碱基之差的不同 DNA 序列取得最好的分离效果,通常在 DNA 片段上连接一段长度为 30～50 bp 富含 GC 的核苷酸序列,该序列被称为 GC 夹板(GC-clamp)。由于 GC 含量高,所以 GC 夹板自身配对成一种特殊的稳定结构,在一般情况下难以拆分,若将 GC 夹板连接于双链分子的一端就会使该分子难以完全解链为两条单链 DNA。在利用 PCR-DGGE 技术对土壤微生物多样性的研究中,在正向引物 5′加 GC 夹板后,PCR 产物在含有变性剂的电泳胶中难以完全解链而保持部分解链,被完全分离出来,而无 GC 夹板的 PCR 产物会在含有某个梯度变性剂的电泳胶中解链为两条单链,而单链 DNA 在 DGGE 中的电泳行为取决于 DNA 分子的大小,与 DNA 的碱基序列无关,因此相同长度的此类 PCR 产物具有相同的电泳行为,在 DGGE 中不能被完全分开。

PCR-DGGE 图谱可用于确定环境微生物群落中优势类群或独特种群的遗传多样性,在某些情况下为了得到更详细的信息,可通过 DGGE 指纹与分类单元特定的寡核苷酸探针杂交或对切下的 DGGE 条带测序后进行序列分析来进一步鉴定菌落成员。PCR-DGGE 技术可同时分析多份样品,监测某些生境中微生物群落结构及其在时间或空间上的动态变化,因此,该技术已成为研究微生物群落动态的一种重要手段。

参 考 文 献

蔡燕飞,廖宗文.2002. 土壤微生物生态学研究方法进展. 土壤与环境,11(2):167-171.

董继新,董海涛,吴玉良,等.1999. 用 PCR-差别筛选的方法分离和克隆水稻受稻瘟病菌(*Magnaporthe grisea*)诱导的 CNDA 片段. 中国农业科学,32(3):8-13.

胡方平.1997. 非荧光植物假单胞的分类与鉴定. 博士学位论文.

胡天华,等.1989 黄瓜花叶病毒外壳基因的克隆和全序列测定及比较. 科学通报,21:1652-165.

任天志.2000. 持续农业中的土壤生物指标. 中国农业科学,33(1):68-75.

孙波,赵其国,张桃标,等.1997. 土壤质量与持续环境. Ⅲ. 土壤质量评价的生物学指标. 土壤,29(5):225-234.

王洪新,胡志昂.1996. 植物繁育系统、遗传结构和遗传多样性的保护. 生物多样性,4(2):92-96.

吴建利,庄杰云,李德葆,等.1999. 水稻对稻瘟病抗性的分子生物学研究进展. 中国水稻科学,13(2):123-128.

张德水,陈受宜.1998.DNA 分子标记、基因组作图及其在植物遗传育种上的应用. 生物技术通报,5:15-22.

张洪勋,王晓谊,齐鸿雁.2003. 微生物生态学研究方法. 生态学报,22(5):988-995.

郑康乐,Kochert G.,钱惠荣,等.1995. 应用 DNA 标记定位水稻的抗稻瘟病基因. 植物病理学报,25:307-313.

周兆斓,等.1996. 水稻文库的构建及巯基蛋白酶抑制剂的分离. 中国科学(C 辑),26(2):49-155.

朱立煌,徐吉臣,陈英,等.1994. 用分子标记定位一个未知的抗稻瘟病基因. 中国科学(B辑),24:1048-1052.

Anderson P A,Lawrence G J,Morrish,B C,*et al*.1997. Inactivation of the flax rust resistance gene M associated with loss of a repeated unit within the leucine-rich repeat coding region. Plant Cell,9:641-651.

Baker B,Zambryski P,Staskawicz B,*et al*. 1997. Signaling in plant-microbe interactions. Science,276:726-733.

Baldauf S L and Palmer J D. 1993. Animals and fungi are each other's closest relatives： congruent evidence from multiple proteins. Proc. Natl. Acad. Sci. USA，90：11558-11562.

Baldauf S，Palmer J D and Doolittle W F. 1996. Evolutionary analysis of the hisCGABdFDEHI gene cluster from the archaeon Sulfolobus solfataricus P2. Proc. Natl. Acad. Sci. USA，93（15）： 7749-7754.

Ballvora A，Ercolano M R，Weiss J，et al. 2002. The R1 gene for potato resistance to late blight（Phytophthora infestans）belongs to the leucine zipper/NBS/LRR class of plant resistance genes. Plant J. ,30(3)：361-371.

Barreneche T，Bodenes C，Lexer C，*et al.* 1998. A genetic linkage map of *Quercus robur* L. （pedunculate oak）based on RAPD，SCAR，microsatellite，minisatellite，isozyme and 5S rDNA markers. Theoretical and Applied Genetics,97：1090-1103.

Bendahmane A，Kohn B A，Dedi C，*et al.* 1995. The coat protein of potato virus X is a strain-specific elicitor of Rx1-mediated virus resistance in potato. Plant J,8(6)：933-941.

Bendahmane A，Querci M，Kanyuka K，*et al.* 2000. Agrobacterium transient expression system as a tool for the isolation of disease resistance genes：application to the Rx2 locus in potato. Plant J. ,21(1)：73-81.

Bent A F，Kunkel B N，Dahlbeck D，*et al.* 1994. RPS2 of Arabidopsis thaliana：a leucine-rich repeat class of plant disease resistance genes. Science,265(5180)：1856-1860.

Berndt P，Hobohm U，Langen H. 1999. Reliable automatic protein identification from matrix-assisted laser desorption/ionization mass spectrometric peptide fingerprints. Electrophoresis，20： 3521-3526.

Bittner-Eddy P D，Crute I R，Holub E B，*et al.* 2000. RPP13 is a simple locus in Arabidopsis thaliana for alleles that specify downy mildew resistance to different avirulence determinants in Peronospora parasitica. Plant J. ,21：177-188.

Blair. 1995. San Diego，USA. International plant genome conference Ⅲ January.

Botella M A，Parker J E，Frost L N，et al. 1998. Three genes of the Arabidopsis RPP1 complex resistance locus recognize distinct Peronospora parasitica avirulence determinants. Plant Cell,10： 1847-1860.

Boyes D C，Nam J，Dangl J，*et al* . 1998. The Arabidopsis thaliana *RPM*1 disease resistance gene product is a peripheral plasma membrane protein that is degrade coincident with the hypersensitive response. Proc Natl Acad Sci USA,95：15849-15854.

Brenna O，Blanchi E. 1994. Immobilised lacase for phenolic removal in Mustand wine. Biotechnology Letters,16：35-40.

Brommonschenkel S H，Frary A，Frary A，*et al.* 2000. The broad-spectrum tospovirus resistance gene Sw-5 of tomato is a homolog of the root-knot nematode resistance gene Mi. Mol Plant Microbe Interact. ,13(10)：1130-1138.

Brueggeman R，Rostoks N，Kudrna D，*et al.* 2002. The barley stem rust-resistance gene *Rpg*1 is a novel disease-resistance gene with homology to receptor kinases. Proc Natl Acad Sci

USA,99(14): 9328 9364.

Bryan G T, Wu K S, Farrall L, et al. 2000. A single amino acid difference distinguishes resistant and susceptible alleles of the rice blast resistance gene *Pi-ta*. Plant Cell,12(11): 2033-2046.

Buschges R, Hollricher K, Panstruga R, et al. 1997. The barley *Mlo* gene: a novel control element of plant pathogen resistance. Cell,88(5): 695-705.

Byrne P F, McMullen M D, Snook M E, et al. 1996. Quantitative trait loci. And metabolic pathways: Genetic control of the concention of Maysin,a corn earworm resistance factor,in maize silks. Proc. Natl. Acad. Sci. USA,93: 8820-8825.

Cai D, Kleine M, Kifle S, et al. 1997. Positional cloning of a gene for nematode resistance in sugar beet. Science,275: 832-834.

Caranta C, Thabuis A, Palloix A. 1999. Development of a CAPS marker for the Pvr4 locus: a tool for pyramiding potyvirus resistance genes in pepper. Genome,42(6): 1111-1116.

Chen X M, Line R F, Leung H. 1998. Genome scanning for resistance-gene analogs in rice, barley and wheat by high-resolution electrophoresis. Theor Appl Genet,97: 345-355.

Chisholm S T, Mahajan S K, Whitham S A, et al. 2000. Cloning of the Arabidopsis *RTM1* gene, which controls restriction of long-distance movement of tobacco etch virus. Proc Natl Acad Sci USA,97(1): 489-494.

Cho S, Mitchell A, Regier J C, et al. 1995. A highly conserved nuclear gene for low-level phylogenetics: elongation factor-1 alpha recovers morphology-based tree for heliothine moths. Mol. Biol. Evol. ,12(4):650-656.

Chowdhury M K V. 1998. Molecular analysis of organelle DNA of different subspecies of rice and the genomic stability of mtDNA in tissue cultured cells of rice. Theor. Appl. Genet, 76:533-539.

Collis F S. Positional cloning moves from perditional to traditional. 1995. Nat. Genet. ,9(4): 347-350.

Collins N, Drake J, Ayliffe M, et al. 1999. Molecular characterization of the maize Rp1-D rust resistance haplotype and its mutants. Plant Cell,11(7): 1365-1376.

Cooley M B, Pathirana S, Wu H J, et al. 2000. Members of the Arabidopsis HRT/RPP8 family of resistance genes confer resistance to both viral and oomycete pathogens. Plant Cell,12(5): 663-676.

Copeland N G, Gilbert D J, Li K, et al. 1993. Chromosomal localization of mouse bullous pemphigoid antigens. BPAG1 and BPAG2: Identification of a new region of homology between mouse and human chromosomes. Genomics,15(1):180-181.

De Bruijn F J, Rademaker J, Schneider M, et al. 1996. Rep-PCR genomic fingerprinting of plant-associated bacteria and computer-assisted. Biology of Plant-Microbe Interaction: Proceedings of the 8th International Congress of Molecular Plant-Microbe Interactions (G. Stacey, B. Mullin and P. Gresshoff, Eds.) APS Press,497-502.

Deslandes L, Olivier J, Theulieres F, et al. 2002. Resistance to Ralstonia solanacearum in Arabidopsis thaliana is conferred by the recessive RRS1-R gene, a member of a novel family of resistance genes. Proc Natl Acad Sci USA, 99(4): 2404-2409.

Dixon M S, Hatzixanthis K, Jones D A, et al. 1998. The tomato Cf-5 disease resistance gene and six homologs show pronounced allelic variation in leucine-rich repeat copy number. Plant Cell, 10(11): 1915-1925.

Dixon M S, Jones D A, Keddie J S, et al. 1996. The tomato Cf-2 disease resistance locus comprises two functional genes encoding leucine-rich repeat proteins. Cell, 84: 451-459.

Dodds P, Lawrence G, Ellis J. 2001. Six amino acid changes confined to the leucine-rich repeat beta-strand/beta-turn motif determine the difference between the P and P2 rust resistance specificities in flax. Plant Cell, 13: 163-178.

Edwards K, Johnstone C, Thomson C. 1991. A simple and rapid method for the preparation of plant genomic DNA for PCR analysis. Nucleic Acids Res., 19(6): 1349.

Eisenhaber B, Bork P, Eisenhaber F. 2001. Post-translational GPI lipid anchor modification of proteins in kingdoms of life: analysis of protein sequence data from complete genomes. Protein Eng., 14: 17-25.

Ellis J G, Lawrence G J, Luck J E, et al. 1999. Identification of regions in alleles of the flax rust resistance gene that determine differences in gene-for-gene specificity. Plant Cell, 11: 495-506.

Emanuelsson O, Nielsen H, Brunak S, et al. 2000. Predicting subcellular localization of proteins based on their N-terminal amino acid sequence. J. Mol. Biol., 300: 1005-1016.

Ernst K, Kumar A, Kriseleit D, et al. 2002. The broad-spectrum potato cyst nematode resistance gene (Hero) from tomato is the only member of a large gene family of NBS-LRR genes with an unusual amino acid repeat in the LRR region. Plant J., 31(2): 127-136.

Eujayl I, Baum M, Powell W, et al. 1998. A genetic linkage map of lentil (lens sp.) based on RAPD and AFLP markers using recombinant inbred lines. Theor. Appl. Genet, 97: 83-89.

Faris J D, Li W L, Liu D J, et al. 1999. Candidate gene analysis of quantitative disease resistance in wheat. Theor. Appl. Genet, 98: 219-225.

Flor H H. Current status of the gene-for-gene concept. 1971. Annu. Rev. Phytopathol, 9: 275-296.

George M L C, Nelson R J, Zeigler R S, et al. 1998. Rapid population analysis of Magnaporthe grisea by using rep-PCR and endogenous repetitive DNA sequences. Phytopathology, V88 (14).

George S M, Maria A H, Jaime M, et al. 2002. Molecular maker disputes the existence of the Afro-Andean group of the bean angular leaf spot pathogen, Phaeoisariopsis griseola. Phytopathl, 92: 580-589.

Grant M R, Godiard L, Straube E, et al. 1995. Structure of the Arabdopsis RPM1 gene enabling dual specificity disease resistance. Science, 269: 843-846.

Guckeert J B, White D C. 1986. Phospholipid ester-linked fatty acid analysis in microbial ecology. In: Megusar E Gantar G eds. Perspectives in M icrobial Ecology. Proceedings of the 4th International Symposium on Microbial Ecology,LjubUana,Slovenia,455-459.

Hammond-Kosack K, Jones J. 1997. Plant disease resistance genes. Annu. Rev. Plant Physiol. Plant Mol. Biol,48: 575-607.

Hauben L,Vauterin L,Swing J M,et al. 1997. Comparsion of 16 s ribosomal DNA sequences of all *Xanthomonas* species. IJSB,47(2):328-335.

Hinsch M,Staskawicz B. 1996. Identification of a new Arabidopsis disease resistance locus, RPs4,and cloning of the corresponding avirulence gene,*avrRps*4,from *Pseudomonas syringae* pv. pisi. Mol. Plant Microbe Interact. ,9(1): 55-61.

Hong S K,Wan G K,Yun H K, *et al*. 2008. Morphological variations,genetic diversity and pathogenicity of *Colletotrichum* species causing grape ripe rot in Korea. Plant Pathol. J. ,24 (3): 269-278.

Iyer G,Chattoo B B. 2003. Purification and characterization of laccase from the rice blast fungus,*Magnaporthe grisea*. FEMS Microbiol. Lett,227:121-126.

Johal G S, Briggs S P. 1992. Reductase activity encoded by the Hm1 disease resistance gene in maize. Science,258: 985-987.

John W D, Alice J J. 1996. Methods for assessing soil quality. SSSA special publication number 49,Soil Science Society of America,Inc. M adison,Wisconsin,USA. ,203-272.

Jones D A, Thomas C M, Hammond-Kosack K E,et al. 1994. Isolation of the tomato Cf-9 gene for resistance to Cladosporium fulvum by transposon tagging. Science,266: 789-793.

Joosten M H,Cozijnsen T J, De Wit P J. 1994. Host resistance to a fungal tomato pathogen lost by a single base-pair change in an avirulence gene. Nature,367: 384-386.

Joosten M H A J, De Wit PJGM. 1988. Isolation,purification and preliminary characterization of a protein specific for compatible Cladosporium fulvum (syn. Fulvia fulva)-tomato interactions. Physiol. Mol. Plant Pathol,33:241-253.

Kanazin V,Marek L R, Shoemaker R C. 1996. Resistance gene analogs are conserved and clustered in soybean. Proc. Natl. Acad. Sci. U. S. A. ,93:11746-750.

Kawchuk L M,Hachey J,Lynch D R,et al. 2001. Tomato Ve disease resistance genes encode cell surface-like receptors. Proc Natl Acad Sci USA,98(11): 6511-6515.

Keen N T. 1990. Gene-for-gene complementarity in plant-pathogen interaction. Annu. Rev. Genet,4: 447-163.

Kennedy A C,Smith K L. 1995. Soll microhial diversity and the sustainabflity of agricultural soils In:Collins H P. Robertson G P,Klug M J (eds),The Signifwance and Regulation of Soil Biodiwersity,Netherlands:Kluwer Academic Publishers,75-86.

Kerry O'Donnell, H. Corby Kistler, Elizabeth Cigelnik, *et al*. 1998. Multiple evolutionary origins of the fungus causing Panama disease of banana: Concordant evidence from nuclear and mitochondrial gene genealogies. Applied Biological Science,95:2044-2049.

Kim Y J,Lin N C,Martin G B. 2002. Two distinct Pseudomonas effector proteins interact with the Pto kinase and activate plant Immunity. Cell,109:589-598.

Konieczny A,Ausubel F M. 1993. A procedure for mapping Arabidopsis mutations using co-dominant ecotype-specific PCR-based markers. Plant J. ,4(2):403-410.

Krogh A,Larsson B,von Heijne G, *et al*. 2001. Predicting transmembrane protein toplogy with a Hiden Markov Model:application to complete genomes. J. Mol. Biol. ,305:567-580.

Lammar R T,Dietrich D M. 1990. In situ depletion of pentachlorophenol from contaminated soil by *Phanerochaete* spp. Applied and Environmental Microbiology,56:3093-3100.

Laugé R,Goodwin P H,De Wit PJGM, *et al*. 2000. Specific HR-associated recognition of secreted proteins from Cladosporium fulvum occurs in both host and non-host plants. Plant J. ,23:735-745.

Laugé R,Joosten MHHJ,Haanstra JPW, *et al*. 1998. Successful search for a resistance gene in tomato targeted against a avirulence factor of a fungal pathogen. Proc. Natl. Acad. Sci. USA. ,95:9014-9018.

Lawrence G J,Finnegan E J,Ayliffe M A, *et al*. 1995. The L6 gene for flax rust resistance is related to the Arabidopsis bacterial resistance gene *RPS2* and the tobacco viral resistance gene N. Plant Cell,7: 1195-1206.

Leff L G,Dana J R,McArthur J V, *et al*. 1995. Comparison of methods of DNA extraction from stream sediment. Applied and Environmental Microbiology,61:1141-1143.

Leister D,Ballvora A,Salamini F, *et al*. 1996. A PCR-based approach for isolating pathogen resistance genes from potato with potential for wide application in plants. Nature Genetics, 14: 421-429.

Levy M,Correa-Victoria F J,Zeigler R S, *et al*. 1993. Genetic diversity of the rice blast fungus in a disease nursery in Colombia. Phytopathology,83:1427-1433.

Levy M,Romao J,Marchetti M A, *et al*. 1991. DNA fingerprinting with a dispersed repeated sequence resolves pathotype diversity in the rice blast fungus. Plant Cell,3:95-102.

Litt M,Luty J A. 1989. A hypervariable microsatellite revealed by in vitro amplification of a dinucleotide repeat within the cardiac muscle actin gene. Am. J. Hum. Genet. ,44: 397-401.

Louise M D,Gwyn S G,John H, *el al*. 2000. Management influences no soil microbial communities and their function in botanically diverse hay meadows ofnorthern E ngland and Wales. Soil Biol. Biochem,32:253-263.

Luderer R,Takken F L,de Wit PJ, *et al*. 2002. Cladosporium fulvum overcomes Cf-2-mediated resistance by producing truncated AVR2 elicitor proteins. *Mol Microbiol*. ,45(3):875-884.

Martin G B,Brommonschenkel S H,Chunwongse J, *et al*. 1993. Map-based cloning of a protein kinase gene conferring disease resistance in tomato. Science,262:1432-1436.

Martoglio and Dobberstein. 1998. Signal sequences:more than just greasy peptides,TICB, 8:410-415.

McDowell J M,Dhandaydham M,Long T A, *et al*. 1998. Intragenic recombination and diversifying selection contribute to the evolution of downy mildew resistance at the RPP8 locus of Arabidopsis. Plant Cell,10: 1861-1874.

Meksem K,et al. 1995. Mol. Gen. Genet. ,249:74-81.

Mendgen K, Hahn M, Deising H. 1996. Morphogenesis and mechanisms of penetration by plant pathogenic fungi. Annu. Rev. Phytopathol,34:367-386.

Meyers B C,Chin D B,Shen K A,et al. 1998. The major resistance gene cluster in lettuce is highly duplicated and spans several megabases. Plant Cell,10(11): 1817-1832.

Meyers B C, Dickerman A W, Michelmore R W,et al. 1999. Plant disease resistance genes encode members of an ancient and diverse protein family within the nucleotide-binding superfamily. Plant J,20(3): 317-332.

Milligan S B,Bodeau J,Yaghoobi J,et al. 1998. The root knot nematode resistance gene Mi from tomato is a member of the leucine zipper, nucleotide binding, leucine-rich repeat family of plant genes. Plant Cell,10(8): 1307-1319.

Mindrinos M,Katagiri F,Yu G L,et al. 1994. The A. thaliana disease resistance gene RPS2 encodes a protein containing a nucleotide-binding site and leucine-rich repeats. Cell,78(6): 1089-1099.

Minsavage C V,Dahlbeck D,Whalen M C,et al. 1990. Gene-For-Gene relationships specifying disease resistance in Xanthomonas campestris pv. Vesicatoria-pepper interactions. Mol Plant-Microbe Interact,3: 41-47.

Mitchell A, Cho S, Regier J C, et al. 1997. Phylogenetic utility of elongation factor-1a in Noctuoidea (Insecta: Lepidoptera): the limits of synonymous substitution. Mol. Biol. Evol. , 14(4):381-390.

Miyamoto M,Ando I,Rybka K,et al. 1996. High Resolution mapping of the Indica-Derived rice blast resistance fenes. I. Pi-b. Molecular Plant-microbe Interactions,9(1): 6-13.

Nielsen H,Engelbrecht J,Brunak S, et al. 1997. Identification of prokaryotic and eukaryotic signal peptides and prediction of their cleavage sites. Oxford Journals Life Sciences Medicine PEDS,10(1):1-6.

Ori N,Eshed Y,Paran I,et al. 1997. The I2C family from the wilt disease resistance locus I2 belongs to the nucleotide binding, leucine-rich repeat superfamily of plant resistance genes. Plant Cell,9(4):521-532.

Pan Q H,Wang L,Ikehashi H,et al. 1996. Identification of a new blast resistance gene in the indica rice cultivar kasalath using Japanese differential cultivars and isozyme markers. Phytopathology,86(10): 1071-1075

Pan Q H, Wang L, Ikehashi H, et al. 1998. Identification of two new genes conferring resistance to rice blast in Chinese native cultivar 'Maowangu'. Plant Breeding,117: 27-31.

Pandey A, Mann M. 2000. Proteomics to study genes and genomes. Nature, 405 (6788): 837-846.

Parker J E,Coleman M J,Szabo V,et al. 1997. The Arabidopsis downy mildew resistance gene RPP5 shares similarity to the toll and interleukin-1 receptors with N and L6. Plant Cell,9：879-894.

Pastor-Corrales M A, Jara C and Singh S P. 1998. Pathogenic variation in, source of, and breeding for resistance to *Phaeoisariopsis griseola* causing angular leaf spot in common bean. Euphytica,103：161-171.

Peng Y L,Shirano Y,Ohta H, *et al*. 1994. A novel lipoxygenase from rice,Primary structure and specific expression upon incompatible infection with rice blast fungus. J. Biol. Chem, 269：3755-3761.

Petersen S O,Debosz K,Schjonning P, *et al*. 1997. Phospholipid fatty acid profiles and C availability in wet-stable macro-aggregates from conventionally and organically farmed soils. Geoderma,78：181-196.

Picard P,Bourgoin-Greneche M,Zivy M. 1997. Potential of two-dimensional electrophoresis in routine identification of closely related durum wheat lines. Electrophoresis,18：174-181.

Pedro T, Sreenivasaprasad S, Neves-Martins J, *et al*. 2005. Molecular and Phenotypic Analyses Reveal Association of Diverse *Colletotrichum acutatum* Groups and a Low Level of *C. gloeosporioides* with Olive Anthracnose. Applied and Environmental microbiology, 2987-2998.

Rabilloud T, *et al*. 2000. Ruthenium II tris（bathophenanthroline disulfonate），a powerful fluorescent stain for detection of proteins in gel with minimal interference in subsequent mass spectrometry analysis. Proteome（online）.

Reddy. 1996. San Diego,USA. International plant genome conference IV January.

Rep M. 2005. Small proteins of plant-pathogenic fungi secreted during host colonization. FEMS Microbiology Letters,253：19-37.

Rossi M,Goggin F L,Milligan S B, *et al*. 1998. The nematode resistance gene Mi of tomato confers resistance against the potato aphid. Proc Natl Acad Sci U S A,95(17)：9750-9754.

Schensinger W H. 1990. Evidence from chronoseqence studies for a low carbon-storage potential of soil. Nature,348：232-234.

Sharma S K,Knox M R,Ellis T H N. 1996. AFLP analysis of the diversity and phylogeny of *Lens* and its comparison with RAPD analysis. Theor Appl Genet, 93：751-758.

Sharples G J,Lioyd. 1990. A novel repeated DNA sequence located in the intergenic regions of bacterial chromosomes. Nucleic Acid Res. ,18：6503-6508.

Snoeijers S S,Pe'rez-Garcia A,Joosten MHAJ, *et al*. 2000. The effect of nitrogen on disease development and gene expression in bacterial and fungal pathogens. European Journal of Plant Pathology, 106：493-506.

Song W Y,Wang G L,Chen L L, *et al*. 1995. A receptor kinase-like protein encoded by the rice disease. Science,270(5243)：1804-1806.

Stallings R L,Torney D C,Hildebrand C E, *et al*. 1990. Physical mapping of human chromosomes by repetitive sequence fingerprinting. Proc. Natl. Acad. Sci. USA,87:6218-6222.

Steffen R J, Goksoyr J, Bej A K, et al. 1988. Recovery of DNA from soils and sediments. Applied and Environmental Microbiology,54:2908-2915.

Talbot N J,McCafferty HRK,Ma M,et al. 1997. Nitrogen starvation of the rice blast fungus Magnaporthe grisea may act as an environmental cue for disease symptom expression. Physiol. Mol. Plant Pathol,50:179-195.

Tautz D. 1984. Hypervariablity of simple sequences as a general source of polymorphic DNA markers. Nucleic Acids Res,17:6463-6471.

Thomas C M,Jones D A,Parniske M,et al. 1997. Characterization of the tomato Cf-4 gene for resistance to Cladosporium fulvum identifies sequences that determine recognitional specificity in Cf-4 and Cf-9. Plant Cell,9: 2209-2224.

Thomas C M, Vos P,Zabeau M,et al. 1995. Identification of amplified restriction fragment length polymorphism (AFLP) markers tightly linked to the tomato cf-9 gene for resistance to Cladosporium fulvum. Plant J. ,8:785-794.

Valent B,Chumley F G. 1994. Avirulence genes and mechanisms of genetic instability in the rice blast fungus. In:Zeigler R S,Leong S A,and Teng P S eds. Rice blast Disease. Wallingford,UK: CAB International,111-134.

Van den Ackerveken, Vossen GFJM, et al. 1993. The AVR9 race-specific elictor of Cladosporium fulvum is processed by endogenous and plant proteases. Plant Physiol,103: 91-96.

Van der Biezen E A,Freddie C T,Kahn K,et al. 2002. Arabidopsis RPP4 is a member of the RPP5 multigene family of TIR-NB-LRR genes and confers downy mildew resistance through multiple signalling components. Plant J,29(4): 439-451.

Van der Vossen E A, van der Voort J N,Kanyuka K,et al. 2000. Homologues of a single resistance-gene cluster in potato confer resistance to distinct pathogens: a virus and a nematode. Plant J,23(5): 567-576.

Vidal S,Cabrera H,Andersson R A,et al. 2002. Potato gene Y-1 is an N gene homolog that confers cell death upon infection with potato virus Y. Mol Plant Microbe Interact,15(7): 717-727.

Von Heijne G. 1990. The signal peptide. J Membr Biol, 115: 195-201.

Wang Z X,Yano M,Yamanouchi U,et al. 1999. The Pib gene for rice blast resistance belongs to the nucleotide binding and leucine-rich repeat class of plant disease resistance genes. Plant J,19: 55-64.

Warren R F, Henk A, Mowery P,et al. 1998. A mutation within the leucine-rich repeat domain of the Arabidopsis disease resistance gene RPS5 partially suppresses multiple bacterial and downy mildew resistance genes. Plant Cell,10(9): 1439-1452.

Whitelaw-Weckert M A, Curtin S J, Huang R, et al. 2007. Phylogenetic relationships and pathogenicity of *Colletotrichum acutatum* isolates from grape in subtropical Australia. Plant Pathology,56:448-463.

Whitham S A, Anderberg R J, Chisholm S T, *et al*. 2000. Arabidopsis *RTM2* gene is necessary for specific restriction of tobacco etch virus and encodes an unusual small heat shock-like protein. Plant Cell,12(4): 569-582.

Whitham S, Dinesh-Kumar S P, Choi D, *et al*. 1994. The product of the tobacco mosaic virus resistance gene N: similarity to toll and the interleukin-1 receptor. Cell,78:1101-1115.

Williamson V M, Ho J Y, Wu F F, *et al*. 1994. A PCR-based marker tightly linked to the nematode resistance gene,Mi. in tomato. Theor. Appl. Genet,87: 757-763.

Wu L J, Lewis P J, Allmansberger R, *et al*. 1995. A conjugation-like mechanism for prespore chromosome partitioning during sporulation in Bacillus subtilis. Genes Dev,9:1316-1326.

Wubben J P, Joosten MHAJ, De wit PJGM. 1994. Expression and localization of two in planta induced extracellular proteins of the fungal tomato pathogen Cladosporium fulvum. Mol. Plant-Microbe interact,7:516-524.

Xiao S, Ellwood S, Calis O, *et al*. 2001. Broad-spectrum mildew resistance in Arabidopsis thaliana mediated by RPW8. Science,291: 118-120.

Yoshimura S, Yamanouchi U, Katayose Y, *et al*. 1998. Expression of *Xa*1, a bacterial blight-resistance gene in rice, is induced by bacterial inoculation. Proc. Natl. Acad. Sci. USA, 95: 1663-1668.

Yu Y G, Buss G R, Maroof MAS. 1996. Isolation of a superfamily of candidate disease-resistance genes in soybean based on a conserved nucleotide-binding site. Proc. Natl. Acad. Sci. U. S. A. ,93: 11751-11756.

Zhou J M, Trifa Y, Silva H, *et al*. 2000. NPR1 differentially interacts with members of the TGA/OBF family of transcription factors that bind an element of the PR-1 gene required for induction by salicylic acid. Mol Plant Microbe Interact,13(2): 191-202.

4.3　作物多样性种植控病模式构建原则方法及应用

4.3.1　品种多样性种植控病模式构建原则方法及应用

4.3.1.1　品种多样性种植控病模式构建原则

不同作物品种搭配控制病害种植模式的构建原则不尽相同,这里仅以云南农业大学多年研究制定的一套利用水稻品种多样性控制稻瘟病的构建原则加以简要说明,其中主要包括品种组合的合理搭配、种植模式的优化、适时育苗及田间的科学管理等原则(朱有勇,2007)。

1. 品种选择原则

合理的品种搭配是利用水稻遗传多样性控制稻瘟病技术成功的关键,这需要综合考虑水稻品种的抗性遗传背景、农艺性状、经济性状、栽培条件以及农户种植习惯等。在抗性遗传背景的选择方面,主要是集中在遗传背景差异较大的杂交稻和糯稻间作上,品种间抗性遗传背景

(RGA 技术分析)的选配标准参数为遗传相似性小于 75%;农艺性状方面,对杂交稻一般是选择品质优,丰产性好,抗性强,生育期中熟或中熟偏迟的品种,对糯稻品种则突出"一高一短"的特点,即选用比杂交稻高 15~20 cm,生育期短 7~10 d,分蘖力强,抗倒伏、单株产量高的品种;经济性状的选配原则是高产品种和优质品种的搭配,同时满足企业和农民对优质和高产的需求,充分体现经济效益互补,提高农民多样性种植的积极性;在实施中,根据各地的肥水条件,土壤地力,海拔高度等栽培条件选择本地糯稻与高产杂交稻品种的搭配,同时根据本地农户的种植习惯,选用农民喜爱的品种进行搭配组合。

2. 品种搭配原则

目前云南省选配的品种组合主要有两类,一类是以高产、矮秆杂交籼稻为主栽品种,以高秆、优质本地传统品种作为间栽品种;另一类是以高产、矮秆的粳稻品种为主栽品种,以高秆、优质本地传统品种作为间栽品种。

云南省 1998—2003 年选用了 94 个传统品种与 20 个现代品种,形成 173 个品种组合进行推广。四川省 2002 年和 2003 年选择了 23 个传统品种与 38 个杂交稻品种,形成了 112 个品种组合进行推广。这些推广都充分考虑了品种搭配原则,如 1998 年云南省选用了黄壳糯和紫糯两个传统品种,与汕优 63 和汕优 22 两个现代品种,形成 4 个品种组合进行示范推广;1999 年选用了黄壳糯、白壳糯、紫糯和紫谷 4 个传统品种,与汕优 63、汕优 22 和岗优 3 个现代品种,形成 8 个品种组合进行示范推广;2002—2003 年四川省选择了沱江糯 1 号、竹丫谷、宜糯 931、高秆大洒谷、辐优 101、黄壳糯等糯稻品种与 II 优 7 号、D 优 527、宜香优 1577、岗优 3551、川香优 2 号、II 优 838 等杂交稻品种进行搭配组合。

3. 播期调整原则

水稻同期收获是农民特别关心的问题,特别是在机械化作业中。为了使不同品种成熟期一致,有利于田间收割,按主栽品种和间栽品种的不同生育期调节播种日期,实行分段育秧。根据品种生育期的长短确定播种时间,早熟的品种迟播,迟熟的品种早播,做到同一田块中不同品种能够同时成熟和同期收获。一般间栽的地方高秆、优质传统品种比主栽的现代高产、矮秆杂交稻提前 10 d 左右播种,达到同时移栽和同时成熟。若选配的主栽品种和间栽品种生育期基本一致,则可同时播种。

4. 栽培管理原则

云南稻区单一品种的传统移栽方式为双行宽窄条栽方式,俗称"双龙出海",即每两行秧苗为一组,行间距为 15 cm,株距 15 cm;组与组之间的距离为 30 cm。在田间形成了 15 cm×15 cm×30 cm×15 cm×15 cm×30 cm 的宽窄条栽规格。水稻品种多样性优化种植的方式是在单一品种传统栽培的方式上,每隔 4~6 行秧苗(2~3 组)的宽行中间多增加一行传统优质稻。矮秆高产品种(杂交稻)单苗栽插,株距为 15 cm,高秆优质传统品种丛栽,每丛 4~5 苗,丛距为 30 cm。移栽时,不同的品种可同时移栽,也可在主栽品种移栽后 1~3 d,补套间栽品种。田间肥水管理按常规高产措施进行,认真做好病虫监测,叶瘟不使用农药,穗瘟必要时用三环唑防治一次。

4.3.1.2　品种多样性种植控病模式构建方法

品种多样性控制病害种植模式的构建方法包括确定种什么作物,不同品种各多少,如何布局;一年种几茬,哪个生长季节或哪年不种;种植时,采用什么样的种植方式,即采取单作、间作、混作、套作、直播或移栽;不同生长季节或不同年份作物的种植顺序如何安排等。品种多样性控制病害种植模式的构建方法可以分为品种空间布局法、品种时间布局法和品种时空布局法。

1. 品种空间布局法

从土地利用空间上看,品种空间布局包括品种单作、不同品种间作、不同品种混作、不同品种间套作。

(1)品种单作。在一块土地上只种一种作物的种植方式,称为单作,其优点是便于种植和管理,便于田间作业的机械化。世界上小麦、玉米、水稻、棉花等多数作物以实行单作为主。中国盛行间、套作,但单作仍占较大比重。采用品种单作要达到控制病虫害的目标,必须使用抗病品种,而且尽量避免同一土地上连续单作同样作物。

(2)品种间作。品种间作是从传统的间作体系延伸出来的。传统间作定义为在一块地上,同时期按一定行数的比例间隔种植两种以上的作物,这种栽培方式叫间种。品种间作涉及多个品种,而非多个作物。间作品种往往是高棵搭配矮棵。实行间种对高棵品种可以密植,充分利用边际效应获得高产,矮种受影响较小,就总体来说由于通风透光好,可充分利用光能和 CO_2,能提高 20% 左右的产量。高棵品种行数少,矮棵品种的行数多,间种效果好。一般多采用 2 行高棵品种间 4 行矮棵品种,即 2∶4,采用 4∶6 或 4∶4 也较多。间种比例可根据具体条件来定。

(3)品种混作。品种混作是从传统的间作体系延伸出来的。传统混作定义为将两种或两种以上生育季节相近的作物按一定比例混合种在同一块田地上的种植方式。品种混作涉及多个品种,而非多个作物。多不分行,或在同行内混播或在整田混播。混作通过不同品种的恰当组合,还能减轻自然灾害和病虫害的影响,达到稳产保收。

(4)品种间套作。品种间套作是在品种间作模式的基础上,考虑到不同品种生育期的差异,而创造出的套种方式,主要是为了调节播期。

不同品种的合理布局是空间上利用遗传多样性的种植模式,即在同一地区合理布局多个品种,从空间上增加遗传多样多样性,减小对病原菌的选择性压力,降低病害流行的可能。北美洲曾经通过在燕麦冠锈病流行区系的不同关键地区种植具有不同抗病基因的品种,从而成功地控制了该病的流行;我国在 20 世纪 60、70 年代用此法在西北、华北地区控制了小麦条锈病的流行和传播(李振岐,1995)。云南农业大学从 1996 年以来先后对不同水稻品种间作、不同小麦品种混作等模式进行了深入研究,取得了良好的效果。

2. 品种时间布局法(骆世明,2010)

品种时间布局包括轮作、休种、连作等,就是要确定品种在耕地上什么时候种、谁先谁后、一年几茬、哪个生长季节或哪年不种等。

(1)品种连作。一年内或连年在同一块田地上连续种植同一种品种的种植方式。在一定条件下采用连作,有利于充分利用一地的气候、土壤等自然资源,大量种植生态上适应且具有较高经济效益的作物。生产者通过连续种植,也较易掌握某一特定作物的栽培技术。但连作往往会造成多种弊害:加重对作物有专一性危害的病原微生物、害虫和寄生性、伴生性杂草的滋生繁殖。如马铃薯的黑痣病、蚕豆的根腐病、西瓜的蔓割病以及花生线虫、大豆菟丝子、向日葵列当、稗草等的滋生都和连作有关;影响土壤的理化性状,使肥效降低;加速消耗某些营养元素,形成养分偏失;土壤中不断累积某些有毒的根系分泌物,引起连作作物的自身"中毒"等。

不同作物连作后的反应各不相同。一般是禾本科、十字花科、百合科的作物较耐连作;豆科、菊科、葫芦科作物不耐连作。连作对深根作物的危害大于浅根作物;对夏季作物的危害大于冬季作物,在同一块田地上重复种植同一种作物时,按需间隔的年限长短可分为3类:忌连作作物,在同一田地上种1年后需间隔2年以上才可再种,如芋、番茄、青椒等需隔3年以上,西瓜、茄子、豌豆等需隔5年,亚麻则需隔10年后再种;耐短期连作作物;连作1~2年后需隔1~2年再种,如豆类、薯类作物、花生、黄瓜等;较耐连作的作物,可连作3~4年甚至更长时间,如水稻、小麦、玉米、棉花、粟、甘蓝、花椰菜等,在采取合理的耕种措施,增施有机肥料和加强病虫防治的情况下,连作的危害一般表现甚轻或不明显。

在一年多熟地区,同一田地上连年采用同一复种方式的复种连作时,一年中虽有不同类型的作物更替栽种,但仍会产生连作的种种害处,如排水不良、土壤理化性状恶化、病虫害日趋严重、有害化学物质累积等。为克服连作引起的弊害,可实行轮作(水旱轮作)或在复种轮作中轮换不耐连作的作物,扩大耐连作的作物在轮作中的比重或适当延长其在轮作周期中的连作年数,增施复合化肥、有机肥料等。

(2)品种轮作。在同一块田地上,有顺序地在季节间或年间轮换种植不同的品种或复种组合的种植方式。轮作是用地养地相结合的一种生物学措施。

合理的轮作有很高的生态效益和经济效益:一是有利于防治病、虫、草害。如将亲和小种水稻品种与非亲和小种水稻品种,或者抗性不同的水稻品种轮作,便可减轻稻瘟病的发生发展。对危害作物根部的线虫,轮种不感虫的品种后,可使其在土壤中的虫卵减少,减轻危害。合理的轮作也是综合防除杂草的重要途径。

轮作因采用方式的不同,分为定区轮作与非定区轮作(即换茬轮作)。定区轮作通常规定轮作田区的数目与轮作周期的年数相等,有较严格的作物轮作顺序,定时循环,同时进行时间和空间上(田地)的轮换。在中国多采用不定区的或换茬式轮作,即轮作中的作物组成、比例、轮换顺序、轮作周期年数、轮作田区数和面积大小均有一定的灵活性。

(3)休闲。《辞海》将"休闲"词条解释为:农田在一定时间内不种作物,借以休养地力的措施。主要作用是积累水分,并促使土壤潜在养分转化为作物可利用的有效养分和消灭杂草,其不利方面是浪费了光、热、水、土等自然资源,并加剧了原有肥力的矿化和水土流失。

3.品种时空布局—多品种混合间栽(骆世明,2010)

上面为了论述的方便,把空间上和时间上利用遗传多样性分门别类地详细论述,其实在实践中人们基本上是在时间与空间上同时利用遗传多样性的,如套种就是时间和空间同时利用的。而且科学家越来越重视时间与空间上同时利用遗传多样性的实践。

多品种混合间栽是在时间与空间上同时利用遗传多样性的种植模式,即在同一块田地上,把两个或两个以上的品种,调整播期、成行相间种植的方法。株高不同的两个品种间栽,充分利用了空间,可以改善通风透光条件,改变田间小气候环境,抑制病害的发生和发展;充分利用地力,发挥边际优势,增加产量;能满足农民和消费者对不同品种的需求;充分利用了时间,使不同成熟期的品种同田同期收获。这方面的例子以云南农业大学利于水稻遗传多样性持续控制稻瘟病的研究最为突出,在此不再赘述。

4.3.1.3 品种多样性种植控病模式应用

构建稻作系统遗传多样性就是要求同田同种作物最大限度做到遗传基础异质。一般采用抗性品种单作模式、多品种混合种植或条带状相间种植模式、多系品种模式。

1. 抗性品种单作模式

水稻生产实践证明,利用抗性品种是防治稻瘟病经济有效的措施,也符合人类对绿色食物的要求。20世纪50年代,日本实施"高抗稻瘟病"育种计划,从中国引进稻种荔枝江和美国稻种Zennith进行抗瘟性育种,经过近10年时间育成了草笛、福锦等一批高抗稻瘟病品种,但它们推广3～5年后都相继感病化。韩国于1971年开始推广矮秆、大穗、抗瘟、高产"统一系统"的品种,1976年当该系统品种推广至韩国水稻面积的一半以上时,开始发生稻瘟病,至1978年大发生(Ou,1985)。中国福建1971年引进珍龙97,在连续种植3～4年后,出现感病化。四川20世纪70年代末推广抗病高产的杂交稻汕优2号,1984年推广面积占杂交稻面积的82%,1984—1985年该品种出现稻瘟病大流行,损失稻谷3.75亿kg;1986年以后穗瘟发生面积达30多万hm,损失稻谷15 700 t,占全季病虫害总损失的45%。于是他们换用了以明恢63为恢复系的汕优63,D优63等,至1992年也发现63系统感病化(陶家凤,1995)。1992年,湖南早稻当家品种浙辐802、湘早籼6号等感病化。由以上实例可以看出,抗性品种大面积单一种植,容易招致品种在短期内感瘟化,即在三五年内抗瘟性丧失(Ou,1985;彭绍裘和刘二明,1993;陶家凤,1995;孙漱沅和孙国昌,1996)。为了延长抗性品种的使用寿命,达到持续控制稻瘟病危害的目的,植物病理学家们在利用品种抗性遗传多样性方面做了大量的研究工作。

2. 多品种混合种植和条带状相间种植模式

到目前,无论是在小麦、燕麦和大麦,还是在水稻上,利用作物遗传多样性防治病害,不外乎把具有不同小种专化抗性的基因型(品种)混合(山崎义人和高坂卓尔,1990;Mew et al.,2001),其中包括了种子完全混合播种和条带状相间种植两种模式。这个方法是基于在混合群体中没有一个病原小种对所有的寄主基因型都是有非常高的毒性的假设。因此,病害流行的速率就会减慢,经济阈值(economic threshold)有望降低。根据作物遗传多样性的研究与应用实践,其作物遗传多样性控制病害的机制可归结如下(Zhuge et al.,1989;沈英等,1990;Mew et al.,2001;刘二明等,2002):一是稀释了亲和小种的菌源量;二是抗性植株的障碍效应;三是诱导抗性的产生,如稻瘟病菌非致病性植株和弱致病性菌株预先接种,能诱导抗性,减轻叶瘟和穗瘟。在品种间混合间栽中,除有上述机制外,还有微生态效应,如间栽品种高于主栽品种,使得间栽品种穗部的相对湿度降低,穗颈部的露水持续时间缩短,从而减少适宜的发病条件等。

3. 多系品种模式

在农业中,首先倡导遗传多样性应用的是Jensen(Jensen,1952),他提出了多系麦(Avena sative)品种的概念。这种多系品种是基于表型一致而选择的多基因型混合体,但作为其他特征,如抗病性,则尽可能地具遗传多样性。随后,利用回交的方法分别育成含对锈病(*Puccinia spp.*)小种专化抗性不同基因的小麦和燕麦多系品种(Chen,1967)。

在麦类中,多系品种已明显获得商业化的成功(Mew et al.,2001)。然而,最近注意到品种混合的利用,即在混合组分中没有进一步选择表型一致性,混合品种的优势超过多系品种,Martin和他的同事对此有过精确的描述(Browning and Frey,1981;Mew et al.,2001)。最重要的是品种混用不需要为农艺性状进行额外的育种,因此,大多数农艺性状优越的,且具有抗病性反应呈多样性基因型这些品种能很快获得抗病性的多样性,而在同一丘地里被栽培的又有足够的相似性;作为被改良的一个新品种又很容易添加到混合群体中。此外,与回交系的混合系比较,在一个品种混合系中另增加的遗传多样性出现,可能既提供了对主要病害的防治,又提供了对次要病害的防治,同时也限制了多个毒性小种的进化。通过组合品种,利用不同的资源,从而提供了协同增产的可能。

在水稻中,20世纪80年代以前,利用水稻品种遗传多样性防治稻瘟病基本上处在应用基础和基础理论研究阶段。这个时期主要受小麦多系品种和品种混栽的理论与应用的启发。在稻瘟病防治研究提出利用抗性遗传多样性的主要策略为(山崎义人和高坂卓尔,1990):把具有互不相同的抗性基因的品种和系统,机械地进行有计划混合的"多系品种"利用和"多系混合栽培和交替栽培"。在具体操作上有(山崎义人和高坂卓尔,1990):①确定抗病基因混合比例的方法。这里包括:根据病原菌优势小种的方法;根据许多系统随机混合的方法;根据病原菌各小种频率变化比例的方法;其他方法,如冈部和桥口1967年根据决定抗性基因混合比例的运筹学的竞争模式理论,提出的最佳方法。②使寄主受害最小的方法。③混合方式。混合方式有两种,一种是每穴或者一洼内含各种基因型的完全混合形式,另一种是将各个基因型分开,每一个系统取一小部分以小区为单位来栽培,使整个地区成为镶嵌模样的混合形式。④对空间和时间因素的考虑。另外,也提出了"超级小种(super-race)"出现的可能,但到目前为止还没有这方面的报道(Mew *et al*.,2001)。20世纪80年代以后,水稻品种遗传多样性的利用进入了实质性的研究阶段。

经过较长时期的探讨,自20世纪80年代以后,作物品种遗传多样性的方法开始进入商品农业实质性应用阶段(Mew *et al*.,2001)。多系品种已被用于防治咖啡、燕麦和小麦的锈病。而现在更强调品种混合的利用,在前东德从1981年开始利用大麦品种混合防治白粉病(*Erysiphe graminis*),到1990年发展面积大约300 000 hm²。相应白粉病的严重度从1980年的50%下降到1990年的10%。在美国俄勒冈(Oregon),到1998年秋,软白冬小麦播种面积的10%是品种混合,即32 000 hm²(Korn,1998);华盛顿州软白冬小麦播种面积的12.7%是品种混合,即96 000 hm²,该州棒状小麦的76%,即62 000 hm²播种多系品种Rely。近年在欧洲一些国家品种和种间混合也正获得广泛的推广。

水稻品种防治稻瘟病抗性遗传多样性的商业化利用自20世纪90年代以后起步。在日本,第一个命名为Sasanishiki BL的多系品种于1995年投放生产并用于稻瘟病防治,1996年获正式登记(Mew *et al*.,2001)。这个多系品种除轮回亲本Sasanishiki含*Pi-a*外,9个近等基因系(NIL s)含9个完全抗性基因(*Pi-i*,*Pi-k*,*Pi-k^s*,*Pi-k^m*,*Pi-z*,*Pi-ta*,*Pi-ta^2*,*Pi-z^t*,*Pi-b*),在9个完全抗性基因中,*Pi-k*基因几乎缺乏完全抗性的效果。1995年首先将8个近等基因系的3个品系(*Pi-i*,*Pi-k^m*,*Pi-z*)按4:3:3混合作一个多系品种利用,1996年改变比例为3:3:4;从1997年起,*Pi-z^t*品系加入上面的3个品系中,其基因型为*Pi-z^t*,*Pi-i*,*Pi-k^m*和*Pi-z*,它们按1:1:4:4混合作一个多系品种利用。这些多系品种自投放生产以后,整个水稻生长期只需防治穗瘟一次,而常规的水稻品种一般须防治4~5次。

1997年,在日本北部Miyagi地区,水稻多系品种的栽培面积达5 453 hm²。到2000年,日本选育了15个多系品种,已投放生产使用的有4个。

4.3.2 物种多样性种植控病模式构建原则方法及应用

4.3.2.1 物种多样性种植控病模式构建原则

1. 生态适应性原则

各种作物或品种均要求相应的生活环境。在复合群体中,作物间的相互关系极为复杂,为了发挥物种多样性控制病害种植模式复合群体内作物的互补作用,缓和其竞争矛盾,需要根据生态适应性来选择作物及其品种。生态适应性是生物对环境条件的适应能力,这是由生物的遗传性所决定的。如果生物对环境条件不能适应,它就不能生存下去。一个地区的环境条件是客观存在的,有些虽然可以人为地进行适当改造,但是,比较稳定的大范围的自然条件是不易改变的。因此,选择物种多样性控制病害种植模式的作物及其品种,首先要求它们对大范围的环境条件的适应性在共处期间大体相同,特别是生态类型区相差甚远而又对气候条件要求很严格的作物更是如此。东北的亚麻与南方的甘蔗,天南地北,对光热的适应性差异较大,不能种在一块。水浮莲、水花生和绿萍等离不开水的水生作物与芝麻和甘薯等怕淹忌涝的旱生作物,喜恶不一,对水分的适应性大不相同,也不能生长在一起。其他如对土壤质地要求不同的花生、沙打旺与旱稻,也不能构建物种多样性控制病害种植模式。而且,不同的作物,虽然有生长在一起的可能,但不一定就适合物种多样性控制病害种植模式。因为生态位不同的物种可以共存于同一生态系统内,但在生态位相似的各个种之间存在着剧烈的竞争。根据生态位完全相同的物种不能共存于一个生态系统内的高斯原理或竞争排除原理,合理地选择不同生态位的作物或人为提供不同生态位条件,是取得物种多样性控制病害种植模式全面增产的重要依据。也就是说,在生态适应性大同的前提下,还要生态适应性小异。譬如小麦与豌豆对于氮素,玉米与甘薯对于磷、钾肥,棉花与生姜对于光照以及玉米与麦冬等草药对于温湿度。在需要的程度上都不相同,它们种在一起趋利避害,各取所需,能够较充分地利用生态条件(卫丽等,2004)。

2. 特征特性对应互补原则

这是说所选择作物的形态特征和生育特性要相互适应,以有利于互补地利用环境。例如,植株高度要高低搭配,株型要紧凑与松散对应,叶子要大小尖圆互补,根系要深浅疏密结合,生长期要长短前后交错,农民群众形象地总结为"一高一矮,一胖一瘦,一圆一尖,一深一浅,一长一短,一早一晚"。物种多样性控制病害种植模式作物的特征特性对应,即生态位不同,它们才能充分利用空间和时间,利用光、热、水、肥、气等生态因素,增加生物产量和经济产量。植株的高矮搭配,使群体结构由单层变为多层,高位作物增加侧面受光,可更充分地利用自然资源。并且在带状间套作田间,高矮秆作物相间形成的"走廊",便于空气流通交换,调节田间温度和湿度。株型和叶子在空间的对应,主要是增加群体密度和叶面积。叶子大小和形状互补的应用,在混作和隔行间作的意义更大。根系深浅和疏密的结合,使土壤单位体积内的根量增多,提高作物对土壤水分和养料的吸收能力,促进生物产量增加,并且作物收获后,遗留给土壤较多的有机物质,改善土壤结构、理化性能和营养状况,对于作物的持续增产也有好处。根据江西省农业科学院提供的材料,大麦、小麦与豆类混作,根量分别增加 7.72% 和 34.7%。作物生长期的长短前后交错,不管是生长期靠前的和靠后的套作搭配,或是生长期长的和短的间作起来,都能充分利用时间,在一年时间里增加作物产量。小麦套种夏玉米或者夏棉,比夏后直播多利用 20 d 左右的时间。马铃薯或洋葱、绿豆,早种早熟,春棉或春玉米晚种晚收,它们间套起来,增收一季作物,也不太影响棉花和玉米中后期生长。

在品种选择上要注意互相适应、互相照顾,以进一步加强组配作物生态位的有利差异。间(混)作时,矮位作物光照条件差,发育延迟,要选择耐阴性强,适当早熟的品种。如玉米和大豆间、混作,大豆宜选用分枝少或不分枝的亚有限结荚习性的较早熟品种,与玉米的高度差要适宜。玉米要选择株型紧凑,不太高,叶片较窄、短,叶倾斜角大,最好果穗以上的叶片分布较稀疏、抗倒伏的品种。这样,有利于加强通风透光条件的改善,能够进一步削弱高矮作物之间对光和 CO_2 的竞争。

套作时两种作物既有共同生长的时期,又有单独生长的阶段,因此在品种选择上与间混作有相同的地方,也有不同之处,一方面要考虑尽量减少上茬同下茬之间的矛盾,另一方向还要尽可能发挥套种作物的增产作用,不影响其正常播种。为减少上茬作物对套种作物的遮阳程度和遮阳时间,有利于套种作物早播和正常生长,对上茬作物品种的要求与间作中对高秆作物的要求相同。如麦田套种,小麦应选用株矮、抗倒伏,叶片较窄短,较直立的早(中)熟品种。从麦田套种的下茬作物品种看,一般采用中熟或中晚熟的品种。在生产实践中,还要因地制宜,灵活运用。例如在肥力较低的土壤上小麦生长不良,套种可以提前,可将中熟品种改为晚熟的品种等。

在间套种一年多作多熟情况下,品种的选择更要瞻前顾后,统筹兼顾。如小麦套种玉米,玉米可选用中熟,甚至晚熟品种,但在麦收后,又要在玉米行间间作或套作蔬菜时,则要根据蔬菜与玉米是间作还是套作,间作的蔬菜耐阴程度如何等情况,最后决策玉米种是早熟的好还是晚熟的好? 混作时,复合群体中的作物,一般应选择成熟期一致的丰产品种(卫丽等,2004)。

3. 单、双子叶作物结合原则

如玉米、高粱、麦类与黄豆、花生、棉花、薯类等进行搭配,这样既可用地养地,又能因其根系深浅不一致而充分利用土壤各层次的各种营养物质,不会因某一元素奇缺造成生理病害的发生,同时还可提高单位面积的整体效益(卫丽等,2004)。

4. 习性互补原则

大田作物中有的作物喜光性强(如棉花、麦类、水稻),而有的作物喜欢阴凉(如生姜、毛芋);有的作物耐旱怕湿(如芝麻、棉花),有的作物又喜欢湿润的环境(如水稻、豆科、叶菜类),所以,应根据它们各自的特点特性,进行有意识的定向和针对性的集约栽培,这样就可达到各自的适应与满足,从而获得比单一种植更高产量和单位面积的总效益(卫丽等,2004)。

5. 生育期长、短互补原则

让主作物生育期长一点和副作物生育期短一点的进行搭配种植,这样互相影响小,能充分利用当地的有效无霜期而达到全年的高产丰收(卫丽等,2004)。

6. 趋利避害原则

在考虑根系分泌物时,要根据相关效应或异株克生原理,趋利避害。已查明,小麦与豌豆、马铃薯与大麦、大蒜与棉花之间的化学作用是无害(或有利)的,因此,这些作物可以搭配;相反,黑麦与小麦、大麻与大豆、荞麦与玉米间则存在不利影响,它们不能搭配在一起种植(卫丽等,2004)。

7. 病原不重叠原则

物种多样性控制病害种植模式的构建中,所选取的作物间尽量重叠病原少,甚至没有重叠病原,这样就不利于其各自病害的发生、发展和流行。

8. 经济效益高于单作原则

选择的作物是否合适,在增产的情况下,也得看其经济效益比单作是高还是低。一般说,经济效益高的组合才能在生产中大面积应用和推广。如我国当前种植面积较大的玉米间作大豆、麦棉套作和粮菜间作等。如果某种作物组合的经济效益较低,甚至还不如单作高,其面积就会逐渐减少,而被单作所代替。如保加利亚豌豆或糙豇豆与棉花间作完全符合"大同小异"

和"对应互补"的原则,在华北曾实行过一段时间,然而因产量低,产值不高,现在已不多见。大麦与扁豆混作,玉米与小豆混作,也是同样原因,现在也很少了。相反,有些作物间、混、套作起来,生长不好,但是,它们有较好的效益,人们也要求采取补救的措施安排种植。如麦棉套作应用育苗移栽和地膜覆盖,水旱间作实行高低畦整地等。这就是栽培植物群体和自然群落不同之处。自然植物群落,只有在生态条件适合的情况下,方可生存下去。如果有些植物不能适应生态条件的变化,它就会被自然淘汰,发生群落的演替。而栽培植物群体,要满足人们的需要,其存在和演替受人的支配(卫丽等,2004)。

以上八大原则,前七条属于自然规律,是基本的;后一条属于经济规律,往往是决定性的。在实际应用时,必须把它们看成一个整体全面考虑,综合运用。

4.3.2.2 物种多样性种植控病模式构建方法

在作物种类、品种确定后,合理的田间结构,是能否发挥复合群体充分利用自然资源的优势,解决作物之间一系列矛盾的关键。只有田间结构恰当,才能增加群体密度,又有较好的通风透光条件,发挥其他技术措施的作用。如果田间结构不合理,即使其他技术措施配合得再好,也往往不能解决作物之间争水、争肥,特别是争光的矛盾。

作物群体在田间的组合、空间分布及其相互关系构成作物的田间结构。物种多样性控制病害种植模式的田间结构是复合群体结构,既有垂直结构又有水平结构。垂直结构是群体在田间的垂直分布,是植物群落的成层现象在田间的表现,层次的多少与参与物种多样性控制病害种植模式的作物种类多少及作物、品种的选择密切有关。水平结构是作物群体在田间的横向排列,由于作物根系吸收一定范围内的水分、养料,且植株在田间的横向排列与田间垂直结构的形成密切有关,所以水平结构显得非常复杂和重要。这里着重说明间作、套作的水平结构的组成(卫丽等,2004)。

1. 确定密度

提高种植密度,增加叶面积指数和照光叶面积指数是间作、套作增产的中心环节。间作、套作时,一般高位作物在所种植的单位面积上的密度要高于单作,以充分利用改善了的通风透光条件,发挥密度的增产潜力,最大限度地提高产量。其增加的程度应视肥力情况、行数多少和株型的松散与紧凑而定。水肥条件好,密度可较大。

不耐荫的矮位作物由于光照条件差,水肥条件也较差,一般在所种植单位面积上的密度较单作时略低一些或与单作时相同。

生产中,为了达到高位作物的密植增产和发挥边行优势,并能增加副作物的种植密度、提高总产量,经验是:高位作物采用宽窄行、带状条播、宽行密株和一穴多株等种植形式,做到"挤中间,空两边",即以缩小高位作物的窄行距和株距(或较宽播幅)保证要求的密度,以发挥密度的增产效应;用大行距创造良好的通风透光条件,充分发挥高位作物的边行优势,并减少矮位作物的边行劣势。

生产运用中,各种作物密度还要结合生产的目的、土壤肥力等条件具体考虑。当作物有主次之分时,一般是主作物(高位作物或矮位作物)的密度和田间结构不变,以基本上不影响主作物的产量为原则;副作物的多少根据水肥条件而定,水肥条件好,可多一些,反之,就少一些。从土壤肥力看,如甘肃等地小麦、扁豆或大麦、豌豆混作,水肥条件较好的地上,小麦、大麦比例较大;相反,扁豆或豌豆比例加大。

套作时,各种作物的密度与单作时相同。当上、下茬作物有主次之分时,要保证主要作物的密度与单作时相同,或占有足够的播种面积。

间套种情况下,各种作物的密度都要统一考虑,全面安排。既要提高全年全田的种植总密度,又要协调各种作物之间利用生态因素的矛盾。

2. 确定行数、株行距的幅宽

一般间套作作物的行数可用行比来表示,即各作物行数的实际数相比,如 2 行玉米间作 2 行人豆,其行比为 2∶2,6 行小麦与 2 行棉花套作,其行比为 6∶2。行距和株距实际上也是密度问题,配合的好坏,对于各作物的产量和品质关系有影响。

间作作物的行数,要根据计划作物产量(需有一定的播种面积予以保证)和边际效应来确定,一般高位作物不可多于而矮位作物不可少于边际效应所影响行数的 2 倍。如据调查,棉花与甘薯相邻,棉花边行优势可达 4 行,边 1~4 行分别比 5~10 行平均单株铃数依次增加67.6%、22.6%、10.64% 和 10.71%,4 行以后结铃虽有多少之分,但相差不大。甘薯的边行劣势可达 3 行,边 1~3 行分别比 4~10 行平均单株产量依次减产 34.05%、10.81% 和 0.65%。麦棉套作中小麦在行距 16.7~22.3 cm 的情况下,小麦边行优势也达 3 行。这样,间作时,棉花的行数最多可达 8 行,小麦可达 6 行,行数愈少,边行优势愈显著;甘薯的行数要在 6 行以上,愈多减产愈轻。这个原则在实际运用时,可根据具体情况相应增减。另外,据沈阳农学院调查,当玉米与矮位作物间作时,为充分发挥玉米的边行优势,矮位作物行所占的地面总宽度,基本上等于玉米的株高,效果最好。

矮位作物的行数,还与作物的耐阴程度、主次地位有关。耐阴性强的,行数可少;耐阴性差时,行数宜多些。矮位作物为主要作物时,行数宜较多;为次要作物时,行数可少。如玉米与大豆间作,大豆较耐阴,配置 2~3 行,可获得一定产量。但在以大豆为主的情况下,行数则可增加到 10 行以上,这样有利于保证大豆获得较高产量。

套作时,如何确定上、下茬作物的行数仍与作物的主次密切有关。如小麦套种棉花方式,以春棉为主时,应按棉花丰产要求,确定平均行距、插入小麦;以小麦为主兼顾夏棉时,小麦应按丰产需要正常播种,麦收前晚套夏棉。

幅宽是指间套作中每种作物的两个边行相距的宽度。在混作和隔行间套作的情况下无所谓幅宽,只有带状间套作,作物成带种植才有幅宽可言。幅宽一般与作物行数成正相相关关系。高位作物带内的行距一般都比单作时窄,所以在与单作相同行数情况下,幅宽要小于相同行数行距的总和。矮位作的行数较少,如 2~3 行情况下,矮位作物带内的行距宜小于单作的行距,即幅度较小,密度可通过缩小株距加以保证,这样的好处是可以加高位作物的间距,减轻边行劣势。

间套复时,各季作物行数的确定,需前后左右统筹安排,结合各方面的有关因素确定。生产中运用时,复合群体中各种作物行数、行距的确定,还需尽量结合与现代化条件配合起来。

3. 确定间距

间距是相邻两作物边行的距离的地方,这里是间套作中作物边行争夺生活条件最大地方;间距过大,减少作物行数,浪费土地;过小,则加剧作物间矛盾。在水肥条件不足的情况下,两边行矛盾激化,甚至达到你死我活的地步。在光照条件差或都达到旺盛生长期的时候,互相争光,严重影响处于矮位的作物生长发育和产量。

各种组合的间距,在生产中一般都容易过小,很少过大。在充分利用土地的前提下,主要照顾到矮位作物,以不过多影响其生长发育为原则。具体确定间距时,一般可根据两个作物行距一半之和进行调整。在水肥和光照充足的情况下,可适当窄些。相反,在差的情况下可宽些,以保证作物的正常生长。

4. 确定带宽

带宽是间套作的各种作物顺序种植一遍所占地面的宽度。它包括各个作物的幅宽和行距距。以 W 表示带宽,S 表示行距,N 表示行数,n 表示作物数目,D 表示间距,即:

$$W = \sum_{i=1}^{n} \left[S_i (N_i - 1) + D_i \right]$$

带宽是间套作的基本单元,一方面各种作物行数、行距、幅宽和间距决定带宽,另一方面上式各项又都是在带宽以内进行调整,彼此互相制约。

各种类型的间套作,在不同条件下,都要有一个相对适宜的带宽,以更好地发挥其增产作用。安排得过窄,间套作作物互相影响,特别是造成矮秆作物减产;安排得过宽,减少了高秆作物的边行,增产不明显,或矮秆作物过多往往又影响总产。间套作物的带宽适宜与否,由多种因素决定。一般可根据作物品种、土壤肥力以及农机具进行调整。高秆作物占种植计划的比例大而矮秆作物又不耐阴,两者都需要大的幅宽时,采用宽带种植。高秆作物比例小且矮秆作物又耐阴可以窄带种植。株型高大的作物品种或肥力高的土地,行距和间距都大,带宽要加宽;反之,缩小。此外,机械化程度高的地区一般采用宽带状间套作。中型农机具作业,带宽要宽,小型农机具作业可窄些。

5. 适时播种,保证全苗

间套作的播种时期与单作相比具有特殊意义,它不仅影响到一种作物,而且会影响到复合群体内的他种作物。套作时期是套种成败的关键之一。套种过早或前一作物迟播晚熟,延长了共处期,抑制后一作物苗期生长;套种过晚,增产效果不明显,因此要着重掌握适宜的套种时期。间作时,更需要考虑到不同间作作物的适宜播种期,以减少彼此的竞争,并尽量照顾到它们的各生长阶段都能处在适宜的时期。混作时,一般要考虑混作作物播种期和收获期的一致性。

间套作的秋播作物的播种比单作要求更加严格,因为在苗期要经过严寒的冬天,不能过早也不能过晚。在前作成熟过晚的情况下,要采取促进早熟的措施,不得已晚播时,要加强冬前管理,保全苗、促壮苗。春播作物一般在冬闲地上播种,除了保证直接播种质量外,为了全苗和提早成熟可采用育苗移栽或地膜覆盖栽培。育苗移栽可以调整作物生长时间,培育壮苗,并缩短间套作物的共处期,保证全苗。地膜覆盖能够提高地温,保蓄水分,对于壮苗早发有着良好的作用。夏播作物生长期短,播种期愈早愈好,并且注意保持土壤墒情,防治地下害虫,以保证间套作物的全苗。

6. 加强水肥管理

间(混)、套作的作物由于竞争,需要加强管理,促进生长发育。在间(混)作的田间,因为增加了植株密度,容易感到水肥不足,应加强追肥和灌水,强调按株数确定施肥量,避免按占有土地面积确定施肥量。为了解决共处作物需水肥的矛盾,可采用高低畦、打畦埂、挖丰产沟等便于分别管理的方法。在套作田里;矮位作物受到抑制,生长弱,发育迟,容易形成弱苗或缺苗断垄。为了全苗壮苗,要在套播之前施用基肥,播种时施用种肥,在共处期间做到"五早",即早间苗,早补苗,早中耕除草,早追肥,早治虫。并注意土壤水分的管理,排渍或灌水。一旦前作物收获后;及早进行田间管理,水肥猛促,以补足其处期间所受亏损。

7. 综合防治病虫害

间(混)、套作可以减少一些病虫害,也可以增添或加重某些病虫害,对所发生的病虫害,要对症下药,认真防治,特别要注意防重于治,不然病虫害的发生会比单作田更加严重。在用药上要选好农药,科学用药,特别是间套供直接食用的瓜、菜类作物等,用药要高度慎重,应选用高效低毒低残留农药。对于虫害,除物理和化学方法外,要注意运用群落规律,利用植物诱集、繁衍天敌,达到以虫治虫,进行生物防治,收到事半功倍的效果。例如,麦、油、棉间套作,蚜虫的天敌,早春先以油菜上的蚜虫为食繁殖,油菜收获后,天敌转移到麦田,控制麦蚜危害,小麦收获后,全部迁移到棉田,这样在小生物圈内,实现了良性循环。对于病害,注意选用共同病害少的或兼抗的品种,特别要强调轮作防病,以达经济有效。

8. 早熟早收

为了削弱复合群体内作物间的竞争关系,促进各季作物早熟、早收,特别是对高秆作物,是不容忽视的措施。在间套复多作多熟情况下,更应给予注意。促早熟,除化控以外,如玉米在腊熟期提早割收,堆放后熟。改收老玉米为青玉米,改收大豆为青毛豆也不失之为一种有效方法。

4.3.2.3 物种多样性种植控病模式应用

1. 玉米马铃薯多样性优化种植控病增产技术

(1)主要技术内容。

品种选择:玉米选择株型紧凑、双穗率高、株高中等的大穗型品种。马铃薯选择株型紧凑、耐阴性强,适销对路的品种。

种植节令:可采用先播种马铃薯后播种玉米和先播种玉米后播种马铃薯两种方式。先播种马铃薯最佳节令在2月25日至3月5日,后播种马铃薯在8月1日至8月10日,玉米播种按正常节令进行,为4月25日至5月10日。

种植方式:马铃薯与玉米种植方式为"四套四"或"二套二"模式,马铃薯种植规格:行株距为0.6 m×0.25 m;玉米规格为0.4 m×0.2 m。

田间管理:①肥水管理:每亩施用腐熟的优质农家肥2 000 kg,复混肥(N、P、K比例为10∶10∶10)80～100 kg。②中耕管理:马铃薯出苗一个月左右第一次中耕、培土,间隔一个月后,马铃薯团棵期进行第二次中耕、培土。适时收获:马铃薯叶片脱落、茎干开始枯死时,选择晴天及时进行收获。

(2)技术特点及应用效果。"天拉长","地变宽",应用效果显著。马铃薯提前常规播种50 d左右,2月下旬播种,7月上旬收获;马铃薯推后常规播种60 d左右,8月上旬播种,10月下旬收获。马铃薯播种提前和推后避开了云南雨季高峰期段,使马铃薯晚疫病发病高峰期与雨季高峰期错位,有效减少晚疫病危害,增加产量。玉米套种的马铃薯收获后,玉米行距变宽,增加了玉米的通风透光,降低了田间湿度和结露面积,减少了玉米病害的流行危害,增加产量。结果表明:2005年以来,玉米马铃薯优化种植百亩超吨粮,即玉米产量700 kg/亩,马铃薯产量1 500 kg/亩,折合粮食300 kg/亩,两者产量同一生长季节实现吨粮。千亩面积900 kg/亩,玉米600 kg/亩,马铃薯1 500 kg/亩;万亩面积800 kg/亩,玉米550 kg/亩,马铃薯1 250 kg/亩。避开马铃薯晚疫病危害,降低有效发病率50%以上,降低病情指数61.3%。减少玉米大小斑病危害,降低发病率43.7%,降低病情指数37.5%,减少农药使用量78.2%。

2. 烤烟玉米(马铃薯)时空优化种植控病增产技术

(1)主要技术内容。烟后种植玉米技术规程和标准:玉米品种选用耐病、早熟、高产品种。播种时间在烤烟下二棚烟叶采完播种(7月中旬)或育苗移栽,保证玉米在10月中旬安全抽穗结实。

种植规格:单行种植,即每个烟墒种植一行玉米。玉米行距1.2 m,株距30 cm,每穴播2粒种子,每亩烟地可种植3 500~3 700株玉米。双行种植即在烟墒两边种植玉米。玉米行距60 cm,株距40 cm,每穴播2粒种子,每亩烟地可种植4 000~4 500株。

肥水管理:在烤烟最后一次采烤前每亩用尿素5 kg兑水300 kg进行灌根提苗;烤烟叶片采收完后,及时去除烟秆,结合中耕培土每亩施尿素20~25 kg。

病虫害防治:注意防治小地老虎和蝼蛄及玉米螟。

烟后种植马铃薯技术规程和标准:马铃薯品种选用早熟丰产、株型紧凑、抗病耐寒的马铃薯品种。用大小适中已通过休眠的小整薯作种。种薯处理用40%福尔马林液1份加水200倍,喷洒种薯表面进行消毒;或浸种5 min后,用薄膜覆盖闷种2 h,薄摊晾干。播种时间为烤烟采摘到上二棚烟叶时播种(8月上旬)。种植规格是在烟墒垄面两侧双行种植,株距30 cm。肥水管理为苗齐后及时追肥,后期如有脱肥,可用磷酸二氢钾(1%)的溶液根外追肥。适时收获,大部分茎叶转为枯黄时,择晴天收获。

(2)特点及应用效果。变革了耕作制度,充分发挥烟田土壤、雨水和热量资源条件,变一年两熟为三熟,多增加一季粮食产量,提高土地利用率84%。玉米(马铃薯)晚播使病害发生高峰期和降雨高峰期错位,降低病害发生流行,减少化学农药使用量。多年试验结果表明:烟后优化种植玉米百亩面积多增加产量450 kg/亩,千亩面积增加产量400 kg/亩,万亩面积增加产量300 kg/亩。晚播避开雨水高峰,降低马铃薯晚疫病有效发病率30%以上,降低病情指数27.3%。减少玉米大小斑病危害,降低发病率38.7%,降低病情指数26.5%,减少农药使用量64.2%。

3. 蔗前玉米(马铃薯)时空优化种植原理与方法

(1)主要技术内容。蔗前玉米种植技术规程:玉米品种选早熟、矮秆、株型紧凑类型(如耕源早1号、寻单7号、会单4号等)或地方早熟甜、糯玉米;甘蔗品种选用当地主推良种。播种时期,冬植蔗11月初至翌年1月底下种,春植蔗2月初至3月底下种,然后播种玉米。种植规格,一般采用"隔二间一"种植方式。甘蔗行距90 cm,每亩下种10 000芽左右,最终亩有效茎5 500~6 000条;玉米窝距35~40 cm,每窝2株,保证玉米每亩1 800~2 200株。田间管理,肥水管理和病虫防治按甘蔗和玉米的常规高产措施进行。收获管理,甘蔗和玉米的共生期不宜超过100 d。玉米应在甘蔗封行以前收获,然后进行甘蔗追肥培土。

蔗前马铃薯种植技术规程:马铃薯品种选用会-2、米拉、大西洋等;甘蔗品种选用当地主推良种。马铃薯播种时期12月至次年1月。马铃薯每亩用种量60~70 kg,塘距20~25 cm;马铃薯下种时预留甘蔗行距90~100 cm,甘蔗每亩下种8 000~10 000芽,最终亩有效茎5 000~6 000条。肥水管理和病虫防治按马铃薯和甘蔗的常规高产措施进行。马铃薯在次年4~5月收获,然后进行甘蔗追肥培土。

(2)特点及应用效果。变革了耕作制度,充分发挥甘蔗前期蔗田热量资源条件,变一年一熟为两熟,多增加一季粮食产量,提高土地利用率63%。玉米(马铃薯)早播避开病虫害发生高峰期和降雨高峰期重叠期,降低病虫害发生流行。甘蔗与玉米混种,混淆了玉米螟对寄主品种的识别,有效地控制了玉米螟的流行危害,减少化学农药使用量。多年试验示范结果表明:蔗前优化种植玉米百亩面积可增加产量 300 kg/亩,千亩面积增加产量 250 kg/亩,万亩面积增加产量 200 kg/亩。马铃薯百亩面积可增加产量 1 200 kg/亩,千亩面积增加产量1 000 kg/亩,万亩面积增加产量 800 kg/亩。早播避开雨水高峰,降低马铃薯晚疫病发病率70%以上,降低病情指数 58.1%。减少玉米大小斑病危害,降低发病率 68.7%,降低病情指数46.2%,减少农药使用量 78.2%。

4.3.3 生态系统多样性种植控病模式构建原则方法及应用

农业生态系统多样性模式是农业生态学研究的重要内容。是在生态学原理的指导下,应用生态系统方法,不断优化农业生态结构,完善农业系统功能,使发展生产与合理高效利用资源相结合,追求经济效益与保护生态环境相结合的整体协调、持续发展、良性循环的农业生产体系。一个成功的农业生态系统模式,可以为区域农业的开发指明发展方向和途径,提供一种可供模仿与借鉴的成功经验(刘玉振,2007)。

4.3.3.1 生态系统多样性种植控病模式构建原则

生态系统多样性控制病害种植模式的构建是以动物养殖、植物种植、产品加工为核心,运用先进科技紧贴市场需求,围绕生态环保,将农、林、牧、副、渔等范畴中各层次、各环节,在产前精心统筹规划,产中科学指导,产后产品规模销售等活动有机融合在一起而形成的超大农业产业化的营销系统。

复合农业生态系统是由一定农业地域内相互作用的生物因素和社会、经济和自然环境等非生物因素构成的功能整体,人类生产活动干预下形成的人工生态系统。根据自然生态系统的运行规律,通过政策调控,扶持和发展符合人类需要的动物和植物,并积极开发防治虫害、病菌、杂草等技术,使农业生态在一个充满生机和活力的动态系统中实现可持续发展。因此,它具有很强的社会性,受社会经济条件、社会制度、经济体制及科学技术发展水平等因素的影响,并为人类社会提供大量生产和生活资料。在结构上,复合农业生态系统是由农业环境因素、生产者、消费者、分解者四大部分构成,各组成部分间通过物质循环和能量转化而密切联系,相互作用、相互依存、互为条件。这种动态结构在社会因素的干预下加入了选择和筛选及综合培植,相对于自然生态系统来说具有明显的高产性,能发挥更大的作用。

复合生态农业系统典型的社会性和人为性使它呈现出较强的波动性。只有符合人类经济发展要求的生物学性状,诸如高产性、优质性等被保留和发展,并只能在特定的环境条件和管理措施下才能得到表现。一旦环境条件发生剧烈变化,或管理措施不能及时得到满足,它们的生长发育就会受到影响,导致产量和品质下降。基于我国目前的农业状况,在培育和发展复合生态农业系统时必须严格遵循农业系统的生态可持续性,积极探索农业循环经济的新途径。这就要求在农业现代化生产中认真贯彻科学发展观的基本原则,把农业发展放在整个社会和谐发展的大框架中,关注农业与社会其他领域的契合与贯通,让复合农业生态系统为和谐社会的构建发挥更大的基础性作用。

辽宁省推广的"四位一体"农村能源生态模式就是实施复合农业生态系统的典型。"四位一体"农村能源生态模式以庭院为基础,以太阳能为动力,把沼气技术、种植技术和养殖技术有机结合起来,沼气池、猪舍、厕所、日光温室四者相辅相成、相得益彰,形成一个高效、节能的生态系统。其结构大体是:一个日光温室内由一堵内墙隔成两个部分,一部分建猪舍和厕所,另一部分用于作物栽培,且内墙上有 2 个换气孔,使动物放出的二氧化碳气体和作物(蔬菜)光合作用释放的氧气互换。而一个位于地下的圆柱体的沼气池起着联结养殖与种植、生产与生活用能的纽带作用。当猪舍和厕所排放的粪便进入沼气池后,借助温室气温较高的有利条件,池内开始进行厌氧发酵,便产生出以甲烷为主要成分的沼气。沼气可用于生活(照明、炊事)和生产。发酵后沼气池内的沼液和沼渣是农作物栽培的优质有机肥。这样,"四位一体"农村能源生态模式实现了产气与积肥同步、种植与养殖并举的环保型生产机制,将畜禽舍、厕所、沼气池、日光温室融为一体,使栽培技术、高效饲养技术、厌氧发酵技术、太阳能高效利用技术在日光温室内实现有机结合,实现了低能耗、高产出。此外,全国各省都不同程度地展开了适合自身资源特点的农业生态系统模式的培育工作,取得了良好的收效。

由于区域资源与环境条件的千差万别,社会经济发展水平也各不相同,农业生态模式也必然具有多样性和复杂性。但不管怎样,农业生态模式构建必须遵循一些基本的标准和要求(章家恩和骆世明,2000;崔兆杰等,2006)。一般来说,农业生态系统模式构建必须遵循以下主要原则(刘玉振,2007)。

1. 区域适宜性原则

农业生态系统模式是区域环境的一个有机统一体。任何一种模式总是与一定的区域环境背景、资源条件和社会经济状况相联系的。不同地区的气候类型多样,自然条件迥异,社会经济基础和人文背景也存在差异,在模式选择上应注意因地制宜。因此,所构建的生态农业模式应当能够适应当地自然、社会、经济条件的变化,克服影响其发展的障碍因素,并具有一定的自我调控功能,可以充分利用当地资源,发挥最佳生产效率。任何脱离实际的农业生态模式,都是没有生命力的。区域适宜性原则要求我们在进行农业生态系统模式构建过程中,要尽量做到按照本地域资源环境的特殊性、社会经济条件的可能性、生产技术的可行性,分清主次,寻求达到资源优化配置的农业生态模式和具体实施途径(章家恩和骆世明,2000)。对于现有较差生态农业模式,一方面要改变其结构使之与环境相适应,另一方面,要改善和恢复环境条件,使之有利于生产模式的实施。另外,在学习和引进其他地区的模式时,不能盲目地照抄照搬,而要在试验的基础上不断消化吸收,并进行适当改进,以获取适应本地区的优化模式。如在生态脆弱、危急区,应以生态系统恢复重建为重点,以生态效益为主导发展农业;而在生态适宜区,应以经济效益为主发展农业生产,兼顾生态环境建设。

从时间序列上说,要求在农业生态系统模式开发过程中,要从资源环境条件、社会经济与市场三维角度出发,审视自己的资源优势和开发条件,确定应遵循的开发类型模式,制定相应的开发战略。可以开发的及时开发,目前不可开发的等待时机成熟时再开发,在开发过程中要把握好产业项目的开发时序,不要一哄而上。

2. 整体性与实用性原则

整体性原则是要求在构建模式时,应以大农业最优化为目的,立足系统整体性,重视系统内外各组分相互联系和相互作用,保持生态农业系统内部生产—经济—技术—生态各子系统之间的动态协调,使各子系统合理组配,有序发展(崔兆杰等,2006)。

实用性原则是易被忽视却十分重要的基本原则。我国由发展传统农业、"石油农业"转而发展生态农业,无论是思想认识,还是具体做法,都需要一个转变过程。有些人在进行模式构建时,奉行本本主义,从理论到理论,脱离实际、脱离实践(章家恩和骆世明,2000)。由于过分考虑物质和能量的充分利用,使得模式过于复杂的倾向较为普遍。虽然有些构建出来的模式从理论上讲,结构优化,功能精巧,生态上好像是合理,但是往往忽视了农业生产的主体－农民自身的文化知识水平、风俗习惯(特别是饮食习惯、种植习惯、宗教信仰等)以及人力、物力、财力等因素的限制,结果构建出来的模式很难被农民接受,也很难具体实施,因可操作性差,结果被农民淘汰。

在生态农业模式构建中,要注意模式内部的循环层次,随着循环层次的增加,其所截取的能量将与投入的辅助能相抵或呈负效应。因此,在模式构建时,一般应从综合效益的角度决定循环层次的多少。不仅要考虑到模式对自然－社会－经济条件的适应性,而且还要考虑到模式对人(农民群体)的适宜性。也就是说,一定从实际出发,构建出既切合实际,又适合农民的简便、实用、先进、成熟的农业生态系统模式。

3. 市场与循环经济导向原则

市场与经济是引导农业发展的两大动力。效益最大化不仅充分体现了局部与整体、现在与未来、效益与效率、生存与发展、自然与社会以及政府、企业、个人行为间复杂的生态冲突关系,而且对于协调人、自然、社会之间的关系有着很重要的作用。从经济学意义上说,作为"理性人"的农民和地方政府,总是以追求经济利益最大化为目的,因而肯于承担用于技术投入的成本,所以必须以市场需求为导向,适时确立农业发展模式。脱离经济发展与市场需求的农业生态系统模式是没有活力、没有前途的模式。因为农产品只有通过市场交换,才能实现其价值,才能获得经济效益。然而市场变化具有很大的不确定性和风险性,所以在进行模式构建时,必须遵循市场经济规律,加强市场预测,在品种选择、资源配置上尽量以市场为导向,建立以短养长、长短结合、优势互补的多样化农业生态系统模式。同时要求以循环经济建设为导向,把清洁生产、资源综合利用、可再生能源开发、生态设计和生态消费等融为一体进行模式构建,要求构建出的模式要有一定弹性和应变性,切忌模式的单一化。

4. 可持续性原则

可持续性原则是模式构建中的一个基本原则。持续性原则要求人类发展必须实现生态效益、经济效益和社会效益三者完美的统一。也就是说,在追求经济效益和社会效益的同时,必须保护环境,增大环境容量,而且要保持适宜的经济发展速度,以保证人类向自然获取的物质与能量的总量不超过资源与环境的承载能力,对资源损耗速度不超过资源的更新速度,人类的干扰强度不能超过环境的自我维持与恢复能力。农业经营方式是导致其生态环境恶化的诱发原因,而恶化的生态环境反过来又能够制约农业的持续发展。开封市是以农业为主进行开发的区域,如果农业效益不能提高,那么实现农民增收、农村富裕和农民经济实力增强等都将是一句空话。因此,在选择农业生产模式时,把农业发展的目标确定为追求生态效益、经济效益和社会效益的综合效益,以提高农业生态效益为前提,以达到农业发展与生态环境改善为目标。依据生态学、经济学和系统科学原理,通过协调区域农业相关的资源、环境和社会、经济等不同子系统之间的关系,促进各子系统之间物质、能量的良性循环,并把生物工程措施与农艺措施结合起来,多方并用,配套实施,以实现系统功能最大化。只有这样,才能实现农业的可持续发展。因此,在农业生态系统模式构建过程中也必须遵循可持续性原则。

5. 科学性原则

科学性原则是模式构建的基本要求。农业生态系统模式不是靠经验的简单组装与拼凑,也不是对现有模式的修修补补,而是建立在科学基础之上。一个优化的农业生态系统模式必须遵循系统学原则、生态学原则、环境学原则、经济学原则以及理论联系实际原则。模式的科学构建要求对研究对象进行深入细致的调查研究与试验工作,以获取准确的基础数据与技术参数,采用定性与定量相结合的方法对模式的各个环节进行系统模拟、正确分析、综合评价与规划选优。

理想的农业景观生态系统既可满足人类的基本需求,又能维持环境的持续稳定性(动态),即实现人类生态整体性,并将长期维持这种人地和谐关系。这才是区域农业持续性的最终目标。农业景观生态系统的具体目标同样可归结为生态、经济和社会三个方面,主要包括:农民有适当的经济收入、自然资源的永续利用、最小的环境负效冲击、较小的非农产品投入、人类对食物和其他产出需求的满足、理想的农村社会环境等。按景观生态学原理,要达到上述目标,不仅需要配置合理的景观结构,还要畅通完善的物能循环。合理的景观结构有必要具备多样性、异质性及与自然基底匹配等特点,而畅通完善的物能循环主要体现于景观单元间的相互关联。

6. 循环利用原则

生态农业本身是包含着农、林、牧、渔和农产品加工业的综合性大农业。要提高资源的利用效益就必须对自然资源进行综合的利用。传统农业之所以效益低下,关键就在于没有对自然资源进行综合利用。因此,在农业生态系统的建设中,必须依据当地的资源和经济条件,调整生产结构,把农、林、牧、副、渔等各子部门依据生态系统物质循环的原理巧妙地联系起来,使某一部门所产生的副产品和废弃物能为另一部门有效地利用,从而尽可能地减少废物的排放,最大限度地提高光合作用的利用效率。

此外,在进行生态农业建设时,还要注意区域农业生态系统的稳定性和规模适度原则。生态农业本身是包含着农、林、牧、渔和农产品加工业的综合性大农业,因此生态农业模式的构建应在增加产出的同时注意保护资源的再生能力,将资源开发、利用和保护相结合,提倡保护性开发。重视农业生态、经济组分的多样性,力求系统生产能力最大,系统结构最稳定。一般所构建模式的规模不宜太大,规模适度,可以使土地获得较高的利用率。

4.3.3.2　生态系统多样性种植控病模式构建方法

农业生态系统是由农业生态、农业经济、农业技术三个子系统相互联系、相互作用形成的复合系统,受自然—社会—经济—技术共同作用,由多层次、多要素、多因子、多变量相互作用相互联系而构成的,涉及的因素很多。所以生态农业模式的构建是一个系统性工程,必须从系统的角度出发,进行全面规划,科学设计,使得所构建模式能够高度稳定并且协调发展(章家恩和骆世明,2000;崔兆杰等,2006)。

1. 系统环境辨识与诊断

系统环境辨识是从系统与环境的整体出发,认识环境与系统的关系,揭示环境系统的构成及其内在运行规律与变化发展趋势,为系统设计提供科学依据。其任务是明确所设计的对象是什么系统,确定系统级别,弄清设计基本目标,并划清系统边界和设计时限。

系统诊断是指查明系统现实状态与功能和理想状态与功能之间的差距及原因,以及系统发展的优势,提出要解决的关键问题和问题的范围,并初步提出系统发展的目标。一方面是考察、收集、整理与对象系统有关的资料和数据;另一方面是分析与评价系统的组成、结构、功能等,作为系统综合分析的依据。

2. 系统综合分析与方案设计

系统综合分析是指通过将获得的对象系统信息和资料进行综合加工,确定系统设计的优劣势条件和突破口,为完成系统设计方案提供理论支撑。

方案设计是模式构建的核心任务,是在系统综合分析的基础上,提出使原有系统结构优化、功能提升的一种或者几种方案。包括农业生态系统动态变化的模型分析和预测、设计目标的分析与指标,产业结构、时空结构、食物链结构、环境与生态形象等确定,主要设计内容和设计方法的选择,进而设计出实现目标指标的各种方案。

3. 系统评价与优选

系统评价和选优是在前者的基础上,在各可控因素允许变动范围内对所设计的各种方案的生态合理性、经济可行性、技术可操作性和社会可接受性进行综合评价和比较分析,从中选择最佳实施方案,以供决策者或生产者参考使用。

4. 方案实施与反馈

方案实施与反馈是把入选方案付诸实践并进行动态监测,不断反馈信息,并逐步修改设计误差,从而进一步优化原有的设计方案的过程。生态农业模式构建方案的实施是一项十分复杂的任务,农业系统内、外部条件在不断变化,生产实践中也会不断出现新情况、新问题,因此要时刻关注系统运行中出现的问题,采取适当的控制和补救措施,以保证系统按预期目标发展。

随着社会经济的发展,农业的产业化特征日益凸显。因此,对农业生态系统模式的构建不应仅局限在农业生产部门内,而应对产前、产中、产后进行全程构建,以优化产业结构,完善农业生态模式的功能。

4.3.3.3 生态系统多样性种植控病模式应用

云南省永胜县位于滇西北,干热区主要包括涛源、太极、片角、期纳、程海、仁和 6 个乡镇,总面积 2 007 km²,属金沙江水系低热流域。该区主要地貌类型为金沙江河谷阶地、断陷盆地(坝子)、中低山地和湖泊,海拔高度 1 063~1 560 m 为农耕区(以干热河谷、坝子为主),年均气温为 18.6~20.6 ℃,年降雨量 550.6~800 mm,农作物以稻谷、玉米、蚕豆和小麦为主,1 年两熟至三熟,经济作物以甘蔗、烤烟和冬早蔬菜等为主,经济林果有龙眼和荔枝等。海拔高度 1 560 m 以上为林牧区,气候以中凉和中热型为主,农作物以玉米、水稻、蚕豆、小麦和洋芋为主,经济作物有油料、花生和大麻等。干热区光照足、热量高,冬季气温较暖,春季气温回升快,夏秋季雨热同季,但整体干热区属少雨区范围,其特点是降雨少、蒸发量大,旱季长、气候干燥是制约该区农业生产的主要因素。从景观规划理论而言该区资源、景观跨度大且变化多,经济和生态功能丰富多样,其学术研究和实际应用价值较高。

1. 农业景观生态规划目标

金沙江干热区自然生态条件差异很大,旱坪和坝区是全县光热条件最好、生产潜力最大的农业区,已开发利用土地面积仅占该区可开发利用土地资源的 29%,尚未得到很好开发利用。而中低山地、干热河谷等区域生态承载力相对较小,面临日益严重的人口压力、生态退化和经济贫困,规划时应以生态功能恢复和保护为主。如程海是云南高原八大湖泊之一,水质特殊,对调剂永胜县区域小气候和保持生态平衡极为重要,可增加周围坝子湿润度而形成局部半湿润生态环境,程海湖区光、热、土地和生物资源丰富,具有农、林、牧、渔、藻适生并存特点,综合开发价值与潜力很大。但程海也面临生态失调的问题,即蒸发量大于来水量,水位不断下降。

该区农业景观生态规划需进行环境调控工程建设,建成以粮、经、渔、藻为主的干热河谷湖盆生态农业,逐步恢复和增强农业景观生物生产、经济发展、生态平衡和社会持续 4 大功能,进一步开发利用干热区光热、土地资源,治理、恢复程海蓄水量和生态环境,建立合理的生态—经济循环;通过调整土地利用空间,减轻中低山和峡谷地区的生态压力,逐步建立空间合理的生态经济系统。

2. 干热区农业景观区划

该区域可分为河谷阶地、断陷盆地/坝子、中低山地和湖泊 4 个分区,具有差异明显的景观生态特征。干热河谷阶地主要位于金沙江及其一级支流分布的海拔高度 700～2 000 m 低中山峡谷地段,主要气候特征是高温、干旱和少雨,土壤极易遭侵蚀,而植被破坏使土壤加速侵蚀,加剧了生态环境的破坏。从海拔高度和生态类型可将河谷阶地分为海拔高度 700～1 000 m 极端干热的狭窄河谷底部和海拔高度 1 000～1 500 m 干热旱坪,前者主要景观由原生硬叶常绿阔叶林演替为次生灌丛景观,而旱坪光、热条件优越,是干热区重要农、经作物产区,但不能保证灌溉,农业生产潜力开发受到极大限制。断陷盆地(坝子)海拔高度 1 200～1 600 m,地势平缓,水热条件好,土层深厚而肥沃,耕作历史悠久,坝区水田分布较多,多呈长方形且形状较规则,盆地边缘山地有水田分布形成梯田景观,绕山体呈半环状,是干热区主要人类居住地。中低山地主要位于海拔高度 1 500 m 以上,其中海拔高度 1 500～2 000 m 山地主要为干热植被所覆盖,海拔高度 1 500～1 760 m 为旱作农耕地带,海拔高度 2 000 m 以上为常绿阔叶林和松林,中低山地海拔相对高差和地形坡度较大,蓄水条件差,气温较低且垂直差异较大,耕地少且基本为旱地和坡耕地景观,为该县主要林区和牧区。由于频繁的人类干扰使中低山地生态恶化,人畜饮水困难,林、牧业优势难以发挥。

3. 选择持续农业技术体系

持续农业的基本目标是生物物质的产出,而多样化选择生态、经济合适的生物品种,且空间和时间适当匹配,是保证农业经济-生态功能的基础。该区应首先遵照多样化原则和市场原则选择最佳适生生物品种,然后进行生物种群匹配和群落空间安排,采用环境调控技术充分利用干热区江、河、湖水资源,合理布局引水、蓄水和提水工程,如提水站、电灌站、输水渠、水库和坝等。在坝区等水分条件较好地方建立稻-鱼生态系统可大幅提高单位土地经济产出,在适合中低山地以及气温适宜干热河谷旱作玉米间作套种豆类和薯类等作物,可进一步提高光能利用率和土地产出率,并可种植小春喜凉作物如小麦和蚕豆。干热区经济作物主要有烤烟、香料烟、甘蔗和棉花等,若能解决水分灌溉,可在旱坪规划发展与市场需求相应的经济作物。程海特殊水质适合生长蓝藻,其市场前景很好,该区鱼类适生品种众多,主要有银鱼、高背鲫鱼、草鱼和鲢鱼等,水库、池塘养鱼可形成稻-鱼、蔗-鱼生态农业模式,利用生态位互补和物质循环,提高空间和物质利用效率。此外该区经济林、用材林、薪炭林和防护林有大量适生品种与野生资源,如干热区海拔高度 1 100～1 560 m 范围内温度、日照、相对湿度、昼夜温差和旱坪深厚的沙壤土均适合龙眼种植,在解决水资源问题后可建立集约经营龙眼生产基地。

4. 持续农业景观规划与设计

根据持续农业景观规划和原则,永胜干热区规划:一是建设旱坪-坝区-湖盆集约化生态农业区,该区是干热区主要经济发展和人口承载地区,生态农业景观规划应注重治理、恢复程海水量和生态环境,建立旱坪-坝区-湖盆良性生态经济循环,旱坪和坝区耕作区以粮食作物为主要景观基质,镶嵌甘蔗、香料烟和龙眼等经济作物斑块,旱坪十分易于景观规整,可利用机耕提高劳动效率,并根据不同农业景观相应安排水源支持。在旱坪-坝区边缘可布局经济林果和薪炭林,如临近村镇、集市、交通方便地方发展龙眼、滇橄榄等经济林木和亚热带水果,在居民集中坝区周围山地布局薪炭林。程海及其周围流域盆地具备典型立体农业环境,可规划为程海鱼藻区、环海农耕区和山地林牧区。鱼藻立体农业景观以银鱼生产和藻类蛋白开发为主体,但必须采取环境调控措施如引永胜县北部湿润区地表水对程海补水,但补水渠道应利用原有河道入湖,同时加强渠道水土防护,以减少人为工程对环境带来的干扰。由于程海湿润蒸发水汽随西南风移动,故其南岸农耕区需建设提灌工程及渠道。二是建设山地生态恢复与农-林-牧复合生态农业区,海拔高度 1 500~1 760 m 中暖山地光热、水源、地形条件较好的局部区域以斑块形式分布旱作农业,镶嵌于经济林和薪柴林景观中;海拔高度 1 760 m 以上大部分山地应退耕还林还草,结合人口迁移减轻人口压力,以恢复山地生态功能,其中海拔高度 1 760~2 230 m 范围内中低山半湿润区应营造乔灌草复合植被,结合改良草场发展畜牧业,而海拔高度 2 230 m 以上山区属现有森林更新良好的宜林地或较易恢复森林地段,应采用人工造林或飞播与天然迹地更新相结合发展用材林。三是建设干热河谷生态保护与恢复区,采用乔灌草结合进行小流域治理是恢复该区基本生态环境功能的唯一手段,根据不同海拔高度湿润度可安排相应复合植被,海拔高度 2 230 m 以上湿润区种植以云南松(阳坡)和华山松(阴坡)为主的复合植被;海拔高度 1 760~2 230 m 半湿润区种植以云南松和油杉为主的复合植被;海拔高度 1 760 m 以下半干旱区种植以桉树和滇橄榄为主的经济林。

参 考 文 献

曹克强,曾士迈.1994.小麦混合品种对条锈叶锈及白粉病的群体抗病性研究.植物病理学报,24:21-24.

崔兆杰,司维,马新刚.2006.生态农业模式构建理论方法研究.科学技术与工程,6(13):1854-1857.

李振岐.1995.植物免疫学.北京:中国农业出版社.

李振岐.1998.我国小麦品种抗条锈性丧失原因及其控制策略.大自然探索,17(66):21-24.

刘二明,朱有用,刘新民.2002.丘陵区水稻品多样性混合间栽控制稻瘟病研究.作物研究,16,7-10.

刘玉振.2007.农业生态系统能值分析与模式构建(博士论文).河南大学.

骆世明.2010.农业生物多样性利用的原理与技术.北京:化学工业出版社.

彭绍裘,刘二明.1993.作物持久抗病性的研究进展与战略.湖南农业科学,14-16.

山崎义人,高坂卓尔.1990.稻瘟病与抗病育种.北京:农业出版社.

沈英,黄大年,范在丰,等.1990.稻瘟菌非致病性和弱致病性菌株诱导抗性的初步研究.中国水稻科学,4:95-96.

孙漱沅,孙国昌.1996.我国稻瘟病研究的现状和展望.植保技术与推广,16:39-40.

陶家凤.1995.稻瘟病菌致病性变异研究现状(评述).四川农业大学学报,13:518-521.

王云月,范金祥,赵建甲,等.1998.水稻品种布局和替换对稻瘟病流行控制示范试验.中国农业大学学报(增刊),3:12-16.

卫丽,屈改枝,李新美,等.2004.作物群落栽培技术原则和现状.中国农学通报,20(1):7-8,24.

杨昌寿,孙茂林.1989.对利用多样化抗性防治小麦条锈病的作用的评价.西南农业学报,2:53-56.

章家恩,骆世明.2000.农业生态系统模式研究的几个基本问题探讨.热带地理,20(2):102-106.

朱有勇.2007.遗传多样性与作物病害持续控制.北京:科学出版社.

Berlow E L,Navarrete S A,Briggs,et al.1999. Quantifying variation in the strengths of species interactions. Ecology,80:2206-2224.

Castro A. 2001. Cultivar Mixtures. http://www.apsnet.org/education/advancedplantpath/topics/top.html.

Chen D H. 1967. Studies on physiologic races of the rice blast fungus Piricularia oryzae Cav. Bull Taiwan Agric Res,17:22-29.

Cowger C,Mundt C C. 2002. Effects of wheat cultivar mixtures on epidemic progression of Septoria tritici blotch and pathogenicity of *Mycosphaerella graminicola*. Phytopathology,92:617-623.

Garrett K A and Mundt C C. 2000b. Effects of planting density and the composition of wheat cultivar mixtures on stripe rust:An analysis taking into account limits to the replication of controls. Phytopathology,90:1313-1321.

Jensen N F. 1952. Intra-varietal diversification in oat breeding. Agronomy Journal,44:30-40.

Manwan I,Sama S,Rizvi S A. 1985. Use of varietal rotation in the management of rice tungro di sease in Indonesia. Indonesia Agricultural Research Development Journal,7:43-48.

Mew T W,Borrmeo E,and Hardy B. 2001. Exploiting Biodiversity for Sustainable Pest Management. (International Rice Research).

Ou S H. 1985. Rice Disease(2nd edn). (Kew UK:Common-wealth Mycological Institute).

Van den Bosch F,Verhaar M A,Buiel A A M,et al.1990. Focus expansion in plant disease. 4:Expansion rates in mixtures of resistant and susceptible hosts. Phytopathology,80:598-602.

Zhuge,Genzhang,Bonmam J M. 1989. Rice blast in pure and mixed stand of rice varietyes. Chinese J Rice Sci,3:11-16.

4.4　作物多样性种植对病害防治效果判识和统计方法

作物遗传多样性控制病害田间试验研究是指在人为控制的农田中对试验作物的遗传多样性群体结构和作物病害发生情况进行平行观测,研究遗传多样性与作物病害持续控制的关系。由于田间试验的条件非常接近生产实际,试验结果具有很强的代表性,可以为遗传多样性控制作物病害技术的大面积示范推广提供强有力的理论支撑,因此是作物遗传多样性持续控制病害研究的重要内容。

　　本章将介绍作物多样性种植控病效果判识中常用的田间试验设计、病原物的田间接种方法、作物病害的田间调查方法和田间试验资料的统计分析方法。

4.4.1　常用的田间试验方法

4.4.1.1　分期播种法

　　在利用遗传多样性控制作物病害的田间试验研究中,同一田块中要种植不同的品种,为了使不同品种成熟期一致,有利于田间收割,按主栽品种和间栽品种的不同生育期调节播种日期,实行分期播种。根据品种生育期的长短确定播种时间,早熟的品种迟播,迟熟的品种早播,做到同一田块中不同品种能够同时成熟和同期收获。如在利用水稻遗传多样性控制稻瘟病的试验研究中,一般间栽的地方高秆优质传统品种如糯稻、香稻、紫稻和软质米等品种比主栽的现代高产矮秆品种如杂交稻等提前 10 d 左右播种,达到同时移栽和同时成熟。若选配的主栽品种和间栽品种生育期基本一致,则可同时播种。

4.4.1.2　多点试验法

　　多点试验法是将相同的作物品种在不同的地点进行试验的田间试验方法,该方法利用不同地点具有不同的气候类型和气象条件的特点,研究相同的品种搭配组合在不同环境条件下对病害的控制效果,鉴定品种搭配组合的适应性,达到以较短时间获得试验数据,缩短试验周期,提高试验效率的目的。

　　云南省地处祖国西南,地貌和气候的多样性孕育了丰富的生物多样性和民族文化多样性,而自然生物多样性与民族文化的交汇融合形成了全球独特的农业生态系统多样性。利用遗传多样性持续控制作物病害理论和技术要在全省及全国范围内大面积示范推广,所筛选的品种搭配组合必须能够适应当地独特的生态条件,因此需要在具有不同气候类型和气象条件的地点设置田间试验。

　　试验点的选择一般有如下几种形式:不同纬度的试验点,不同海拔高度的试验点,不同地形的试验点,不同土壤类型的试验点。试验设计时应综合考虑实验目的、内容、人力、物力、经费情况等选择试验点。

4.4.1.3　同田对比试验法

　　同田对比试验法也称作平行观测法,就是在同一田块同一播期中设置若干个处理进行平行观测的方法。在进行遗传多样性控制病害的生态学机理和流行学机理研究,以及制定品种多样性优化种植技术规程时,需要在相同环境条件下,测定不同种群结构、不同种植模式下的田间微生态环境、病害流行因子及病害的控制效果,此时可以采用同田对比试验法。

　　同田对比试验法根据试验因素的多少可以分为下列几种:

　　(1) 单因素试验,即在同一个试验中只研究一个试验因素的若干个处理对病害的控制效应。如品种搭配组合试验只研究在几种品种搭配组合下的病害控制效果;种植模式试验只研究在几种不同的种植模式下的病害控制效果。

　　(2) 多因素试验,即在同一个试验中同时研究两个或多个因素的综合影响,各因素都可以分成若干水平,因素与水平的组合即为该试验的处理数。通过多因素试验可以研究一个因素在另一个因素不同水平上的平均效应,还可以研究几个因素的交互作用。遗传多样性对作物病害的控制受多种因素综合影响,采用多因素试验有利于明确几个因素与作物病害控制间的相互关系,能够全面地说明问题,提高试验效率。但因素的数目和水平不宜过多,以免试验过于复杂。

4.4.2 田间试验误差

除了要研究的因素外,田间试验的其他条件应该完全一致,但是在实际操作中,必然会有许多干扰因素使试验产生误差。因此,田间试验获得的结果既包括试验处理的真实效应,又包括由其他不能完全控制的条件影响产生的误差,使试验误差普遍存在于试验结果之中。

试验中发生的误差有三种:系统误差、随机误差和错失误差。如果供试材料、管理方法、测试仪器等方面有可识别的差异,从而使观察值与真值间发生一定的偏离,称为系统误差;由于试验材料、管理方法、测试仪器、操作方法等方面不可识别的微小差异造成的观察值与真值间的偏离称为随机误差;试验中由于试验人员粗心大意所发生的记录、测量错误等造成的误差称为错失误差。正常的试验是要杜绝错失误差和系统误差,而随机误差是不可避免的,只能尽可能地控制它。

试验误差的大小是衡量试验精度的依据。试验的准确度是指同一处理的观察值与真值接近的程度,越是接近,试验越准确;精确度是指同一处理不同重复的观察值之间彼此接近的程度;由于试验的真值往往不知道,因而准确度不易确定,而精确度是可以计算的。在没有系统误差时,精确度与准确度是一致的(姚克敏等,1995)。

4.4.2.1 田间试验误差产生的原因

1. 供试品种方面

利用遗传多样性控制作物病害的试验中,要收集大量的地方农家品种与现代品种进行混合间栽,而地方品种往往存在"同物异名"和"同名异物"现象,造成收集到的品种遗传性状不纯,使得田间试验中植株的长势、株型及抗病性不同,最终导致病害控制结果的误差。

2. 田间小气候因素

利用遗传多样性控制作物病害的试验需要的小区面积较大,重复数较多,如果选择试验田的地形、地势、周围的障碍物存在差异,会造成农田小气候环境的差异,对病害的发生产生影响,最终导致试验结果的误差。

3. 田间栽培及管理措施方面

试验过程中对各处理的土壤耕作、播种密度、中耕、灌水、施肥等操作和管理不可能完全一致,造成作物的长势和农田小气候条件的差异,对病害的发生产生影响。

4. 土壤水分和肥力因素

农田是遗传多样性控制作物病害田间试验的基本条件,因此农田土壤肥力均匀一致是田间试验精确性的基本保证。然而土壤肥力差异是自然界中普遍存在的现象,对试验结果影响最大且最难克服。土壤发生、发展的历史不同,土壤的结构、有机质含量、矿物质种类和数量不同,从而使土壤水分、肥力产生差异;人类对土壤利用过程的不同,如前作不同,造成土壤肥力的差异,这些差异都会影响病害的发生。

4.4.2.2 田间试验误差的控制

田间试验的随机误差虽然不可避免,但是通过合理地进行试验设计和试验结果的显著性检验,可以适当地降低试验误差,提高田间试验的精度。

1. 通过试验地的选择控制土壤差异

（1）试验地的土壤类型是当地典型土壤，耕作层、底土层、地势、土壤理化性状、肥力水平、地下水位、耕作制度都应具有代表性，在这样的试验地上得出的小区试验结果，才具有大面积示范推广的价值。

（2）试验田应质地均匀，肥力、酸碱度一致；前作相同、耕作方法相同、施肥量和施肥方法相同。

（3）地势平坦，保证试验田各部分的土壤温度、湿度、土壤通气状况相同。

2. 通过田间试验设计控制土壤差异

田间试验设计的主要作用是避免系统误差，减少随机误差，提高试验精度，从试验中获得无偏差的处理平均值。田间试验设计的基本原则是设置重复、随机化和局部控制。

（1）设置重复。试验中同一处理的小区数，即为重复数。如果每处理只种植一个小区，称为不设置重复；如果每处理种植2个小区，称为两次重复；每个处理种植3个小区，称为三次重复。重复的作用是估计随机误差，如果试验中没有系统误差和错失误差，可以用该处理的多次重复观察值来估计随机误差，用多次重复观察值的平均值来估计处理的真实值；当只有一次重复时，就无法估计随机误差。

（2）随机化。各处理在每一重复内的排列次序完全是随机确定的，这个原理称为随机化。通过随机化设计，各处理在各重复内的排列次序都不相同。

（3）局部控制。将试验划分为与重复相等的区组，每一区组内再划分为与处理相同的小区，每一区组内只安排一个重复，同一重复内各处理采用随机排列，这种设计称为局部控制，又称为随机区组设计（姚克敏等，1995）。

3. 试验小区的设置

试验中安排一个处理的小块农田称为一个小区，它是田间试验的基本单位。试验小区的面积和形状对试验的精度有一定的影响，因此在设置小区时，要根据试验田的地理位置、土壤肥力、地势及作物情况来确定小区的面积和形状。

实施遗传多样性控制作物病害的田间小区试验时，必须要有一定的小区面积才能进行正常的混合间栽和田间管理，小区内必须要有相当数量的植株才能表现出群体状况，才能达到大面积种植时病害发生所需要的田间微生态环境。增大小区的面积和增加试验的重复数都可以提高试验的精度，但是对于面积一定的试验田，若增加小区面积必定减少重复次数。确定小区面积时，土壤差异大的试验田、需要进行产量分析的试验、作物需要中耕的试验，小区面积都应大些。边际效应和生长竞争显著的试验田的小区面积都应大些，边际效应是指小区边、端的植株因占有较大空间表现出的生长优势；生长竞争指相邻小区因生育期、品种和田间管理不同产生的相互影响。

试验小区的形状通常有长方形和方形两种，狭长形小区能较均匀地占有土壤肥力，小区间的土壤肥力差异较小。当试验田土壤差异有明显的方向性变化时，狭长形小区的长边应与肥力变化的方向平行（图4.8）；当试验地前作不同时，小区的长边应与各前作的方向垂直（图4.9）；当试验田的地形变化时，小区的长边应向不同的地形伸展。

狭长小区的长宽比一般以（5~8）：1为宜，具有便于操作和观察记录的优点，但它的边界长，边际效应明显，生长竞争显著，因此在小区面积不大的情况下，有时可以采用方形小区。

田间试验还必须设置对照区和保护行。对照区（CK）作为与处理比较的标准，可以用来衡

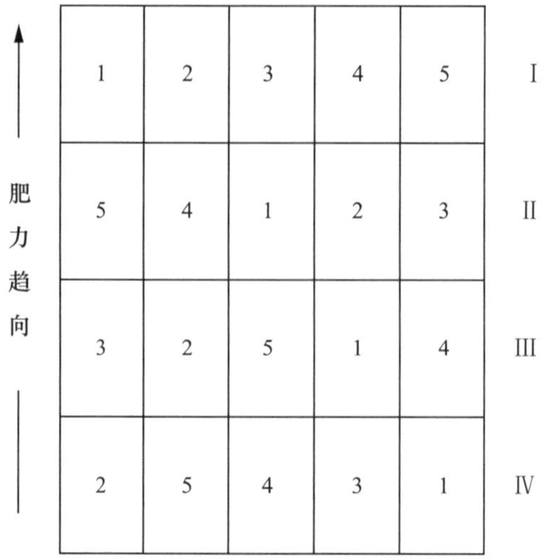

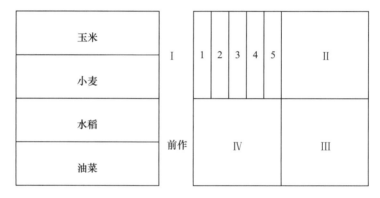

图 4.8　按照土壤肥力趋势确定小区排列
(引自姚克敏等,1995)

图 4.9　不同的小区排列方式
(引自姚克敏等,1995)

量处理的优劣、估计和矫正试验的误差。对照区的设置有两种方式:顺序式,按照一定的间隔数设置对照;随机式,对照和处理一样随机安排。保护行的作用是保护试验材料不受外来因素损坏和防止边际效应,保护行种植于试验田四周,一般不少于 4 行,当小区间连续种植时可以不设置保护行(姚克敏等,1995)。

4.4.3　田间试验的常用设计

遗传多样性控制作物病害的田间小区试验结果必须经过显著性检验,才能获得客观的试验分析结果,因此在进行试验设计时必须注意与统计分析方法相结合。上一节已经介绍过,试验小区的排列方式可以分为顺序排列和随机排列两大类,顺序排列设计又可以分为对比设计和互比设计;随机排列设计通常有随机区组设计、拉丁方设计、正交设计和裂区设计等多种方法。下面介绍几种适合于遗传多样性控制作物病害田间试验的试验设计。

4.4.3.1 顺序排列试验设计

1. 对比法顺序设计

对比顺序设计,就是每一混栽处理直接排列于净栽对照区旁,试验结果可直接与净栽对照相比较。当处理数为偶数时,在每个重复的开头先设混栽处理,然后排列净栽对照,后面每隔两个混栽处理设置一个净栽对照。如果处理数为奇数,则每个重复开头先设置净栽对照,然后设置两个混栽处理(图 4.10)。

1	CK	2	3	CK	4	5	CK	6	A

CK	1	2	CK	3	4	CK	5	6	CK	7	B

图 4.10 对比试验设计(A. 偶数个处理;B. 奇数个处理)

对比顺序设计不符合田间试验设计的随机化原理,但每隔两个混栽处理就有一个净栽对照可供比较,能正确地判断处理的效果。该方法的缺点是对照区所占面积太大,因而只适合于10 个处理以下,3~6 次重复的试验。

2. 互比法顺序设计

互比法顺序设计有如下几种类型:①直角方顺序设计(图 4.11);②阶梯方顺序设计(图4.12);③组方顺序设计(图 4.13);④棋盘式顺序设计(图 4.14)。

1	2	3	4	5	I
5	1	2	3	4	II
4	5	1	2	3	III
3	4	5	1	2	IV
2	3	4	5	1	V

图 4.11 5×5 直角方顺序设计

(引自姚克敏等,1995)

这种设计方法虽然操作简单,可以按照土壤、品种的差异情况随意排列,但估计误差时常常有偏差,会出现多次估计结果不一致的情况,因此遗传多样性控制作物病害田间试验通常采用下面的随机排列设计方法。

4.4.3.2 随机区组试验设计

随机区组设计,就是每个处理在一个区组内只设置一个小区,各处理在同一区组内完全随机排列。这种设计方法对试验地的地形要求不严格,不同的区组可以分散在不同的地段上;对试验的因素没有严格限制,单因素、多因素以及综合性试验都可应用;能有效地降低随机误差,提高精确度。但是当处理数超过 20 个时局部控制效率降低,试验精度降低。

1	2	3	4	5	I
4	5	1	2	3	II
2	3	4	5	1	III
5	1	2	3	4	IV
3	4	5	1	2	V

图 4.12　5×5 阶梯方顺序设计

(引自姚克敏等,1995)

1	2	3	4	5	6	7	8	9	I
7	8	9	1	2	3	4	5	6	II
4	5	6	7	8	9	1	2	3	III

图 4.13　9×3 组方顺序设计

(引自姚克敏等,1995)

1	6	3	8	5	2	7	4	I
2	7	4	1	6	3	8	5	II
3	8	5	2	7	4	1	6	III
4	1	6	3	8	5	2	7	IV
5	2	7	4	1	6	3	8	V

图 4.14　8×5 棋盘式顺序设计

(引自姚克敏等,1995)

　　小区的随机排列可借助于随机数字表(马育华,1964),对于一个包括 8 个处理的试验,先分别给以 1、2、3、4、5、6、7、8 的代号,然后从随机数字表中任意指定一页中的一行,如果指定的数字为 63525 94441 77033 12147 51054 49955 58312……,去掉 0 和 9 以及重复数字得到 63524178,即为 8 个处理在此区组内的排列次序。如有更多的重复,则可以从表中查找另外几行随机数字,作为 8 个处理在其他区组内的排列次序。如果有 12 个处理,可以查得任意一页的任意一行,去掉 00、97、98、99,每次读两位数,如果得到 81,99,44,10,70,56,64,26,40,91,31,22,90,25,95,13,51,34,51,48,78,72,23,01,44 等 25 组 2 位数,除去 99 后,凡大于 12 的数均被 12 除后所得余数,去掉重复数字后,所得随机排列为 9,8,10,4,2,7,6,1,11,3,12,5,最后一个数字 5 是前 11 个数字随机查出后自动决定的。凡多于 12 个处理的随机排列方法和上述一样,只是要除去的数字不同,通常将两位数中,处理数的最大倍数与100之间的数除去,如有21个处理时,除去的数字为85到99共15个数(84是两位数中21的最大倍数)。

随机区组在田间具体安排时,除了要考虑便于管理、观察记录、收获外,还要将试验误差降到最低。通常情况下,方形区组和狭长形小区的试验精度最高。存在单向肥力梯度时,应使区组的划分与梯度垂直,而区组内小区的长边与梯度平行(图4.15)。如果处理数过多,为了避免第一小区与最后一个小区相距太远,可将小区设置成几列(图4.16)。如果土壤肥力差异不明显,则可以使小区的长边与区组的划分方向平行(图4.17)。

随机区组设计的重复数要根据试验处理数及精度要求来确定,可以利用下式计算(姚克敏等,1995):

$$n = 12/(k-1) + 1$$

式中:n 为重复数;k 为处理数;12为试验误差自由度的最小值。

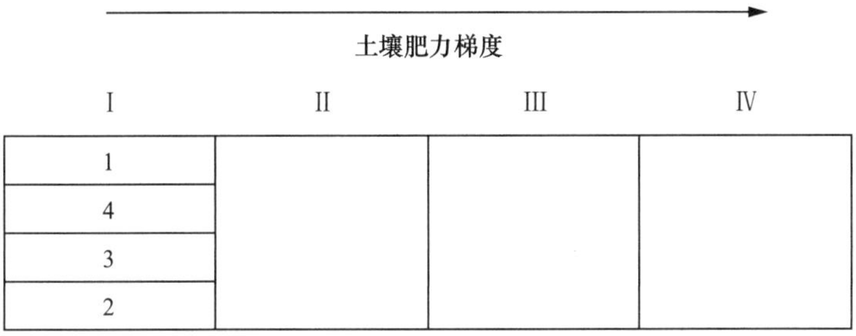

图4.15 4×4试验有肥力差异时随机区组设计

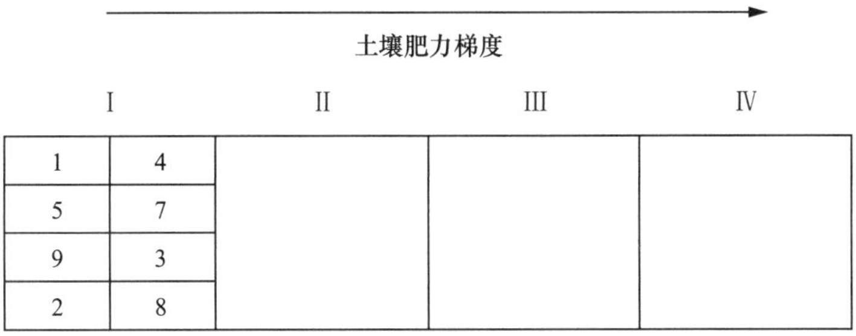

图4.16 8×4试验有肥力差异时随机区组设计,小区设置成2列

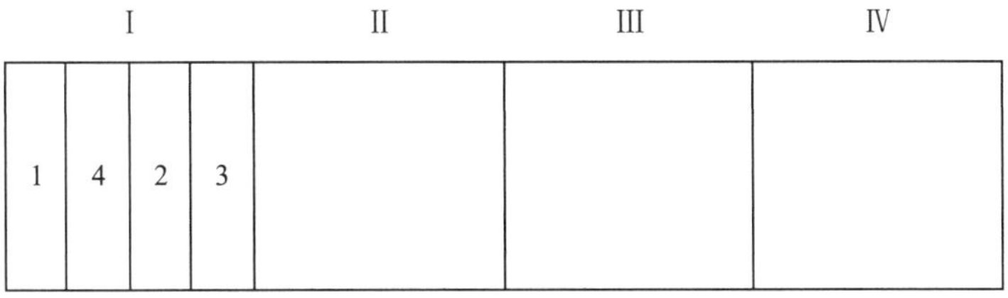

图4.17 4×4试验没有肥力差异时随机区组设计

4.4.3.3 拉丁方设计

拉丁方设计是比随机区组设计多一个方向控制试验误差的随机排列设计,将试验从两个方向排列成区组,能够从横行和直行两个方向控制土壤差异,有较高的精确度。其特点是重复

数、处理数、直行数和横行数都相同,每一直行及每一横行都成为一个区组,每一处理在每一横行或直行都只出现一次。

拉丁方设计的试验精度高,但由于重复数必须等于处理数,使其伸缩性受到限制,而且试验的处理数不能太多,一般只限于 4～8 个处理的试验。田间设置这种小区时,横行和直行都不能分开设置,缺乏随机区组的灵活性。

进行拉丁方设计时,先要根据处理数 k 从拉丁方的标准方中选择一个 $k \times k$ 的标准方。第一直行和第一横行均为顺序排列的拉丁方称为标准方,图 4.18 列出 3×3 至 8×8 的标准方,可供试验设计时选择。

A	B	C
B	C	A
C	A	B

3×3

A	B	C	D
B	A	D	C
C	D	B	A
D	C	A	B

4×4

A	B	C	D	E
B	A	E	C	D
C	D	A	E	B
D	E	B	A	C
E	C	D	B	A

5×5

A	B	C	D	E	F
B	F	D	C	A	E
C	D	E	F	B	A
D	A	F	E	C	B
E	C	A	B	F	D
F	E	B	A	D	C

6×6

A	B	C	D	E	F	G
B	C	D	E	F	G	A
C	D	E	F	G	A	B
D	E	F	G	A	B	C
E	F	G	A	B	C	D
F	G	A	B	C	D	E
G	A	B	C	D	E	F

7×7

A	B	C	D	E	F	G	H
B	C	D	E	F	G	H	A
C	D	E	F	G	H	A	B
D	E	F	G	H	A	B	C
E	F	G	H	A	B	C	D
F	G	H	A	B	C	D	E
G	H	A	B	C	D	E	F
H	A	B	C	D	E	F	G

8×8

图 4.18　3×3 至 8×8 的标准方

(引自马育华,1996)

拉丁方设计一般按下面的步骤进行：

（1）选择标准方。

（2）利用随机数字表中的随机数字调整直行。

（3）利用随机数字表中的随机数字调整横行。

（4）得到所需要的拉丁方排列,按随机数字将处理与拉丁方排列中的字母对应起来。

4.4.3.4 裂区设计

多因素试验中,若处理数不多,而且各因素的效应同等重要时,采用随机区组设计;如果处理数较多,各因素的效应表现不一致时,将效应较大的因素安排在较大的区域内,称为主处理;将效应较小的因素安排在大区内的小区中,称为副处理,这种试验设计方法称为裂区设计。裂区设计在下列情况下使用:①因素间交互作用比其主效应更为重要时;②不同因素的处理所需面积不同时;③试验中某因素比其他因素更重要时。

裂区设计的主处理和副处理都可以排列成随机区组或拉丁方,提高试验的精度。现以遗传多样性混合间栽试验中品种搭配与种植模式为例说明这种设计方法,3个品种搭配组合以A、B、C表示,三种种植模式以1、2、3表示,若品种搭配间差异较显著,作为主处理安排在3个区组中;3种各种植模式差异较小,作为副处理安排在裂区中,当主、副处理均按随机区组排列时,其3个区组的裂区设计如图4.19所示。

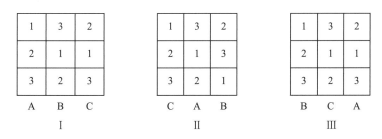

图 4.19 3×3×3 主、副处理均为随机区组排列的裂区设计

当主处理为拉丁方、副处理为随机区组排列时,其3个区组的裂区设计如图4.20所示。当主处理为随机区组排列、副处理为拉丁方排列时,其3个区组的裂区设计如图4.21所示,这种设计要求副处理数与重复数相等,同一主处理的不同重复间及副处理都要求拉丁方排列。当主、副处理均按拉丁方排列时,要求主、副处理数相等,而且重复数等于处理数(图4.22)。

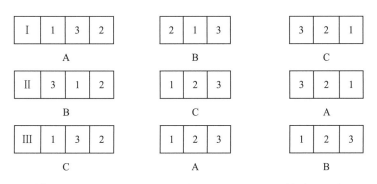

图 4.20 3×3×3 主处理拉丁方、副处理随机区组的裂区设计

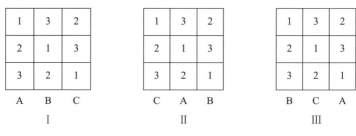

图 4.21　3×3×3 主处理随机区组、副处理拉丁方的裂区设计

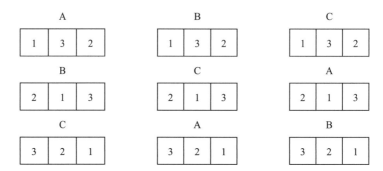

图 4.22　3×3×3 主、副处理均为拉丁方排列的裂区设计

4.4.3.5　正交设计

在多因素试验中,如果每两个因素间都进行均匀搭配,随着试验因素的增多,处理数将以几何级数增加,当试验因素超过 3 个、水平数超过 3 个时,试验处理太多,区组太大,土壤差异无法控制,而且试验工作量太大,使试验难以完成。在这种情况下,就需要只做部分处理,而且还要能获得全部试验结果的方法,这种方法称为正交试验设计。正交试验设计利用正交表来安排试验,由于正交表具有正交性,可以利用部分处理效应来估计全部处理的效应,所谓正交性就是任一因素的任一水平必须包含其他因素的各水平,使任何两个因素都具有均匀搭配的性质,而且正交试验设计还需要利用正交表来计算和分析试验结果。

利用正交表设计试验时需要以下四个步骤:

(1)确定合理的试验因素和水平。遗传多样性混合间栽控制作物病害的试验中,往往需要考虑品种搭配、种植模式、种群结构、土壤肥力等因素。

(2)选择试验因素和水平数选择适宜的正交表(袁志发等,2000)。当试验中各因素的水平数都相同时,选择相同水平正交表,写作 $L_k(m^i)$,其中 L 表示正交表,k 表示正交表的试验处理数,m 表示各因素的水平数,i 表示最多可安排的因素和交互作用数。表 4.7 是 $L_9(3^4)$ 正交表,9 表示这张正交表有 9 行(安排 9 个处理),4 表示该正交表有 4 列(最多可安排 4 个因素),3 表示参试各因素皆为 3 水平。

当各因素水平不同时,选择混合水平正交表,写作 $L_k(m_1^i \times m_2^j)$,如 $L^8(4^1 \times 2^4)$(表 4.8),表示该正交表有 4 水平因素 1 个,2 水平因素 4 个,共 8 个处理。正交表的列可以互换,行不可以互换。

(3)表头设计。是将试验因素和需要估计的互作排入正交表的表头各列。表 4.9 为 $L_8(2^7)$ 正交表的表头设计。

表 4.7 $L_9(3^4)$ 正交表

试验号	列号			
	1	2	3	4
1	1	1	1	1
2	1	2	2	2
3	1	3	3	3
4	2	1	3	3
5	2	2	2	1
6	2	3	1	2
7	3	1	3	2
8	3	2	1	1
9	3	3	2	1

表 4.8 $L_8(4^1 \times 2^4)$ 正交表

试验号	列号				
	1	2	3	4	5
1	1	1	1	1	1
2	1	2	2	2	2
3	2	1	1	1	1
4	2	2	2	2	2
5	3	1	1	1	1
6	3	2	2	2	2
7	4	1	1	1	1
8	4	2	2	2	2

表 4.9 $L_8(2^7)$ 正交表的表头设计

因素	A	B	A×B	C	A×C	B×C	A×B×C
列号	1	2	3	4	5	6	7

（4）正交设计的排列。将试验的各因素及交互作用的不同水平排入正交表的不同列中，排列时一般都要留有空列。

4.4.4 植物病原物的田间接种方法

遗传多样性混合间栽控制作物病害试验中，要检测在田间存在大量菌源的情况下，多样性混合间栽模式是否对病害具有控制作用。当自然状态下田间菌源量缺乏，净栽感病品种不发病时，如果不采用人工接种的方法为试验小区中提供适量的菌源，试验就会失败。

由于遗传多样性混合间栽田间试验小区面积较大，接种后的保湿措施难以实施，给田间试验小区的大面积人工接种带来一定的困难。因此田间接种往往是通过人工接种少数几株或几十株，首先在田间形成发病中心或诱发行，然后由这些发病株作为菌源中心，向四周扩散蔓延。

4.4.4.1 土壤传播病害的田间接种

(1)拌土法。就是将病原菌在播种前或播种后拌在土壤中,如小麦根腐病菌,在玉米粉、细沙与水混合的培养基上繁殖,然后取培养菌1份加消毒土5份混合而成菌土。播种时将菌土与种子一起撒入土壤中。

(2)蘸根接种法(方中达,2000)。就是将幼苗的根部稍加损伤,在孢子或菌丝体悬浮液中浸泡后移植。这种方法使病原菌与作物根部直接接触,容易从根部的伤口侵入,受土壤中微生物影响较小,效果比拌土法好。

(3)灌根接种法。就是利用铲子或铁锹插入根部附近的土壤中,使作物根部受伤,然后将孢子或菌丝体悬浮液从铲子插入的空隙中灌入。

4.4.4.2 气流和雨水传播病害的田间接种

(1)注射法。就是利用注射器将孢子悬浮液注入作物的茎秆中,直至菌液从心叶中央冒出。由于这种方法接种后不必保湿,所以被广泛地应用于气传病害的田间接种试验中,如小麦锈菌和稻瘟病菌等。

(2)创伤接种法。就是人为地在作物上制造伤口,然后将病原菌接种在伤口上。如水稻白叶枯病的田间接种,将培养好的白叶枯菌液装入大试管中,将剪刀在菌液中蘸一下,然后去剪水稻的叶尖部位,在造成伤口的同时,将病原菌接种在伤口上。

4.4.4.3 种子传播病害的田间接种

(1)拌种法。就是利用病原菌的孢子进行拌种,然后播种,是各种黑粉病常用的接种方法。

(2)浸种法。就是将作物的种子浸泡在病原菌的悬浮液中,然后播种。

4.4.5 田间试验的观察和记录

认真观察和记录是做好田间试验的重要环节,为了及时正确地分析总结试验结果,必须认真观察并做详尽的记录。作物生育状况和田间病害发生情况的观察和记录是遗传多样性控制作物病害田间试验的重要内容。

4.4.5.1 作物生育状况的观察和记录

生育状况是指农作物各生育阶段的个体和群体的长势、长相、发育速度、内部生理变化和产量结构等状况。作物不同生育阶段的抗病性不同,不同生育阶段田间微气候条件不同,因此作物生育状况与病害发生的关系非常密切,所以在进行作物病害发生规律研究时,必须同时对作物的生育状况进行观察和记录。

1. 株高的观察

株高的差异是遗传多样性混合间栽试验中品种搭配的重要技术参数,因此准确测定植株的高度是判断遗传多样性田间立体群落结构是否合理的重要依据。植株高度的测定应从作物的幼苗期开始,至生育末期。

株高的测量方法有三种(姚克敏等,1995):

(1)从地面量至植株最上部叶片伸直后的最高点,反映了叶的生长速度。

(2)从地面量至上部展开叶的叶枕或主茎花序的顶端,反映了茎的生长速度。

（3）从地面量至株丛的最高点,反映了群体的生长速度。

测定植株高度时,通常采用5点取样法,每点连续取10株,穴播作物每点取5穴,每穴任选2株,共测定50株,然后取平均值。

2. 密度的观察

密度是指单位土地面积上植株的数量,是判断遗传多样性混合间栽群体结构是否合理的重要指标,因为植株密度直接影响田间微气候条件,最终影响病害的发生,同时密度也是产量的重要构成因素,品种多样性混合间栽能否获得最大的经济产量,与合理的种植密度密切相关。

根据作物的不同播种方式,密度的测定有如下几种方法(姚克敏等,1995)。

（1）撒播作物:采用测定 1 m² 面积内的植株数,再换算成每亩株数。

（2）稀植或穴播作物,如水稻、玉米等,采用行株距法计算密度:

$$\rho = (S \times M)/(a \times b)$$

式中,a 为平均行距,取 5 点,每点测 10 个行距,取平均值;b 为平均穴距,取 5 点测 20 穴的穴距,取平均值;M 为平均每穴的株(茎)数,取 5 点各测 10 穴的株数,取平均值;S 为每亩面积,取 666.7 m²。

（3）条播密植作物,如小麦等,取 5 点,每点测 10 个行距,取平均值;每测点内各测相邻两行各 0.5 m 行长的株数,取平均值;算出 5 测点内的平均株数;再按面积换算成每亩株数。

3. 叶龄的观察

叶龄是研究作物生育期的重要参数,作物生育期的各种变化都与叶龄有关,因此田间试验通常都需要观察、记录叶龄。叶片的生长规律一般是先伸长后展开,当一片叶完全展开时,已经基本定型。禾本科作物下一片叶叶尖露出上叶叶鞘时,即表示上叶生长结束,下叶生长开始。

叶龄的观察有两种方法(姚克敏等,1995):

（1）按叶位标记叶龄,叶位是指着生完全叶的茎节的次序。记录时从主茎第一片叶开始,至最后一片叶完全展开时结束。

（2）按一定间隔日数观察叶龄:

某日叶龄＝(新出叶位数－1)＋(新出叶伸出长度/新出叶定长)

例如,第 4 叶伸出长度为其定长的一半时,其叶龄为 3.5。新出叶片的定长可以参照下位叶片的定长来估算。

4. 叶角的观察

叶角也称叶开角,有两种表示方法,一种为与水平线的夹角;另一种为与垂直线的夹角。叶角对遗传多样性田间植株立体群落的形成有重要影响,从而影响田间的郁闭度;同时叶角与田间病原菌孢子的沉降量也有一定的相关性,当叶片与垂直方向夹角较大时,落在叶片上的孢子量要比夹角较小的叶片多。

测定叶角时,将植株贴放在钉有绘图纸的起立木牌上,以茎秆为垂直轴,使叶片自然下垂,将每叶的叶尖与叶耳所在的位置画在纸上,然后在两点之间连成一直线,测量该直线与轴线的夹角。

5. 作物产量的测定

作物产量包括生物产量和经济产量。生物产量是指单位面积农田上作物有机物的总积累量;经济产量是指单位面积上农作物目标产品的数量。作物的产量可以分解成若干结构因素,如水稻、小麦等禾本科作物经济产量可以包括亩穗数、穗粒数、千粒重等。

产量分析时,经济产量和茎秆重都用风干重表示,风干重是指样本悬挂在阴处晾干,以根、茎、叶易于折断或捏碎为标准,子粒用牙咬易断并发出清脆碎裂声。

测定千粒重时,用随机取样的方法分别数出两堆各 1 000 粒种子称重,若重量差不超过 3%,取其平均值为千粒重;若超过 3%时,再数 1 000 粒称重,取重量相近的两值平均得千粒重。

产量结构因素的田间测定方法应根据具体的作物来确定:①水稻分别在抽穗和乳熟期测定一次枝梗数和每穗粒数,采取 5 点取样法,每点选择 5 穴,每穴任选 2 株;②冬小麦应在越冬开始和返青时测定分蘖数和大蘖数,抽穗时小穗数,乳熟期时测定每穗粒数。测定时,每点连续选取 10 株,大蘖是指含 3 片完全叶以上的分蘖;③玉米在乳熟期测定茎粗,果穗长,果穗粗。茎粗的测定从地面起第 3 节中部最宽部分的直径;④大豆和油菜在鼓粒期及绿熟期分别测定一次枝梗数和单株荚果数,测定时每测点连续任选 10 株。

4.4.5.2 田间病害调查

遗传多样性混合间栽的主要目的就是持续控制作物病害,田间病害发生情况是评价间栽模式优劣的重要指标,因此田间病害调查是遗传多样性混合间栽田间试验的重要内容。

病害调查可以分为一般调查、重点调查和调查研究三种。当需要了解作物病害分布和发生程度时,可采用一般调查方法,调查的范围广,病害种类多,因此要投入大量的人力和物力;当需要深入了解某一病害的分布、发病率、损失率、环境影响和防治效果时,可采用重点调查;当对某一病害的某一具体问题进行研究时,需要采用调查研究。

发病程度的记载包括发病率、严重度和病情指数;防治效果通常用相对防治效果来表示。

1. 田间病害调查的时间和次数

为了研究遗传多样性混合间栽在不同时期对作物病害流行的影响,在参考历年来病害发生资料的基础上,记载当地病害的始发期,以后每隔 5~7 d 调查 1 次,直至病害结束。

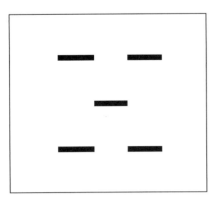

图 4.23 五点式取样法

2. 取样方法和数量

为了使调查样本具有代表性,取样的方法和数量应根据病害种类和环境条件而定,遗传多样性混合间栽对于由寄生专化性较强的病原物引起,并通过气流传播病害的控制效果较好,如麦类锈病、稻瘟病和玉米大、小斑病等。一般的方法是采用 5 点式取样法(图 4.23),为了避免在田边取样,从小区 4 角两根对角线的交叉点和交叉点至每一角的中间 4 点取样。每点调查 5 丛(或 10 株),每丛取 20 张叶片。

3. 发病程度的计算方法

$$发病率 = 发病株(叶、穗)数/调查总株(叶、穗)数 \times 100\%$$

严重度,即病害严重的程度,常用 0~9 级或 0~5 级表示,以 0 级表示无病,以最高级表示最严重的发病程度,然后再以一定的间隔,分为若干级别。不同病害的分级标准不同,要参照中华人民共和国标准。

病情指数$(DI) = \sum ($各级发病数$\times$各级代表值$)/($调查总株（叶）数$\times$最高级代表值$)\times 100\%$

4. 相对防治效果的计算方法

相对防效的计算通常有两种方法：

（1）相对防治效果＝［净栽病指（或发病率）－ 混栽病指（或发病率）］/净栽病指（或发病率）$\times 100\%$。

（2）相对防治效果＝$1-$（混栽终期病指$\times$净栽初期病指）/（混栽初期病指$\times$净栽终期病指）$\times 100\%$。

4.4.6　田间试验资料的统计分析

4.4.6.1　简单试验的统计分析

只有混栽与净栽两个处理的试验称为简单试验，统计分析的目的是要比较混栽与净栽的病情（产量）是否有显著差异。由于此时混栽与净栽的总体方差 σ_1^2 和 σ_2^2 均为未知，而且通常样本容量较小（小于50），因此采用 t 测验；又由于事先不能肯定两种种植方式的病情（产量）谁高谁低，故用两尾测验，测验步骤如下：

假设 H_0：两种种植方式的病情（产量）没有显著差异，即 $H_0: \mu_1 = \mu_2$ 对 $H_A: \mu_1 \neq \mu_2$。

分别计算混栽的病情（产量）的平均值 $\overline{x}_1$ 和净栽的病情（产量）的平均值 $\overline{x}_2$，混栽的自由度为 n_1，净栽的自由度为 n_2。

分别计算混栽的病情（产量）的平方和 $SS_1 = \sum (X_1 - \overline{x}_1)$；净栽的病情（产量）的平方和 $SS_2 = \sum (X_2 - \overline{x}_2)$。

均方

$$s_e^2 = \frac{SS_1 + SS_2}{n_1 + n_2}$$

样本平均数的标准误差

$$s_{x_1 - x_2} = \sqrt{\frac{s_e^2}{n_1}} + \sqrt{\frac{s_e^2}{n_2}}$$

$$t = \frac{\overline{x}_1 - \overline{x}_2}{S_{\overline{x}_1 - \overline{x}_2}}$$

具体计算时可以采用 SPSS10.0 软件中的 Analyze-Compare means-Independent samples T test 计算。

4.4.6.2　对比与互比试验的统计分析

由于各处理作顺序排列，无法正确估计无偏的试验误差，因此对比法与互比法试验结果分析通常采用百分比法。对比试验结果分析时将净栽对照病情（产量）设为100，然后将各混栽处理与净栽对照相比较，按下面的公式求出其百分数。

对邻近 CK 的百分数＝［混栽病情（产量）/邻近净栽对照病情（产量）］$\times 100\%$

若其百分比大于100％，表明混栽处理的控病（增产）效果优于净栽，其值越高，控病（增产）效果越好，通常以10％作为比较标准。互比试验的计算公式与对比试验相同，只是分母为前后两个邻近净栽对照病情（产量）的平均值。

4.4.6.3　随机区组试验的统计分析

1. 单因素随机区组试验结果的统计分析

具有 3 个或 3 个以上处理的试验的统计分析采用方差分析。如果混栽试验中只考虑一个因素，如不同的品种组合，或不同的种植模式，试验设多个重复，每一重复内有单个（多个）观察值，统计分析时采用组内只有单个观察值的两向分组资料的方差分析，将处理看做 A 因素，区组看做 B 因素，其余部分为试验误差，重复内有多个观察值时应先求出平均值。

设有 k 个品种组合（种植模式），每个品种组合（种植模式）有 n 个重复值，每个重复内有 n 个观察值：

（1）自由度分解式如下：

$$总自由度 = 区组自由度 + 处理自由度 + 误差自由度$$
$$nk - 1 = (n-1) + (k-1) + (n-1)(k-1)$$

（2）平方和分解式如下：

$$总平方和 = 区组平方和 + 处理平方和 + 误差平方和$$
$$\sum_1^k \sum_1^n (x - \bar{x})^2 = k \sum_1^n (\bar{x}_r - \bar{x})^2 + n \sum_1^k (\bar{x}_t - \bar{x})^2 + \sum_1^k \sum_1^n (x - \bar{x}_r - \bar{x}_t + \bar{x})^2$$

（3）具体计算公式如下：

总平方和
$$SS_T = \sum_1^k \sum_1^n (x - \bar{x})^2 = \sum_1^{nk} x^2 - C$$

品种组合（种植模式）间平方和
$$SS_t = n \sum_1^k (\bar{x}_r - \bar{x})^2 = \frac{\sum_1^k T_t^2}{n} - C$$

品种组合（种植模式）内重复间平方和
$$SS_r = k \sum_1^k (\bar{x}_t - \bar{x})^2 = \frac{\sum_1^k T_r^2}{n} - C$$

误差平方和
$$SS_e = \sum_1^k \sum_1^n (x_{ij} - \bar{x}_r - \bar{x}_t + \bar{x})^2 = SS_T - SS_t - SS_r$$

总均方
$$s_T^2 = \frac{SS_T}{nk - 1}$$

品种组合（种植模式）间均方
$$s_t^2 = \frac{SS_t}{k - 1}$$

品种组合（种植模式）内重复间均方
$$s_e^2 = \frac{SS_e}{k(n - 1)}$$

矫正系数
$$C = \frac{T^2}{nk}$$

（4）F 测验：
$$F = \frac{s_t^2}{s_e^2}$$

根据 $v_1 = k-1, v_2 = k(n-1)$，查 F 表得 $F_{0.01}$ 和 $F_{0.05}$，若 $F > F_{0.05}$，混栽与净栽间差异显著；若 $F > F_{0.01}$，则混栽与净栽间差异极显著；若 $F < F_{0.05}$，混栽与净栽间无显著差异。

（5）多重比较。F 测验只能从整体上检验混栽与净栽间是否有显著差异，但是要判断每个品种组合（种植模式）间及与每个混栽处理与净栽处理间是否都有显著差异，还必须进行多重比较。常见的多重比较方法有 LSD 法和 LSR 法。

LSD（least significant difference）法

首先计算两个处理的平均数差数的标准误 $s_{x_1 - x_2} = \sqrt{\dfrac{2s_e^2}{n}}$

式中：s_e^2 为方差分析时的误差均方值，n 为样本容量，然后查得 s_e^2 所具有自由度下两尾概率值为 α 的临界值 t_α，可得最小显著差数 $LSD_\alpha = t_\alpha s_{x_1 - x_2}$，若两个平均数的差数 $> LSD_\alpha$，即在 α 水平上显著。

LSR（least significant range）法

LSR 法又可以分为新复极差测验和 q 测验两种。

新复极差测验又称为 SSR 测验，所作无效假设为 $H_0: \mu_1 = \mu_2$，当各样本容量均为 n 时，计算平均数的标准误 SE：

$$SE = \sqrt{\dfrac{s_e^2}{n}}$$

再根据 SSR 表查得 s_e^2 所具有自由度下 $p = 2, 3, \cdots, k$ 时的 SSR_α 值（p 为两极差间所包含的平均数个数），进而求得各个 p 下的最小显著极差 $LSR_\alpha = SE \times SSR_\alpha$，将各平均数按大小排列，利用各个 p 的 LSR_α 检测各平均数两极差的显著性：若两极差 $< LSR_\alpha$，接受 H_0，即两平均数在 α 水平上差异不显著；若两极差 $> LSR_\alpha$，否定 H_0，即两平均数在 α 水平上差异显著。q 测验与新复极差测验的区别仅在于计算最小显著极差 LSR_α 时不是查 SSR_α 值，而是查 q_α 值，即 $LSR_\alpha = SE \times q_\alpha$。

各平均数经多重比较后，通常用字母标记法表示，将全部处理的平均数从大到小依次排列，在最大的平均数上标上 a，并将该平均数与以下各平均数相比较，凡差异不显著的均标以相同字母 a，直至与之差异显著平均数标以 b，然后再以标 b 的最大平均数为标准，与上方和下方未标记的平均数相比较，凡差异不显著的均标以 b，直至与之差异显著的平均数再标以 c，如此重复，直至最小一个平均数标记完为止。这样标记的平均数间，凡有一个相同标记字母的即为差异不显著，凡具有不同标记字母的即为差异显著。通常以小写字母表示 $\alpha = 0.05$ 显著水平，以大写字母表示 $\alpha = 0.01$ 显著水平。

具体进行单因素方差分析时可以采用 SPSS10.0 软件中的 Analyze-Compare means-One Way ANOVA 计算，多重比较时可以在 Post Hoc 选项中选择合适的方法。

2. 多因素随机区组试验结果的统计分析

如果混栽试验中同时考虑两个以上因素，如不同的品种组合、不同的种植模式和不同的土壤肥力等，统计分析时采用组内有重复观察值的两项分组资料的方差分析。

假设试验安排 A 和 B 两个因素，A 因素具有 a 个水平，B 因素具有 b 个水平，随机区组设计，每一组合有 n 个观察值，共有 abn 个观察值。区组自由度为 $n-1$，处理自由度为 $ab-1$，误差自由度为 $ab(n-1)$。与单因素随机区组试验相比，两因素试验的处理项可以分解为 A 因素水平间、B因素水平间和AB互作间;处理平方和可以分解为A的平方和、B的平方和和A×B的平方和。

(1)自由度分解式如下:

$$总自由度=A因素自由度+B因素自由度+A×B自由度+误差自由度$$
$$abn-1=(a-1)+(b-1)+(a-1)(b-1)+ab(n-1)$$

(2)平方和分解式如下:

$$总平方和=A因素平方和+B因素平方和+A×B平方和+误差平方和$$

$$\sum_1^k\sum_1^n(x-\bar{x})^2=bn\sum_1^a(\bar{x}_A-\bar{x})^2+an\sum_1^b(\bar{x}_B-\bar{x})^2+$$

$$r\sum_1^a\sum_1^b(\bar{x}_{AB}-\bar{x}_A-\bar{x}_B+\bar{x})+\sum_1^a\sum_1^b(x-\bar{x}_n-\bar{x}_{AB}+\bar{x})^2$$

(3)具体计算公式如下:

矫正系数
$$C=\frac{T^2}{abn}$$

总平方和
$$SS_T=\sum_1^a\sum_1^b\sum_1^n(x-\bar{x})^2=\sum_1^{abn}x^2-C$$

区组平方和
$$SS_R=ab\sum_1^n(\bar{x}_R-\bar{x})^2=\frac{\sum_1^n T_R^2}{ab}-C$$

处理平方和
$$SS_t=n\sum_1^a\sum_1^b(\bar{x}_{AB}-\bar{x})^2=\frac{\sum_1^n T_{AB}^2}{n}-C$$

A因素平方和
$$SS_A=bn\sum_1^a(\bar{x}_A-\bar{x})^2=\frac{\sum_1^{bn} T_A^2}{bn}-C$$

B因素平方和
$$SS_B=an\sum_1^b(\bar{x}_B-\bar{x})^2=\frac{\sum_1^{an} T_B^2}{an}-C$$

A×B平方和

$$SS_{AB}=n\sum_1^a\sum_1^b(\bar{x}_{AB}-\bar{x}_A-\bar{x}_B+\bar{x})^2$$

$$=\frac{\sum_1^n T_{AB}}{n}-SS_A-SS_B$$

误差平方和
$$SS_e=\sum_1^a\sum_1^b(x-\bar{x}_n-\bar{x}_{AB}+\bar{x})^2=SS_T-SS_A-SS_B-SS_{AB}$$

总均方 $\qquad s_T^2 = \dfrac{SS_T}{abn-1}$

区组均方 $\qquad s_R^2 = \dfrac{SS_R}{n-1}$

处理均方 $\qquad s_t^2 = \dfrac{SS_t}{ab-1}$

A 因素均方 $\qquad s_A^2 = \dfrac{SS_A}{a-1}$

B 因素均方 $\qquad s_B^2 = \dfrac{SS_B}{b-1}$

A×B 均方 $\qquad s_{AB}^2 = \dfrac{SS_{AB}}{(a-1)(b-1)}$

误差均方 $\qquad s_e^2 = \dfrac{SS_e}{ab(n-1)}$

（4）F 测验：

区组间 $\qquad F_R = \dfrac{s_R^2}{s_e^2}$

处理间 $\qquad F_t = \dfrac{s_t^2}{s_e^2}$

A 因素间 $\qquad F_A = \dfrac{s_A^2}{s_e^2}$

B 因素间 $\qquad F_B = \dfrac{s_B^2}{s_e^2}$

A×B 间 $\qquad F_{AB} = \dfrac{s_{AB}^2}{s_e^2}$

根据 v_1＝相应各项自由度，v_2＝误差自由度，查 F 表得 $F_{0.01}$ 和 $F_{0.05}$，若 $F > F_{0.05}$，差异显著；若 $F > F_{0.01}$，差异极显著；若 $F < F_{0.05}$，无显著差异。

当试验的因素超过 3 个时，统计分析的工作量将非常大，可以采用 SPSS10.0 软件中的 Analyze-General Linear Model-Mutivariate 计算，多重比较时可以在 Post Hoc 选项中选择合适的方法。

4.4.6.4 拉丁方试验的统计分析

拉丁方试验在纵横两个方向皆成区组，设有 k 个处理，则拉丁方设计有横行区组和纵横区组各 k 个，分析方法同单因素随机区组试验的方差分析。

（1）自由度分解式如下：

$$总自由度＝横行自由度＋纵行自由度＋处理自由度＋误差自由度$$
$$k^2-1＝(k-1)+(k-1)+(k-1)+(k-1)(k-2)$$

（2）平方和分解式如下：

总平方和＝横行平方和＋纵行平方和＋处理平方和＋误差平方和

$$\sum_1^k \sum_1^n (x - \overline{x})^2 = k \sum_1^n (\overline{x}_r - \overline{x})^2 + k \sum_1^n (\overline{x}_c - \overline{x})^2 +$$

$$k \sum_1^k (\overline{x}_t - \overline{x}) + \sum_1^k \sum_1^k (x - \overline{x}_r - \overline{x}_c + \overline{x}_t + \overline{x})^2$$

（3）具体计算公式如下：

矫正系数　　　　　　　　　　　　$C = \dfrac{T^2}{k^2}$

总平方和　　　$SS_T = \sum_1^k \sum_1^k (x - \overline{x})^2 = \sum_1^{k^2} x^2 - C$

横行区组平方和　$SS_h = k \sum_1^k (\overline{x}_r - \overline{x})^2 = \dfrac{\sum_1^k T_r^2}{k} - C$

竖行区组平方和　$SS_s = k \sum_1^k (\overline{x}_c - \overline{x})^2 = \dfrac{\sum_1^k T_c^2}{k} - C$

处理平方和　　　$SS_t = k \sum_1^k (\overline{x}_t - \overline{x})^2 = \dfrac{\sum_1^k T_t^2}{k} - C$

误差平方和　　　　　　$SS_e = SS_T - SS_t - SS_h - SS_s$

处理均方　　　　　　　　　　　$s_t^2 = \dfrac{SS_t}{k-1}$

误差均方　　　　　　　　　$s_e^2 = \dfrac{SS_e}{(k-1)(k-2)}$

（4）F 测验：　　　　　　　　　$F = \dfrac{s_t^2}{s_e^2}$

根据 $v_1 = k-1, v_2 = (k-1)(k-2)$，查 F 表得 $F_{0.01}$ 和 $F_{0.05}$，若 $F > F_{0.05}$，处理间差异显著；若 $F > F_{0.01}$，处理差异极显著；若 $F < F_{0.05}$，处理无显著差异。

4.4.6.5　二裂式裂区试验的统计分析

裂区试验的统计分析采用多因素方差分析，但误差自由度要分解为主区误差自由度和副区误差自由度。设主因素有 a 个水平，副因素有 b 个水平，有 n 个区组。

（1）相应各项变异的自由度为：

区组自由度　　　　　　　　　　$\mathrm{d}f_R = n-1$

A 因素自由度　　　　　　　　　$\mathrm{d}f_A = a-1$

主区误差自由度　　　　　　　$\mathrm{d}f_{ea} = (a-1)(n-1)$

主区总变异自由度 $\qquad df_a = an - 1$

B 因素自由度 $\qquad df_B = b - 1$

A×B 自由度 $\qquad df_{ea} = (a-1)(b-1)$

副区误差自由度 $\qquad df_{eb} = a(n-1)(b-1)$

副区总变异自由度 $\qquad df_b = abn - 1$

（2）具体计算公式：

矫正系数 $\qquad C = \dfrac{T^2}{abn}$

总平方和 $\qquad SS_T = \displaystyle\sum_1^a \sum_1^b \sum_1^n (x - \bar{x})^2 = \sum_1^{abm} x^2 - C$

区组平方和 $\qquad SS_R = ab \displaystyle\sum_1^a (\bar{x}_r - \bar{x})^2 = \dfrac{\displaystyle\sum_1^{bn} T_r^2}{ab} - C$

主处理平方和 $\qquad SS_A = bn \displaystyle\sum_1^a (\bar{x}_A - \bar{x})^2 = \dfrac{\displaystyle\sum_1^{bn} T_A^2}{bn} - C$

主区误差平方和 $\qquad SS_{ea} = \displaystyle\sum T_{AR}^2 - C - SS_A - SS_R$

处理平方和 $\qquad SS_t = \dfrac{\displaystyle\sum_1^{ab} T_{AB}^2}{n} - C$

副处理平方和 $\qquad SS_B = an \displaystyle\sum_1^{an} (\bar{x}_B - \bar{x})^2 = \dfrac{\displaystyle\sum_1^{an} T_B^2}{an} - C$

A×B 平方和 $\qquad SS_{AB} = SS_t - SS_A - SS_B$

副区误差平方和 $\qquad SS_{eb} = SS_T - SS_R - SS_A - SS_B - SS_{AB} - SS_{ea}$

区组均方 $\qquad s_R^2 = \dfrac{SS_R}{n-1}$

主处理均方 $\qquad s_A^2 = \dfrac{SS_A}{a-1}$

主区误差均方 $\qquad s_{ea}^2 = \dfrac{SS_{ea}}{(a-1)(n-1)}$

副处理均方 $\qquad s_B^2 = \dfrac{SS_B}{(b-1)}$

A×B 均方 $\qquad s_{AB}^2 = \dfrac{SS_{AB}}{(a-1)(b-1)}$

副区误差均方
$$s_{eb}^2 = \frac{SS_{eb}}{a(b-1)(n-1)}$$

（3）F 测验：

区组间
$$F_R = \frac{s_R^2}{s_{ea}^2}$$

主处理间
$$F_A = \frac{s_A^2}{s_{ea}^2}$$

副处理间
$$F_B = \frac{s_B^2}{s_{eb}^2}$$

A×B 间
$$F_{AB} = \frac{s_{AB}^2}{s_{eb}^2}$$

根据 v_1＝相应各项自由度，v_2＝误差自由度，查 F 表得 $F_{0.01}$ 和 $F_{0.05}$，若 $F > F_{0.05}$，差异显著；若 $F > F_{0.01}$，差异极显著；若 $F < F_{0.05}$，无显著差异。

4.4.6.6 正交试验的统计分析

正交试验结果可以用正交表来分析，其分析方法有极差分析法和方差分析法。

（1）极差分析法。根据某因素不同水平间试验结果的差异（极差）大小，确定其效应大小。如果水平间极差大，说明该因素的变化对病害的影响就大，可以认为该因素很重要。

（2）方差分析法。方法同多因素随机区组试验的方差分析。

4.4.7 水稻遗传多样性控制稻瘟病田间试验设计方案

4.4.7.1 不同种植模式对稻瘟病的控制效果研究

以一个矮秆杂交稻品种汕优 63 和一个高秆优质稻品种黄壳糯为试验材料研究在不同种植模式下对稻瘟病的控制效果，设置黄壳糯：汕优 63 的行比为 1：0、1：1、1：2、1：3、1：4、1：5、1：6、1：8、1：10 和 0：1 等 10 个处理，3 次重复，共 30 个试验小区，小区面积为 3.75 m×3.6 m＝13.5 m²。

本试验只有一个因素，即种植模式，设 10 个水平，要求重复内各小区按随机区组排列。首先将以下处理 1：0、1：1、1：2、1：3、1：4、1：5、1：6、1：8、1：10 和 0：1 分别给定 1～10 的代号，从随机数字表中第 20 行依次读取 2 位数为 75，88，41，29，52，84，31，89，51，08，72，30，56，46，20，91，31，88，98，72，45，37，58，54，36，除去 00 后凡大于 10 的数均除以 10 后所得余数并将重复数字除去所得随机排列为 5，8，1，9，2，4，10，6，5，7，即为 10 个处理在第一区组内的排列次序；从随机数字表中第 25 行依次读取 2 位数为 68，08，90，11，22，51，11，17，23，73，06，90，27，43，73，96，19，99，70，17，41，27，32，15，46，除去 00 后凡大于 10 的数均除以 10 后所得余数并将重复数字除去所得随机排列为 8，10，1，2，7，3，6，9，5，4，即为 10 个处理在第二区组内的排列次序，其中最后一个数字 4 为前 9 个数字查出后自动决定的；从随机数字表中第 35 行依次读取 2 位数为 98，40，96，61，62，95，76，34，74，20，20，79，26，15，27，20，44，13，94，35，11，85，94，15，67，除去 00 后凡大于 10 的数均除以 10 后所得余数并将重复数字除去所得随机排列为 8，10，6，1，2，5，4，9，7，3，即为 10 个处理在第三区组内的排列次序；田间小区排列见图 4.24。

4.4.7.2　不同品种组合混合间栽对稻瘟病的控制效果研究

选用两个杂交稻品种汕优 63 和汕优 22,两个糯稻品种黄壳糯和紫糯,按 6∶1 混合种植。设置了 8 个处理:1(汕优 63/黄壳糯)、2(汕优 63/紫谷)、3(汕优 22/黄壳糯)、4(汕优 22/紫谷)、5(汕优 63 净栽)、6(汕优 22 净栽)、7(黄壳糯净栽)、8(紫糯净栽),3 次重复,共 24 个试验小区,每个小区 20 m²。

本试验只有一个因素,即品种组合,设 8 个水平,随机数字的选择和田间小区的排列方法同 4.4.7.1。

4.4.7.3　不同品种组合的种植模式研究

选用一个杂交稻品种汕优 63,两个糯稻品种黄壳糯和紫糯,品种组合设置了 5 个水平:汕优 63/黄壳糯、汕优 63/紫谷、汕优 63 净栽、黄壳糯净栽和紫糯净栽;每个品种组合的混栽模式设置 5 个水平,1∶3、1∶4、1∶5、1∶6、1∶8,净栽只设置一个水平;形成 13 个处理,3 次重复,共 39 个试验小区,每个小区 20 m²。

本试验有两个因素,即品种组合和种植模式,各有 5 个水平,由于两因素同等重要,所以采用随机区组设计。先将 13 个处理按 1~13 编号,1(汕优 63∶黄壳糯=1∶3)、2(汕优 63∶黄壳糯=1∶4)、3(汕优 63∶黄壳糯=1∶5)、4(汕优 63∶黄壳糯=1∶6)、5(汕优 63∶黄壳糯=1∶8)、6(汕优 63∶紫糯=1∶3)、7(汕优 63∶紫糯=1∶4)、8(汕优 63∶紫糯=1∶5)、9(汕优 63∶紫糯=1∶6)、10(汕优 63∶紫糯=1∶8)、11(汕优 63 净栽)、12(黄壳糯净栽)、13(紫糯净栽),随机数字的选择和田间小区的排列方法同 4.4.7.1。

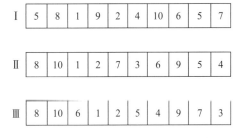

图 4.24　不同种植模式对稻瘟病的控制效果试验田间小区排列

参考文献

方中达. 1998. 植病研究方法. 北京:中国农业出版社.

马育华. 1996. 田间试验和统计方法. 北京:中国农业出版社.

孙广宇,宗兆锋. 2002. 植物病理学实验技术. 北京:中国农业出版社.

许志刚. 1993. 普通植物病理学实验指导. 北京:中国农业出版社.

姚克敏,简慰民,郑海山. 1995. 农业气象试验研究方法. 北京:气象出版社.

袁志发,周静芋. 2000. 试验设计与分析. 北京:高等教育出版社.

4.5　作物多样性种植增加土地利用率和产量的判识和统计方法

中国是一个农业大国,13 亿人口只有 18 亿亩耕地,人多地少的问题突出。在我国"十一五"规划纲要中明确提出,到 2010 年末全国耕地面积必须确保不低于 18 亿亩这条红线。然而耕地面积随着城市化进程推进还在日益减少,如何满足持续增长的粮食需求,解决粮食安全问题已经成为中国农业面临的大问题。

提高农业土地利用率,增加单位面积耕地的产出成为解决这一问题的重要途径。农作物多样性种植,包括复种(multiple cropping)、套作(relay strip intercropping)、间作(intercropping)、混作(mixture cropping)及轮作(rotation cropping)可充分高效利用耕地,提高土地利用效率,也是耕作学研究的主要内容。与单一栽培模式相比,作物多样性种植模式下往往能获得更高的产量和稳定性。不同种植模式对产量的贡献,主要存在几个可能的机制。

互补作用(complementarity):产量效益来自于栽培品种地上和地下部分对能源(光、温、矿质营养等)利用的互补性。对于种间间作(interspecific mixtures),不同作物间利用能源在空间和时间不同,这样就比单独种植时较少竞争。互补作用往往发生在间作作物的生育期有一定差异的情况下,因为这种情况下它们错开了对能源需求的时间。

补偿作用(compensation):作物间的补偿与它们竞争能力不同有关。有时会发生一个作物产量增加而另外一个却降低了,但并不影响总产量。抗病作物的补偿性分蘖往往在病害发生的早期就可以观察到,甚至可提前到病害还没有发生时,而且当作物植株高度有差异时也会发生补偿效应。

促进作用(facilitation):促进作用指一种作物的存在有利于另外一种作物的形态建成或者生长发育。A 作物可使 B 作物获利,比如改善田间小气候、提供物理屏障或直接提供病虫害保护机制,甚至改善水分的保持能力。在水稻多样性间栽试验中,这种促进作用得到了很好的验证,即矮秆品种(杂交稻)对高秆品种(地方品种或糯稻)提供了抗倒伏的物理支撑,大大降低了高秆品种的倒伏率。

采用合理科学的指标、可靠的数理统计分析方法来评价多样性种植模式下对土地利用率和产量的贡献是研究作物多样性种植效应评价首先应解决的关键问题。

4.5.1　指数评价方法

4.5.1.1　复种指数或种植指数

复种指的是同一田地上一年内连续种植两季或两季以上作物,或是一个生产年度内收获两季或多季作物的种植方式。复种指数(multi-cropping index)是我国农业生产力评价中广泛应用的一个指标,即用耕地上全年内农作物的总播种面积与耕地面积之比(百分比)来评价对耕地利用的程度。计算公式为:

$$复种指数 = 全年播种(或移栽)作物的总面积/耕地总面积 \times 100\%$$

一般情况下,指某行政区划一年内的播种面积与耕地面积的比值。中国复种的耕地面积约占全国耕地面积的一半,复种的播种面积占总播种面积的 1/2。中国南方水热条件好,耕地利用率高,挖掘潜力也比较大,在浙江、福建、江西、湖北、湖南、广东等省,复种指数均在 200% 以上。复种种类,复种指数的高低受当地热量、土壤、水分、作物熟制、肥料、劳力和科学技术水平等条件的制约。因地制宜提高复种指数可充分利用有限的光、热、水、肥,扩大作物播种面积,挖掘耕地利用潜力和提高农作物总产量。随着国家一些重大基础研究项目(863、973)、公益性行业专项计划及各种重点项目在农作物多样性种植理论和实践推广方面的研究和实施,越来越多的复种模式得到了生产实际应用,大大提高了复种指数。在云南,多样的自然条件造就了多样的复种模式,包括:玉米(马铃薯)-蔬菜-小麦,玉米(大豆)-蔬菜-小麦,甘蔗-玉米-蔬菜,水稻-小麦,烟草-玉米,烟草-马铃薯,烟草-蔬菜,烟草-豆类-蔬菜等,形成粮粮、粮烟、粮油、粮菜、粮蔗、粮果六大类多样性种植模式。种植模式多样化程度可间接反映某行政区划复种指数的高低。

在实际工作中,某行政单元的复种指数一般是在行政区划内通过抽样统计来获取原始数据,经分析计算得到复种指数,由于样本量较大,通常需要投入大量的人力、物力。随着3S技术(remote sensing,RS;geography information systems,GIS;global positioning systems,GPS)应用的日益广泛,尤其是遥感技术日渐成熟,国内外学者开始致力于发展基于遥感数据、能够实现快速获取数据并探索科学算法方面的研究。

提高复种指数无论对于耕作学还是农业生产均具有重要意义。然而,复种指数只是反映出单位面积上重复种植农作物的次数,不能反映复种的效果。科学评价不同复种方式的效果,单凭复种指数的高低是不够全面的。

4.5.1.2 复种当量

1. 复种当量的概念和表述

复种当量(sequential cropping equivalent,SCE)指1年内单位面积复种农田的产量或产值与相同地块上复种的各作物单作一熟产量或产量的算术平均数的比值。即:

复种当量=复种农田单位面积的产量或产值/相同地块复种各作物单作一熟产量或产值的算术平均数。

2. 复种当量的计算

根据复种当量的生物学本质,其计算公式可表达为:

$$SCE = \sum_{i=1}^{n} Y_i / \sum_{i=1}^{n} (Y_i/n) = \left(\sum_{i=1}^{n} Y_i / \sum_{i=1}^{n} Y_i' \right) \times n$$

式中:Y_i为复种农田各作物单位面积的产量或产值;Y_i'为复种的各作物单作一熟单位面积的产量或产值;n为复种农田种植或收获的次数;i为复种的各种作物。

SCE大小反映复种与单作一熟农田产量或产值间的关系。

$0 < SCE < 1$,说明复种农田的产量或产值低于单作一熟,复种表现为减产或减收,生产上不宜采用;

$SCE = 1$,说明复种农田的产量或产值与单作一熟相同,生产上可采用;

$SCE > 1$,说明复种农田的产量或产值高于单作一熟,复种表现为增产增收,生产上宜采用。

4.5.1.3 土地当量比

由于作物种类、熟制的不同,系统客观评价不同栽培模式下的土地利用率一直备受农学家或耕作学家所关注。早在20世纪60年代就开始出现了针对产量增长效应评价的方法,即生态标准(ecological criteria)和农学标准(agronomic criteria)。

1. 生态标准

相对产量总值(relative yield total,RYT)首先由de Wit(1960)提出,随后又进行了详细

描述(1965)。其定义为:在一个多种植物共存的生态系统中,各植物生物产量与其单作时生物产量比值之和。生态产量总和指数计算公式为:

$$RYT = \frac{Y_{ij}}{Y_{ii}} + \frac{Y_{ji}}{Y_{jj}} + \cdots$$

式中:Y_{ii} 和 Y_{jj} 分别为作物 i 和作物 j 单作时单位面积生物产量(biomass yields);Y_{ij} 和 Y_{ji} 分别为间套作各自的产量。

RYT 等于 1 说明间套作的两种作物利用相同的有限资源(光、水、肥等),即存在竞争作用。这种情况当单作和间套作密度较低时也会出现,即消除了互相之间的竞争作用(competition)。而当 $RYT=2$ 时,说明两种作物不存在竞争作用。RYT 值介于 $1\sim2$ 说明二者存在部分竞争。$RYT<1$ 时表明二者之间存在抑制作用,如化感作用(allelopathy)的存在会互相干扰正常生长,导致搭配种植是单位面积产量下降,说明二者之间不宜搭配种植。RYT 值超过 2 时说明间套作的两种作物互相之间可极大地促进生长,但这种情况较少出现。

RYT 与 LER 提法不同,但本质是一样的。RYT 更多地应用于生态群落演替、物种竞争、替代种植等生态学领域中物种之间竞争能力的评价指标。

2. 农学标准

评价和应用产量效应最广泛的指标是土地当量比(land equivalent ratio,LER),字面描述为 "the ratio of the area under sole cropping to the area under intercropping needed to give equal amounts of yield at the same management level",即在同等管理水平条件下,单作面积与获取同等产量间作作物所需耕地面积的比值。这一概念最早由 Willey 和 Osiru (1972)提出。

$$LER = \sum_{i=1}^{m} \frac{Y_i}{Y_i'}$$

式中:m 为作物数;Y_i 为单位面积内间作、混作中第 i 个作物的产量;r_i' 为同等面积内单作时第 i 个作物的产量。LER 与 RYT 在计算上几乎是一样的,但 LER 的单位面积产量表述为谷物产量(grain yield)或经济学产量(economic yield),而不是生物产量。实际应用中,LER 值为 1 说明,无论是单作还是间套作获得的经济学产量是一样的;LER 值等于 1.2 表明,要获得与间套作相同的产量,单作需要额外 20% 的土地面积。

Willey 和 Osiru 提出土地当量比的概念和计算方法,从文字表述可看出是用于间作模式下的土地利用率评价。因此,绝大多数有关利用土地当量比指标进行作物对肥料利用方面的评价主要集中于间作模式。在农业生产中,由于地域和作物熟制的差异,多样性种植模式中多个作物种群不仅存在着时间上的不同组合,而且存在着时间和空间上的二维组合。多个作物群体对同一农田环境资源空间集约利用以及在不同田区间、不同季节与年际间对环境资源的时间集约利用形成多种作物群体类型,不同作物群体对资源环境具有不同的利用特征。但无论何种种植模式,只要采用合理的试验设计和计算方法,土地当量比均可揭示各种种植制度中普遍存在的客观规律或其内在本质。当然,不同的种植方式因其对时间与空间利用的程度和方式不同,土地当量比各参数的表现形式会略有差异,但其本质和内涵是相通的,因此,从资源和空间利用的角度看,不管是复种套作、间混作还是轮作、连作都具有相似的生物学本质,因此土地当量比应用不仅仅局限于间作,也可以用于评价其他任何作物的任何种植方式的土地利用效率。

3. 间套作的土地当量比算法

(1) 对照设置。间作一般是按作物高矮来进行搭配、在空间上实现高效利用资源的模式，如光能的利用，同时可显著提高边行效应。因此，可根据作物生物学特性的差异进行搭配，如万寿菊喜阳、当归喜阴，一高一矮正好满足不同作物对光能的需求。由于间作作物的共生期较长，因此间作作物应首先考虑利用不同作物生物学特性上的互补性。评价间作的土地当量比，应以单作为对照，间作群体一般由2种或2种以上作物组成，所以对照群体也应该是相应的单作。

(2) 权重分析。一般情况下，间作的不同作物占地面积有较大差异，各自作物不是以同等的群体参与单位面积土地的产出，即各作物在间作中占的权重不一样。因此，为了科学、准确地评价间作的土地当量，需对参与间作的作物面积进行定量。由于间作一般采用比较规律的条播方式栽培，可以方便计算出每种作物占有的土地面积。如果间作的是同种作物的不同品种，间作群体内作物占有耕地的面积可用行比来计算，如杂交稻与水稻地方品种的多样性种植即可采用行比来定量，如4:2，4:4等。而玉米、马铃薯间作虽然普遍采用二套二或二套四，但由于采用的是宽窄行，因此不宜简单采用行比来定量马铃薯或玉米的占地系数。即根据播幅宽度来具体计算马铃薯或玉米在间作单位面积中所占的比例（权重）。不同种类的作物间作，应综合考虑播幅和行比，分别计算出各自作物的占地系数。

(3) 间套作评价指标及计算公式。根据土地当量的本质，可以采用间作当量来评价间作效果。间作当量（intercropping equivalent，IE）是指间作农田单位面积产量或产值与相同地块间作各作物单作产量或产值加权平均数的比值。

间作当量的计算公式：

$$IE = \sum_{i=1}^{n} Y_i / \sum_{i=1}^{n} (Y_i' \times K_i)$$

式中：Y_i 为单位面积内间作群体各作物产量或产值；Y_i' 为单位面积内间作的各作物单作时产量或产值；K_i 为间作的各作物的占地系数；n 为间作各作物的种类或数量；i 为间作群体中的各作物。间作当量可用产量间作当量或产值间作当量表示，这取决于比较参数类型。

4. 复种的土地当量比算法

(1) 对照设置。复种是充分利用光、温等自然资源优势而实现一年内多季作物的产出，即多熟制。根据作物生育季节间的差异，从时间上集约利用资源。如南方双季稻地区、蔬菜等短季作物均属于相同作物的复种方式。而更多的情况是不同作物在一年内的复种。因此，评价复种土地利用效率必须以相同田块相同作物单作一熟为对照。复种农田通常是一年内种植多种（季）作物，其对照即为多熟的作物。

(2) 权重分析。复种是按作物生长季节时间次序依次种植，复种多熟与单作一熟采用相同的种植规格和种植面积，所以也应由组成多熟各作物的单作一熟作为对照，并采用相同的权重进行计算。

(3) 复种评价指标与计算方法。复种土地当量比（LER）的计算公式为：

$$LER = \sum_{i=1}^{n} Y_i / Y_i'$$

式中：Y_i 为单位面积内复种农田各作物的产量或产值；Y_i' 为单位面积内与复种相应的各作物

一熟时的产量或产值;n 为复种农田种植或收获的次数;i 为复种的各种作物。

复种当量(sequential cropping equivalent,SE)是指一年内单位面积复种多熟农田的作物产量或产值与相同地块上与复种相应的各作物一熟时产量或产值的算术平均数的比值。

复种当量的计算公式为:

$$SE = \sum_{i=1}^{n} Y_i / \sum_{i=1}^{n} Y_i' / n$$

复种当量可分为产量复种当量和产值复种当量。若以作物产量为比较参数,则为产量复种当量;若以作物产值为比较参数,则为产值复种当量。

5. 轮作的土地当量比算法

(1)对照设置。在同一块田地上,有顺序地在季节间或年间轮换种植不同作物的一种种植方式。轮作是用地养地相结合的一种传统栽培措施。其本质是利用不同作物生物学特性间的互补性,即各种作物从土壤中吸收各种养分的数量和比例各不相同。通过不同作物年际间相互轮换倒茬,均衡高效地利用以肥、水、生物等为核心的土壤资源。同时,合理轮作可有效减轻病、虫、杂草危害,培肥地力。如典型的水-旱轮作可有效减轻多种有害生物的危害。轮作效果定量评价的对照应为组成轮作的作物在同类田块上连作。

(2)权重分析。轮作与复种的种植方式具有一定相似之处,复种突出特点是以一年内重复种植次数为主要考量指标,一般重复次数越多,复种指数也越高。而轮作主要体现在轮作周期,即包括了所有参与种植的农作物。但本质上,轮作与复种间作等种植方式同样可以用应用土地当量比、产量当量、产值当量等不同量化指标对其效果进行定量评价,只需将轮作周期理解为一年即可。

(3)轮作评价指标与计算方法。土地当量比也可评价轮作的土地利用效率,轮作土地当量比是指获取与轮作单位面积同等产量,相同作物连作所需的土地总面积。不同的轮作方式与轮作周有关,计算土地当量比时轮作的各作物产量与复种间作略有变化,但本质相同。轮作土地当量比的计算公式如下:

$$LER = \sum_{j=1}^{m} \left(\sum_{i=1}^{n} Y_{ij} / \sum_{i=1}^{n} Y_{ij}' \right)$$

式中:Y_{ij} 为不同年份各作物轮作单产;Y_{ij}' 为不同年份各作物连作单产;i 为轮作或连作的某一年份;j 为轮作或连作中的各种作物;n 为轮作或连作的年限;m 为轮作或连作中作物的数量。

轮作当量(rotation equivalent,RE)是指轮作周期内各轮作区不同作物的总产量或总产值与同一周期内各连作区不同作物的总产量或总产值的比值。其计算公式为:

$$RE = \sum_{i=1}^{n} \sum_{j=1}^{m} Y_{ij} / \sum_{i=1}^{n} \sum_{j=1}^{m} Y_{ij}'$$

式中:各字符与轮作土地当量比公式一致。

6. 其他评价指标与算法

(1)竞争比率(competitive ratio)。间套作或混作中,两种或两种以上的作物共同利用同一资源,存在资源竞争关系,两种作物间的竞争可以用竞争比率来评价。作物 A 的竞争比率可用下式计算:

$$CR_A = \left(\frac{Y_{SA}}{Y_{1A}} \Big/ \frac{Y_{SB}}{Y_{1B}}\right) \times \frac{Z_{BA}}{Z_{AB}}$$

式中：Z_{BA}为在 A 与 B 的间作中作物 A 的比例；Z_{AB}为作物 B 的比例。该计算公式的本质：与单作相比，竞争比率就是一种作物干物质（产量）的增加或减少与另一种作物干物质的增加或减少的比率，再用占地系数加以校正。如果$CR_A > 1$，说明作物 A 的竞争能力强；相反，如果$CR_A < 1$，则说明作物 A 的竞争能力弱。

（2）相对价值总量（relative value total）。在 LER 计算中，可采用作物产量作为参数之一，但由于农作物之间存在异质性，即价值存在较大差异，采用产量计算多样性种植模式的土地当量值不够全面，因此，LER 的计算也可以换算成产值加以计算。

另外，也可用相对价值总量将两种不同的作物联系起来。针对任一种间套作方式，其相对价值总量 RVT 可用下式计算：

$$RVT = (V_{1A} + V_{1B})/V_S$$

式中：V_{1A}和V_{1B}为间作作物 A 和 B 的产值，V_S为适当的单作作物产值，一般应该是较高的单作作物产值。$RVT > 1$ 说明间套作优于相应的单作，产值更高，相反，产值低。

（3）间作重置价值（replacement value of intercropping，RVI）。与 RVT 算法稍复杂但更科学的算法是间作重置价值RVI，这种算法的优势在于，在设计间套作模式时将成本变量考虑在内，可以得到净产出。其计算公式为：

$$RVI = (V_{1A} + V_{1B})/(V_S - C)$$

式中：V_{1A}、V_{1B}、V_S定义与 RVT 一致，C 为与单作有关的成本变量，包括单位面积投入的劳力、物资、化肥等成本。由于市场因素，C 值不是一个定值，在不同试验周期中会出现出入。

（4）其他价值计算指数。除了在 LER、RVT 和 RVI 计算中会利用作物价值外，还有一些利用作物间作和单作的价值计算的指数，如货币优势 MA（monetary advantage）、有效货币优势 EMA（effective monetary advantage）和主要作物货币优势 SMA（staple MA）等。

4.5.2　多元统计分析方法

农作物多样性种植模式与单作模式相比，作物既存在种内竞争，也存在种间竞争。即农作物多样性种植是在二维的时间和空间上进行，这种时间或空间因素会使作物产量间具有某种相关关系，当竞争作用大于促进作用，引起负相关，相反，当肥水充足，环境适宜时，二者会出现正相关。因此，不论是采用产量还是价值来计算以上提到的指数，其本质都是将两种或两种以上作物的产量结合成一个单一的指数，这会造成部分信息的叠加或丢失，因此，进行农作物间套作生物学关系研究时，应该注意间套作中获得的数据是二元或多元的，必须运用多元统计分析方法才能作出客观真实的评价。双变量方差分析方法就是一种适用于二种作物间套作的统计分析方法。

双变量分析法是对一个试验中各小区的两种作物的产量成对进行分析的方法，由对 X_1（作物 A 的产量）、X_2（作物 B 的产量）的方差分析以及对 X_1 和 X_2 的协方差分析所组成。

以 V_{11}、V_{22}分别代表 A 和 B 的误差方差，V_{12}代表两作物误差的协方差，V_{11} 和 V_{22} 是相互

校正后作物 A 和 B 的误差方差:

$$V_{11'} = V_{11} - V_{12}^2 / V_{22} ; V_{22'} = V_{22} - V_{12}^2 / V_{11}$$

且有

$$Y_1 = X_1 / \sqrt{V_{11}} ; Y_2 = (X_2 - V_{12} X_1 / V_{11}) / \sqrt{V_{22}}$$

Y_1 与 Y_2 是两个新变量且相互独立。

图形表示方法一种是将所有 X_1 和 X_2 转换成 Y_1 和 Y_2,然后用 Y_1 和 Y_2 的数值在直角坐标描点绘图,表示处理的效应。一种是根据 X_1 和 X_2 的相关性,用斜坐标系描点,表示 X_1 变化会伴随 X_2 的变化。两斜轴(正向之间的最小)夹角 θ 的余弦是 X_1 与 X_2 的相关系数,即 $\cos\theta = V_{12} / \sqrt{V_{11}V_{22}}$。若 X_1 与 X_2 呈正相关,则 $90° < \theta < 180°$;若二者呈负相关,则 $0° < \theta < 90°$。

双变量分析有几种显著性检验方法:①计算每一个均值的不显著区域。结果应该画在斜坐标系中,其坐标轴的刻度应该使不显著区域成为圆,其半径为 $\sqrt{2F_\alpha/n}$,F_α 是自由度为 2 和 e(误差自由度)在 α 显著水平时的临界 F 值;从单作中得到的预期产量也可以计算并画出来,它们是直线。如果在一定间作方式下,其产量均值的不显著区域不与预期产量直线相交,则说明该种间作方式与单作作物的任何组合都有显著差别;如果不显著区域落在直线上,则说明在该种间作方式下的产量比单作作物的任何组合的预期产量都高。②对双变量进行 F 检验。假定误差平方和以及积差和分别为 E_1、E_2 和 E_{12},则误差项的确定系数 $D = E_1 E_2 - E_{12}^2$,它反映了 E_1 和 E_2 两个误差平方和的大小以及 X_1 和 X_2 之间线性相关的程度。为了比较处理差异,还需要计算 L 值:

$$L = \frac{(T_1 + E_1)(T_2 + E_2) - (T_{12} + E_{12})^2}{D}$$

式中:T_1 和 T_2 分别为 X_1 和 X_2 的处理平方;T_{12} 为处理差积和,则

$$F = (\sqrt{L} - 1)e/t$$

服从自由度为 $2t$ 和 $2(e-1)$ 的 F 分布;t 是处理自由度;e 为误差自由度。据此,即可进行 F 检验。

4.5.3　农业多样性种植中土地利用率评价需注意的问题

4.5.3.1　土地当量比本质的认识

土地当量比是以多样性种植的作物产量为参数,以作物单作为对照,客观地评价不同种植方式土地利用效率高低、土地利用状况优劣的重要指标。

提出土地当量比的概念尽管比较早,但由于研究人员在理解上的差异,导致在应用该指标时采用不尽相同的算法,而且在正式出版的文献对土地当量比的定义也存在差异,致使对同一生产过程采用不同公式计算,其土地当量比值各异,甚至出现相左的结论。因此,统一对土地当量比的认识,无论在理论上还是在指导作物生产上均具有重要的意义。

目前在多熟种植中应用较为广泛的复种指数,只能反映出复种多熟对土地的利用次数及状况,并不能反映出对土地的利用效率。因此,与复种指数相比,土地当量比对作物种植方式

土地利用效率的评价具有客观性。

4.5.3.2 评价过程中对照设置

农作物多样性种植方式多种多样,应根据具体方式设置可靠的参照,即单作方式,并且应当安排在同一田块、同一年度或周期内,这样结果才有可比性。因此,在作物组成相同的情况下,不同种植方式土地当量比的可比性受田块限制,相同田块上具有可比性,不同田块上则不具可比性。

4.5.3.3 间套作计算公式中的权重确定

各农作物在特定模式中占用的空间存在差异,尤其是间套作,因此,应根据作物在不同栽培模式中的权重(占地系数)来计算其单位面积产量,而不是简单地利用原始数据推算亩产,许多情况下也不宜直接用行比进行计算,因为两种作物播幅不同,占用的空间也不一样。

4.5.3.4 土地当量比计算指标的选择

土地当量比这一概念提出时是以作物产量作为考量指标,即多样性种植模式下各作物亩产与单作亩产的比较分析。现有的文献报道也主要是采用这一指标,但由于农作物之间存在异质性,即收获的农作物产品价值存在较大差异,因此国内也有人提出了产值当量比和能量当量比(农作物产品的燃烧热)的概念和算法,算是对常规土地当量比算法的补充和完善,可加以选择应用。

参 考 文 献

蔡承智,高军,陈阜. 2003. 土地当量比(LER)的计算校正探讨. 耕作与栽培,5:18-20.

刘玉华,张立峰. 边秀举. 1999. 土地当量比计算方法的改进与应用. 河北农业大学学报,2(2):19-21.

刘玉华,张立峰. 2005,不同作物种植方式产出效果的定量评价. 中国农业科学,38(4):709-713.

刘玉华,张立峰. 1998. 土地当量比和复种指数的应用研究. 沈阳农业大学学报,29(3):220-223.

唐劲驰,Israael A Mboreha,佘丽娜,等.2005. 大豆根构型在玉米/大豆间作系统中的营养作用. 中国农业科学,38(6):1196-1200.

王秋杰,曹一平,张福锁,等.1998. 间套作研究中的统计分析方法. 植物营养与肥料学报,4(2):176-182.

De Wit,C T. 1960. On competition. Verslag Landbouwkundige Onderzoek,66:1-81.

De Wit,C T,van den Bergh J P. 1965. Netherlands. Jour. of Agric. Sci. ,13:212-221.

Moseley W G. 1994. An Equation for the Replacement value of Agroforestry. Agroforestry Systems,26:47-52.

Putnam D H,Herbert S J,Vargas A. 1985. Intercropped Corn-Soyabean Density Studies. Ⅰ. Yield Complementarity. Experimental Agriculture,21,41-51.

Willey R W,Osiru D S O. 1972. Studies on mixtures of maize and beans (Phaseolis vulgaris) with particular reference to plant population. Jour. of Agric. Sci. ,79:519-529.

第**5**章

农业生物多样性控制害虫的效应

生物多样性(biological diversity,缩写为 biodiversity)是指生物及其所在生态复合体的种类丰富度和相互间差异性,它至少包括 3 个层次的范畴,即基因多样性或遗传多样性、物种多样性和生态系统多样性。生物多样性是地球生物圈与人类本身延续的基础,具有不可估量的使用价值和潜在价值(陈灵芝和钱迎倩,1997)。

生物多样性对人类生存和发展的价值是巨大的。它提供人类所有的食物和许多诸如木材、纤维、油料、橡胶等重要的工业产品。中医药也绝大部分来自生物。人类生存与发展,归根结底,都依赖于自然界各种各样的生物。同时,生物多样性的生态功能价值也是巨大的,它在自然界中维系能量的流动、净化环境、改良土壤、涵养水源及调节小气候等多方面发挥着重要的作用。丰富多彩的生物与它们的物理环境共同构成了人类所赖以生存的生物支撑系统,为全人类带来了难以估价的利益。丧失生物多样性必然会引起人类生存与发展的根本危机。另外,千姿百态的生物给人以美的享受,是艺术创造和科学发明的源泉。人类文化的多样性很大程度上起源于生物及其环境的多样性。

生物多样性与害虫生态控制是目前国际上研究和探讨的热点问题。在生态恢复和环境监测方面,昆虫作为森林生态系统的重要组成部分,其生物多样性这一指标正在得到更多的关注和应用。然而对于生物多样性与害虫生态控制之间的相互关系,即多样性的高低如何影响害虫的控制?是否生物多样性高的生态系统害虫就不容易发生?生物多样性保护和害虫生态控制有哪些途径和措施等问题还没有定论,还在不断地发展。各个国家由于自身的历史、自然、经济和科技发展水平等方面的不同,在生物多样性与害虫生态控制方面的研究也各有侧重点。

生物多样性在多方面关系着有害生物的治理:①物种多样性增强生物群落和生态系统的稳定性,保护生物多样性尤其是保护和利用天敌调节生态平衡是控制有害生物危害的重要途径;②生态系统多样性表现为生境生物群落和生态过程的多样化和时空变动,要求有害生物治理工作必须因地因时制宜;③益害可转化,防治工作上的灭绝灭种提法不仅经济学上不可取,更与保存生物基因库目标相悖,故应提倡适度防治;④农业系统里作物种类和品种的多样化既

186

会增加有害生物防治的难度,合理搭配亦可成为有效的防治措施。基于上述分析,作者强调有害生物治理工作也必须树立生物多样性保护观念并积极利用生物多样性功能发展生态控制途径。

5.1 遗传多样性与作物害虫控制

遗传多样性是指不同基因组的变异性,即指地球上所有生物所携带的遗传基因的总和。基因是遗传多样性的物质基础,它们可以是同种的显著不同的种群,也可以是同一种群的遗传变异。

粮食生产受到病虫草鼠害的极大威胁,每年造成约15%的粮食损失。尽管病虫害发生与流行受环境的制约,但从根本上讲,是一种人为灾害。人类在改造自然的同时,过分利用少数物种资源的特定基因,打破了自然生态系中物种及其内部多样性而形成的生态平衡。未来农业的可持续发展,需要恢复和保护生态体系的相对平衡,主要途径就是利用生物和环境资源的多样性。

遗传多样性是地球上所有的微生物、植物、动物个体的基因库和遗传组成形式。农作物单一品种的长期大面积种植使农田遗传多样性和农田生态系统稳定性降低,导致害虫天敌大量减少,农作物虫害时有暴发(李正跃等,2009)。因此,应用生物多样性与生态平衡的原理,进行农作物遗传多样性、物种多样性的优化布局和种植,增加农田的物种多样性和农田生态系统的稳定性(Zhu et al.,2002),有效地减轻作物虫害的危害,已成为农业害虫防治的发展趋势(李正跃等,2009)。

农业区域内可通过空间布局多个品种或混合种植不同品种来增加农业种质遗传多样性。增加遗传多样性能够有效控制害虫和病害,主要是因为单个抗性基因没有抗性时,其他的抗性基因仍然能够起作用,达到整体抗性的效果。

5.1.1 人为选择性下的虫害演变

影响害虫演化的最重要因素是作为其食物的寄主作物品种的更换。品种抗虫性的改变,直接破坏了害虫的生存条件,迫使其通过种群遗传因子的改变获得新的生存能力。例如,小麦吸浆虫在20世纪80年代再次大发生,与同期推广小偃6号等感虫品种密切相关。由此可见,作物虫害的发生与流行,与人为选择下生产品种的培育和推广有密切关联,其深层次的原因则是相关推广品种的抗性基因过于单一所致。

5.1.2 中国作物资源的抗虫多样性

抗性品种的选用是虫害防治最经济有效的措施。选育和应用抗虫品种可减少投入、简便操作、不伤害天敌,对环境无污染,能与其他技术协调使用。利用品种的抗虫性是害虫综合防治中最重要的措施。因此,品种的抗虫性也就成为作物新品种选育的重要目标。抗虫性资源则是抗虫育种的物质基础(段灿星等,2003)。

我国作物资源抗病虫特性评价起步于 20 世纪 70 年代。1985 年以后,抗病虫鉴定评价进入国家科技攻关项目,形成了有较大组织规模、涉及内容广泛的作物抗病虫特性鉴定评价网络。粮食作物资源抗病虫特性鉴定评价共涉及 7 类作物 58 种病虫害,包括稻类(栽培稻、野生稻)4 病 3 虫、小麦及野生近缘植物 7 病、大麦 4 病、燕麦 2 病 1 虫、玉米 4 病、高粱 1 病 2 虫、谷子 5 病 2 虫、黍和稷 1 病、大豆 3 病、食用豆(绿豆、小豆、菜豆、蚕豆、豌豆、豇豆)13 病 6 虫。下面就以水稻为例介绍其害虫抗性资源的筛选与利用。

5.1.2.1　主要水稻害虫抗性资源的筛选和鉴定

1. 主要水稻害虫抗性资源的筛选和鉴定

我国的稻种资源丰富,也是栽培稻种植历史最悠久的国家之一。由于稻作地域广阔,生态环境多样,栽培历史悠久,形成了我国稻种资源丰富的多样性。稻种资源的意义多样性不仅在于水稻增产的贡献,更重要的在于丰富的遗传多样性可以满足应对环境、病虫害及稻米品质等诸多因素对于目前和未来水稻生产的挑战。因此,发现、收集和保存稻种资源具有重要意义(胡国文,1993)。

我国野生稻资源较系统的考察和收集活动始于 1936 年云南省昆明植物研究所在云南思茅、西双版纳一带的调查和收集工作。截至 2003 年,我国共收集、编目野生稻资源 7 739 份,其中原产中国的 7 181 份(普通野生稻 6 295 份,药用野生稻 712 份,疣粒野生稻 174 份),从国外引进 20 多份野生种及杂草种资源 558 份(程式华等,2007)。栽培稻资源系统的考察和收集工作始于 20 世纪初期,大规模的考察和收集活动包括 4 个阶段。我国栽培稻资源分地方品种、选育品种、国外引进品种、杂交稻"三系"资源和遗传标记资源共 5 部分。截至 2003 年,我国已收集编入国家稻种资源目录的栽培稻资源达 69 179 份。其中地方品种 52 421 份,现代育成品种 5 299 份,杂交稻"三系"(不育系、保持系、恢复系、杂交稻组合)资源 1 605 份,国外引进品种 9 734 份,遗传标记材料 120 份(程式华等,2007)。

中国野生稻资源含有丰富的褐飞虱、白背飞虱、稻瘿蚊、螟虫等抗性基因。"七五"和"八五"期间全国组织 20 多家单位参加的协作攻关规模最大,仅对褐飞虱、白背飞虱的抗虫性评价就收集和鉴定了 10 万份次以上的水稻材料,筛选出中抗至高抗褐飞虱或白背飞虱的材料 6 700 多份(程式华等,2007)。

(1) 水稻飞虱。我国对野生稻资源抗虫性的利用较集中在对褐飞虱抗性上(杨长举等,1999)。福建省农业科学院稻麦研究所利用杂交育种技术转移普通野生稻褐飞虱抗性,育成长晚 60。广西农业科学院曾对 15 015 份广西栽培稻品种资源进行了抗褐飞虱、白背飞虱的鉴定,获得抗性品种 194 份,占参试品种总数的 1.3%。其中抗褐飞虱 138 份,抗白背飞虱 56 份。选出对褐飞虱抗性表现稳定,成株期兼抗白背飞虱的多龙、懒禾等一批抗性材料。这些抗虫资源在水稻品种选育中得到广泛应用,并且稻飞虱的抗虫性已成为新品种选育、审定、推广的一个重要性状指标。迄今,抗褐飞虱、白背飞虱和稻瘿蚊的水稻品种已在生产上得到大面积推广,在对这些害虫的控制中发挥了重要作用。

(2) 二化螟、三化螟。1979—1984 年,周祖铭采用大田诱发初筛和网室接虫复鉴的方法,对 2 161 份湖南地方品种资源进行二化螟抗性鉴定,获得高抗(0 级)品种 3 份、抗(1 级)品种 35 份、中抗(3 级)品种 93 份。顾正远等(1989)测定了江苏省 47 个推广品种的二化螟抗性,发现 79122、武复粳 2 份中抗材料,认为粳稻对二化螟有较强的耐性,而籼稻较感虫。束兆林等 2000—2001 年对江苏省目前推广的 55 个主要水稻品种进行二化螟抗性测定和田间调查,从中筛选出中抗品种 3 份,耐虫品种 16 份,且粳稻的抗虫性优于籼稻,田间试验进一步验证了各品种对二化螟的抗耐性。

（3）稻瘿蚊。20 世纪 80 年代起,我国广东、广西等地先后开展了抗稻瘿蚊种质资源的筛选及利用,并取得一定成果。谭玉娟等(1988)从 5 163 份国内外栽培稻资源中,鉴定筛选出高抗稻瘿蚊的大秋其、大占等抗源。1984—1988 年,广西农学院和广西农业科学院合作,对 10 322 份广西稻种资源进行抗稻瘿蚊筛选研究,选出江潮、大红、大红谷等 18 份抗性品种,约占 0.17％,均为广西地方品种。1993—2002 年,韦素美等对 489 份国际稻品种（系）和 661 份广西水稻品种（系）及部分稻种资源进行稻瘿蚊（中国 4 型）抗性鉴定,发现 ARC14774、Guiaroi、虫矮占、林场谷、91-1A 等抗性品种 4 份,其中国际稻品种（系）23 份、广西水稻品种（系）18 份。

（4）稻纵卷叶螟。广西农业科学院、河南农业科学院、中国水稻研究所和浙江省农业科学院等单位,共同对 8 217 份国内外水稻种质资源进行了稻纵卷叶螟抗性鉴定,选出 132 份中抗品种。

2. 外源抗性基因

20 世纪 80 年代以来,基因工程技术的兴起和发展,为防治害虫开辟了一条崭新的途径。由于该方法具有安全、有效、可降低投资和减少环境污染等诸多优点,自 1987 年首次报道抗虫转基因植物以来,在该领域的研究方面取得了长足的进步。与此同时,通过利用基因工程手段解决水稻这一重要粮食作物的抗虫问题成为人们的共同目标。

目前应用于植物转化的外源抗虫基因根据其来源可分为三种类型:微生物来源的抗虫基因、植物来源的抗虫基因和动物来源的抗虫基因,而应用到水稻转化的主要是前两类。

（1）微生物来源的抗虫基因——苏云金芽孢杆菌毒蛋白基因。*Bt-toxin* 基因是目前世界上应用最为广泛的抗虫基因。它的表达产物可与昆虫中肠道刷状缘表皮细胞表面的特异受体结合,干扰钾 ATP 酶活性,造成离子渗漏,破坏细胞的渗透平衡,进而引起细胞肿胀和裂解,并最终导致昆虫死亡。利用 *Bt-toxin* 基因在水稻中的表达来控制螟虫危害。已有许多成功的报道。

（2）植物来源的抗虫基因——蛋白酶抑制剂基因。蛋白酶抑制剂（proteinase inhibitor,PI)是一类存在于某些植物中的蛋白质,它可与昆虫消化道内的蛋白消化酶相互作用,形成酶-抑制剂复合物(EI),由此抑制蛋白消化酶的活性。此外,蛋白酶抑制剂还可进入昆虫淋巴系统,干扰昆虫免疫功能和蜕皮过程。

（3）植物来源的抗虫基因——植物凝集素基因。植物凝集素（lectin)广泛分布于植物组织中,它能够与昆虫肠纹缘膜细胞的糖蛋白结合而影响昆虫对营养物质的消化吸收,同时,它还可在昆虫的消化道内诱化病灶,促使消化道内细菌的繁殖,对害虫消化道造成损伤从而达到杀虫的目的。研究表明,豌豆凝集素(p-Lec)和雪花莲凝集素（GNA)对某些害虫有很强的抗代谢作用,而对人、畜的毒副作用较小,饲喂结果表明,GNA 具有抗褐稻飞虱、叶蝉和蚜虫的作用。

5.1.2.2　抗性资源的利用方式

1. 常规抗虫水稻

目前主要采用杂交育种来获得抗性品种或品系。通常是用抗源与欲改良的亲本杂交,杂交后代置于害虫压力下进行筛选,不断淘汰感虫个体,逐代进行筛选,直至抗性稳定。如高抗稻瘿蚊品种抗蚊 2 号是以优质、抗白叶枯病的晚籼品种青丰占 31 和高抗稻瘿蚊的高秆晚籼农家品种大秋其杂交,对 F_2 进行大群体接虫筛选,选择抗虫植株建立株系,以后每年同步进行选育工作和抗虫筛选,经 4 年 7 代选育而成。

2. 转基因抗虫水稻

转基因抗虫水稻是利用 DNA 重组技术,将外源抗虫基因通过生物、物理或化学等手段导入水稻基因组,以获得外源抗虫基因稳定遗传和高效表达的水稻新品种。目前主要以水稻幼胚作为受体材料,利用基因枪轰击法或农杆菌介导法将外源抗虫基因如编码苏云金芽孢杆菌毒蛋白基因(Bt)、蛋白酶抑制剂基因和某些植物凝集素基因等导入受体材料获得转基因水稻植株(李桂英等,2003)。

5.1.2.3　抗虫水稻品种的抗虫机理

许多学者认为水稻对昆虫的抗性是多形式、多方面的,可能是拒食性、抗生性或耐害性中的一种或共同作用的结果。抗虫稻株对稻飞虱的副作用表现为影响其对寄主的趋性、摄食、食物的消化、生长、成若虫的存活、产卵能力与卵孵化率等行为反应。在接虫 2～5 h 内抗、感稻株上的成、若虫在数量上无明显差异,但在接虫 24～48 h 后稻飞虱成、若虫均对抗性品种表现出趋避性。褐飞虱在感虫品种上排泄的蜜露是抗虫品种上的 3～10 倍,食物的同化率较高,飞虱的体重增加,飞虱在抗感品种稻株上的取食量均随秧龄的增加而降低。褐飞虱在抗虫品种上的若虫存活率低、发育历期延长、虫体偏轻、羽化率低、种群增长指数小等。涂巨民等研究了稻株内过氧化物同工酶的酶带和酶带迁移率与水稻抗感品种的关系。许多学者认为温度和光照与品种抗性关系密切。俞晓平等(1989)认为抗白背飞虱稻株的抗性随秧龄的增加而加强,低温(25℃以下)不利于抗性品种的抗性表现。陈建明等(2000)研究证实抗性品种会对飞虱的危害作出某些防御性的生理反应。如稻株受害后其光合速率和叶绿素的含量均下降,稻株受害后保护酶活性和游离氨基酸成分发生变化。许跃等(1988)对稻株内游离氨基酸含量进行分析,认为抗虫品种丙氨酸的含量比感虫品种的低,故认为丙氨酸可能具有刺激白背飞虱产卵的作用。刘光杰等(2003)认为在白背飞虱体内可能存在着两种独立的、可控制食物摄入及摄入食物的消化和吸收的机制。

进一步研究抗性稻株认为这些稻株具有某些化学成分:挥发性次生物质和非挥发性次生物质。若为挥发性次生物质则主要影响昆虫对寄主的趋性反应,若为非挥发性次生物质则决定昆虫着落在寄主之上后是否继续取食、生长发育、产卵等。另外,稻株的营养物质对昆虫酶活性的抑制剂,可影响昆虫的正常生长和发育速度等。氨基酸中的甘氨酸、酪氨酸、赖氨酸对褐飞虱的生存率、发育进度、翅型分化和生殖力均有明显的影响。俞晓平等(1989)认为稻株内的总氮和游离氨基酸的含量与品种对白背飞虱的抗性呈显著的负相关。有些学者认为,抗性品种中所含的草酸,反乌头酸和水杨酸等化学物质可能影响虫体内蛋白质的代谢与合成。

水稻抗二化螟和三化螟鉴定初步认为叶鞘细胞的硅化程度与水稻对螟虫的抗性有很大的关系。伍月花等(2005)研究了不同水稻品种对三化螟的抗性,认为不同水稻品种,由于其组织结构上的差异,三化螟幼虫取食了这些不同的水稻后,上颚发生了不同程度的磨损,幼虫阶段所取得的营养量存在差异,特别是当取食了具有抗虫性的稻株后,可直接相应地影响到以后的蛹重、蛾重、蛾的怀卵量和卵粒的大小,从而对三化螟整个种群数量的发生趋势起着深远的影响。

害虫与寄主的相互关系是以往研究关注的主要内容,然而目前更多关注的是害虫之间的种间竞争和害虫-寄主-天敌三者的化学联系。有研究结果认为,褐飞虱和白背飞虱都喜欢取食对方取食后的稻株;而飞虱取食诱导稻株中游离氨基酸总量的上升以及各种氨基酸含量的变化与以后取食的稻飞虱的寄主的选择无必然的联系。武淑文等(2001)报道褐飞虱和白背飞虱共栖时,具有营养和空间的种间竞争,褐飞虱为优势种群。娄永根较为深入地研究了水稻品种、稻飞虱及其卵寄生蜂稻虱缨小蜂三者间的相互关系,发现稻虱缨小蜂利用稻株挥发性强的物质进行远距离的寄主定向,而利用弱挥发性物质进行近距离的寄主选择。在寄主卵的选择上,物理信息,如卵帽是否外露可能起主要作用(娄永根等,1999)。

5.1.2.4 利用抗虫品种存在的问题及对策

1. 转基因水稻的安全性

出于对转基因水稻的食用安全性和其潜在生态风险的担忧,目前我国尚无转基因水稻获准商品化生产。近年来,我国十分重视有关转基因水稻安全性方面的研究,就抗虫转基因水稻的食品安全性以及对害虫、天敌、野生稻资源保护、稻田生物多样性等方面的生态风险开展了较广泛、深入的研究,对抗虫转基因水稻的安全性有了一定的认识(刘志诚,2002;姜永厚,2004)。

2. 品种抗性丧失和对策

抗虫品种利用中面临的首要问题是随害虫抗性种群(即新生物型或新致害性种群)的产生,品种抗性丧失,因此实现包括常规抗虫水稻、转基因抗虫水稻在内的水稻品种抗虫性的可持续利用十分重要。

国内外对抗褐飞虱、稻瘿蚊等生产上应用较早、推广面积较大的抗虫水稻品种的可持续利用及其相关基础研究相对较为深入。就褐飞虱而言,1973年国际水稻研究所开始在东南亚大面积推广了含抗虫基因 $bph1$ 的水稻品种IR26,曾一度基本控制了褐飞虱的危害,但1975年即发现该品种开始感虫、抗性下降。继而又推广了含主效基因 $bph2$ 和微效抗虫基因的水稻品种IR36,虽然其良好的抗虫效果维持了相对长的一段时间,但8年后亦开始丧失其抗虫性。抗虫品种大面积推广种植一段时间后,褐飞虱致害性发生变异(产生新"生物型"),是导致上述抗虫品种抗性相继丧失的直接原因。国内自20世纪70年代后期开始对我国稻飞虱的致害特性("生物型")进行研究,先后对田间褐飞虱致害特性变异的监测、致害特性变异规律及其机制等方面开展了较为深入、系统的研究(关秀杰等,2004)。我国田间褐飞虱种群致害性先后经历了两次较大的变异。以浙江省田间种群为例,1989年开始,能致害含 $bph1$ 抗虫基因水稻品种的褐飞虱个体("生物型2")比例迅速上升,至2000年,能致害含 $bph2$ 抗虫基因的褐飞虱个体("生物型3")比例又明显增大。褐飞虱致害性变异是一个渐进的积累过程,在含抗虫主效基因 $bph1$ 的Mudgo或 $bph2$ 的ASD7等抗虫水稻品种上连续胁迫饲养,少则3~4代,多则10余代,褐飞虱即能从原本不能致害转变为能致害,具体代数因不同地区虫源、不同水稻抗虫品种、不同饲养方法而存在一定的差异。反过来,一旦强致害抗虫品种的褐飞虱种群回复到感虫品种上饲养,其对原抗虫品种的致害性能力又在数代之后迅速丧失(李汝铎等,1996)。研究发现,褐飞虱对水稻抗虫品种的致害性属多基因控制的数量性状,其遗传效应包括明显的加性效应、显性效应及显性×环境(品种)的互作效应,致害性变异是褐飞虱自身遗传特性和抗虫品种综合作用的结果。

随着认识的深入,人们开始重视多基因育种策略、微效基因育种策略以及不同类型抗虫品种的合理布局等抗虫品种利用对策,对有效地延缓褐飞虱新致害性种群的产生,延长抗虫品种使用寿命有着极其重要的意义。

抗性丧失对抗虫转基因水稻品种的抗性治理,高剂量表达和"避难所"设置是两个最为重要的策略。杀虫毒蛋白基因的高剂量表达足以将抗性杂合子害虫个体杀死,"避难所"则危害虫田间种群保留一定数量的敏感基因,两者结合可以有效地延缓害虫种群中抗性基因的积累,进而延缓害虫抗性的产生。这种策略在国外批准商品化生产的抗虫转基因棉花、玉米(美国)的可持续利用中发挥了积极作用(杨庆文,2003)。

相关作物资源的抗性评价结果表明,针对当前的主要病虫害,在作物资源中基本可以找到不同类型的抗性种质。如抗一种或多种病虫害种质,抗一个或多个小种的种质,高抗性类型(免疫、高抗)和一般抗性类型(抗、中抗)。以往人们主要研究和利用单抗和高抗类型,但在持续农业中,如何利用一般抗性类型则极为重要。

5.1.3 作物资源抗性多样性利用前景

5.1.3.1 新抗虫基因的鉴定与利用

由于品种、栽培、气候等生产要素的改变,作物虫害种类或生理小种/生物型亦在变化之中。经验教训表明,今后的育种必须避免过分使用单基因高抗性种质。要使农田生态系病虫危害稳定在一个较低水平、小种变异缓慢,必须增加生态系内的生物多样性。要不断从现有种质中特别是农家品种中挖掘和利用新抗性基因,包括显性单基因和具持久抗性效应的微效多基因。只要合理将两类基因结合利用,可以达到丰富抗性品种遗传背景、保持农田生态系稳定的目的。中国是许多农作物的起源地,作物栽培历史久远,在作物资源中必定存在包括抗病虫多样性的大量遗传变异类型。为了农业可持续发展,必须调整单纯追求高度抗性(免疫和高抗)的抗病育种目标,提倡一般抗性和持久抗性。

不同气候带种质的基因交流和国外资源的引进,将丰富区域品种的遗传多样性。但在基因交流时,应选择对引种区和引入地主要病虫害呈抗性的种质。因为一旦感性基因导入新区,将会造成新病虫害的发生。

5.1.3.2 野生种和近缘植物资源抗性基因的利用

目前,一些主要病虫害抗性品种的遗传相似性过高。育种家希望从野生种和近缘植物中发掘抗性基因,拓宽品种的遗传基础。小麦、水稻、大豆野生种和近缘野生植物中将有可能发现更多新的抗病虫基因。为防止短期内失效,对新抗源基因,特别是显性单基因的应用,应与其他抗性基因及微效抗性基因相结合,使抗性具有持久性。例如,栽培稻与疣粒野生稻杂种植株的获得及其高抗稻纵卷叶螟的特性,为中国疣粒野生稻褐飞虱、螟虫抗性基因的充分利用提供了可能。王亦菲等(2000)成功克隆的普通野生稻凝集素基因,伍世平等(1995)成功克隆的海南疣粒野生稻胰蛋白酶抑制因子,又为我国利用野生稻资源进行水稻抗虫基因工程育种展现出诱人前景。

5.1.3.3 远源植物抗性基因和转基因植物的利用

分子生物学技术的发展,使远源杂交和转基因成为可能。寻找和转移远源植物的抗病虫基因,能够进一步丰富作物的遗传多样性。水稻、小麦、玉米同为禾本科作物,但各自的病虫害种类差异较大。要防止导入对所利用远源植物特定病虫害感染的基因,避免被改良作物发生新的病虫害。

近年来,转基因技术已在棉花和玉米上获得成功应用,创造出含 Bt 毒蛋白基因的抗虫品种,增加了这些作物种质的多样性。但由于所转基因为单基因性质,其生产应用年限可能较短,原因在于:①非纯合转基因植物易丧失抗性;②害虫抗性群体产生并成为主体。因此,转基因植物的利用尚有较大的局限性和风险性。

综上所述,在人为选择下,作物病虫害种类在发生着变化。由于人们对原本遗传基础丰富的种质资源未能科学、有效、全面地加以利用,造成培育出的抗病虫品种和主要推广品种遗传基础狭窄,抗性丧失加快。利用现代生物技术,通过多学科协作,充分发掘存在于农家品种、外引品种、野生种、近缘和远源植物乃至其他物种中的有益基因,特别是抗病虫基因,改善农田生态系的生物多样性和遗传多样性,病虫害的有效控制,农业的持续发展是完全可以达到的。

5.2 物种多样性与作物害虫的控制

5.2.1 物种多样性对害虫控制的意义

物种多样性是指不同物种的出现频率与多样性。即指地球表面动物、植物、微生物的物种数量,据科学家估计全世界有 500 万～3 000 万种。在生物多样性与害虫控制的研究中,物种多样性的高低与害虫控制是主要的研究内容。对于生态系统稳定性与物种多样性的相互关系问题学术界尚有不少争议。但通常还是可以看到多样性高的群落与生态系统比较稳定,例如人工栽培系统显然比天然植被要脆弱得多,单一人造松林很容易被松毛虫毁灭,但各种混交林就很能耐受病虫害。在自然生态系统里有害生物天敌链是制约有害生物的重要因素,同类不同种的有害生物为争夺食物与空间也互相制约。物种多样性可增强生物群落和生态系统的自我调节功能,系统构成单调则自身调节功能弱,或者系统内的部分组成遭严重破坏而导致生态平衡失调,这两种情况都可导致有害生物失控而猖獗危害。保护生物多样性如改良植被保护和利用天敌可以形成对有害生物的生态控制功能,这是多样性对于防治工作的首要意义。

物种多样性减少所导致的后果在作物病虫害防治方面显得最为突出。农业生产的特点是以少数的栽培植物及牲畜种类取代了自然状态下的生物多样性,这意味着大范围内的环境结构将趋向简化和单一化。事实上,目前全世界各农区所种植的主要作物种类分布有:禾谷类12 种、蔬菜 23 种、果树类约 34 种。也就是说,分布在世界上 1.44×10^9 hm^2 可耕土地面积上的植物种类不超过 70 种(Brown and Yong,1990)。这与热带雨林中的生物多样性分布形成了强烈的反差,如仅就树木而言,1 hm^2 热带雨林中就有 100 余种(Myers,1984)。目前全世界种植的 7 000 余种作物中,主要作物仅有 120 种,其中 30 种作物提供了全世界所消耗能量的90%,而这些作物只是目前所有可栽培植物种类中极少的一部分。对农民而言,单一种植模式(monoculture)能够在眼前带来较好的经济效益,但从长远看,这种模式并不一定代表能获得最佳的生态效益。统计分析表明,作物多样性的急剧下降使世界粮食生产面临严重危机(Robinson,1996)。

作物种植面积的增加降低了自然植被环境和局部生态环境的多样性,导致了害虫的发生与危害的加重,最终造成了农业生态系统的不稳定(Altieri and Letourneau,1982)。人们为了自己的特殊需要,经常改变农业生态系统中的植物群落,这很容易造成病虫害的发生,随着这种状况的推进,病虫害的发生越来越重。人为干预生态系统会破坏生物群落中不同生物间相互控制作用,使整个自然生态群落的自我调节功能降低或者丧失(Turnbull,1969)。相反,通过增加生物多样性或恢复生态群落的动态平衡等措施则可以恢复生态群落的自我调节功能,增强维持整个生态系统稳定和健康的作用。

生态学方面的研究已经揭示,害虫危害单作作物比危害混作作物或自然植被更严重。现代作物系统所处环境条件与其祖先所处环境条件迥然不同,而且随着植物群落的变化,农业化过程也导致了相应动物区系(昆虫、螨类、蜘蛛、线虫等)进入了一个新的简单化环境。这种简单化环境中的群落包括了与作物和新环境相适应的植食性、捕食性和寄生性动物。而这些动物适应新环境的能力不同,某些物种由于不能在新环境中存活以致消遁无踪,而有的则由于十分适合单作制度其种群数量迅速增长,并变为优势种。此外,由于生物具有的动态变化特点,也使某些物种对这种新环境从不适应变为适应。随着新的作物的出现和适应机制的产生,一些动物物种的地理分布、行为特征及抵御外界环境的能力随之改变,使早先不危害这些作物的物种变为有害物种。早在20世纪初,森林学家便已注意到结构单一、年龄整齐划一的树林,特别是人造树林中,害虫暴发频繁严重。农田生态系统中昆虫群落多样性、天敌群落多样性以及害虫多样性与害虫发生之间存在着一定的相关性。万方浩和陈常铭(1986)研究了稻田综防区和化防区害虫天敌群落的组成及多样性,说明了综防区群落的多样性高于化防区,杀虫剂对群落多样性有着重要影响;尤民生等(1989)的研究表明,稻田使用杀虫剂提高了害虫亚群落的多样性,而降低了各天敌亚群落的多样性;害虫防治史对昆虫多样性有明显作用,多样性指数高的昆虫群落,害虫发生程度轻,害虫发生高峰出现迟。然而,多样性并不一定就意味着稳定性。其中的关键在于何种多样性模式能够起到控制害虫的作用。农业生态系统中的多样性价值需要更深入的研究,而不是简单地用多样性即稳定性假说来概括。研究在不同栽培制度下害虫与植物的关系和害虫与天敌的关系是很有必要的,使之判断特定的生物多样性类型和程度是否能够保证减少害虫的发生,从而减少作物的损失。但到目前为止,生物多样性影响害虫种群的机制仍无统一和系统的理论,很多理论和试验结果散见于各种文献中,其中不乏很多完全相反的观点和试验结果。

5.2.2 物种多样性对作物害虫的控制效应

通过恢复农业生物多样性可以增强生态系统的功能,改变农业生产中单一种作物植模式,实行超常规带状间套轮作,恢复农业生物多样性可有效提高农业生态系统抵御风险的能力。要求大片农田内,所有可互惠互利的作物,包括粮食作物、经济作物、饲料作物、蔬菜类、药用植物、花卉及果树、经济林木,还有培肥用的绿肥、具特定作用的陪植植物等,均以条带状相间套种植。间套轮作物不是几种,而是十几种到几十种直至上百种,不再有棉田、麦地、茶园等单一种植概念。这样根据"一种物种周围往往相伴着一定的其他生物"的规律,即可在一定程度上生成物种多样性。资料显示,多样性种植控制有害生物的效果很明显:198种植食性昆虫,在多作作物系统中有53%的种类,数量比单一种植的少,只有18%种增多。就食性分类,专性植食性昆虫在多作系统中有61%种下降,只有10%上升;广谱植食性昆虫也有27%种下降,但也有44%上升。又如针叶松纯林松毛虫严重,但通过间种阔叶树木,就基本得到控制。现有两种假说解释多样化种植使害虫减少。一是"天敌假说",认为多样性种植拥有更多的害虫捕食者和寄生者。因为与单一种植相比较,多样化种植能为天敌提供更好的生存条件,能在多个时段提供多种多样的花粉和蜜源吸引天敌并增加它们的繁殖能力;可增加昆虫多样性,以使主要害虫减少时,有替代食物源而使天敌继续保留在本系统内。二是"资源密度假说",认为专性害虫减少的原因是多样化种植同时包含有寄主与非寄主作物,以致寄主作物空间分布上不像单作那样密集,且各种作物具有不同的颜色、气味,使得害虫很难在寄主作物上着落、停留与繁育后代。

众所周知,作物的分布、种植密度以及分散程度等是影响田间植食性生物的主要因素。然而,农田生态系统的结构(作物的时空布局)与管理水平(如作物多样性、投入水平等)也是影响植食性生物动态的重要因素。植食性昆虫与作物间的这些关系都和生物多样性、田间管理操作(栽培制度、杂草多样性以及遗传多样性等)密切有关。大量研究表明采用合理的间作、套作、混作等多样性种植模式可以有效控制植食性昆虫的种群,减轻作物的受害程度。但是,也有一些研究表明多样性种植并不能减轻害虫的危害程度,甚至会加重其危害程度(Risch,1983)。

多样性的种植模式往往会减少植食性昆虫数量,许多文献对此都有报道。这些研究表明,多样性越丰富的农业生态系统,稳定性越持久,系统内部因素就能更好地发挥作用以保持昆虫群落的稳定(Way,1977)。显然,昆虫群落的稳定性不仅依赖于营养水平的多样性,也与在不同营养水平上的种群密度密切相关(Southwood et al.,1970)。换句话说,群落的稳定性决定营养关系对食物链上的某个种群发生较小的数量变动所产生的反应程度。多样性种植对植食性昆虫影响及其作用机制很大程度上取决于植食性昆虫的生物学特性和行为反应。因此,要想通过作物多样性种植达到控制植食性昆虫的目的,就必须了解多样性种植对植食性昆虫行为的影响。许多研究表明多样性种植主要通过干扰植食性昆虫的定向、交配、产卵、转移等行为影响昆虫在作物上定居和繁殖,进而影响其对作物的危害程度。

5.2.2.1 作物多样性对植食性昆虫迁移行为的影响

1. 作物多样性对植食性昆虫在不同田块之间转移的影响

在多样性种植田中,一些植食性昆虫的迁入与迁出行为会受到影响。一些研究表明,植食性昆虫的迁出率增加,迁入率降低。这可能是由于单作田中寄主植物相连,能够为其提供更适宜的产卵场所、更丰富食物源,并且可以缩短雄成虫寻找到雌成虫的时间。蔬菜黄跳甲(Phyllotreta cruciferae)在田间人工释放后,在花椰菜单作的田块中停留的时间比较长,而在花椰菜与救荒野豌豆(Vicia sativa)或者蚕豆(Vicia faba)混作的田块中停留时间短,迁移速度快(Garcia and Altieri,1992)。与此类似,Risch(1981)的研究发现6种叶甲在寄主与非寄主间作田中的迁出率高于单作田。甘蓝地种蝇(Delia brassicae)对混作植物释放的挥发物反应更为活跃,迁出率也更高,导致其在寄主植物上的产卵量减少(Tukahirwa and Coaker,1982)。木薯与豌豆间作,能够降低粉虱的产卵量,导致粉虱的种群数量显著降低,并且这种效果在豌豆种植后第6周就发生作用,一直持续到第28周豌豆收割之后,这是由于粉虱喜欢在高大的木薯植株上聚集产卵,而与豌豆间作的木薯植株比单作木薯植株小,导致迁入间作木薯上的粉虱成虫数量减少,而迁出的数量增多(Gold et al.,1991)。

2. 作物多样性对植食性昆虫在不同植株之间转移的影响

多样性种植往往会减少植食性昆虫在不同植株之间的迁移行为。一些植食性昆虫具有转移植株危害的习性,多样性种植田中非适宜寄主作物的存在,在不同植株之间转移时形成障碍,进而影响其种群数量。豆类作物(豌豆、鹰嘴豆)与玉米、甘蔗间作,玉米蛀茎类(玉米禾螟、玉米蛀茎蛾)数量减少的原因之一就是迁移的幼虫数量降低(Dissemond and Hindorf,1990;Belay et al.,2009)。玉米禾螟和玉米蛀茎夜蛾的一龄幼虫在整块田中的玉米或者甘蔗上迁移,通过降落的方式扩散到其他植株上,非寄主植物的存在导致幼虫扩散时难以停留在适宜的寄主上,幼虫死亡率增加(Chabi-Olaye et al.,2005)。在玉米、甘蔗、豌豆的间作田中,有 30%的玉米禾螟的卵产在非寄主植物豌豆上,其幼虫离寄主植物距离越远,能够转移到寄主植物的数量越少(Ampong-Nyarko et al.,1994)。Holmes 和 Barret(1997)利用诱捕器和直接观察法研究了大豆间作与单作田中日本金龟子(Popillia japonica)种群,结果表明与单作田相比,大豆与甘蔗间作田中金龟子的虫口密度显著降低,这是由于间作田日本金龟子的田间扩散率显著低的缘故。玉米与茄科蔬菜间作,马铃薯叶甲在茄科蔬菜之间的转移活动减少,其危害程度也因此减轻。但也有研究得出了相反的结论,Risch(1981)的研究表明在间作田中,6 种叶甲的在植株之间迁移活动反而高于单作田,这是由于叶甲在非寄主植物上停留的时间缩短造成的。

5.2.2.2 作物多样性对植食性昆虫定向行为的影响

植食性昆虫对寄主植物的危害都是以探测和识别的选择定向过程开始的,通常通过嗅觉和视觉向寄主定向。在多样性种植模式中,其他植物的存在必然会干扰其向寄主植物的定向行为。

1. 植物气味的引诱作用对植食性昆虫定向行为的影响

有些间套作植物对害虫具有引诱作用,对主栽作物起保护的作用(Shelton and Badenes-Perez,2006)。选择具有引诱作用的间套作作物的标准有两个方面:一是对目标害虫具有较好的引诱效果、与主栽作物生育期一致的作物种类或者品种;二是与主栽作物种类或者品种一致,但其对目标害虫引诱效果较好的主要生育期早于主栽作物。因此,无论选择与主栽作物的同种或者异种的作物,其对目标害虫的引诱效果强于主栽作物是关键。早在 19 世纪 60 年代,美国就在棉田中间作苜蓿,将美洲牧草盲蝽(Lygus hesperus)引诱到苜蓿上以减轻对棉花的危害,现在这种方法仍在大面积使用(Stern et al.,1969;Shelton and Badenes-Perez,2006)。花椒园中间作的大豆对桑白盾蚧(Pseudaulacaspis pentagona)若虫有显著的诱集作用,随着间作大豆植株体离开树体距离的增加,平均单株大豆上桑白盾蚧种群数量逐渐增加,在120 cm 处达到高峰,之后随着大豆植株体离开树体距离的增加而减少。间作大豆的花椒树上的桑白盾蚧大部分转移到大豆上危害,与单一种植花椒树对照,间作大豆防治桑白盾蚧的效果可达 90%以上(李正跃等,2009)。花椒园间作大豆可以有效地控制桑白盾蚧在花椒树上的种群数量,而且容易操作实施。在一品红(Euphorbia pulcherrima)田中间作茄子,一品红上的温室白粉虱(Trialeurodes vaporariorum)数量显著降低,这是由于茄子对温室白粉虱具有显著的引诱作用(Lee et al.,2010)。甘蓝与苜蓿间作,苜蓿能够将甘蓝 Trocadero 品种上的长毛草盲蝽(Lygus rugulipennis)引诱过来,而对于甘蓝 Romana 品种上的长毛草盲蝽的引诱效果则不明显(Accinelli et al.,2005)。棉花分别与诱集作物黄秋葵、蓖麻、向日葵间作,棉叶蝉(Amrasca biguttula)的数量显著低于单作棉花(Hormchan et al.,2009)。

2. 植物气味的掩盖作用对植食性昆虫定向行为的影响

有些植物本身对植食性昆虫既没有引诱作用,也没有驱避作用,但其释放的挥发物能够掩盖寄主植物的气味,使其失去对植食性昆虫的引诱作用。这是由于植食性昆虫具有识别寄主植物气味的化学指纹图谱的能力,非寄主植物气味的加入,破坏了寄主植物气味各个组分的浓度比例,使其难以识别。例如芫荽(*Coriandrum sativum*)释放的挥发物对 B 型烟粉虱(*Bemisia tabaci*)没有驱避作用,但能够降低番茄植株挥发物对 B 型烟粉虱的引诱效果,这也是芫荽与番茄间作田烟粉虱数量减少、危害减轻的原因(Togni *et al*.,2010)。羽衣甘蓝(*Brassica oleracea* var. *acephala*)与番茄间作,番茄释放的挥发物会干扰蔬菜黄跳甲(*Phyllotreta cruciferae*)对羽衣甘蓝的定向行为(Tahvanainen and Root,1972);野生番茄和甘蓝的气味会掩盖寄主植物马铃薯的气味,使其失去对马铃薯叶甲(*Leptinotarsa decemlineata*)的引诱作用,而野生番茄和甘蓝本身对马铃薯叶甲既没有引诱作用,也没有驱避作用(Thiery and Visser,1987)。

3. 植物的机械阻隔作用对植食性昆虫定向行为的影响

间作高秆非寄主植物可将寄主植物遮盖住,从而干扰植食性昆虫向寄主植物的视觉定向。对棉蚜敏感或者具有中等抗性的小麦品种与 Bt 棉套作,可以有效降低棉蚜数量,原因之一就是小麦与棉苗相比属于"高秆"作物,对于棉蚜的定向起到机械阻隔作用(Ma *et al*.,2006)。与此类似,四季豆与高秆玉米间作能降低黑豆蚜(*Aphis fabae*)、墨西哥豆瓢虫(*Epilachna varivestis*)的种群数量,而四季豆与低秆玉米间作则不能减少其数量(Coll and Bottrell,1994)。Finch 等(2003)利用田间笼罩试验测定了 24 种非寄主植物(包括花坛植物、杂草、芳香植物、伴生植物、蔬菜)对甘蓝地种蝇(*Delia radicum*)和葱蝇(*Delia antiqua*)寻找各自寄主行为的影响,发现具有芳香气味的植物对这两种蝇类寻找寄主的行为的干扰效果并不好,这两种蝇类降落在寄主植物上时会不停地搜索叶面,降落在非寄主植物上时几乎静止不动。在再次起飞之前,它们在非寄主植物上停留的时间是在寄主植物上的 2~5 倍。他们认为这两种蝇类寻找寄主的行为受到周围非寄主植物的大小的影响,干扰的作用来自植物的绿色叶片,而与植物的气味或者味道无关。还有一些情况是间套作植物机械阻隔作用与气味掩盖的共同作用,导致植食性昆虫向寄主植物的定向受到干扰。甘蔗与豌豆间作能降低玉米禾螟(*Chilo partellus*)和非洲豆蓟马(*Megalurothrips sjostedti*)的数量(Ampong-Nyarko *et al*.,1994);甘蔗套种绿豆、印度麻或者大豆,蛀茎蛾的发生率显著低于甘蔗单作(Thirumurugan and Koodalingam,2005)。豌豆与玉米间作,豌豆上蜡类害虫数量显著降低,这是由于玉米植株较高,将豌豆的豆荚和花遮挡住,玉米释放的挥发物也会掩盖豌豆释放的气味,使蜡类难以向其定位(Pitan and Odebiyi,2001)。这都是间套作植物通过干扰害虫嗅觉、视觉而影响其寄主定位的结果。

4. 植物气味的驱避作用对植食性昆虫定向行为的影响

一些间套作植物释放的挥发物对植食性昆虫具有趋避作用,从而干扰植食性昆虫寻找寄主的行为,导致其向寄主植物定向的数量减少。大蒜与甘蔗间作,甘蔗发芽率高、芽的受害率显著低于单作甘蔗,这也是大蒜气味对白蚁的驱避作用造成的(Ahmed *et al*.,2008)。与胡萝卜、洋葱单作相比,两者混作能够减轻胡萝卜蝇(*Psila rosae*)对胡萝卜的危害,这是由于洋葱挥发物干扰了胡萝卜蝇寻找寄主的行为,导致其对胡萝卜的危害降低,特别是嫩洋葱的这种作用更为明显(Uvah and Coaker,1984)。洋葱与羽衣甘蓝间作,甘蓝蚜(*Brevicoryne brassicae*)的密度显著降低,甘蓝的产量增加(Mutiga *et al*.,2010)。田间试验表明蚕豆与罗勒(*Ocimum basilicum*)或者夏季薄荷草(*Satureja hortensis*)间作,罗勒对黑豆蚜(*Aphis fabae*)的驱避作用强于夏季薄荷草,能显著降低黑豆蚜对蚕豆的危害(Basedow *et al*.,2006)。非寄主植物迷迷迭香(*Rosmarinus officinalis*)对葱蚜(*Neotoxoptera formosana*)具有驱避作用,当迷迭香和洋葱气味并存时,葱蚜不再被洋葱气味所吸引(Hori and Komatsu,1997)。室内实验表明,非寄主植物薰衣草(*Lavendula angustifolia*)释放的挥发物对油菜花露尾甲(*Meligethes aeneus*)具有很强的驱避作用,使其不向油菜花定位(Mauchline et al.,2005)。

5.2.2.3 作物多样性对植食性昆虫产卵行为的影响

大多数植食性昆虫幼虫的活动范围有限,雌成虫对于产卵场所的选择对于其后代的生存和分布范围起着至关重要的作用(Renwick,1989)。农作物的多样性种植必然会干扰植食性昆虫对产卵场所的选择,影响其产卵行为。

1. 植物气味的干扰作用对植食性昆虫产卵行为的影响

许多昆虫利用寄主植物释放的特殊气味物质来寻找产卵场所,以保证其后代的生长发育。间作植物释放的挥发物会通过驱避、引诱、掩盖等作用干扰已交配的雌成虫寻找产卵场所。洋葱与其他蔬菜间作,对小菜蛾(*Plutella xylostella*)具有很好的控制效果,这是因为洋葱具有很强的气味,洋葱中含有的烯丙基二硫醚是葱科植物特有的化合物,能够干扰小菜蛾的产卵行为(William,1981)。温室实验表明鼠尾草(*Salvia officinalis*)、百里香(*Thymus vulgaris*)、白三叶草(*Trifolium repens*)与抱子甘蓝(*Brassica oleracea gemmifera*)的间作都能使小菜蛾的产卵量显著减少,其中白三叶草的效果最好(Dover,1986)。甘蓝(*Brassuca oleracea* var. *capita* f. *alba*)与孔雀草(*Tagetes patula*)、花环菊(*Chrysanthemum carinatum*)、蝶花鼠尾草(*Salvia horminum*)套作,大菜粉蝶(*Pieris brassicae*)在甘蓝上的落卵量大大减少(Metspalu et al.,2003)。这都是间作植物释放的挥发物干扰其产卵造成的。单作的甘蔗受玉米禾螟(*Chilo partellus*)的危害率为32.6%,与扁豆或者豇豆间作受害率分别为9.2%、16.4%,利用从扁豆或者豇豆中提取的植物源化学物质喷雾甘蔗后,能够使玉米禾螟持续6 d不在上面产卵(Mahadevan,1986)。西班牙三叶草(*Desmodium uncinatum*)、糖蜜草(*Melinis minutiflora*)对玉米蛀茎蛾类产卵有驱避作用,而象草(*Pennisetum purpureum*)对玉米蛀茎蛾类产卵具有引诱作用,但玉米蛀茎蛾类在象草上成活率很低,因此这几种植物与玉米间作都能起到降低害虫种群的作用,玉米与糖蜜草间作的种植方式已经在非洲国家大面积推广(Khan et al.,1997;Hassanali et al.,2008)。

2. 植物的物理阻隔作用对植食性昆虫产卵行为的影响

植食性昆虫在寄主植物上产卵的部位具有选择性,通常选择最适宜后代生存的部位产卵,非寄主植物或者非适宜寄主植物的存在会从视觉上干扰其对产卵部位的选择。燕麦苗基部通常是瑞典秆蝇(*Oscinella frit*)雌蝇最喜欢产卵的部位,燕麦田间作三叶草,会在燕麦苗基部形成覆盖层,形成视觉阻隔而干扰瑞典秆蝇的产卵,减少落卵量。当瑞典秆蝇无法在燕麦基部产卵时,就会在燕麦苗的较高部位产卵,但产在较高部位的卵的存活率很低(Adesiyun,1979)。棉田间作玉米,由于棉铃虫(*Helicoverpa armiger*)成虫有趋于高秆作物产卵的生活习性,棉铃虫会将大部分卵产在玉米植株上,从而减少了棉花上棉铃虫的落卵量、减轻了对棉花的危害(仵光俊等,1991)。与此类似,高粱与棉花间作,也能降低美洲棉铃虫(*Helicoverpa zea*)在棉花上的产卵量(Tillman and Mullinix,2004)。室内实验和田间试验都表明:甘蓝与高的红三叶草(*Trifolium pratense*)间作,小菜蛾在甘蓝上的落卵量显著减少;而与矮的红三叶草间作,小菜蛾的产卵量在间作甘蓝与单作甘蓝上没有差别(Åsman et al.,2001)。甘蓝与红三叶草间作,萝卜种蝇的落卵量减少42%～55%(Björkman,2007);油菜(*Brassica napus*)与小麦

(*Triticum aestivum*)间作能够降低根蝇(*Delia* spp)的产卵量(Hummel *et al.*，2009)。大豆、玉米、大麦带状间作,由于大豆、大麦植株的机械阻隔,巴氏根萤叶甲(*Diabrotica barberi*)、玉米根萤叶甲(*Diabrotica virgifera virgifera*)的产卵量显著降低(Ellsbury *et al.*，1999)。

5.2.2.4　作物多样性种植对植食性昆虫求偶与交配行为的影响

植食性昆虫通常在寄主植物上进行求偶与交配,有些种类的求偶与交配行为仅仅发生在寄主植物上。对植食性昆虫来说,寄主植物是对雌虫最有引诱力的场所,在这个场所求偶,交配是因为与异性相遇的几率相对比较高(Landolt and Phillips，1997)。在寄主植物芥菜(*Brassia junecea*)存在的情况下,小菜蛾低日龄雌蛾就表现求偶行为,在暗期求偶活动较早,求偶时间也比较长。如果在第一头雌蛾求偶活动结束后,去除寄主植物,求偶雌蛾总数明显减少(Pittendrigh and Pivnick，1993);在寄主植物(棉花)存在的情况,粉纹夜蛾(*Trichoplusia ni*)在暗期的求偶活动较早(Landolt *et al.*，1994)。只有在寄主植物(红橡树)叶片存在的情况下,多音天蚕蛾(*Antherea polyphemus*)雌蛾才会求偶、交配(Riddiford and Williams，1967)。在多样性种植模式中,其他植物有可能干扰成虫的求偶和交配行为。Page 等(1999)的研究发现玉米与菜豆或者鸭脚粟间作,能够减少玉米叶蝉(*Cicadulina mbila*)和叶蝉(*Cicadulina storeyi*)雄虫向雌虫定向的数量,干扰了雌雄虫间的交配行为。

5.2.2.5　作物多样性种植与害虫生物防治

不同地区的作物种植制度千差万别,但不同地区的作物种植制度与当地的气候、地形等环境条件是相适应的。那么,将保护生物多样性与作物种植制度结合起来是否会对病虫害的生物防治效果产生影响呢? 在一个地区,种植制度决定了一种作物的使用年限、范围以及与之相关的其他资源的利用情况(Van Emden，1990)。与作物相关的资源因素很多,包括间作的作物、农田周围的空闲地与农田周围生境的动植物等。在作物种植期内,这些资源因素是否会影响到农田中有害生物,是什么时间又是如何影响的? 其结果主要由这些相关资源出现的时间、空间等因素所决定。模拟试验显示,将主栽作物与间作作物按不同时间搭配,则天敌昆虫既可以由间作作物迁移到主栽作物上,也可以由主栽作物上迁移到间作作物上(Corbett *et al.*，1993)。越来越多的试验表明,多样化的天敌群落比单一化的天敌群落更能够有效地调控植食性害虫的种群。

农业生态系统是人工控制的环境,以多年生或者一年生作物为核心。作物的生活史在很大程度上决定了农田环境的性质,作物在田间的生长时间决定了整个农田生态系统中各种因素相互作用的强度及复杂程度。在一年生、多年生作物的生态系统中,由于作物自身的生长特性,可能使害虫与天敌在发生时间上出现较大差异。因此,要有效地保护天敌,必须以作物的物候学为基础,在农业生态系统中创造适合于天敌发生的条件。在一年生作物为主的生态系统中,种植不同的作物取决于经济需要以及作物本身的生物学特性(Barbosa，1998)。通常在一茬作物收获后,需要种植另一茬作物,一直到整个种植季节结束。有的情况下是在生长季节内在同一块地上连续几茬均种植同一种作物(或者同一品种);有情况下是在同一块地上先后种植几种不同种类的作物;有的情况下则是间歇性种植同一种作物。在非连作系统中,由于在两茬作物间有一定的时间间隔,在实施天敌保护时,如果没有总体计划而只在一季或者两季作物期内采取措施,那么效果肯定不好。因为在作物收获后失去了寄主,天敌尤其是单食性天敌必须解决自己的生存问题。在这种情形下,必须在农业生态系统中为天敌创造一个适宜的生活环境(如天敌躲避场所)。

丰富农业生态系统的生物多样性,可以起到提高天敌密度、更好地发挥天敌的作用。主要表现在以下几个方面:①在害虫寄主缺乏时,提供替代寄主;②提供天敌昆虫所需的食物如花蜜、花粉等;③提供天敌越冬、筑巢需要的场所;④在田间保持适当数量的害虫,为天敌提供寄主(Altieri and Letourneau,1982)。至于采用上述何种方法,得根据害虫种类、天敌种类、植被情况、作物的生理条件等多种因素而定。除此之外,这些措施的实施范围对最终效果也有影响,因为诸如农田规模、农田周边环境及植被组成、农田的隔离状态等因素都会影响天敌的迁入或者迁出,以及天敌在田间的驻留时间。天敌假说(natural enemy hypothesis)理论认为,复合耕作系统中作物多样性为天敌昆虫提供了充足的食物资源,包括替代寄主、花粉、花蜜等,因而天敌种类和密度比单一作物系统中高。甘蔗玉米间作对甘蔗绵蚜及瓢虫种群的影响作用研究表明,甘蔗净种田与间作田绵蚜的虫情指数变化趋势一致,但净种田绵蚜虫情指数显著高于间作田(云南新平:$F=55.43$,$P<0.01$;云南陇川:$F=57.11$,$P<0.01$)。净种田与间作田瓢虫虫口密度变化趋势一致,均呈单峰型变化。其中间作田瓢虫虫口密度显著高于净种田(云南新平:$F=21.42$,$P<0.01$;云南陇川:$F=69.55$,$P<0.01$),表明间作田中捕食性瓢虫在甘蔗绵蚜种群控制中发挥着重要的作用(张红叶等,2011)。甘蔗与大豆、辣椒、花生、玉米间作能有效阻隔及稀释田间甘蔗绵蚜的种群密度而对绵蚜具有一定的控制作用(施立科,2008)。甘蔗与辣椒间作还可大大降低南美斑潜蝇(*Liriomyza huidobrensis*)的危害并增加田间斑潜蝇天敌的种类和数量(Chen et al.,2011),研究发现辣椒单作田辣椒叶片上的斑潜蝇取食孔密度明显高于间作田,辣椒-甘蔗以1:2和2:2行比间作能提高辣椒植株上南美斑潜蝇寄生蜂的密度及寄主率,从而对控制辣椒上南美斑潜蝇种群具有明显作用。

单一种植模式下的生态环境很难发挥自然天敌对有害生物的控制作用,一是因为这种环境中缺乏适合天敌发挥作用的适宜条件,二是因为这种系统中经常采用一些对天敌有严重干扰作用的农事操作措施。而在多样性种植环境中,由于植物多样性丰富,加上较少使用化学农药,使天敌获得了较好的生存条件。例如,单一种植花椒园植食性类群比例比较高,占整个群落的70.00%以上;天敌昆虫类群的比例比较低,仅为5.51%;且蜘蛛类群为1.20%;中性节肢动物类群的比例也比较低,占19.97%。间作套种花椒园中,中性类群所占比例较高,达到22.00%以上;植食性类群比例较低,仅占68.13%,天敌昆虫类群在整个群落中达到7.77%,蜘蛛类群达1.59%。间作套种作物和单一种植花椒园内节肢动物群落的益害比分别为:1:8.768 4和1:13.306 7(李正跃等,2009)。结果表明,间作套种花椒园中食蚜蝇类和姬蜂类天敌数量高于单一种植花椒园,间作套种作物对花椒园节肢动物群落各类群数量的组成结构具有较明显的优化作用,更适合天敌和中性节肢动物类群的繁衍生息,更有利于充分发挥群落的自我调节功能及自然天敌对害虫类群的生态控制作用。在时间序列上,间作套种花椒园(复合系统)昆虫和蜘蛛总群落及其各亚群落的个体数量基本都高于单一种植花椒园(单一系统)的个体数量。间作套种花椒园各群落的个体数量的变化曲线相对比较平稳,而单一种植花椒园的曲线起伏比较大。间作套种花椒园在其整个生长期内群落的个体数量变化不大,相对单一种植花椒园稳定。

提高天敌作用效果的最好策略之一就是加强对非靶标害虫及天敌补充营养源的调控措施(Rabb et al.,1976)。需要指出的是,不仅非靶标害虫及补充营养源的数量应达到可以影响天敌种群数量的水平,而且它们在时间与空间上的分布也要适宜,对非靶标害虫及补充营养源的调控应能够使天敌更早地定居在田间,也要使天敌能容易找到并且利用它们,这样才能更好地使天敌滞留在田间并繁殖种群(Andow and Risch,1985)。增加复合种植可以使田间天敌所需要的某些特殊食物更加均匀地分布在空间上,但在某些特殊的复合种植模式下,一些特殊的天敌种群既可能增加,也可能减少,其最终结果只能通过田间试验方可确定。但这项工作是非常必要的,因为不同环境条件下对技术的要求也各不相同。

5.2.2.6 问题与展望

随着生物多样性保护日益受到重视,对丁作物多样性种植对植食性昆虫行为的影响研究也在深度和广度上不断提高,这对于利用农作物优化布局和种植调控植食性昆虫的行为,降低害虫种群数量、减轻作物产量损失具有重要意义。但是,目前的研究也存在不少问题,主要表现在以下几个方面:①多样性种植对植食性昆虫的定向、产卵行为影响方面的研究比较多,对于迁移行为方面的研究比较少,对于求偶和交配行为的研究则是少之又少。事实上,植食性昆虫的一系列行为都与寄主植物密切相关,在多样性种植体系中其他植物的存在必然会或多或少干扰其与寄主的联系,影响其行为。因此,迫切需要全面、系统地研究多样性种植对植食性昆虫行为的影响。②不少研究出现了室内实验结果和田间试验结果不一致的情况。例如,室内笼罩产卵实验表明,当寄主植物和其他植物同时存在时,烟粉虱(*Bemisia tabaci*)活动频繁,产卵量减少(Bernays,1999),而田间将四季豆与玉米、甘蓝、芫荽、玫瑰茄(*Hibiscus sabdariffa*)、黎豆(*Mucana deeringinana*)五种作物间作时,烟粉虱的产卵量反而增加(Smith et al.,2001)。这可能是由于在田间开放条件下,昆虫的行为受到多种因素的影响。因此,需要在进行实验设计时要充分考虑到各种影响因子。③在农田生态系统中通过增加生物多样性来控制害虫的关键问题不在于多样性本身,而在于真正对植食性有控制作用的多样性。因此,研究多样性种植对植食性昆虫的影响需要充分考虑间套作作物的种类、生育期(王万磊等,2008)。生物多样性对于有害生物治理工作具有多层意义,所以有害生物治理工作也必须树立生物多样性保护观念,并积极利用生物多样性的各种功能发展生态控制途径。生物多样性已被广泛认为是农业可持续发展的重要准则,许多研究集中在将生物多样性作为农业生态系统可持续管理的组织原则,如何将生物多样性应用于害虫生态控制是另一个研究热点。

有文献显示,农田植被管理必须包括如下方面:作物的时空布局;农田中及其周边植物的种类及其密度;土壤类型;农田周围环境;管理方式与强度。环境调控对昆虫种群的影响受系统中与之相关的一种或几种植物种类影响最大,作物种植时间长短或不同作物的种植顺序,可为天敌提供合适的替代寄主/食物,以使天敌的种群数量增加,发生时间更长。一个地区耕作系统的管理包括多方面的投入,因此作物多样性水平、持续性变化,以及昆虫的动态等是很难预测的。然而,根据目前的农业生态理论,将有害生物控制在较低水平是可行的。其前提是农业生态系统必须具有如下特点:①较高的作物多样性(Altieri and Letourneau,1982;Andow and Risch,1985)。②轮作、种植早熟品种、晒田或者调整害虫嗜好作物的生育期等(Stern 1981)。③田块的分散或交错,使不同作物、野生植物为天敌提供躲避场所和食物(这种环境中害虫也可以发生)(Altieri and Letourneau,1982)。这种状况可以保持害虫处于较低水平,或者为天敌提供替代寄主、食物等。④系统中以一种多年生作物为主(如果园是一种半永久生态系统,而且比一年生种植系统更为稳定。因为果园受人为的干扰相对较轻,而且结构也相对复杂,天敌种群容易建立)(Altieri and Schmidt,1985)。⑤种植密度高,且抗杂草能力较强(Altieri et al. 1977)。⑥不同品种混作,遗传多样性丰富(Altieri and Schmidt,1987)。

根据田间作物品种特征、时空布局,Litsinger 等(1976)提出了不同作物种植模式下的有害生物防治方案。该方案可用于农业生态系统中植被管理的设计。当然,具体到实际操作时,有关设计还必须考虑到当地的气候、地理环境、作物种类、投入及害虫整体发生情况等。因为这些因素与病虫害的发生密切相关。田间植物种类的选择也相当关键。如果要发挥天敌的作用,则需要对不同植物种类的生理及生化物特性进行系统研究。正如 Southwood 等(1970)所说,关键是多样性的功能,而不是多样性的形式。在农业生态系统中,无的放矢的多样性是没有实际意义的,我们所需要的是可人工调控的、有明确生态功能的多样性。不同植物混合时有的因素具有阻止有害生物入侵的作用、有的因素利于天敌种群的增长。对这些因素的系统研究将有助于设计高效的作物种植模式,并加强天敌对有害生物的控制作用。在社会、经济条件许可的范围内,有目的地调整农田环境的多样性可能获得意想不到的效果。

历史经验告诉我们,生物多样性减少,不论是植物还是动物物种减少都有利于农作物害虫发生。从理论上讲,一个区域内生物物种越多,自然控制作用也越大,但在具体操作上就越困难。农作物害虫的天敌(如寄生性天敌)转主的寄主是有限的,只要增加关键的几种植物和昆虫就可以有效助长天敌。不同植物繁殖害虫和天敌的生态效能也不同。因此,要选择高效的植物物种,来增加生物多样性,既可为作物上天敌提供栖息环境,又可以大量繁殖天敌(以害繁益)。这样,只要少量植物物种增加,就可以大幅度增加系统内的天敌控制害虫作用,在生态和经济上才有应用可能。具体可从以下几方面开展:

(1)利用植物毒杀作用持续控制农业害虫。增加有毒而又是某些害虫嗜食的植物种类,诱杀害虫。在自然界具有这种特性的植物不多,因而应用也有限。已知日本丽金龟会因取食对它有毒害的七叶树和天竺葵的花而死亡。大黑金龟子、黑皱金龟子等嗜食蓖麻叶,食后不久即麻痹,大都不能复活。据试验,在花生地间作蓖麻,于起垄前播种,每公顷 4 500 株左右,在金龟子成虫发生时每株长出真叶蓖麻可毒死 3~4 头金龟子,后期花生虫果率可降低至 5% 以下,虫口减退率达 87.05%。蓖麻叶毒杀作用不是对所有金龟子都有效,一些金龟子虽嗜食,但仅起暂时麻痹作用,补救措施是在蓖麻叶子上喷洒少量农药。

(2)利用植物引诱作用集中杀灭害虫。一些植物对害虫有引诱作用,利用这个特性可将害虫诱集,聚而歼之。如金龟子成虫有聚集在杨树、榆树、梨树、栗树等取食、活动的习性;棉田中适当栽种一些玉米、高粱,有诱集棉铃虫产卵的作用。胡萝卜花可诱集棉铃虫成虫,玉米喇叭口也常会诱到大批棉铃虫成虫隐藏。当棉花和玉米以 10∶1 间作,对二代棉铃虫诱集效果为 45.3%~69.8%,陪作玉米的棉田,棉铃虫卵量与对照比较下降 70.7%,这样就改变了棉铃虫卵量分布,减少经营作物虫害,也便于集中杀灭害虫。

(3)利用植物忌避作用驱除害虫。有些植物因含有挥发油、生物碱和其他一些化学物质,害虫不但不取食,反而远而避之,这就是忌避作用。香茅油可以驱除柑橘吸果夜蛾,除虫菊、烟草、薄荷、大蒜等对蚜虫都有较强的忌避作用。棉田套种绿肥胡卢巴,由于它的香豆素气味,能减少棉蚜的迁入量,同时也不利蚜虫的繁殖和危害。试验证明,当棉花和胡卢巴以 2∶1 间作时,可使棉蚜减少 72.4%,棉卷叶下降 74.4%,可以少用药 3~4 次。

(4)种植天敌的寄主植物控制害虫。许多天敌昆虫需补充营养,特别是一些大型寄生性天敌,如姬蜂若缺少补充营养,就会影响卵巢发育,甚至失去寄生功能,小型寄生蜂,如有补充营养,也能延长寿命,增加产卵量。一些捕食性天敌如瓢虫和螨类,在缺少捕食对象时,花粉和花蜜是一种过渡性食物。因此,在田边适当种一些蜜源植物,能够引诱天敌,提高其寄生能力。柑橘园有一种菊科植物藿香蓟,其花粉供钝绥螨取食,为钝绥螨的数量增长创造了条件,使柑橘全爪螨得到控制。因此,柑橘园内适当种植菊科植物藿香蓟,能起到稳定柑橘园中捕食螨种群的作用,有利于控制柑橘害螨发生危害。很多寄生蜂早期因找不到寄主而死亡,当害虫发生时,由于天敌的基数低而不能充分发挥作用。一些捕食性天敌在早期也有滞后现象,即发生时间比害虫迟。为克服天敌和害虫发生时间的脱节现象,利用陪作植物"以害繁益",可使经营作物上天敌得到大量补充,起到与害虫同步发展,以利灭害的作用。如在苹果园内陪作苕子,利用苕蚜大量繁殖天敌,控制苹果树上的蚜虫和螨类,取得理想的防治效果(李正跃等,2009)。陪作苕子区苹果园,每公顷平均有草蛉 33 150 头、小黑花蝽 60 855 头,苹果树上天敌数量4~7月一直较稳定。而化防区 6 月才有稳定天敌种群,每公顷平均仅 7 290 头,持续时间 1 个多月。陪作区苹果树上每百叶有天敌 3~8 头,害螨仅 6~19 头,益害比为 1∶(2~2.3),而对照区(化学防治区)百叶天敌数仅 0.22~1.5 头,害螨高达 8~101 头,益害比为 1∶(34~88)。

5.3　生态系统多样性与作物害虫的控制

生态系统多样性是指不同生态系统的变化和频率。即指生物圈内生境、生物群落和生态过程的多样化以及生态系统内生境差异、生态变化的多样性。农业生态系统是人们利用农业生物与非生物环境之间,以及生物种群之间相互作用建立的,并按人类社会需求进行物质生产的有机整体。由于它在功能和所处地理位置上的某些特殊性,其中的生物多样性问题也就具有了特殊意义。农业生态系统中生物多样性是指各种生命形式的资源,包括栽培植物和野生植物,与之共生的植物、动物、微生物,各个物种所拥有的基因和由各种生物与环境相互作用所形成的生态系统,以及与此相伴随的各种生态过程。农田生态系统尽管是人工生态系统,同森林、湖泊、海洋等自然生态系统一样具有生物多样性。近十几年来,农田中生物多样性与害虫发生的关系受到了研究者的关注。在生态系统多样性控制害虫方面,要求旱作中具有水生生态微系统;水作中具陆生生态微系统。如我们在旱地条件下,通过挖塘贮水,创造水生环境,结果被称为庄稼保护者的蛙类成倍增加,进而有效地控制了害虫暴发。

农田生态系统中生物多样性一般用多样性指数来表示。多样性指数是把物种数和均匀度结合起来考虑的统计量。多样性指数在评价害虫综合治理的生态效益中有着重要的意义。间作套种花椒园(复合系统)群落结构主要参数,即优势度、优势集中性指数、Shannon-Wiener 多样性指数、物种丰富度、均匀性指数分别为 0.275 6、0.119 8、2.673 2、10.423 7 和 0.605 0;单一种植花椒园(单一系统)分别为 0.271 1、0.123 6、2.538 4、7.981 6 和 0.620 0。间作套种花椒园的物种丰富度、Shannon-Wiener 多样性指数和优势度指数高于单一种植花椒园;然而,单一种植花椒园的均匀度指数、优势集中性指数却明显高于间作套种花椒园(李正跃等,2009)。一般认为多样性导致生态系统的稳定性。较高的生物多样性可有效提高生态系统抗干扰的能力,即在外界条件改变时,系统内生物可凭借多样性占据邻近栖境而抵抗不良因子的侵扰。但是,在现代农业生态系统中,由于为数不多的农作物品种替代了自然生态系统中的多样性,使生态系统结构在很大范围内呈现简化。生物多样性简化至极,便是人们熟知的农作物单作。这类简化的最终结果是使农业生态系统这种人工生态系统需要人们持续不断地"干预",其表现为人工育苗和机械化栽植代了种子的自然扩散;化学农药代替了有害生物种群的自然调控;基因注入代替了植物的自然选择和进化过程;甚至分解过程也变成了植物的被收割和人工施肥,而不是通过营养循环。另一个造成农业生态系统生物多样性简化的因素是大量使用化学无机物。尽管这些投入提高了作物的产量,但它们对农业持续性的破坏是毋庸置疑的。生物多样性降低造成影响最大的莫过于害虫防治领域。破坏自然植被的单作模式蔓延,导致有害生物的日趋严重,造成了农业生态系统的不稳定。

生物群落是农田生态系统中的活性成分,只有保持系统中活性成分的良性循环和健康发展,才能实现系统功能的稳定性和持久性,从而保证农业生产的高效和可持续发展。农田生态系统是一个开放的、不稳定的人工生态系统,就其生境而言,包括作物生境和非作物生境两部分。现代农业的集约化,导致自然生境破碎化,使得作物和非作物生境变成一种相对离散化的生境类型和镶嵌的景观背景。这种景观的格局、尺度、过程对农田生态系统的服务功能、自然天敌的保护和利用、农业害虫的生态控制具有重要的影响。在农业生产中作物大面积统一栽培便于管理便于病虫害防治。然而如果科学地搭配作物的种类和品种可以切断特定的病虫繁衍链锁或大量增加天敌乃是综合治理中重要的农业措施。我国地域广大,东南西北中各方自然地理条件差别很大,即使是同类农作物在各地所处环境条件及内部生物群落组成都会有相当差别,其中的有害生物发生规律就会不同,治理措施不能千篇一律。生态过程多样性指生态系统的时间性变动不同年份不同季节有差别。因此,治理措施既要因地制宜还应因时制宜。

农业景观可以从以作物为主的简单结构到以大量非作物区域的复杂结构的梯度变化。一般而言,作物生境的异质化程度较低,特别是一年生的作物生境由于收获和耕作等农事活动,受到干扰的频率和强度比邻近的非作物生境高,也缺乏天敌所需要的花粉、花蜜等食物资源,这种生境不适合于自然天敌的越冬和避难(Thorbek and Bilde, 2004)。因此,在单一化的农业景观中,利用自然天敌控制害虫的实践受到了挑战。相反,非作物生境类型如林地、灌木篱墙、田块边缘区、休耕地和草地等在时间上与一年生的作物生境相比是一种更稳定的异质化环境。非作物生境较少受到干扰,植被覆盖时间较长,可以为寄生性和捕食性节肢动物提供适宜的越冬或避难场所以及替代猎、花粉和花蜜等资源。因此,非作物生境可能更有利于自然天敌的栖息和繁衍,也有利于它们迁入邻近的作物生境中对害虫起到调节和控制的作用。

农业景观系统往往由多个农田生态系统构成,包含多种土地利用类型,人类活动干扰频繁。景观斑块的格局、尺度、过程不仅会影响农田生物群落的组成、结构、多度和动态,而且会影响害虫及其天敌的种群动态和不同营养级之间的相互作用。因此,景观的格局优化和动态管理对于改善生物群落的结构、功能、多样性和稳定性,调控害虫和天敌的种群动态及它们之间相互作用的空间、时间、营养和数量关系具有重要的意义。通过研究区域农业景观系统的格局、尺度和过程,有利于充分利用农业景观系统的多样性来保护农田自然天敌对害虫的持续控制作用,避免或减少使用化学农药,降低农业生产成本,提高农田生态系统的健康水平和农产品质量。

5.3.1 景观多样性的研究意义

现代农业极大地改变了土地利用的方式,农业用地面积的增加和范围的扩展以及大面积种植单一作物,常常导致农业景观的结构趋向简单化,其中仅存少量的自然和半自然生境。农业景观的单一化及其生物多样性的丧失,必然引起生态系统功能和服务的退化,如害虫自然控制或生态控制的失效(Wilby and Thomas,2002)。保护和利用农田生态系统中的自然天敌不仅有利于害虫的生态控制,而且有利于减少化学农药的使用量、提高作物的产量和品质,同时也有助于农田生态系统的健康管理(Weibull et al.,2003)。然而,生物多样性与害虫生态控制之间的相互关系,目前还存在着广泛的争议。例如,Rodriguez和Hawkins(2000)以及Finke和Denno(2004)研究表明,简单的天敌群落与复杂的天敌群落相比,在控制害虫种群时能实现相同甚至更好的控制效果;而经典的害虫生物防治中仅通过引入一种或少数几种天敌就能实现对害虫的有效控制(Myers,1989)。

运用景观生态学的原理和方法,研究和分析区域农业景观的格局、尺度、过程对农田生物群落多样性和害虫及其天敌种群动态的影响,有助于更好地理解和阐明生物多样性与害虫生态控制之间的相互关系。不同类型的景观斑块可以为不同的物种提供适合的生境,景观的组成影响天敌群落的多样性和多度,景观斑块的格局、尺度及过程影响种群动态和不营养级之间的相互作用。因此,一个多样化的农业景观镶嵌体能维持多样化的生物群落,农业景观中的非作物生境是有利于天敌的生境,为天敌提供替代食物和越冬/避难的场所,有利于天敌迁移到附近的作物生境定居并对害虫起控制作用。

目前,越来越多的研究着眼于景观背景如何影响初级生产者、植食性昆虫、天敌之间的相互作用,多功能景观如何改善生物多样性,以及景观生态学与保护性害虫生物防治的相互关系。这些研究对改善和优化农业景观的格局、尺度和过程,促进害虫生态控制和可持续农业生产的发展具有重要的意义。

5.3.2 景观多样性研究的理论和方法

5.3.2.1 复合种群理论

复合种群(metapopulation)定义为"由于经常性的种群局部绝灭和重新定居而形成的种群",是由空间上相互隔离但又有功能联系(繁殖体或生物个体的交流)的2个或2个以上的亚种群(subpopulation)组成的种群缀块系统。亚种群生存在生境缀块中,而复合种群的生存环境则对应于景观镶嵌体。亚种群频繁地从生境缀块中消失;亚种群之间存在生物繁殖体或个体的交流,从而使复合种群在景观水平上表现出复合稳定性(Michel,2004)。因此,复合种群动态涉及亚种群尺度或缀块尺度、复合种群和景观尺度、地理区域尺度3个空间尺度。复合种群理论,是关于种群在景观缀块复合体中运动和消长的理论,也是关于空间格局和种群生态学过程相互作用的理论。目前,关于复合种群动态的野外实验研究取得了一些进展,这些研究对于检验、充实和完善复合种群理论是十分必要的。而这一理论对农业景观生态学和基于保护性生物防治为基础的害虫生态控制均都具有重要的实践意义。

5.3.2.2 缀块-廊道-基质模式

组成景观的结构单元主要有:缀块、廊道和基质。缀块泛指与周围环境在外貌或性质上不同,但又具有一定内部均质性(homogeneity)的空间部分。这种所谓的内部均质性,是相对于其周围环境而言的。廊道是指景观中与相邻两边环境不同的线性或带状结构。基质是指景观中分布最广、连续性也最大的背景结构。在许多景观中,其总体动态常常受基质所支配。近年来以缀块、廊道和基底为核心的一系列概念、理论和方法逐渐形成了现代景观生态学的一个重要方面。"缀块—廊道—基质模式"提供了一种描述生态学系统的"空间语言",使得对景观结构、功能和动态的表述更为具体、形象,而且有利于探明景观结构与功能之间的相互关系,比较和分析它们在时、空上的动态变化过程(Jan *et al.*,2008)。

5.3.2.3 缀块动态理论

生态系统是缀块镶嵌体,缀块的个体行为和镶嵌体综合特征决定生态系统的结构和功能。缀块动态概念被广泛地运用到种群和群落生态学的理论研究和应用研究,并逐渐发展成为生态学中的新理论。Wu(1995)在总结前人研究工作的基础上,提出了等级缀块动态范式,包括:①生态系统是由缀块镶嵌体组成的等级系统;②生态系统的动态是缀块个体行为和相互作用的总体反映;③格局-过程-尺度的观点,即过程产生格局,格局作用于过程,而二者关系又依赖于尺度;④非平衡观点,即非平衡现象在生态系统中普遍存在,局部尺度上的非平衡和随机过程是系统稳定性的组成部分;⑤兼容机制和复合稳定性,兼容是指小尺度上、高频率、快速度的非平衡态过程,被整合到较大尺度上稳定过程的现象。等级缀块动态范式最突出的特点,就是空间缀块性和等级理论的有机结合,以及格局、过程和尺度的辩证统一。因此,这一理论的发展既有赖于也同时有利于复合种群动态以及景观生态学研究。

5.3.2.4 景观连接度、渗透理论和中性模型

景观连接度是对景观空间结构单元相互之间连续性的量度,包括结构连接度和功能连接度。前者指景观在空间上直接表现出的连续性,后者是以所研究的生态学对象或过程的特征尺度来确定的景观连续性。因此,景观连接度密切地依赖于观察尺度和所研究对象的特征尺度。景观连接度对生态学过程(如种群动态、干扰蔓延、病虫害暴发等)的影响,具有临界阈限特征(Pither and Taylor,1998)。

渗透理论已被广泛地应用于景观生态学研究,最突出的要点是当媒介的密度达到某一临界值时,渗透物突然能够从媒介的一端到达另一端(Taylor,2006)。生态学中确实存在很多临界阈限现象。例如,流行病的暴发与感染率、潜在被传染者和传播媒介之间的关系;大火蔓延与森林中燃烧物质积累量及空间连续性之间的关系;生物多样性的衰减与生境破碎化之间的变化;害虫种群暴发和外来种侵入过程,都在不同程度上表现出临界阈限特征。因此,渗透理论对于研究景观结构(特别是连接度)和功能之间的关系,具有重要的指导意义。

中性模型是指不包含任何具体生态学过程或机理的,只产生数学上或统计学上所期望的时间或空间格局的模型。景观中性模型的最大作用就是为研究景观格局和过程的相互作用提供一个参照系统。通过比较真实景观和随机渗透系统的结构和行为特征,可以检验有关景观格局和过程关系的假设。它已经被用于研究景观连接度和干扰(如火)的蔓延,种群动态等生态学过程。动物个体在景观镶嵌体中的"渗透"不仅依赖于景观结构,而且还决定于动物的行为学特征(Pearson and Gardner,1997)。

5.3.3 生境破碎化对昆虫种群和群落的影响

现代农业的集约化经营和管理导致自然生境破碎化,减少了农业景观的复杂性,使得作物和非作物变成一种相对离散化的生境类型和镶嵌的景观格局。生境破碎化不仅会影响某些物种的个体密度,而且可能加快局部地区物种灭绝的速率,最终导致物种多样性的减少;即使破碎化的生境在短时间内可以支持某些特定的物种,但由于空间上的隔离使这些物种在局部环境中面临着灭绝的可能性(Hanski and Ovaskainen,2000)。在农业景观中,生境的破碎化对专性寄生物的影响大于广食性的捕食者,因为广食性捕食者可以利用很多不同生境类型中的

猎物资源(Rand and Tscharntke,2007)。局部生境的破碎化或改变以及区域景观复杂性的变化对物种的多样性和种间相互作用有较大的影响(Huston,1999)。Steffan-Dewenter 和 Tscharntke(2000)研究结果表明,生境破碎化的面积与物种丰富度(richness)及多度(abundance)呈正相关关系。景观格局会影响昆虫群落的结构和不同营养级之间的相互作用(Cane,2001)。然而,景观多样性影响昆虫群落结构和三级营养关系的田间实验研究还比较少,可以说还没有得到很好的例证和理解。

在区域农业景观中,物种丰富度与适宜生境的比例有关,不同生境类型的多样性与破碎化生境的空间格局有关。景观多样性与物种丰富度的相互关系,在脊椎动物和植物方面进行了一些试验研究,但昆虫方面的试验研究还比较少。此外,还需要通过大量的研究工作来解决景观结构的改变是如何影响天敌的种类、数量及种间相互作用。预测破碎化景观中物种的存在与否及其丰度,保护物种之间的相互作用及营养结构,这对理解昆虫对景观结构的行为和动态响应是非常重要的(Fisher,1998)。近年来,生态学家把景观结构的时间变化、昆虫种群的遗传变化与捕食者和猎物的不同反应联系起来,作为昆虫空间生态学的内容进行研究(Kruess and Tscharntke,1994;Ronce and Kirkpatrick,2001)。反映景观结构的特征指标包括内缘比、破碎生境的隔离度、斑块面积、斑块质量、斑块多样性和微气候等,这些特征指标会影响昆虫的种群和群落属性,同时也会影响昆虫的生理和行为及其在不同生境斑块之间的迁移活动(Kuussaari et al.,2000)。

尽管人们已经认识到景观结构对昆虫种群和群落动态的影响,但在理解景观结构变化与昆虫种群和群落动态之间的关系时仍然存在差异。景观结构影响局部群落的多样性和生态系统过程,包括影响不同生境生物有机体的动态变化及其跨生境的迁移和溢出。生物跨越系统边界的迁移和溢出可能发生在各种不同的自然生境中,包括作物与非作物生境界面。油菜花粉甲控制的景观背景研究表明,田块周围的边缘区有助于捕食者种群迁入田内和控制害虫种群的发生及危害。然而,广食性节肢动物同样有可能从田内向自然生境(主要是草地、林地和耕地)迁出,从而改变它们之间的相互作用。从景观管理的角度来看,强化生物在作物生境与非作物生境之间的迁移和交流,可能同时发生有利或不利的相互作用(Tscharntke et al.,2005)。通过研究捕食者和猎物在复杂景观中不同斑块之间的迁移,可以更好地理解景观破碎化对昆虫种群和群落的影响(Holland and Luff,2000)。因为迁移会影响昆虫的空间格局,所以景观中生境斑块的大小、排列方式以及斑块之间的廊道隔离情况对决定昆虫的区系、分布和丰富度起了很大的作用(Kruess and Tscharntke,1994)。

参 考 文 献

陈灵芝,钱迎倩.1997.生物多样性科学前沿.生态学报,17(6):565-572.

程式华,李建.2007.现代中国水稻.北京:金盾出版社.

段灿星,王晓鸣,朱振东.2003.作物抗虫种质资源的研究与应用.植物遗传资源学报,4(4):360-364.

顾正远,肖英方,王益民.1989.水稻品种对二化螟抗性的研究.植物保护学报,(4):245-249.

关秀杰,傅强,王桂荣,等.2004.不同致害性褐飞虱种群的 DNA 多态性研究.昆虫学报,47:

152-158.

胡国文.1993.中国栽培稻种资源对主要害虫的抗性鉴定研究.应存山.中国稻种资源.北京:中国农业科学技术出版社,63-70.

姜永厚.2004.转基因抗虫水稻对几种天敌的影响及其机理研究.浙江大学博士论文.

李桂英,许新萍,李宝健,等.2003.水稻抗虫基因工程研究新进展.中国稻米,(4):12-15.

李汝铎,丁锦华,胡国文,等.1996.褐飞虱及其种群管理.上海:复旦大学出版社.

李正跃,阿尔蒂尔瑞 M A,朱有勇.2009.生物多样性与害虫综合治理.北京:科学出版社.

刘光杰,陈仕高,王敬宇,等.2003.混植水稻抗虫和感虫材料抑制白背飞虱发生的初步研究.中国水稻科学,17(增刊):103-107.

刘志诚.2002.Bt水稻对稻田节肢动物群落和优势天敌的生态风险评价.浙江大学博士论文.

娄永根,程家安,庞保平,等.1999.增强稻田天敌作用的途径探讨.浙江农业学报,11(6):333-338.

施立科.2008.利用物种多样性防控甘蔗棉蚜的研究.2008.甘蔗糖业,(3):18-20,41.

谭玉娟,潘英.1988.广东野生稻种资源对稻瘿蚊的抗性鉴定初报.昆虫知识,(6):321-323.

万方浩,陈常铭.1986.综防区和化防区稻田害虫-天敌群落组成及多样性的研究.生态学报,6(2):159-170.

王万磊,刘勇,纪祥龙,等.2008.小麦间作大蒜或油菜对麦长管蚜及其主要天敌种群动态的影响。应用生态学报,19(6):1331-1336.

仵光俊,陈志杰,姬明周,等.1991.棉田插种玉米对天敌虫口的影响及其控制害虫的作用.生物防治通报,7(3):101-104.

伍月花,张彩凤,罗丽华,等.2005.不同水稻品种对三化螟的抗性初探.贵州科学,23(增刊):61-63.

杨长举,杨志慧,舒理慧,等.1999.野生稻转育后代对褐飞虱抗性的研究.植物保护学报,26:197-202.

杨庆文.2003.转基因水稻的生物安全性问题及其对策.植物遗传资源学报,4(3):261-264.

尤民生,吴中孚.1989.稻田节肢动物群落的多样性.福建农林大学学报(自然科学版),18(4):532-538.

俞晓平.1998.中国无公害农业的发展策略和途径.北京:中国农业出版社.

张红叶,陈斌,李正跃,等.2011.甘蔗玉米间作对甘蔗绵蚜及瓢虫种群的影响作用.西南农业学报,24(1):124-127.

Accinelli G,Ramilli F,Dradi D,*et al*.2005. Trap crop:an agroecological approach to management of *Lygus rugulipennis* on lettuce. Bulletin of Insectology,58:9-14.

Adesiyun A A.1979. Effects of intercrop on frit fly,Oscinella frit,oviposition and larval survival on oats. Entomologia Experimentalis et Applicata,26(2):208-218.

Ahmed S,Khan R R,Hussain G,*et al*.2008. Effect of intercropping and organic matters on the subterranean termites population in sugarcane field. International Journal of Agriculture and Biology,10:581-584.

Altieri M A,Letourneau D K.1982. Vegetation management and biological control in agroecosystem. Crop Protection,1:405-430.

Altieri M A, Schmidt L L. 1985. Cover crop manipulation in northern California orchards and vineyards: Effects on arthropod communities. Biological Agriculture and Horticulture, 3: 1-24.

Altieri M A, Schmidt L L. 1987. Mixing cultivars of broccoli reduces cabbage aphid populations. California Agriculture, 41: 24-26.

Altieri M A, Schoonhoven A V, Doll J D. 1977. The ecological role of weeds in insect pest management systems: A review illustrated with bean(*Phaseolus vulgaris* L.) cropping systems. PANS, 23: 195-205.

Ampong-Nyarko K, Reddy K V S, Nyang'or R A, *et al*. 1994. Reduction of insect pest attack on sorghum and cowpea by intercropping. Entomologia Experimentalis et Applicata, 70 (2): 179-184.

Andow D, Risch S J. 1985. Predation in diversified agroecosystems: Relations between a coccinellid predator *Coleomegilla maculate* and its food. Journal of Applied Ecology, 22: 357-372.

Åsman K, Ekbom B, Rämert B. 2001. Effect of intercropping on oviposition and emigration behavior of the leek moth (Lepidoptera: Acrolepiidae) and the diamondback moth (Lepidoptera: Plutellidae). Environmental Entomology, 30(2):288-294.

Basedow T, Hua L, Aggarwal N. 2006. The infestation of *Vicia faba* L. (Fabaceae)by *Aphis fabae* (Scop.) (Homoptera: Aphididae) under the influence of Lamiaceae (*Ocimum basilicum* L. and *Satureja hortensis* L., Journal of Pest Science, 79(3): 149-154.

Belay D, Schulthess F, Omwega C. 2009. The profitability of maize-haricot bean intercropping techniques to control maize stem borers under low pest densities in Ethiopia. Phytoparasitica, 37:43-50.

Bernays E A. 1999. When host choice is a problem for a generalist herbivore: experiments with the whitefly, *Bemisia tabaci*. Ecological Entomology, 24(3):260-267.

Björkman M. 2007. Effects of intercropping on the life cycle of the turnip root fly (*Delia floralis*): behaviour, natural enemies and host plant quality. Doctoral diss. Dept. of Crop Production Ecology, SLU. Acta Universitatis agriculturae Sueciae, 125.

Brown L R, Yong J E. 1990. Feeding the world in the nineties. In State of the world. In: Brown L R, *et al*. eds. New York: W. W Northon and Co, 59-78.

Cane J H. 2001. Habitat fragmentation and native bees: a premature verdict? Conservation Ecology, 5: 149-161.

Chabi-Olaye A, Nolte C, Schulthess F, *et al*. 2005. Effects of grain legumes and cover crops on maize yield and plant damage by *Busseola fusca* (Lepidoptera: Noctuidae)in the humid forest of southern Cameroon. Agriculture, Ecosystems & Environment, 108: 17-28.

Chen B, Wang J J, Zhang L M, *et al*. 2011. Effect of intercropping pepper with sugarcane on populations of *Liriomyza huidobrensis* (Diptera: Agromyzidae) and its parasitoids. Crop Protection, 30(3): 253-258.

Coll M, Bottrell D G. 1994. Effects of nonhost plant on an insect herbivore in diverse habitats. Ecology,75(3):723-731.

Corbett A,Plant R E. 1993. Role of movement in the response of natural enemies to agroecosystem diversification: A theoretical evaluation. Envronmental Entomology,22: 519-531.

Dissemond A,Hindorf H. 1990. Influence of sorghum/maize/cowpea intercropping on the insect situation at Mbita/Kenya. Journal of Applied Entomology,109(1-5):144-150.

Dover J W. 1986. The effect of labiate herbs and white clover on *Plutella xylostella* oviposition. Entomologia Experimentalis et Applicata,42(3):243-247.

Ellsbury M M,Exner D N,Cruse R M. 1999. Movement of corn rootworm larvae (Coleoptera: Chrysomelidae) between border rows of soybean and corn in a strip intercropping system. Entomological Society of America,92(1):207-214.

Finch S,Billiald H,Collier R H. 2003. Companion planting-do aromatic plants disrupt host-plant finding by the cabbage root fly and the onion fly more effectively than non-aromatic plants? Entomologia Experimentalis et Applicata,109(3):183-195.

Finke D L,Denno R F. 2004. Predator diversity dampens trophic cascades. Nature,429:407-410.

Fisher B L. 1998. Insect behavior and ecology in conservation: preserving functional species interactions. Annals of the Entomological Society of America,91:155-158.

Garcia M A,Altieri M A. 1992. Explaining differences in flea beetle *Phyllotreta cruciferae* Goeze densities in simple and mixed broccoli cropping systems as a function of individual behavior. Entomologia Experimentalis et Applicata,62(3):201-209.

Gold C S,Altieri M A,Bellotti A C. 1991. Survivorship of the cassava whiteflies *Aleurotrachelus socialis* and *Trialeurodes variabilis* (Homoptera: Aleyrodidae) under different cropping systems in Colombia. Crop Protection,10(4):305-309.

Hanski I,Ovaskainen O. 2000. The metapopulation capacity of a fragmented landscape. Nature,404:755-758.

Hassanali A,Herren H,Khan Z R,et al. 2008. Integrated pest management: the push-pull approach for controlling insect pests and weeds of cereals,and its potential for other agricultural systems including animal husbandry. Philosophical Transactions of the Royal Society B: Biological Sciences,363(1491):611-621.

Holland J M,Luff M L. 2000. The effects of agricultural p ractices on Carabidae in temperate agroecosystems. Integrated Pest Management Review,5:163-170.

Holmes D M,Barrett G W. 1997. Japanese beetle(*Popillia japonica*)dispersal behavior in intercropped vs. monoculture soybean agroecosystems. American Midland Naturalist,137: 312-319.

Hori M,Komatsu H. 1997. Repellency of rosemary oil and its components against the onion aphid, *Neotoxoptera formosana* (Takahashi) (Homoptera, Aphididae). Applied Entomology and Zoology,32:303-310.

Hormchan P,Wongpiyasatid A,Prajimpum W. 2009. Influence of trap crop on yield and cotton leafhopper population and its oviposition preference on leaves of different cotton varieties/lines. Kasetsart Journal: Natural Science,43: 662-668.

Hummel J D,Dosdall L M,Clayton G W, *et al*. 2009. Effects of canola-wheat intercrops on *Delia* spp. (Diptera: Anthomyiidae) oviposition, larval feeding damage, and adult abundance. Journal of Economic Entomology,102(1):219-228.

Huston M A. 1999. Local processes and regional patterns: appropriate scale for understanding variation in the diversity of plants and animals. Oikos,86: 393-401.

Jan T,Ulrike S,Annette O. 2008. Cultural landscapes of Germany are patch-corridor-matrix mosaics for an invasive megaforb. Landscape Ecology,23(4): 453-465.

Khan Z R,Ampong-Nyarko K,Chiliswa P,*et al*. 1997. Intercropping increases parasitism of pests. Nature,388: 631-632.

KruessA,Tscharntke T. 1994. Habitat fragmentation, species loss, and biological control. Science,264: 1581-1584.

Kuussaari M, Hanski I, Singer M. 2000. Local speciation and landscape-level influence on host use in an herbivorous insect. Ecology,81: 2177-2187.

Landolt P J,Heath R R,Millar J G,*et al*. 1994. Effects of host plant,*Gossypium hirsutum* L. ,on sexual attraction of cabbage looper moths,*Trichoplusia ni* (Hubner)(Lepidoptera: Noctuidae). Journal of Chemical Ecology,20:2959-2974.

Landolt P J, Phillips T W. 1997. Host plant influences on sex pheromone behavior of phytophagous insects. Annual Review of Entomology,42: 371-391.

Lee D-H, Nyrop J P, Sanderson J P. 2010. Effect of host experience of the greenhouse whitefly, Trialeurodes vaporariorum, on trap cropping effectiveness. Entomologia Experimentalis et Applicata,137(2):193-203.

Litsinger J A,Moody K. 1976. Integrated pest management in multiple croping systems. In Multiple Cropping,pp: 239-316. In: Papendlick R I,Sanchez P A,Triplett G B. eds. Special Publication 27. Madison,WI: American Sosiety of Agronomy.

Ma X M,Liu X X,Zhang Q W,*et al*. 2006. Assessment of cotton aphids,*Aphis gossypii* ,and their natural enemies on aphid-resistant and aphid-susceptible wheat varieties in a wheat-cotton relay intercropping system. Entomologia Experimentalis et Applicata,121:235-241.

Mahadevan N R. 1986. Influence of intercropping legumes with sorghum on the infestation of the stem borer,*Chilo partellus* (Swinhoe) in Tamil Nadu,India. International Journal of Pest Management,32(2): 162-163.

Mauchline A L,Osborne J L,Martin A P,*et al*. 2005. The effects of non-host plant essential oil volatiles on the behaviour of the pollen beetle *Meligethes aeneus*. Entomologia Experimentalis et Applicata, 114: 181-188.

Metspalu L,Hiiessar K,Jõgar K. 2003 . Plants influencing the behaviour of Large White Butterfly(*Pieris brassicae* L.). Agronomy Research,1(2): 211-220.

Michel B. 2004. The classical metapopulation theory and the real,natural world: a critical appraisal. Basic and Applied Ecology,5: 213-224.

Mutiga S K,Gohole L S,Auma El O. 2010. Effects of integrating companion cropping and nitrogen application on the performance and infestation of collards by *Brevicoryne brassicae*. Entomologia Experimentalis et Applicata,134(3):234-244.

Myers N A. 1989. major extinction spasm predictable and inevitable? in Conservation for the 21 Century,Western D,Pearl M,eds. New York Oxford: Oxford University Press，42-49.

Myers N. 1984. The primary source:tropical forests and our future. New York: W. W. Norton.

Page W W,Smith M C,Holt J,*et al*. 1999. Intercrops,*Cicadulina* spp. ,and maize streak virus disease. Annal of Applied Biology,135(1): 385-393.

Pearson S M,Gardner R H. 1997. Neutralmodels: useful tools for understanding landscape patterns. In: Bissonette J A,eds. Wildlife and landscape ecology: effects of pattern and scale. New York: Springer,215-230.

Pitan O O R,Odebiyi J A. 2001. The effect of intercropping with maize on the level of infestation and damage by pod-sucking bugs in cowpea. Crop Protection,20:367-372.

Pither J,Taylor P D. 1998. An experimental assessment of landscape connectivity. Oikos, 83: 66-174.

Pittendrigh B R,Pivnick K A. 1993. Effects of a host plant,*Brassia juncea*,on calling behavior and egg maturation in the diamondback moth,*Plutella xylostella*. Entomologia Experimentalis et Applicata,68:117-126.

Rabb R L,Stinner R E,van den Bosch R. 1976. Conservation and augmentation of natural enemies. In Theory and practice of biological control,pp: 233-254. In: Huffaker C B, Messenger P,eds. New York : Academic Press.

Rand T A,Tscharntke T. 2007. Contrasting effects of natural habitat loss on generalist and specialist aphid natural enemies. Oikos,116: 1353-1362.

Renwick J A A. 1989. Chemical ecology of oviposition in phytophagous insects. Experientia, 45(3):223-228.

Riddiford L M,Williams C M. 1967. Chemical signalling between polyphemus moths and between moths and host plant. Science,156:541.

Risch S J. 1981. Insect herbivore abundance in tropical monocultures and polycultures: an experimental test of two hypotheses. Ecology,62: 1325-1340.

Risch S J. 1983. Intercropping as cultural pest control: Prospects and limitations. Environmental Management，7(1):9-14.

Robinson R. A. 1966. Return to resistance:Breeding crops to reduce pesticide resistance. Ag. Access. Davis,CA.

Rodriguez M A, Hawkins B A. 2000. Diversity, function and stability in parasitoid communities. Ecology Letters,3: 35-40.

Ronce O, Kirkpatrick M. 2001. When sources become sinks: migrationalmeltdown in heterogeneous habitats. Evolution,55: 1520-1521.

Shelton A M,Badenes-Perez F R. 2006. Concepts and applications of trap cropping in pest management. Annual Review of Entomology,51(1)：285 308.

Smith H A,McSorley R,Sierra Izaguirre J A. 2001. Effect of intercropping common bean with poor hosts and nonhosts on numbers of immature whiteflies (Homoptera： Aleyrodidae)in the Salamá Valley,Guatemala. Environmental Entomology,30(1)：89-100.

SnyderW E,IvesA R. 2003. Interactions between specialist and generalist natural enemies： parasitoids,p redators,and pea aphid biological control. Ecology,84：91-107.

Southwood T R E,Way M J. 1970. Ecological background to pest management. In Concepts of pest management,pp：7-13. In：Rabb R L,Guthrie F E,eds. Raleigh. NC：North Carolina State University.

Steffan-Dewenter I,Tscharntke T. 2000. Butterfly community structure in fragmented habitats. Ecology Letters,3：449-456.

Stern V M,Mueller A,Sevacharian V,et al. 1969. Lygus bug control in cotton through alfalfa interplanting. California Agriculture,23(2)：8-10.

Stern V. 1981. Environmental control of insects using trap crops,santiation,prevention and harvesting. In CRC Handbook of Pest Management in Agriculture. Volume1,199-297. In：Pimentel D,eds. Boca Raton,FL：CRC Press.

Tahvanainen J O,Root R B. 1972. The influence of vegetational diversity on the population ecology of a specialized herbivore,*Phyllotreta cruciferae* (Coleoptera：Chrysomelidae). Oecologia,10(4)：321-346.

Taylor P,Fahrig L,With K A. 2006. Landscape connectivity：back to the basics in Connectivity Conservation. In：Crooks K,Sanjayan M A,eds. Cambridge,UK：Cambridge University Press.

Thiery D,Visser J H. 1987. Misleading in the Colorado potato beetle with and odour blend. Journal of Chemical Ecology,13：1139-1146.

Thirumurugan A,Koodalingam K. 2005. Management of borer complex in sugarcane through companion cropping under drought condition of palar river basin area. Sugar Tech,7(4)： 163-164.

Thorbek P,Bilde T. 2004. Reduced numbers of generalist arthropod predators after crop management. Journal of Applied Ecology,41(3)：526-538.

Tillman P G,Mullinix B G Jr. 2004. Grain sorghum as a trap crop for corn earworm (Lepidoptera：Noctuidae)in cotton. Environmental Entomology,33(5)：1371-1380.

Togni P H B,Laumann R A,Medeiros M A,et al. 2010. Odour masking of tomato volatiles by coriander volatiles in host plant selection of *Bemisia tabaci* biotype B. Entomologia Experimentalis et Applicata,136(2)：164-173.

Tscharntke T,Tatyana A R,Felix J,et al. 2005. The landscape context of trophic interaction：insect sp illover across the crop2noncrop interface. Animals of Zology (Fennici),42：421-432.

Tukahirwa E M,Coaker T H. 1982. Effect of mixed cropping on some insect pests of brassicas；reduced *Brevicoryne brassicae* infestations and influences on epigeal predators and the disturbance of oviposition behaviour in *Delia brassicae*. Entomologia Experimentalis et Applicata,32(2):129-140.

Turnbull A L. 1969. The ecological role of pest populations. Proceedings of Tall Timbers Conference in Ecological Animal Control by Habitat Management,1：219-232.

Uvah I I I,Coaker T H. 1984. Effect of mixed cropping on some insect pests of carrots and onions. Entomologia Experimentalis et Applicata,36(2):159-167.

Van Emden H F. 1990. Plant diversity and natural enemy efficiency in agroecosystems. In Critical issues in biological control,pp：63-80. In：Mackauer M,Ehler L E,Roland J. eds, Interupt Ltd,Andover,UK.

Weibull A C,OstmanO,Granqvist A. 2003. Species richness in agroecosystems：the effect of landscape, habitat and farm management. Biodiversity and Conservation, 12 (7)： 1335-1355.

Wilby A,Thomas M B. 2002. Natural enemy diversity and pest control：patterns of pest emergence with agricultural intensification. Ecology Letters,5：353-360.

William R D. 1981. Complementary interactions between weeds,weed control practices,and pests in horticultural cropping systems. HortScience,16：508-513.

Wu J G. 1995. From balance of nature to hierarchical patch dynamics：a paradigm shift in ecology. The Quarterly Review of Biology,70,4：123-139.

Zhu Y Y,Chen H R,Fan J H,*et al*. 2002. Genetic diversity and disease control in rice. Nature,406：718-722.

第6章

农业生物多样性控制害虫的原理

生物多样性是人类赖以生存的基础,生物多样性对于维持生态平衡、保护环境具有重要作用,生物多样性与农田害虫生态控制的关系密切,合理的生物多样性能作用于害虫活动的农田小气候、土壤栖息场所、寄主偏好性、招引天敌、机械屏障等而影响害虫的分布型和种群数量。利用增加植物多样性生态控制有害生物,符合农业可持续发展的要求,是目前国际上研究和探讨的热点问题,农业生物多样性控制害虫的现象及理论的探讨是生物多样性研究的重要内容。关于农业生态系统中生物多样性与害虫发生及天敌保护的研究在理论和实践上都取得了较大进展,学者们提出了不同的生态学假说来解释生物多样性控制害虫的机理,现从以下方面进行阐述。

6.1 农业生物多样性控制害虫的生态学基础

6.1.1 农田小气候

农田小气候(micro-climate)是指近地面大气层约 1.5 m、土层与作物群体之间的物理过程和生物过程相互作用所形成的小范围气候环境。常以农田贴地气层中的辐射、空气温度和湿度、风、二氧化碳以及土壤温度和湿度等农业气象要素的量值表示,是影响农作物生长发育和产量形成的重要环境条件。小气候因子包括作物与近地面的气候因子,如空气、温度、湿度、气流运动、二氧化碳浓度、太阳短波辐射和地面长波辐射等(罗冰,2007;张俊平等,2004;焦念元等,2006;杨友琼和吴伯志,2007)。间作套种系统不同作物的株高、株型、叶型均不相同,形成高低搭配、疏密相间的群体结构,扩大了光合面积。合理的间作套种,能增加边行效应,加强株间的气流交换,从而改善通风条件,保证二氧化碳的供应。间作套种也会引起农田温度和湿度的改变。当高秆作物对矮秆作物产生显著的遮阳作用时,矮秆作物带、行中的温度偏低而湿度偏高,并会随带、行间距的缩小而加剧,因此间作套种系统小气候与单一作物明显不同,受光结构、通风、湿度、温度等都发生了变化。如玉米与马铃薯、高粱与大豆搭配等可改善玉米、高粱田的通风透光条件。与大气候相比,由于小气候易于选择、调节和控制,可以通过不同作物之间的间作套种,实现恶化害虫生存环境的目的。

同时,土壤温湿度也是影响昆虫生存、生长发育和繁殖的重要因子。土壤温度主要取决于太阳辐射,间作套种构成了不同于单作的作物群体,改变了冠层内的光分布,使得间作套种田的土壤温度、土壤养分、土壤水分、土壤抗风蚀性、土壤理化性质同单作种植相比也会有所不同(Vanderrneer,1989;黄进勇,2003;毛树春,1998;刘景辉等,2006;陈玉香等,2003;宋同清等,2006;高阳和段爱旺,2006;Archna *et al*.,2006;Ghosh *et al*.,2006;向万胜等,2001)。此外,作物在生长过程中,根系分泌物,如糖类、有机酸、矿物质、维生素型化合物以及生长激素等,通过异株克生抑制杂草的生长,会间接影响许多地下害虫或土栖阶段虫态的发育及其活动。每种昆虫的生活史的部分甚至全部与土壤环境有关,在土壤内产卵的昆虫,产卵时对土壤含水量也有一定要求。如东亚飞蝗(*Locustn migratoria* manilensis)产卵时对土壤含水量的要求不同,沙土为 $10\% \sim 20\%$,壤土为 $15\% \sim 18\%$,黏土为 $18\% \sim 20\%$(陈永林,2005)。因此,通过作物间作套种控制土壤含水量,可达到减少土壤中蝗卵的密度。此外,土壤湿度过大,往往使土壤昆虫易于罹病死亡。从外观上看来,蛹是一个不食不动的虫态,多数昆虫在土中化蛹,如能利用作物的间作套种创造不利于害虫化蛹的土壤环境,自然就能够减少大量成虫的发生,但目前看来这种做法很不现实,因为至今尚未发现某种植物的根系分泌物能够影响土壤环境,达到昆虫不能化蛹的程度,但由于人为收获、除草、翻耕等间接因素影响昆虫化蛹也不失为一条途径。

6.1.2　群落交错区与边缘效应

作物间作套种模式形成了更多的群落交错区,因而也就表现出了明显的边缘效应,群落交错区又称为生态交错区或生态过渡带,是两个或多个群落间的过渡区域,如两个不同森林类型间或两个不同作物田块间都存在交错区。作物间作套种种植是利用边缘效应原理,构建一个多层配置、多种共生的垂直多边缘区,以此实现各边缘区对资源的划分和各生态位的"谐振",提高产量和生产效率。边缘效应(edge effect)的概念最初是由动物学家 Leopold(1933)提出,定义为:在生态交错带内的物种种类和个体数目都比邻近生态系统内要多的现象。Beecher(1942)在研究群落的边缘长度与鸟类的种群密度关系后提出,边缘效应是异质群落交错区结构趋繁,种群数量趋增、密度趋大、行为趋活、生产力趋高的现象(Beecher,1942)。如戈峰等(2004)比较了棉田中间棉株与边缘棉株上害虫、天敌和种群动态,结果显示,棉田边缘棉株上苗蚜发生量比棉田中间要高出 1.09 倍,伏蚜和秋蚜的数量比棉田中间分别低 97.73% 和 37.70%(戈峰等,2004)。

6.2　农业生物多样性控制害虫的生物学基础

生物多样性对害虫的生态控制作用及其机理一直是害虫综合治理研究中的重要内容之一,已形成了许多有效的控制害虫的作物多样性种植模式,也有不同学者对农业生物多样性控制害虫的机制提出了不同的理解和认识。长期以来,较为公认的就是根据害虫与天敌及植物间的相互关系等方面提出的几种假说,包括天敌假说、资源集中假说、联合抗性假说和干扰作物假说。

6.2.1 天敌假说

天敌假说(enemies hypothesis)认为,多样化的复杂环境能为天敌提供 系列的替代猎物和微栖境,为昆虫交配、筑巢等提供场所,减少了天敌迁出或绝灭的可能性,为天敌提供避难而使得猎物能够逃避大规模的残杀,同时植物多样性的田块比单一作物田具有更大的化学多样性,因而对寄生性天敌更适合、更有吸引力。因此,多样化的农田生态系统比单一系统具有更为丰富和多样的害虫天敌,具有更强的控害能力(Root,1973;Altieri,1982;Russell,1989;Khan,1997)。如甘蔗、辣椒间作能有效提高斑潜蝇寄生蜂的寄生率而有效控制辣椒斑潜蝇危害(Chen *et al*.,2011)。

6.2.1.1 农作物多样性与害虫天敌资源保护与利用

农田植被多样性可增加捕食性天敌和寄生性天敌所需的食物(特别是花蜜和花粉)、避难所和替代寄主等基本资源,使得天敌在害虫种群附近便可得到一切所需,而不需要到很远的地方去寻觅。增加生物多样性可使天敌替代猎物的种群密度增加,亦可增加其他可利用资源的数量。与此同时,可增加替代猎物在作物系统中的存在时间和增加替代猎物昆虫种群的空间均匀度,从而使天敌能够在较长时间内留于田地中。然而,生物多样性在天敌寻找猎物时也会造成天敌定向困难。

1. 提供替代寄主和替代猎物

植被多样性增加的农田生态系统能为天敌提供丰富的替代性食物、中间寄主(Russell,1989;Gurr and Wraten,1999;Landis *et al*.,2000),当害虫数量稀少和天敌处于不适生存时期,替代寄主的存在可有效补充天敌的食物,维持天敌的生存和繁衍。多样性作物也可作为多种昆虫的寄主,使其中一些昆虫成为天敌的替代猎物。在秘鲁,按1行玉米与12行棉花的比例间作,大大增加了花蝽和其他捕食性天敌对棉铃虫的控制作用。杂草可对食蚜蝇、花蝽和草蛉提供产卵场所和食物,特别是对之后的幼虫取食作物上的蚜虫提供了保障。在田间保留少量的感虫品种或保留一些害虫的替代植物可作为害虫的食物来源,使天敌种群能够顺利扩大。

2. 提供良好的生存环境

合理的间作套种能通过不同作物的合理组合、搭配,构成多作物、多层次、多功能的作物复合群体,具有"密植效应"、"时空效应"、"异质效应"、"边际效应"、"补偿效应"(叶修祺,罗继春,1993),可以影响作物光照条件和光能利用率(左元梅等,1998)、田间风速(Zuo *et al*.,2000)、土壤温湿度(Ramert *et al*.,2002)、根系性状及养分吸收(Altieri,2002;Li long *et al*,2007)、提高单位土地面积作物产量(Trenbath,1999;He *et al*.,2010;Li *et al*.,2009;刘玉华,张立峰,2005)。这种变化就会影响到生活在其中的各种昆虫的生长繁殖,从而可能引起昆虫种群的变化。小气候的变化有些则不利于害虫种群的增长,但对有些天敌生存、繁衍提供了有利的环境条件。

3. 虫害诱导的植物挥发物对天敌的引诱作用

植物受到植食性昆虫的攻击后,受伤植株与植食性昆虫的口腔分泌物共同作用,能诱导释放更多的挥发性化合物引诱植食性昆虫的天敌,这些物质称为"虫害诱导的挥发物(herbivore-induced volatile,HIV)"。作物地上茎叶和地下根系受到昆虫危害都可释放化学挥发物。间作套种作物在受到害虫为害后能够大量释放 HIV 的植物,则可吸引大量天敌昆虫,从而有效保护主栽作物免受较大损失(李新岗等,2008;Hare,2011)。如在害虫取食的诱导作用下,利马豆、玉米、黄瓜等 13 属 20 多种作物释放出挥发性异戊二烯及莽草酸等次生代谢物质对捕食者或寄生蜂等天敌具有吸引作用(娄永根等,1997)。大豆和玉米间作田赤眼蜂对棉铃虫卵的寄生率比平作大豆田高(Altieri et al.,1981),玉米-大豆-番茄混作田赤眼蜂数量比平作玉米田多,喷洒番茄植株提取物能够提高短管赤眼蜂对玉米穗螟的寄生率(Nordlund et al.,1984,1985),夏玉米田间作匍匐型绿豆对玉米螟赤眼蜂有显著增诱作用,可明显提高其对玉米螟卵的寄生率(周大荣等,1997a,b,c)。棉花与绿豆间作能提高螟黄赤眼蜂和玉米螟赤眼蜂对棉铃虫卵的寄生率(郑礼,2003)。

此外,不同植物甚至同种植物的不同部位产生的次生物质对天敌的定位和产卵行为的影响不同,如 Chandish 等(1999)对印度境内 3 种草蛉的研究发现,不同种的草蛉在向日葵和棉花上的定位行为和产卵行为不同,而且植株的不同部位含有的化学成分及对天敌的吸引作用也不同,受害虫危害的植株所产生的次生化合物在成分上比健康植株含有更多的能引诱某些天敌的成分。

6.2.1.2 农田作物生境杂草与害虫天敌资源保护与利用

杂草丰富的农田中,害虫暴发的可能性远低于杂草少的农田。这是因为农田杂草能为天敌提供补充营养,有些杂草则具有诱集或化学驱避和屏蔽作用,从而提高了天敌的存活率和繁殖率及在田间的定殖成功率,从而提高了田间天敌的种群密度,为害虫控制奠定了基础。此外,有些杂草还对害虫的生存繁殖有一定的影响。有关农田杂草对提高生物防治效果的例子很多(表 6.1),且涉及多种作物和杂草(李正跃等,2009)。

表 6.1 田间杂草提高天敌对害虫控制效果的事例(引自李正跃等,2009)

作物种类	杂草种类	害虫种类	起作用的因素
苜蓿	各种开花的杂草	苜蓿粉蝶(Colias eurytheme)	加强寄生性天敌苜蓿绒茧蜂(Apanteles medicaginis)的活动
苜蓿	禾本科杂草	马铃薯叶蝉	未知
苹果	蜈蚣花(Phacelia sp.)刺芹(Eryngium sp.)(伞形科)	梨笠圆盾蚧(Duqdraspidotus perniciosus)蚜虫类	提高苹果绵蚜小蜂(Aphelinus mali)和梨圆蚧黄蚜小蜂(Aphytis proclia)的密度
苹果	各种自然杂草	天幕毛虫(Malacosoma americanum)苹果蠹蛾(Cydia pomonella)	提高寄生蜂的密度
豆类	牛筋草(Eleusine indica)细千金草(Leptochloa filiformis)	叶蝉(Empoasca kraemeri)	化学驱避或屏蔽作用

续表 6.1

作物种类	杂草种类	害虫种类	起作用的因素
花椰菜	野生芥菜	黄条跳甲（*Phyllotreta cruciferae*）	诱集作物
抱子甘蓝	各种自然杂草	菜粉蝶（*Pieris rapae*） 甘蓝蚜（*Brevicoryne brassicae*）	不利于害虫田间定殖、增加捕食性天敌种类和数量
抱子甘蓝	大瓜草（*Spergula arvensis*）	白菜根蛆（*Delia brassicae*）	未知
抱子甘蓝	大瓜草（*Spergula arvensis*）	甘蓝夜蛾（*Mamestra brassicae*） 花园卵石蛾（*Evergestis forficalis*） 甘蓝蚜（*Brevicoryne brassicae*）	增加捕食性天敌、干扰害虫田间定殖行为
大白菜	山楂（*Crataegus* sp.）	小菜蛾（*Plutella maculipennis*）	为钝唇姬蜂（*Horogenes* sp.）提供替代寄主
柑橘	常春藤（*Hedera helix*）	金龟子（*Lachnosterna* spp.）	提高岭南蚜小蜂（*Aphytis lingnanensis*）的作用效果
柑橘	各种自然杂草	叶螨（*Eotetranychus* sp.） 柑橘全爪螨（*Panonychus citri*） 叶螨（*Metatetranychus citri*）	未知
柑橘	各种自然杂草	盾蚧	未知
咖啡	各种自然杂草	蝽类（*Antestiopsis intricata*）	未知
羽衣甘蓝	豚草（*Ambrosia artemisiifolia*）	黄条跳甲（*Phyllotreta cruciferae*）	化学驱避或屏蔽作用
羽衣甘蓝	反枝苋（*Amaranthus retroflexus*） 藜（*Chenopodium album*） 苍耳（*Xanthium strumarium*）	桃蚜（*Myzus persicae*）	增加捕食性天敌草蛉（*Chrysoperia carnea*）、瓢虫及食蚜蝇的种群密度
玉米	大豚草	欧洲玉米螟（*Ostrinia nubilalis*）	为玉米螟厉寄蝇（*Lydella grisescens*）提供替代寄主
玉米	各种自然杂草	美洲棉铃虫（*Heliothis zea*） 草地贪夜蛾（*Spodoptera frugiperda*）	提高捕食性天敌的作用效果
玉米	狗尾草（*Setaria viridis*） 大狗尾草（*S. faberi*）	玉米幼芽根叶甲（*Diabrotica virgifera*） 巴氏根叶甲（*D. barberi*）	未知

续表 6.1

作物种类	杂草种类	害虫种类	起作用的因素
棉花	豚草	棉铃象甲 (*Anthonomus grandis*)	为寄生性天敌（广肩小蜂 *Eurytoma tylodermAtis*）提供替代寄主
棉花	豚草 皱叶酸模(*Rumex crispus*)	棉铃虫 (*Heliothis* spp.)	提高捕食性天敌种群数量
棉花	红花鼠尾草(*Salvia coccinea*)	盲蝽 (*Lygus vosseleri*)	未知
十字花科作物	花期较早的芥菜类	粉蝶类 (*Pieris* spp.)	有利于菜粉蝶绒茧蜂(*Apanteles glomeratus*)活动
绿豆	各种自然杂草	菜豆蛇潜蝇 (*Ophiomyia phaseoli*)	不利于害虫的田间定殖
油棕	葛根(*Pueraria* sp.) 千斤拔(*Flemingia* sp.) 蕨类植物 匍匐植物	二疣独角仙 (*Oryctes rhinoceros*) 咖啡独角仙 (*Chalcosoma atlas*)	未知
桃	蔷薇科杂草 鸭茅(*Dactylis glomerata*)	两种叶蝉 (*Paraphelepsius* sp., *Scaphytophius actus*)	未知
高粱	向日葵(*Helianthus* spp.)	麦二叉蚜 (*Schizaphis graminum*)	提高寄生蜂(蚜小蜂 *Aphelinus* spp.)的寄生率
大豆	阔叶杂草 禾本科杂草	墨西哥豆甲 (*Epilachana varivestis*)	提高捕食性天敌数量
大豆	决明子(*Cassia obtusitolia*)	稻绿蝽 (*Nezara viridula*) 梨豆夜蛾 (*Anticarsia gemmatalis*)	提高捕食性天敌种群密度
大豆	光萼猪屎豆 (*Crotalaria usaramoensis*)	稻绿蝽 (*Nezara viridula*)	增加田间寄蝇(*Trichopoda* sp.)数量
甘蔗	飞扬草(*Euphorbia* spp.) 其他杂草	甘蔗象甲 (*Rhabdoscelus obscurus*)	为天敌寄蝇(*Lixophaga spenophori*)提供花蜜和花粉
甘蔗	禾本科杂草	玉米缢管蚜 (*Rhopalosiphum maidis*)	破坏害虫的替代寄主
甘蔗	丰花草(*Borreria verticillata Hyptis atrorubens*)(唇形科)	波多黎各蝼蛄 (*Scapteriscus vicinus*)	为天敌泥蜂(*Larra Americana*)提供花蜜
马铃薯	一种番薯 (*Ipomoea asarifolia*)	泰龟甲 (*Chelymorpha cassidea*)	为寄生性天敌(*Emersonella* sp.)提供替代寄主
蔬菜作物	野生胡萝卜 (*Daucus carota*)	日本金龟子 (*Popillia japonica*)	利于寄生性天敌(日本丽金钩土蜂 *Tiphia popilliavora*)的活动

续表 6.1

作物种类	杂草种类	害虫种类	起作用的因素
葡萄	野生黑莓(*Rubus* sp.)	葡萄叶蝉 (*Erythroneura elegantula*)	为寄生性缨小蜂(*Angrus epos*) 提供替代寄主
葡萄	高粱(*Sorghum halepense*)	韦氏叶螨 (*Eotetranychus willamette*)	有利于捕食性天敌(捕食性植 绥螨 *Metaseiulus occidentalis*) 数量的增加

1. 农田杂草为害虫天敌提供替代寄主

杂草是农田生态系统中的重要元素,因为它们有利于天敌的发生。这些杂草的存在可为天敌提供许多有利的生存条件,如替代寄主、成虫补充营养等(Van Emden,1965)。在田间种植一年生作物时,害虫通常是间歇性发生。当田间没有害虫发生时,天敌则依靠杂草提供食物资源,如替代寄主、花蜜等来维持生命。Altieri 等经过多年的观察发现,荨麻(*Urtica dioica*)、土荆芥(*Chenopodium ambrosioides*)、樟脑草(*Heterotheca subaxillaris*)以及豚草可为天敌昆虫提供生存资源(Altieri *et al.*,1982)。许多研究表明,不同杂草为昆虫所提供的环境质量存在很大差别,如草蛉更喜欢取食菊科植物的花蜜,以获得所需要的糖分。车窝草(*Anthriscus cerefolium*)、聚合草(*Symphytum officinale*)、睫毛牛膝菊(*Galinsoga ciliata*)中节肢动物密度较低,小于 15 头/m²,而其他数种杂草中的节肢动物密度都较高,达到 100~300 头/m²,其中虞美人(*Papaver rhoeas*)、油菜(*Brassica napus*)、荞麦(*Fagopyrum esculentum*)、艾菊(*Tanacetum vulgare*)中节肢动物数量最高,达到 500 头/m² 以上。在所调查的节肢动物中,植食性昆虫种类占 65%(变动范围在 45%~80%)。在不同植物中捕食性种类、寄生性种类及其他种类昆虫的变化较大。主要的寄生性天敌有膜翅目的蚜茧蜂(*Aphidiidae*)、茧蜂(*Braconidae*)、姬蜂(*Ichneumonidae*)、细蜂(*Proctotrupidae*)和跳小蜂(*Chalcidoidea*)。它们在植物尤其是菊科(Asteraceae)和十字花科(Brassicaceae)植株中的数量达到 4~30 头/m²。主要的捕食性天敌有双翅目的虻类(Empididae);鞘翅目的瓢虫类(Cocinellidae)、步甲类(Carabidae)、隐翅甲类(Staphilinidae)和花萤科类(Cantharidae)以及脉翅目的草蛉等。在紫草(*Lithospermum erythrorhizon*)、矢车菊(*Centaurea jacea*)以及虞美人(*Papaver rhoeas*)上捕食性天敌数量较多,达到 70 头/m²。食蚜蝇则需要多种植物种类,包括花期早、花期迟的植物种类,如油菜类(*Brassica*)、芥菜类(*Sinapsis*)及萝卜类(*Raphanus*)等。草蛉(*Chrysoperla carnea*)喜欢产卵的植物种类有麦仙翁(*Agrostemma githago*)、兔足三叶草(*Trifolium arvense*)、蓝蓟(*Echium vulgare*)、月见草(*Oenothera biennis*)、矢车菊(*Centaurea jacea*)等(Zandstra *et al.*,1978)。

在开花植物较多的农田和果园中,天敌的寄生率往往也较高。在野生开花植物丰富的苹果园,天幕毛虫(卵、幼虫)和苹果蠹蛾(幼虫)被天敌寄生的比例要比没有野生开花植物的果园高 18 倍(Leius,1967)。前苏联科学家 Telenga(1958)研究发现,果园中如果有叶芹草(*Phacelia* sp.)就可为梨圆蚧(*Quadraspidiotus perniciosus*)的天敌桑盾蚧黄蚜小蜂(*Aphytis proclia*)提供食物,从而提高桑盾蚧黄蚜小蜂对梨圆蚧的寄生率,在果园中连续 3 年种植叶芹草可使蚧壳虫被天敌寄生的比例由原来的 5% 提高到 75%。又如,寄生于两种菜粉蝶(*Pieris* spp.)上的菜粉蝶绒茧蜂(*Apanteles glomeratus*)也能从野生芥菜上获取花蜜。当有野生开花植物存在时,菜粉蝶绒茧蜂存活时间更长、产卵量更大。将野生芥菜种植在油菜地周围,且芥菜花期早于油菜时,绒茧蜂对粉蝶的寄生率由原来的10%上升到60%。同时,杂草也有助于增加田间一些无害植食性昆虫(中性昆虫)的数量。这些昆虫可以作为天敌的替补食物/替代寄主,从而改善天敌昆虫的存活与生殖环境。例如,玉米螟厉寄蝇(*Lydella grisescens*)通常寄生于欧洲玉米螟(*Ostrinia nubilalis*)上,普通蛀茎夜蛾(*Papaipema nebris*)幼虫常在豚草(*Ambrosia* spp.)上蛀食,当田间有这种夜蛾存在时,则可以提高玉米螟厉寄蝇对欧洲玉米螟的寄生率(Syme 1975)。在豚草上发生的替代寄主也可以提高天敌对某些特殊害虫的寄生率,例如一种小蜂(*Eurytoma tylodermatis*)对棉铃象甲(*Anthonomus grandis*)的寄生率;卷蛾长体茧蜂(*Macrocentrus ancylivorus*)对梨小食心虫(*Grapholita molesta*)幼虫的寄生率等。有些寄生性天敌主要以小菜蛾(*Plutella maculipennis*)为寄主。但是它们从小菜蛾幼虫中羽化后,则寄生于一种生活在山楂(*Crataegus* sp.)上的巢蛾(*Swammerdamia lutarea*)幼虫并完成越冬(Van Emden 1965a)。缨小蜂(*Anagrus epos*)寄生于葡萄叶蝉(*Erythroneura elegantula*)上,当葡萄园中有黑梅(*Bubus* sp.)存在时,则可以显著提高这种小蜂对叶蝉的寄生率,因为黑梅上可以繁殖缨小蜂的一种替代寄主—小蝉(*Dikrella cruentata*)(Doutt *et al*. 1973)。荨麻(*Urtica dioica*)是普通荨麻蚜(*Microlophium carnosum*)的一种寄主植物。许多捕食性、寄生性天敌都会袭击这种蚜虫。当普通荨麻蚜在4—5月间转移到作物上危害之前,其天敌昆虫数量会迅速增加。当7月中旬荨麻收获后这些数量巨大的天敌就会转移到附近作物上去(Perrin,1975)。

2. 农田杂草为天敌提供补充营养

杂草可以为天敌提供补充营养等,具有较好的生态功能(Frank *et al*., 1995;Nentwig, 1998)。野生开花植物能为许多捕食性天敌提供补充营养,花粉就是许多捕食性天敌如瓢虫的补充营养源。大多数寄生蜂都需要取食花蜜和花粉以保证其生殖系统的正常发育及延长寿命。如姬蜂(*Mesochorus* spp.)必须取食花蜜才能完成其卵的发育,而获取伞形科花蜜中的碳水化合物是部分姬蜂种类完成生殖系统发育所必需的。有关研究结果显示,当环境中有开花的杂草出现时,寄生于欧洲松梢小卷蛾(*Rhyacionia buoliana*)上的两种寄生蜂(*Exeristes comstockii* 和 *Hyssopus thymus*)不但繁殖力增强,而且寿命显著延长。在夏威夷,一种寄蝇(*Lixophaga sphenophori*)是甘蔗象甲的重要寄生性天敌,而飞扬草(*Euphorbia hirta*)则是为该寄蝇提供花蜜的重要来源。寄生于苜蓿粉蝶(*Colias eurytheme*)幼虫的苜蓿绒茧蜂(*Apanteles medicaginis*)经常在空心菜(*Convolvulus*)、向日葵(*Helianthus*)和蓼(*Polygonum*)等植物的花上觅食,延长了成虫的寿命、提高了繁殖率。寄生于小菜蛾的岛弯尾姬蜂 *Diadegma insulare* 可以取食一些野生植物如芥菜(*Brassica kaber*)、欧洲山芥(*Barbarea vulgaris*)和胡萝卜(*Daucus carota*)等的花蜜(Idris and Grafius, 1995)。英国蜈蚣花(*Phacelia tanacetifolia*)是麦田食蚜蝇补充营养的来源(Wratten *et al*., 1995)。

因此,在农田及其周边保持一定数量的杂草将有助于提高天敌对害虫的控制效果。

在未使用农药的果园中,丰富的野生植物的花,使天幕毛虫和苹果毒蛾上的天敌昆虫远远多于很少有或没有野花中果园的天敌。人工植树林中,当有野花存在时,欧橙卷叶蛾(*Rhyacionia buoliana*(Schiffermuller))的寄生昆虫无论产卵率还是寿命都明显增大。在这两个例子中,花蜜和花粉作为关键资源提供天敌活动和交配的能量。又如,蔗田种植飞扬草(*Euphorbia* spp.)能为寄蝇(*Lixophaga spenophori*)提供花蜜和花粉;种植丰花草(*Borreria verticillata hyptis atrorubens*,唇形科)能为天敌泥蜂(*Larra American*)提供花蜜,具有控制波多黎各蝼蛄(*Scapteriscus vicinus*)的作用(Andow,1991;Altieri,1982)。

3. 释放化学物质吸引天敌

有些杂草能释放出一些特殊的气味,这些气味对许多天敌昆虫都有很强的吸引力。因此,植物种类丰富的田块比植被单一的田块有更丰富的化学信息,更容易被寄生蜂所接受。例如,一种寄生蝇 *Eucelatoria* sp. 对黄秋葵的喜好胜过棉花,一种茧蜂(*Peristenus pseudopallipes*)对飞蓬(*Erigeron*)的喜好程度远胜于其他杂草,菜少脉蚜茧蜂(*Diaeretiella rapae*)对甘蓝上的菜蚜(*Myzus persicae*)的寄生率远胜于甜菜上的菜蚜,原因在于甜菜缺乏引诱这种蚜茧蜂的芥子油气味。当美洲棉铃虫(*Heliothis zea*)将卵产在山蚂蝗(*Desmodium* sp.)的杂草或者肉桂(*Cassia* sp.)、巴豆(*Croton* sp.)附近的大豆植株上时,可以显著提高赤眼蜂(*Trichogramma* sp.)的寄生率,而仅有大豆时则寄生率要低得多。在大豆和一些杂草上放置同样数量的棉铃虫卵时,杂草上的卵粒很少被寄生。这说明赤眼蜂不会主动搜寻这些植物。但是如果将大豆和这些杂草放在一起时却能提高赤眼蜂对卵粒的寄生率。这可能是由于它们释放了利它素所造成的。当把这些杂草(尤其是苋菜(*Amaranthus* sp.))的水溶性提取物喷到大豆或者其他植物上时,则能显著提高赤眼蜂对棉铃虫卵粒的寄生率。对这种现象的解释是:受利它素的强烈引诱以及长时间接触利它素是提高寄生率的主要原因。

一般情况下,大多数杂草上的天敌都会向作物迁移,只有在极少数情况下杂草起着相反的作用。在这种情形下,可在田间保持一定数量的杂草以便聚集大量天敌,然后定期清除杂草,迫使天敌向作物转移。这可作为提高天敌控害效果的一种方法。例如,在5—6月间适当清除部分荨麻,就可以迫使捕食性天敌(主要是瓢虫)向农田作物转移。在清除田间边缘受象甲(*Lixus scrobicollis*)危害的三裂叶豚草(*Ambrosia trifida*)后,棉田边行区中棉铃象甲被(*E. tylodermatis*)所寄生的比例会增加。但这些操作必须依据具体时间和天敌的生物学习性而定,以保证聚集在杂草上的瓢虫等天敌大量向田间转移之后进行杂草清除达到驱赶作用。

4. 为天敌提供产卵场所

田间有些杂草可为害虫的天敌提供适宜的产卵场所,如抱子甘蓝田中的一些杂草为食蚜蝇和瓢虫提供了合适的产卵场所,提高了对蚜虫的控制效果,从而在一定程度上解释了田中杂草与蚜虫密度较低的关系。同时,在抱子甘蓝田适当保持一定数量的大瓜草(*Spergula arvensis*),可以大大降低甘蓝夜蛾(*Mamestra brassicae*)、花园卵石蛾(*Evergestis forficalis*)、甘蓝根花蝇以及甘蓝蚜(*Brevicoryne brassicae*)的种群数量(Theunissen et al.,1980)。

5. 提供栖息场所

由间作和杂草产生的地表覆盖对捕食性天敌,特别是对那些昼伏夜出的种类很有用处。因为这些地表覆盖提供了更大的生境复杂性和其他变化,导致有效地增加了广食性捕食天敌和专食性寄生天敌的数量。如在较高植物密度的间作系统里,加大了蜘蛛的邻域性保护(territorial defense)能力,从而提高了蜘蛛种群的密度和稳定性。当田地中有杂草时可加快花蝽扩散到被蚜虫危害植株的速度。

6.2.1.3 农田周围非作物生境与天敌

农田边界(field margins)即农田过渡带,由自然生长的各种植物和种植的作物构成,通常包括草带、篱笆、树、沟渠、堤等景观要素(Critchley et al.,2006)。农田周边环境可以为节肢动物如步甲、蜘蛛、隐翅虫等天敌提供丰富的食物、水分、遮蔽物、小气候、越冬场所、交配场地等生存环境。

在我国，二化螟（*Chilo suppressalis* Walker）可以在稻田附近的茭白（*Zizania caduciflora* Hand-Mazz）上以幼虫越冬，黑尾叶蝉（*Nephotettix bipunctatus* Fabricius）能以4龄若虫在田埂及灌溉渠附近的禾本科杂草上越冬（陈常铭等，1979）。在农田生态系统中，与作物生境最密切的非作物生境就是农田周围的田埂。田埂与田埂昆虫以及其天敌群落存在着一定的联系，而田埂中杂草高度和密度是影响昆虫群落及其天敌的主要因子，田埂为农田害虫的天敌提供了一个良好的过渡场所和种库（庄西卿，1989）。现代农业中机械化操作水平越来越成熟，频繁过度的农药肥料的使用也对作物生境中的昆虫天敌具有十分显著的影响，为了逃避这些不利的生境，未受到影响的田埂便为它们提供了很好的庇护场所。

1. 非作物生境为天敌提供越冬休眠场所

许多天敌都会在灌木丛中的枯枝落叶上越冬。林区边缘或者灌木丛生地为瓢虫的休眠提供了合适的场所。在四周有落叶林的苹果园中瓢虫（*Coccinella quinpuepunctata*）的数量是四周没有落叶林的苹果园的 10 倍以上，因为附近的落叶林为瓢虫提供了良好的越冬场所（Hodek，1973）。保护天敌的越冬场所可以为食虫蜘蛛的冬季繁殖提供良好的栖息地，从而增加种库的数量。当群落重建时，可以加快天敌群落重建速度，增强天敌对害虫的控制作用。陆承志等（2005）调查棉田周围的防护林时发现，不同的防护林树种，其诱集保护棉田害虫天敌的数量不同，瓢虫喜欢在胡杨树翘皮内越冬，蜘蛛在胡杨树上、杨树上数量很大；草蛉喜欢在柳树洞中越冬；棉田防护林树上老翘皮下是棉田天敌越冬的重要部位。不同的天敌喜欢在不同的树种上越冬；但老翘皮多的树上天敌种类多，不管是在同一种树上还是在不同树种上都有相似结果。

2. 非作物生境为天敌提供交配、产卵的场所

作物生境经常处在变动、不稳定的农事劳作中，这样对天敌的交配与产卵产生许多负面影响。为寻求稳定的交配、产卵场所天敌往往趋向于周围相对稳定的非作物生境。天敌的产卵量与周围非作物生境中植物的种类也有很大的关系。南方小花蝽对不同产卵植物具有显著的选择差异性，对辣椒嫩枝选择性最强，但产在迎春花嫩茎上的卵的孵化率最高（张士昶等，2008）；郭建英测试了东亚小花蝽对黄豆芽、寿星花等的产卵选择性，发现寿星花是较好的产卵基质（郭建英和万方浩，2001）。

3. 非作物生境对天敌寄生能力或捕食效能的影响

大田周围的非作物生境可以有效地提高害虫天敌的寄生或捕食效能。作物附近的野生植被是作物生境中捕食性天敌种群建立的重要来源地。当作物上寄主稀少时，害虫的捕食性天敌会转移到其他生境中捕食替换寄主（Altieri and Letourneau，1982）。Doutt（1973）研究发现，周围长有野生黑莓（*Rubus*）的葡萄园中卵寄生蜂（*Anagrus epos*）对葡萄叶星斑叶蝉（*Erythroneura elegantula*）的控制效能远远高于周围没有黑莓的葡萄园，而周围种有洋李树的葡萄园，卵寄生蜂（*Anagrus epos*）比周围没有种植洋李树的葡萄园提前 1 个月对葡萄叶星斑叶蝉起控制作用（Doutt and Nakata，1973），随着田埂的植物多样性增加，害虫天敌的种类和数量也大大增加。Szentkiralyi（1991）研究发现苹果园周边环境的生物多样性对果园生态系统内的天敌的生物多样性起决定性的作用。

6.2.1.4 果园覆盖植物种植与害虫天敌的储积与保护

天敌对害虫的自然控制能力存在着巨大的潜能,果园合理种植覆盖作物除了可以提高营养吸收水平、改善土壤物理结构和土壤湿度外,还可抑制杂草生长。果园地面覆盖植物防治害虫时这些杂草就成为一种重要资源,许多天敌种类都藏身在这些杂草中,对保护天敌有良好的功效。果园中保持大量的开花植物能够增加天敌数量、提高天敌的捕食和寄生率、降低虫害的发生率。果园种植覆盖作物增加天敌种群数量来控制害虫一直是害虫综合治理研究的重要内容(Altieri and Schmidt,1986;Hanna *et al*.,2003;李正跃等,2009)。研究最多的是苹果园覆盖种植对天敌的保护与害虫的控制作用,Altieri 等(1985)研究发现在苹果和葡萄园合理种植覆盖植物能增加天敌种类和数量,减少植食性昆虫。严毓骅等(1988)研究报道,在苹果园种植白香草木樨(*Melilotus albus*)可明显增加天敌拟长毛钝绥螨(*Ageratum pseudolongispinosus*)和中华草蛉(*Chrysopa sinica*)的数量,降低了山楂叶螨(*Tetranychus viennen sinica*)种群数量。Bugg 等(1994)报道,交替刈割方式可使有益昆虫保留在树下的覆盖植物中,避免二斑叶螨(*Tetranychus urticae*)的暴发。李向永等(2006)研究发现,苹果园中以 3∶2∶1 的比例种植黑麦草、三叶草和苜蓿后,处理园内苹果绵蚜的主要天敌如草蛉、瓢虫、食蚜蝇和日光蜂的种群数量明显高于无覆盖植物的苹果园,且有覆盖植物的苹果园中草蛉、瓢虫、食蚜蝇和日光蜂的发生期明显长于对照园(常规管理园),而苹果绵蚜、叶蝉和蓟马等主要害虫的发生期短于对照园。Yan 等(1997)研究发现,苹果园内种植覆盖作物以后,园内的天敌发生期比常规园提前一周,通过割草等措施有助于东亚小花蝽(*Orius sauteri*)等天敌向树冠迁移。麦秀慧等(1984)研究报道,在柑橘园种植藿香蓟(*Ageratum conyzoides*)可明显增加天敌纽氏钝绥螨(*Ageratum newsami*)种群数量,提高了对害虫橘全爪螨(*Panonychus citri*)的控制效果。

栗园种植黑麦草和不同刈割方式可保护利用栗钝绥螨 *Amblyseius castaneae*,增强了对针叶小爪螨 *Oligonychus ununguis* 的持续控制作用(卢向阳等,2008);同时栗园黑麦草条带多异瓢虫(*Hippodamia variegata*)、异色瓢虫(*Harmonia axyridis*)、七星瓢虫(*Coccinella septempunctata*)、龟纹瓢虫(*Propylea japonica*)和草蛉等捕食性天敌昆虫。在桃园内有豚草(*Ambrosia* sp.)、蓼属(*Polygonum* sp.)、藜(*Chenopodium album*)、一枝黄花(*Solidago* sp.)等植物生长时,梨小食心虫的发生就很轻,这些杂草的出现也为小绒茧蜂(*Macrocentrus ancylivorus*)(橘小实蝇的重要寄生性天敌)提供了丰富的猎物。椰林中种植覆盖作物可提高黄猄蚁(*Oecophylla smaragdina subnitida*)对缘蝽的防治效果,椰林中荫蔽处种植可可,可可树上数量巨大的长结红树蚁(*Oecophylla longinoda*)可使可可免受盲蝽的危害。柑橘园种植藿香蓟(胜红蓟)(*Ageratum conyzoides*)、一年蓬(*Erigeron annuus*)、紫菀(*Aster tataricus*)等覆盖植物可以显著促进果园天敌种群的增殖,其中对植绥螨(*Amblyseis* spp.)的控制效果尤其显著。果园植绥螨数量的增加有效地抑制了柑橘全爪螨(*Panonychus citri*)在果园的发生(Liang *et al*.,1994)。植物花蜜能为天敌提供花蜜,田间种植蜜源植物叶芹草(*Phacelia*)、刺芹属(*Eryngium*)时,就为黄头土蜂(*Scolia dejeani*)、绵蚜蚜小蜂(*Aphelinus mali*)、赤眼蜂(*Trichogramma* spp.)等天敌提供了食物资源,从而提高了对寄主的寄生率。如果田间缺乏蜜源植物,则梨园蚧黄蚜小蜂(*Aphytis proclia*)在果园内对梨圆蚧(*Quadraspidiotus perniciosus*)基本没有控制效果。而在果园种植菊叶蜈蚣花(*Phacelia tanacetifolia*)后,则梨圆蚧黄蚜小蜂对其寄主的寄生率大为提高。在苹果园中有大量野花存在时,天敌对天幕毛虫蛹的寄生率可以提高 18 倍、对卵的寄生率可以提高 4 倍、对幼虫的寄生率可以提高 5 倍。

除果园覆盖植物在保护天敌控制害虫的生态功能研究外,稻田立体种养的增益控空生态效应及其机理也是近年来备受关注的研究内容。稻田生态种养模式实质上是对一个多样化系统结构的优化过程,也是对系统结构组分的合理分配过程。一个既定系统的生产力取决于管理水平和营养的利用效率。合理的结构模式可形成一个良好的农田生物组合关系,在这种组合关系中,各组分占据适宜的生态位,形成一个功能比较完整的整体,维持系统较强的生态经济功能。例如稻、鸭、鱼、萍相结合的生态农业种养模式,是利用农业生态学原理合理配置物种以及物种间的时间、空间及营养生态位的关系,增加系统的空间和时间结构多样性,从而优化系统的功能。它是稻田养鸭、稻田养鱼、稻田养萍、稻田无公害生产等单项生态农业种植模式的组合,是生态种植的技术集成模式。但它并不是简单的技术拼凑,而是多项技术的有效整合与统一,最终使农田生态系统获得最佳效益。稻田立体种养是当前许多地方法采取的一种立体种养模式,稻田养鸭能有效控制稻飞虱(杨治平等,2004;戴志明等,2004)、稻纵卷叶螟(朱克明等,2001);稻田养鱼能有效控制稻纵卷叶螟(官贵德,2001;Vromant 等,2002)、稻飞虱(肖筱成等;2001;官贵德,2001;杨河清,1999)和三化螟(赵连胜,1996);稻田养蟹能有效控制稻飞虱(薛智华等,2001)。稻田立体种养模式对控制水稻害虫的机制是稻田种养系统中鸭、鱼、蟹等可直接捕食稻飞虱、稻纵卷叶螟、三化螟等害虫,从而达到直接控制这些害虫种群的作用。

6.2.2 资源集中假说

资源集中假说(resource concentration hypothesis)认为,植食性昆虫更容易找到并停留在密植和几乎单一的寄主植物上(Root,1973),植物多样性可能干扰害虫赖以寻找寄主的视觉或嗅觉刺激,影响了害虫对寄主植物的侵染;或者改变生境内的微环境和害虫的运动行为,致使害虫从寄主植物中迁出,导致寄主植物上的害虫下降。在该理论的基础上,Trenbath(1993)提出了多样性农田系统中"捕蝇纸效应"(fly-paper effect),害虫在搜索和刺探靶标寄主的过程中,由于非靶标寄主的干扰,害虫在非靶标表面将会"迷失方向",增加了害虫到达靶标植物前的死亡率。

寄主植物的空间分布格局或者集中程度可以直接影响到昆虫种群。植物种类的不同也可直接影响昆虫寻找与利用植物的能力。许多植食性昆虫,尤其是寡食性昆虫更容易找到高密度种植的寄主植物,并在上面逗留(Root,1973)。高密度种植模式使寄主资源相对集中,而且物理因素单一。

对许多害虫而言,诱集源的强度决定了资源集中的程度。这种情形也会受诸如寄主植物的密度与空间格局以及非寄主植物等因素的影响。所以,寄主植物集中程度越低,则昆虫越难找到它们。相对集中的资源也增加了这种可能性:即一旦到达某种环境后,害虫会迅速离开。如害虫降落到非寄主植物上后会很快飞走。这就使害虫在复合种植模式下有较高的迁移率(Andow,1991)。这种迁移与3个因素有关:①错误降落在非寄主植物上;②飞离非寄主植物较飞离寄主植物更加频繁;③飞行过程中有可能飞过作物。

6.2.3 联合抗性假说

联合抗性假说(combined resistance hypothesis)认为,每种植物都对有害生物有自己独特的抗性,但是在生态系统中,当多种植物混合后会表现出一种对有害生物的群体抗性(组合抗性)(Root,1975)。Tahvanainen等(1972)曾指出,除了分类上的差异外,复合种植模式还有复杂的结构、化学环境以及综合小气候。这些因素会形成一种抵抗有害生物的"组合抗性"。在层次分明的植被中,如果小气候出现高度分化,则昆虫难以寻找适合的小区环境,也难以在其中逗留。所以,多样性增加了植食性害虫在作物系统中的生存压力。联合抗性假说的核心是农田多样性系统中,由于物种多样性和微环境气候的耦合作用,导致植食性害虫数量下降。

昆虫的寄主寻找行为通常与嗅觉机制有关,当寄主植物与其他非寄主植物混合种植时可能有利于加强对害虫的抵抗,因为非寄主植物气味存在时会扰乱昆虫的嗅觉行为。这主要是因为非寄主植物产生的气味遮蔽了寄主气味。如番茄和烟草间作时对芜菁黄条跳甲(*Phyllotreta cruciferae*)(Root,1973)、小菜蛾(*Plutella xylostella*)就有这种效果(Litsinger et al.,1976)。萝卜与葱间作时也能对种蝇产生类似的效果(Uvah et al.,1984),但这种效果只有在葱叶展开期才有,而在葱结球期则失去效用。这说明遮蔽性气味只存在于葱叶中。

6.2.4 干扰作物假说

干扰作物假说(disruptive crop hypothesis)指特定作物的间作或套作,能干扰破坏害虫对靶标作物的危害,在农田系统中种植一定比例的其他作物,这种作物对害虫有强烈的诱集作用,能推迟害虫进入靶标作物田的时间,并能在该作物上集中消灭害虫。

6.2.4.1 **诱集植物**

诱集植物(trap crop)是引诱昆虫保护主栽作物或果树免受一种或几种害虫危害的植物,对害虫引诱作用明显高于主栽作物和果树(Boueher,2003;Hokkanen,1991;许向利等,2005)。诱集植物能提高系统的生物多样性,如棉田种植玉米诱集带,棉田的物种数量明显增加,昆虫群落和害虫亚群落的多样性指数增加,而且稳定性也增加,减小了害虫大发生的频率(崔金杰等,2001)。同时,诱集植物还可作为天敌的培育圃,诱集植物能够吸引害虫天敌,提高田间天敌的种群数量,增强天敌的生物控制作用(Hokkanen,1991)。利用诱集植物防治害虫的历史由来已久,早在1860年,英国Curtis就推荐种植欧洲防风诱集胡萝卜上的伞形花织蛾(*Depressaria depressela*)和*Depressaria daucella*;Sanderson提出在棉田四周种植玉米诱集棉铃虫(*Helicoverpa armigera*(Hübner)。之后,利用种植诱集植物防治棉花、大豆、花椰菜、马铃薯、玉米等作物害虫上取得较好的效益(Boueher,2003;Hokkanen,1991;BillRee,1999;李正跃等,2009)。

6.2.4.2 **诱集植物的空间分布**

诱集植物的空间布局取决于害虫的类型,对于迁入农田和果园的害虫,诱集植物种植宜采用四周环绕的方法;对于农田和果园内的害虫,多应用条带式或棋盘式种植。诱集植物四周环绕种植方式可以阻隔目标害虫迁入农田和果园。任雨霖和沈抱生(1994)研究发现棉田每间隔30 m种植2~3行早熟春玉米诱集带,是防治棉铃虫的有效措施之一。棉田条带间作春播油葵,有效地控制了棉盲蝽和二代棉铃虫危害。

棉田及田周围种植诱集带,不但能增加天敌种类及数量(赵建周等,1991;文绍贵等,1995;张润志等,1999;Castle,2006;努尔比亚·托木尔等,2010;王伟等,2011),而且能直接诱杀害虫(王林霞等,2004;向龙成,康发柱,1999;崔金杰,文绍贵,1995;陈恒铨,詹岚,1989;李亚哲,王多礼,1989;赵建周,杨奇华,1989)等,从而提高对棉花主要害虫的控制效果。

6.2.4.3 诱集植物的种植面积

种植多大面积的诱集植物能达到理想的防治效果,不仅取决于作物和害虫的种类,而且与害虫的种群密度密切相关。诱集植物面积的增大,目标田害虫种群密度减小。一般诱集植物占总种植面积5%~10%(Hokkanen,1991)。

6.2.4.4 诱集植物的种植时间

寄主植物的物候期对昆虫着卵量的多寡有显著影响。因此,诱集植物的种植时间可直接影响诱集植物的引诱效果。如棉田提前14 d播种早熟和晚熟大豆,褐臭蝽(*Euschistus serous*)和稻绿蝽的危害高峰期与大豆荚饱满至早熟期正好吻合(刘芳政,1997)。棉田种植玉米的抽雄期、吐丝期与棉铃虫发蛾期相吻合,引诱棉铃虫产卵效果好(刘芳政,1997)。此外,由于降雨量和温度的影响,分批分期播种诱集植物,就能保证诱集植物适合的物候期与目标害虫发生期同步,达到更好的引诱效果。

6.2.5 适当/不适当着陆理论

Finch和Cillier(2000)提出适当/不适当着陆理论(appropriate/inappropriate landings),该理论认为当植食性昆虫飞过裸露土地上的植株时,大多数的植食性昆虫都避免着陆在裸露的地表,而更偏重着陆在寄主植物上。农田生态系统多样性在某个时期可以避免出现裸地,积累一定量的植食性昆虫,保证了天敌的食物来源,随着天敌的增多,可以控制作物另一个时期的植食性昆虫的暴发。

6.3 农业生物多样性控制害虫的遗传学基础

作物抗虫性是指作物品种能够阻止害虫侵害、生长、发育和危害的能力,是作物同害虫在长期抗衡、协同进化过程中形成的具有抵御害虫侵袭及寄生危害的一种特性,这种特性广泛存在于农作物的品种(系)、野生种和近缘种之中。植物对害虫的抗性包括生态抗性和遗传抗性。抗性品种的选用是农业防治措施中最主要的,也是最有效的措施。

作物抗虫机制包括3层含义:①拒虫性(nonpreference),即作物品种以其本身所固有的形态解剖形状、生物化学特性、物候或植物生长特性所形成的小生态条件对害虫具有拒降落、拒产卵、拒取食的效应。如芥子糖苷对小菜蛾(*Plutella xylostella* L.)能起到引诱和助长取食的作用;不少棉花品种由于叶面多茸毛对棉蚜、棉叶蝉具有抗性,而对棉铃虫则为易感。花椰菜具有正常蜡质的叶片比光叶变异体更抗甘蓝跳甲(*Phylloteta albionica*)侵袭。水稻螟虫产卵或取食对植物的生育期表现有明显的选择性,水稻易受螟害的生育期是分蘖和孕穗期。②抗生性(antibiosis),该品种含有对某种害虫有毒的物质或者对害虫所需的营养物质含量很低,或由于虫害产生不利于害虫的物理、机械作用等原因,引起害虫死亡率增高、繁殖率降低、生长受到抑制而不能完成发育或延迟发育,寿命缩短等现象。如玉米螟(*Ostrinia* sp.)幼虫在玉米心叶前期死亡率高,原因是玉米植株中含有1种有毒化学物质——氧肟酸(简称"丁布"DIMBOA),能抑制玉米螟幼虫取食和生长发育,并促使其死亡。含有1.2%以上棉籽酚

(gossypo1)的棉花品种对棉铃虫有抗性。还有一些害虫在抗虫植物上虽能取食并完成发育，但成活的个体体躯小、体重轻、生殖力低，例如豆长管蚜（*Macrosiphum onobrychis* Boy.）在抗蚜豌豆品种上，生殖力较在感蚜品种上显著减低。稻株中含有的水杨酸和苯甲酸对二化螟幼虫生长有抑制作用。③耐害性（tolerance），有的作物品种被害虫取食后能够表现出很强的增殖或补偿能力，可以忍受虫害而不影响或不显著影响产量。

植物的抗虫性和任何其他性状一样，是由遗传基因控制的。作物品种的合理配置种植，丰富了遗传背景，增强了遗传防预机制，提高了植食性昆虫方向性的选择。品种间的遗传差异，是利用遗传多样性控制作物害虫的基础。利用遗传多样性持续控制作物害虫的实质就是优化品种搭配，不同物种、同一物种品种间，甚至品种内部，因生存自然条件的不同而产生了差异，表现出各种形态、生态及生理特征上的差异。因此，不同的品种搭配组合就构成了不同的遗传背景、农艺性状、抗性基因的多样性组合，而作物间混套作则是通过各类作物的不同组合、搭配，构成多种作物和（或）品种、多层次、多功能的作物复合群体，利用不同作物和（或）品种在长期生长过程中形成的空间差、时间差、互惠互利有效地发挥有限土地与空间等农业资源的生产潜力，是取得最佳经济效益、社会效益和生态效益的重要途径。

6.3.1   作物抗虫基因的作用

植物自身为抵抗昆虫等的危害，在长期进化过程中形成了复杂的化学防御体系，该系统中包含了各种抗虫蛋白、多肽及各种小分子物质。目前，已经克隆得到的抗虫基因有很多种，根据其来源可以分为三大类：第一类是从细菌中分离出来的抗虫基因，主要是苏云金芽孢杆菌（*Bacillus thuringiensis*，Bt）杀虫结晶蛋白基因，以及营养杀虫蛋白基因系列等；第二类是从植物组织中分离出来的抗虫基因，主要为蛋白酶抑制剂基因、外源凝集素基因、淀粉酶抑制剂基因等；第三类是从动物体内分离到的毒素基因，主要有蝎毒素基因和蜘蛛毒素基因等。其中比较多的报道是关于 Bt 毒蛋白基因的研究。

6.3.1.1   抗虫基因

实践表明，利用抗性品种是防治害虫经济、有效的措施（Jeon *et al*.，1999；王建军等，1999；Murata *et al*.，1998），而抗性遗传背景的研究则是进行抗虫育种及利用抗性控制害虫的基础。我国对抗螟虫材料的筛选从 20 世纪 30 年代即已开始，至 20 世纪 70～80 年代，抗虫性筛选对象扩展到褐飞虱、白背飞虱、稻纵卷叶螟、稻瘿蚊、稻蓟马等各主要水稻害虫，仅对褐飞虱、白背飞虱的抗虫性评价就收集和鉴定了 10 万份次以上的水稻材料，筛选出中抗至高抗褐飞虱或白背飞虱的材料 6 700 多份次（程式华等，2007）。

根据抗性的遗传基础，作物的抗虫性可分为单基因抗性（monogenic resistance）、少基因抗性（oligogenic resistance）、多基因抗性（polygenic resistance）和细胞质抗性（cytoplasm resistance）4 种形式。单基因抗性是指作物品种对某种害虫及其生物型的抗性仅由 1 个基因控制；少基因抗性是指由 2 个以上而为数不多的几个基因所支配的抗虫性；多基因抗性是由许多基因支配，每个基因对总抗性的贡献很小，抗性程度多数为中等水平；细胞质抗性是由细胞质所控制，其表现为抗性随母本遗传。作物的抗虫性是可以遗传的，且其遗传方式复杂多样。不同的作物或品种、同种作物不同的抗虫性状、同一性状的不同抗性基因及其基因数量、遗传背景等，其抗性的遗传表现各异。因此，抗虫育种中，必须针对该种抗源或抗性品种的抗虫性状的遗传特点,采用合适的育种技术和方法,才能达到应有的抗虫效果。

中国野生稻资源含有丰富的褐飞虱、白背飞虱、稻瘿蚊、螟虫等抗性基因。我国对野生稻资源抗虫性的利用较集中在对褐飞虱抗性上(陈峰等,1989;杨长举等,1999)。由于稻飞虱危害的严重性,许多国家在水稻抗稻飞虱基因的发掘与定位方面进行了深入的研究。迄今为止,已先后发现和鉴定出 21 个抗稻褐飞虱的主效基因,其中 10 个来自于栽培稻,11 个源自于野生稻;并已鉴定并命名了 8 个水稻抗白背飞虱的主效基因(余娇娇等,2011)。李西明等(1990)分别用 4 个云南水稻品种与携带 $Wbph3$ 和 $Wbph5$ 抗性基因的 ADR52 和 N'Diang Maire 进行杂交,并进行 4 个品种之间的互交,发现 4 个品种所携带的单显性抗虫基因与上述两个基因间为非等位性关系,从而发现了一种新的抗白背飞虱基因 $Wbph6(t)$。

6.3.1.2 诱导抗性的作用

植物的诱导抗虫作用包括直接抗虫作用和间接抗虫作用诱导。直接抗虫作用是指植物在受到不同的诱抗处理后,能够诱发自身产生生物碱、萜烯类和蛋白酶抑制剂,提高多酚氧化酶的活性,降低昆虫的消化作用与营养的吸收,对昆虫生理活动产生不利影响,另外,也能产生驱避昆虫和影响其行为的化合物,干扰昆虫的行为。间接抗虫作用是指植物诱抗处理后可形成挥发性有机化合物,其中一些化合物能引诱昆虫寄生性或捕食性天敌。

6.3.2 抗虫转基因作物

6.3.2.1 抗虫转基因植物

抗虫转基因植物(insect-resistant transgenic plant)是指通过基因工程技术将外源抗虫基因导入植物基因组且表达杀虫蛋白的转基因的植物品种(系)。

苏云金芽孢杆菌(*Bacillus thuringiensis*,Bt)体内含有 1 种结晶蛋白毒素(σ-内毒素),它以原毒素形式存在,在昆虫幼虫的中肠道内溶解为原毒素,并在酶蛋白的作用下变为较小的可溶解的、活化的毒素,再与昆虫中肠道的上表皮细胞表皮的特异受体作用,诱导细胞产生一些通道,打破细胞的渗透平衡,并引起细胞肿胀甚至裂解,昆虫幼虫停止进食导致死亡,起到杀死害虫的作用(喻子牛,1990)。苏云金芽孢杆菌可以杀死鳞翅目昆虫。应用于农业生产的主要是 δ 内毒素,不同的 δ 内毒素杀虫范围不同,Cry1 A 和 Cry1 C 对鳞翅目幼虫具有特异性,Cry3 A 对鞘翅目昆虫具有特异性。

自 1987 年美国将苏云金芽孢杆菌体内杀虫晶体蛋白基因成功导入植物细胞,产生了转基因植物(Vaeck,1987)以来,至今,已获得的转 Bt 基因抗虫作物主要有棉花(Sachses *et al.*,1996;Adamczyk *et al.*,1998;Liu *et al.*,2006)、玉米(Wiseman *et al.*,1999;Bokonon *et al.*,2003;Jehle and Nguyen,2009)、水稻(Ye *et al.*,2003;Chen *et al.*,2010)、大豆(Stewart *et al.*,1996a;Miklos *et al.*,2007;McPherson *et al.*,2009)、烟草(Huang *et al.*,1998;Burgess *et al.*,2002;Altosaar *et al.*,2009)、番茄(Chan *et al.*,1996;Mandaokar *et al.*,2000;Kumar *et al.*,2004)、油菜(Stewart *et al.*,1996b;Wei *et al.*,2007)、茄子(Arpaia *et al.*,1997)和马铃薯(Chan *et al.*,1996;Chkrabarti *et al.*,2010)。

如目前广泛种植的转基因抗虫棉,则是将苏云金芽孢杆菌杀虫晶体蛋白基因(Bt)和证豆胰蛋白酶抑制剂(Cpti)基因转入棉花基因组中的株系及种子进行加代繁育,专门破坏鳞翅目害虫的消化系统,导致昆虫死亡。棉铃虫(*Helicoverpa armigera*)幼虫连续取食转 Bt 基因棉后,1~4 龄的幼虫经 2~4 d 后均不能成活。成虫取食转基因棉花粉后,其产卵量和卵的孵化率显著下降,且成虫寿命会缩短(崔金杰和夏敬源,1999)。

6.3.2.2 水稻抗性品种的配置控害

1. 水稻品种间的混植

将水稻特定的农艺性状(株高、抽穗期、熟期、株型等)基本一致并分别含有不同抗性基因的品种或品系(两个以上)的种子按一定比例混合构成混合栽培品种(沈君辉等,2007)。

刘光杰等(2003)将 Rathu Heenati(简称 RHT)的抗白背飞虱基因导入早籼稻品种浙辐802 后,通过多次回交与自交获得与浙辐 802 成对的近等基因系(浙抗)。以 2∶1 比例混合"浙抗"与浙辐 802 种子构成抗-感白背飞虱混合水稻群体"浙混"。"浙混"上的成虫及若虫数量均与抗虫的 RHT 和"浙抗"上的相近,分别是在感虫的浙辐 802 和 TN1 上的 1/2 和 1/5~1/4。白背飞虱在"浙混"和"浙抗"上分泌的蜜露量均显著地低于在浙辐 802 和 TN1 上的,表明抗虫品种 RHT 与感品种 TN1 混植对白背飞虱具有明显的控制作用(表 6.2)。

表 6.2 **水稻品种混植对白背飞虱的控制效果**(刘光杰等,2003)

品种处理	迁入成虫量/ (头/株)	若虫数量/ (头/株)	蜜露量*/ (mg/头)	产卵量/ (粒/头)	蜘蛛数量/ (头/株)	蜘蛛、飞虱比
RHT+TN1	0.2	9.4	9.0	18.2	4.1	1∶2.29
单种 RHT	0.1	2.4	7.0	13.4	1.4	1∶1.71
单种 TN1	0.2	140.2	17.7	20.8	1.7	1∶82.47

注:* 为 24 h 每头雌虫分泌蜜露量。

结果表明,混植把品种间农艺性状的差异与对光、温、肥、水的不同需求充分协调起来,提高了通透性,使群体结构得到改善,田间小气候更有利于水稻生长,而不利于病虫害的发生和发展。

2. 水稻品种间的间作

将不同水稻品种在相邻地块条播或移栽的方式称为间作。Zhu 等研究发现,高秆和矮秆的水稻品种在田间形成空间上的差异,存在抗性植株的障碍效应,也可能减缓了病原孢子的运动和传播,从而降低了病害的发生(Zhu *et al*.,2000)。水稻品种间的间作在控制虫害方面还未见报道。

6.3.3 抗虫育种

抗虫育种(breeding for insect resistance):利用作物不同种质对害虫的抗性差异,通过适宜的育种方法,选育出不易遭受虫害的新品种的技术。选育推广抗虫品种,可以少用或不用农药防治害虫达到稳定产量、提高品质,降低生产成本以及减少农药对蔬菜产品和环境的污染,并有利于保护害虫的天敌,维持生态平衡。大豆昆虫抗性研究主要是针对幼虫重(larval weight)、蛹重(pupae weight)、发育速率(development rate)、蛹存活率(survival to pupae)等(Rector *et al*.,1999;Terry *et al*.,2000;刘华等,2005;Kunihiko *et al*.,2005;付三雄等,2007)昆虫发育相关性状。

6.4 农业生物多样性控制害虫的物理学基础

6.4.1 物理阻隔作用

物理阻隔假说(physical obstruction)认为在植被多样性的农业景观生态系统下,通过利用较大或较高的非寄主植物作为有效的隐藏寄主植物的屏障,从而增大害虫定殖的难度。例如:Altieri 和 Doll(1978)利用高秆植株玉米作为屏障来保护豆类植株使其不受害虫的侵害(Altieri M A and Doll J D,1978)。在多作物种植系统下通常认为高大的植株是有效的物理屏障,它们可以阻碍害虫的活动(Perrin,1977)。豇豆与高粱间作,豆象甲(*Alcidodesleu cogrammus* Erichs)在豇豆上的密度降低,主要是这种害虫在植株间的扩散受到浓密高粱的阻碍。利用小米套作高粱的研究发现,小米的叶鞘上有少许的玉米蛀茎蛾的卵,被认为是物理阻隔导致雌蛾未能将卵产在高粱上的缘故(Litsinger,1976)。Litsinger 等还认为高秆植株的存在起到阻碍空气流动的作用,因此可以阻碍许多随风扩散的害虫的侵染。在芸薹周围混种三叶草,由于物理阻隔因素的存在,从而干扰了芸薹这种寄主植物的害虫搜寻寄主的行为(Theunissen *et al.*,1992)。因此,非寄主植物的物理阻隔作用在影响植食性昆虫的侵入和定殖行为上被认为是比较有效的一种机制。

此外,间作作物还会对有些害虫的运动具有阻碍作用,如一种叶蝉(*Dalbulus maidis*)在单作玉米田与玉米-大豆间作田的运动速率。结果显示,单作情况下叶蝉沿着植株行的运动速度比间作情况下快 1 倍,但穿越植株行的速度却急剧下降。由于行间大豆的有效阻隔,叶蝉在行间飞行时更快。表明在间作状态下叶蝉消失速度更快(Bach,1980 b;Risch,1981)。

然而,Finch 和 Kienegger(1997)研究发现,仅单独依赖物理阻隔这一机制不足以影响害虫对寄主植物的选择。他们用干燥的(棕色)三叶草代替鲜活的(绿色)三叶草与作物间作,甘蓝地种蝇(*Delia radicum*)、小菜蛾(*Plutella xylostella*)和大菜粉蝶(*Pieris brassicae*)在周围满是干燥的(棕色)三叶草的寄主植物上的产卵数与在裸露土表上生长的寄主植物上的产卵数无显著性差异。因此,三叶草的物理性状本身并不足以减少害虫在寄主植物上的产卵数量,仅当周围的三叶草为绿色时,在寄主植物上的产卵数才会减少(Finch and Kienegger,1997)。

6.4.2 视觉伪装效应

视觉是昆虫的基本感觉之一,是对光作出的一种反应能力,在近距离处昆虫则以视觉信号为通讯方式。植被多样化种植的农业环境对寄主害虫的视觉定向有很大的干扰作用,有些情况下,间作栽植的高大植物或浓密植物掩盖了害虫的主要寄主作物,从而达到影响害虫的视觉定向作用(Cromartie,1981)、妨碍了昆虫在田间的扩散能力(Perrin,1977)。这就是视觉伪装假说(visual camouflage)。视觉伪装假说是以两种类型的视觉刺激诱导低空飞行的昆虫降落在植株上为基础,第一种是对植物颜色的直接反应(Moericke,1952),在多数情况下意味着绿色;第二种是视觉动力响应,昆虫沿着飞行的路径由植物"赫然出现"引起的降落(Kennedy *et al.*,1961)。例如,在蚜虫迁移过程中,如果寄主作物间的地表为裸露的,蚜虫就很容易完成移入作物的过程。但在寄主作物间的裸露地表长有杂草或被其他植被覆盖,蚜虫的数量就会大量的降低(Andow,1991)。花生与玉米的间作,花生对亚洲玉米螟造成视觉影响,因而明显降低了亚洲玉米螟的数量(Litsinger,1976)。非寄主作物的掩饰作用使得寄主植物在非寄主植物的背景中变得不太"明显"(Feeny,1976)。在大豆与玉米混作田,由于玉米植株的掩饰作用而导致墨西哥豆甲对大豆侵染率比纯作大豆上的下降(Wrubel,1984)。

6.5 农业生物多样性控制害虫的化学基础

植物能通过多种途径发出各种信息,向其周围的生物展示自己,其中最为重要的是以化学物质为媒介进行信息交流。这些化学物质中最为重要的则是植物能通过释放挥发性有机化合物(VOCs;volatile organic compounds)来表明它们的身份(Dudareva *et al.*,2006;Lou *et al.*,2006;Agbogba and Powell,2007;Moayeri *et al.*,2007;Rasmann and urlings,2007;Snoeren *et al.*,2007;Silke and Baldwin,2010;Hare,2011),还可通过改变其组成或浓度来展示它们的生理状态,以及它们所遭受的生存压力,形成间接的防御作用(De Moraes *et al.*,1998;Kessler and Baldwin,2001;Takabayashi and Dicke,1996;D'Aessandro and Turlings,2006;Hare,2011)。

6.5.1 化学通讯与化感作用

6.5.1.1 化学通讯

化学通讯(chemical communication)是指以化学物质为媒介的信息交流方式,从广义上讲,昆虫依靠探测环境中的化学物质来感知信息的传递,化学通讯是生物普遍存在的相互作用的方式,生物不同种类间,同种不同个体间都有化学联系的现象。在生物间起通讯作用的化学物质称为次生物质,一般为挥发性的小分子量物质,昆虫可利用嗅觉器进行感受,但也有些是挥发性不强的大分子质量的物质,就需要利用味觉感受器感受。

这些在生物间起通讯作用的化学物质,称为信息化学物质(infochemical),化学通讯的信息化合物包括两类:一类是信息素(pheromone),另一类是他感化合物(alellochemicals)。

其中信息素(pheromone)是指用于同种个体间通讯的信息化学物质。依据昆虫的信息素功能,昆虫的信息素分为性信息素(sex pheromone)、聚焦信息素(aggregation pheromone)、告警信息素(alarm pheromone)、示踪信息素(trace pheromone)或标记信息素(sign pheromone)等。植物的他感化合物(alellochemicals)主要是由植物次生代谢产生的,植物他感化合物对昆虫具有引诱、驱避、拒食以及毒杀、增效等作用,利用植物他感化合物防治害虫和抗虫育种,在植物保护中具有重要意义。植物的他感化合物在植物中的含量、组成比例,因植物种类、个体发育阶段及其外界环境因子的不同而有所变化,从而影响植物的抗虫性。这也是植物对取食者的一种重要防御策略,同时也是植物与取食者协同进化的结果。

昆虫的化感器主要位于触角,其次是下颚须和下唇须;昆虫的嗅觉感受器主要位于下颚须和下唇须;味觉感受器主要位于下颚须、下唇须、口腔、跗节和产卵器上。

昆虫对一定浓度的化学气味才有行为学的反应,高于或低于该浓度范围,则无此行为反应。能引起昆虫接受行为反应的最低气味浓度称为反应阈值或行为阈值。

6.5.1.2 植物化感作用

植物化感作用是一个活体植物(供体植物)通过地上部分(茎、叶、花、果实或种子)挥发、淋溶和根系分泌等途径向环境中释放某些化学物质,从而影响周围植物(受体植物)的生长和发育。这种作用或是互相促进(相生),或是互相抑制(相克)。从广义上讲,化感作用也包括植物对周围微生物和以植物为食的昆虫等的作用,以及由于植物残体的腐解而带来的一系列影响。植物生态系统中共同生长的植物之间,除了对光照、水分、养分、生存空间等因子的竞争外,还可以通过分泌化学物质发生重要作用,这种作用在一定条件下可能上升到主导地位。

1. 昆虫与植物间的化学通讯

植物不仅为昆虫提供了营养成分和栖息场所,还提供了其他重要的物质或原料,包括激素信息和化学防御因素。昆虫可通过各种行为反应和生理解毒机制的演化和发展,克服和适应植物的化学防御因素(朱麟,古德祥,2000;庞雄飞,1999)。

2. 植物释放的化学物质

植物释放的化学挥发性物质属于次生性物质,一般相对分子质量为 100～200,包括烃、醇、醛、酯和有机酸等,其中在绿色植物中普遍存在的六碳醇、醛和衍生物酯类等化合物,包括叶醛(E-2-hexenal)和叶醇(z-3-hexen-1-01)等,是各种植物绿叶的特征性气味,称为绿叶挥发物(Whitman and Eller,1990)。每种植物都有各自的挥发性物质,并以一定的比例构成该种植物的化学指纹图谱,害虫寻找寄主植物并对寄主植物的识别则是由于识别了植物气味的化学指纹图(chemical fingerprint 或 profile spectrum)。植物挥发性气味组分可因植物的年龄、组织器官、生理状态等的不同而改变,从而引起昆虫的行为变化。

钦俊德、邹运鼎等先后报道过寄主植物化学成分和数量与黏虫(*Leucania separata*)、褐飞虱(*Nilaparvata lugens*)、马尾松毛虫(*Dendrolimus punctatus*)、棉蚜(*Aphis gossypii*)、桃蚜(*Myzus persicae*)、萝卜蚜(*Lipaphis erysimi*)生存、发育的关系,某些物质含量多少直接影响害虫种群的消长,害虫种群的消长又引起其天敌种群的消长。

植物释放的化学物质有两类,一类是挥发性化学物质,另一类是非挥发性信息化合物,主要包括植物叶表蜡质、腺体分泌物和植物组织中的各种营养物质或者毒素等。

挥发性化学物质包括以下两大类:

第一类是自然挥发物,是植物本身在生长发育过程中所释放的挥发性化学物质,寄主植物释放的挥发性信息化合物对植食性昆虫寻找寄主植物的识别和定向起着重要的通讯引导作用。能诱导昆虫产生寄主定向行为、逃避行为、产卵场所选择行为,同时对雌雄交配、取食、聚集和传粉行为表现为一定的刺激作用等。植食性昆虫在寻找寄主、取食、产卵选择的过程中,主要通过嗅觉感受器对寄主植物特异性的气味进行识别,这些特异性的气味则主要是植物的挥发性物质。由此,植物挥发物就成为植食性昆虫寻找寄主植物的指示信号。引外,也有研究表明,当寄主气味存在时,昆虫的交配成功率较高,还有些种类的昆虫则必须在寄主植物气味的存在下才能成功地交配(杜家纬,2001)。

第二类则是植食性昆虫诱导的挥发物(herbivore-induced volatiles,HIVs)。植食性昆虫诱导的挥发物是植物受害虫胁迫后释放的挥发性物质,是由植食性昆虫危害而诱导植物产生某种生理生化变化,从而整株植物都参与合成并有规律地释放出来的、有一定植物种属特异性的挥发性物质,这些挥发物进入环境后,为植物、植食性昆虫及其天敌提供有价值的信息,招引捕食性天敌来抗御外来害虫的攻击,起着互利素的作用,或是释放一些气味物质作为同种植物个体间的警告化学信号,有的甚至释放能抑制植食性昆虫幼虫取食的化学物质等(杜家纬,2001)。因而将对周围环境中的生物,包括植物、植食性昆虫及其天敌等的行为或生理产生影响。植物地上和地下部分均能释放虫害诱导的化学挥发物。

当植物遭受植食性昆虫的取食后,其挥发物的组成会发生明显的变化,并能通过植物个体间的化学通信,将使受害植物周围的同种或异种植物的其他植物亦产生与受害植物相类似的生理生化变化,从而引诱天敌、排斥或引诱植食性昆虫(赵博光,1988;Dicke *et al.*,1990;Bruin *et al.*,1992)。如 Farmer 等(1990)发现,北美艾灌木(*Artemissia tridenfata*)挥发物中高浓度的茉莉酸甲酯能诱导健康的番茄(*Lycopersicum esculentum* Mill)产生抑制昆虫取食的蛋白酶抑制剂(Farmer and Ryan,1990)。田间种植具有强烈芳香味的植物如葱(*Allium cepa*)、大蒜(*Allium sativum*)或者是番茄(*Lycopersicon esculentum*)能影响害虫对寄主的嗅觉定向行为。如葱与萝卜间作可以显著减轻胡萝卜茎潜蝇(*Psila rosae*)和胡萝卜柳条蚜(*Cavariella aegopodii*)对萝卜的危害(Uvah *et al.*,1984)。

植物遭受植食性昆虫危害后释放的挥发物的组分因非生物因子和植物种类、植物的基因型、叶龄、危害时间以及植食性昆虫的种类和虫态等生物因子的不同而存在差异(Dicke,1999;Turlings 等,1995;Kessler and Baldwin,2001;De Moraes *et al.*,2001;Gouinguené and Turlings,2002)。但植物挥发性信息化合物是由一些相对分子质量为 $100\sim200$ 的有机化学物质如烃类、醇类、酮类、有机酸、含氮化合物以及有机硫等组成的混合物。

并不是植食性昆虫的取食都能引起植物释放挥发性化学物质,如小麦瘿蚊的幼虫取食小麦后,并没有改变小麦释放的化学挥发物(Tooker *et al.*,2007)。

6.5.1.3 植物化学物质对昆虫行为的影响作用

1. 植物挥发物对昆虫选择寄主植物行为的影响

昆虫与植物在长期的协同进化过程中形成了寄主选择行为,同时植物或寄主产生的化学信息物质对天敌昆虫寄主生境的定位及寄主的定位中起着重要的作用。植食性昆虫寄主选择机制的行为调控策略已成为害虫治理研究的重要方向(Khan and Pickett,2004;Khan *et al.*,2000)。

(1)植物自然挥发性物在昆虫寄主定位中的作用。植物挥发性信息化合物在植食性昆虫、天敌昆虫的寄主定位中起着重要的作用。植食性昆虫利用寄主植物所释放的化学信号来确定自己的寄主定向行为,从而准确地找到寄主植物。几乎所有种类的昆虫都利用寄主散发的化学物质来发现适合于自己的寄主。如果没有植物气味的存在,多数植食性昆虫找到寄主植物的概率非常低,将直接影响这些种类昆虫的生存繁殖。十字花科植物中的烯丙基异硫氰酸酯能诱集菜蚜茧蜂,从而有利于对菜蚜的自然控制。另外,作物植被组成结构直接影响寄生性天敌对寄主的搜索和定位(Gols *et al.*,2005)。

此外,植食性昆虫的寄主选择行为是受植物挥发物与昆虫信息素的协同作用调控,如 Roselandv 发现,在向日葵上取食危害向日葵的小爪象(*Smiorongx fulvus*)对雌虫的寄主定向具有刺激作用,在向日葵上接种雄虫后可吸引到的雌虫数量是雄虫的 4 倍多,这是因为雄虫产生的所有聚集信息素与寄主植物的气味物质结合对雌虫的寄主发现起重要作用。

(2)虫害诱导的植物化学挥发物在昆虫寄主定位中的作用。植物挥发性化学物质的组成常因遭受害虫的危害而改变,植物在遭受植食性昆虫攻击后释放的挥发物在植食性昆虫种间起着化学通讯媒介的作用。如甜菜夜蛾(*Spodoptera exigua* Hübner)诱导的马铃薯气味对马铃薯甲虫(*Leptinotarsa decemlineata* Say)具明显的引诱作用,受美国白蛾(*Hyphantria cunea* Drury)危害后的山楂(*Crataegus pinnatifida* Bbe)挥发物对日本丽金龟(*Popillia japonica* Newmen)具有明显的引诱作用。还会对同种的植食性昆虫个体产生排斥或引诱作用。如菜豆在遭受二点叶螨(*Tetranychus urticae*)严重危害时所释放的挥发物,能导致二点叶螨的逃避行为。马铃薯甲虫、日本丽金龟和鳃金龟(*Maladera matrida*)等能被其各自危害诱导的寄主挥发物所引诱。此外,昆虫信息素与植物挥发物质相结合能为昆虫寻找求偶、交配场所提供更复杂或更全面的信息。许多昆虫只有在寄主植物或寄主植物气味存在时,才能释放性信息素或聚集信息素。如田间的美洲棉铃虫(*Helicoverpa zea*)只有在寄主植物存在时才会产生性信息素。

植食性昆虫危害诱导的化学挥发物不仅对同种植食性昆虫的行为有影响,而且对异种植食性昆虫的行为也产生影响,表现为引诱或驱避效应:①植食性昆虫对异种昆虫取食危害的植物的趋向行为反应。有沙漠蝗危害的马铃薯植株,对马铃薯甲虫具有引诱作用,即由损伤诱导的挥发物对甲虫有聚集作用;如甜菜夜蛾(*Spodoptera exigua* Hübner)诱导马铃薯产生的马铃薯气味对马铃薯甲虫具有明显的引诱作用,而且该作用明显更强于对甜菜夜蛾的引诱。②植食性昆虫的取食物危害诱导的化学挥发物对异种昆虫具有驱避作用,如玉米缢管蚜(*Rhopalosiphum maidis* Fitsch)对健康、未受损伤的玉米具有偏好性,有机损伤的玉米在经海灰翅夜蛾(*Spodoptera littoralis* Boisduval)口腔分泌物处理后,能使玉米缢管蚜产生驱避行为。二点叶螨会躲避有西花蓟马(*Frankliniella occidentalis* Pergande)危害的黄瓜苗,是因为西花蓟马取食黄瓜叶,同时又是二点叶螨的捕食性天敌(即避免共位群内捕食 intraguild predation)(Pallini *et al*., 1997)。

植食性昆虫对受同种植食性昆虫危害和异种植食性昆虫危害的寄主植物反应有差异。

植物遭受植食性昆虫攻击后释放的挥发物,在"植物-植食性昆虫-天敌"的相互作用中起着重要作用,并可进化成为一种植物间接防御的功能。植食性昆虫诱导的植物挥发物可作为互益素引诱植食性昆虫的天敌(Hare, 2011)。例如,受二点叶螨(*Fetrangchus ltrticae*)危害的菜豆比未受害菜豆对捕食螨(*Philoseiulus pemimil*)具有更强的引诱作用;玉米在受甜菜夜蛾(*Spodoptera exigua*)攻击后,对缘腹茧蜂(*Cotesia marginiventris*)的引诱作用明显增强(Turlings and Tumlinson, 1991);茶尺蠖幼虫危害诱导的茶树挥发物对茶尺蠖幼虫的寄生蜂单白绵绒茧蜂(*Apantetes* sp.)有明显的引诱作用(许宁, 1999)。因此,利用植物挥发性物质不仅能在田间引诱天敌聚集,而且有利于人工释放天敌的分散。

2. 对昆虫求偶、交配行为的影响

许多昆虫的交配活动与寄主植物散发的气味物质有着密切的关系,表现为昆虫在其寄主气味存在时的交配成功率较高,而且有些种类的昆虫则必须在寄主植物气味的存在下才能成功地交配。例如一种多音天蚕(*Antheraea polyphemus*)雌蛾的求偶行为是受红橡树叶中挥发性物质反-2-己烯醛的刺激而产生。这种挥发性物质通过雌蛾触角化感器刺激了脑神经,并促使心侧体释放控制腹部神经系统和酶系统的激素,诱发信息素的生物合成并使腹部肌肉收缩,迫使腺体外伸而释放信息素来引诱雄蛾进行交配。

3. 对昆虫产卵行为的影响

有些植物表面的特殊化合物对某些昆虫成虫的产卵具有引诱作用,有些具有忌避产卵作用。如马铃薯甲虫(*Leptinotarsa decemlineata*)喜在龙葵(*Solanum nigrum* L.)叶片上产卵。大花六道木、烟草、棉花蕾的挥发物中含有对烟芽夜蛾的产卵刺激物,可引诱烟芽夜蛾成虫产卵(Mitchell *et al*.,1990);因此,可利用这种引诱产卵的化合物的作用,引诱害虫产卵再集中进行销毁,达到减少卵量的作用。同时,利用具有忌避作用的化合物的非寄主植物粗提物处理寄主植物,就可有效地防止或减少昆虫的产卵。印楝素(azadirachtin)对多种植食性昆虫具有拒食和产卵抑制作用,苦楝和印楝等的提取物在亚致死剂量的条件下能有效地抑制桑天牛(*Apriona germari* Hope)的产卵行为和卵的孵化。如玉米气味化合物苯乙醛、苯甲醛、青叶醇和柠檬烯对亚洲玉米螟雌蛾产卵具有明显的抑制作用(何康来等,2000)。

4. 对昆虫取食行为的影响

昆虫的取食往往会受植物化学组分的调节,有些化学组分具有引诱作用,有些则表现为拒食反应。黑脉金斑蝶(*Danaus plexippus*)喜欢在马利筋(Asclepias)上取食和产卵,是因为马利筋含有较多卡烯内酯(Cardenolides),对黑脉金斑蝶成虫具有吸引作用。此外,植物体内的有些次生物质对昆虫的取食具有抑制作用,从而表现为拒食效应,如从印楝分离出来的印楝素能引起沙漠蝗(*Schistosera gregaria*)、褐飞虱(*Nilaparvata lugens*)、黏虫(*Pseudaletia separata*)等强烈的拒食反应。

5. 对昆虫生长发育的影响

有些植物的化学组分能抑制昆虫的生长发育,当害虫取食了这种植物后使昆虫不能进行正常的生长发育。如有一种抗性高粱,当高粱蚜(*Nelanaphis sacchari*)取食了这种抗性高粱后,其发育速度减慢、体重减轻、成虫寿命缩短,虫口下降(何富刚,1992)。又如,大麦中含有的香草酸、没食子酸、丁香酸、芥子酸等能影响麦二叉蚜(*Schizaphis graminum*)的生长和繁殖。另外,植物体产生的一些次生性物质如单宁等能影响昆虫对食物的消化和利用,阻碍其生长发育,降低其繁殖力(钦俊德,1987)。

6. 植物体表化学组分对植食性昆虫的影响

植物体表 C_{17}-C_{62} 链烷、脂肪醇和脂肪酸等脂类物质,植物体表的各种分泌构造,包括腺表皮细胞、各种腺体、某些排水器和食虫植物的消化腺分泌的化学物质(包括各种脂类、蜡、萜类和类黄酮等),可分别影响昆虫的取食行为。

7. HIVs 作为害虫驱避剂

(Z)-茉莉酮对西洋梨树的忽布蚜(*Phorodon humul*)有驱避作用(Birkett *et al*.,2000)。Koschier 等(2002)用里哪醇和丁子香酚处理葱周围的环境,其牧草虫害减少;应用 terpinen-4-ol 后,叶表面存活的成虫量明显减少。

8. 诱导植物形成更多的挥发物

虫害诱导的化学挥发物还可诱导植物形成更多的挥发物,以调节昆虫的行为,Dicke 等(1999)用 JA 处理利马豆,释放的 HIVs 对捕食螨(*Phytoseiulus persimilis*)有吸引作用。Ruther 等(2005)在健康玉米周围喷施顺-3-己烯-1-醇和顺-3-己烯-1-醇与乙烯的混合物,能诱导玉米释放出吸引自然天敌的挥发物。

6.5.1.4 植物化学物质多样性控制害虫的机制

1. 植物气味屏蔽假说

寄主植物气味屏蔽(masking of host plant odours)假说认为害虫用于搜索寄主植物的气味与非寄主植物发出的气味相混合,导致害虫在定位寄主的过程中产生紊乱、拮抗和排斥作用,从而使害虫依靠寄主植物发出的气味搜寻寄主的行为受到干扰。非寄主植物向空气中释放的"气味屏蔽"物质被认为是对寄主植物赋予了某些保护作用。这也是由 Tahvanainen 和 Root(1972)共同提出联合抗性理论的基础。例如,马铃薯叶甲(*Leptinotarsa decemlineata*)对寄主马铃薯叶的气味具有较强的趋性,但当与野生番茄、甘蓝的气味混合后,马铃薯叶甲对这种混合气味不能产生趋向反应(Thiery and Visser,1986)。Tahvanainen 等研究发现当甘蓝与番茄或烟草间作时芫菁黄条跳甲(*Phyllotreta cruciferae*(Goeze))的数量显著降低。室内实验显示番茄和豚草(*ragweed*)的气味干扰芫菁黄条跳甲的取食定向行为(Tahvanainen and Root,1972)。但另有研究发现,寄主植物的气味能够被非寄主植物的气味屏蔽的可能性很小(Thiery and Visser,1986),Tukahirwa 和 Coaker(1982)通过对甘蓝地种蝇的风洞试验研究,发现非寄主植物三叶草的气味并不能掩饰寄主植物的气味(Tukahirwa and Coaker,1982)。

2. 化学驱避假说(Repellent chemicals)

化学驱避假说(Repellent chemicals)认为由非寄主植物发出的气味实际上足以强烈地抵御搜索寄主的昆虫(Uvah and Coaher,1984)。有些植物因含有挥发油、生物碱和其他一些化学物质,害虫不但不取食,反而远而避之,产生忌避作用。香茅油可以驱除柑橘吸果夜蛾,除虫菊、烟草、薄荷、大蒜等对蚜虫都有较强的忌避作用,棉田套种绿肥胡卢巴,由于胡卢巴的香豆素气味对棉蚜具有驱避作用而减少了棉蚜的迁入量,同时也不利蚜虫的繁殖和危害,当棉花和胡卢巴以 2∶1 间作时,可使棉蚜减少 72.4%。棉卷叶下降 74.4%,可以少用药 3~4 次。Sarker P K 等(2007)研究发现,芥末与洋葱(*Allium cepa* L.)或大蒜(*Allium sativum* L.)间作可显著地减少蚜虫种群($P<0.05$),芥末与大蒜间作比与洋葱间作产生的成本效益最高(1∶2.07 及 1∶2.96),而单独种植的芥末产生的成本效益比最低(1∶1.65 及 1∶2.06)(Sarker *et al.*,2007)。豚草(*Ambrosia artemisifolia*)非常强烈的气味可以用来驱避羽衣甘蓝(*Brassica oleracea* var. *acephala*)作物上的甘蓝跳甲(*Phyllotreta cruciferae*)(Tahvanainen and Root,1972)。

显然,在农业生产中通过利用忌蔽作物与寄主作物间套作、条带种植或混种对搜寻寄主的害虫会有更大的趋避性,因为这样的多作物系统比单作具有更大的化学多样性——刺激性气味。常见的搭配模式有马铃薯与矮性菜豆间作、甘蓝与番茄混作、芥末与洋葱或大蒜间作、小麦与大蒜或油菜间作等,这些作物间作既具有驱避害虫的作用又能吸引天敌(Tahvanainen *et al.*,1972;Sarker *et al.*,2007;王万磊等,2008;李素娟等,2007)。类似的忌避作物还有茴香、芹菜、薄荷类、迷迭香、金莲花、除虫菊、石蒜、麝香草、金盏花、辣椒等。因此,后来有人提出化学信息(semiochemical)多样性假说来解释植物多样性系统控制害虫的机理,该假说认为作物多样性系统中化学信息更多样性,它们可能会影响寄主的发现和减少害虫暴发的可能性(Zhang and Schlyter,2004)。

然而,也有研究显示,某些作物与甘蔗组合反而能导致特定害虫的大发生。例如,甘蔗与小麦间作种植就显著地增加了甘蔗紫螟(鳞翅目夜蛾科)(Tiwari and Prakash,1980;Singla *et al.*,1994)和黏虫(鳞翅目夜蛾科)(Kalra *et al.*,1975)的发生率。正如 Risch 等曾对相关的150 篇文献综合分析后发现,间套作系统下 53% 的害虫种类趋向减少,18% 的种类更为丰富,9% 的种类表现为无差异,20% 的种类表现出不稳定的变化(Risch,1983)。在印度发现玉米(*Sorghum bicolor*)/木豆(*Cajaum cajan*)间作系统中棉铃虫(*Heliothis armigera*)幼虫种群比木豆单作地中的高,导致间作系统中产量损失较大,玉米和棉花间套作加大了美洲棉铃虫(*Heliothis zea*)的危害(Bhotnagar and Davies,1981)。Latheef 等(1980)发现花园中的大豆(*Phaseolus vulgaris*)周围种上寿菊(*Tagetos* spp.)不利于对美洲棉铃虫和墨西哥豆瓢虫(*Epilachna variuestris*)的控制。因此,不同作物的间作套种前,还应就其对害虫的影响进行深入研究,以进行合理的搭配。

寄主植物的挥发性次生物质、背景、色彩、形状以及植物表面结构等线索对昆虫的取食、产卵、聚集及交配行为都会产生不同的影响,这些影响作用的大小及程度因昆虫种类的不同而有差异。研究从寄主植物中寻找害虫在取食、产卵、聚集及交配等行为过程中起作用的感觉线索,不仅能够揭示害虫与寄主植物间的化学、物理通讯联系,而且对指导害虫治理具有非常重要的理论意义和实践价值,将为害虫综合治理提供新理念。

此外,Chen 等(2011)研究发现辣椒-甘蔗以 1∶2 和 2∶2 行比间作能提高辣椒植株上南美斑潜蝇寄生蜂的密度及寄生率,从而对控制辣椒上南美斑潜蝇种群具有明显作用,发现辣椒单作田中斑潜蝇成虫种群数量均高于辣椒与甘蔗间作田,且 2∶2 间作田显著高于 1∶2 间作田。辣椒单作田辣椒叶片上的斑潜蝇取食孔密度明显高于间作田。辣椒-甘蔗间作田中各种寄生蜂的密度均高于单作田,且 1∶2 间作田中的寄生蜂密度高于 2∶2 间作田。同时,间作田间寄生蜂的寄生率高于单作田。此外,还发现间作田中斑潜蝇的性比低于辣椒单作对照田,但对其原因尚不明确。

6.6　农业生物多样性控制害虫的推拉策略

昆虫可利用感觉器官感受外界特定的物理、化学信号(主要包括视觉的和化学的线索或信号)与周围环境产生信息联系,因此,昆虫对外界环境的行为反应是各种信息综合结果。将诱集植物与驱虫植物联合使用模式,构建害虫引诱-驱避(pull-push)生态调控体系已是玉米蛀螟类害虫综合防治策略。

6.6.1　推拉策略(push-pull 策略)的概念

推拉策略是利用控制昆虫的拒食剂(push)和引诱剂(pull)调控害虫或天敌的行为来达到控制害虫的方法(Pyke *et al*.,1987),其中,使昆虫向信息源趋近的远距离作用的化合物称为"拉"成分,使昆虫远离信息源的化合物称为"推"成分。前者用高度明显的引诱性刺激物,把害虫引诱到其他的区域(拉);后者能驱避害虫或使害虫远离保护资源(推)。推拉策略的"拉"成分中,引诱的刺激物用于把害虫从保护资源转向诱饵或诱集作物(图 6.1)。该策略利用它们可利用感觉器官感受外界特定的物理、化学信号(主要包括视觉的和化学的线索或信号),从而作出反应,大多数昆虫可产生行为上的变化。目前,该策略已运用于害虫综合防治实践中(Samantha,*et al*.,2007;吕蔷,2008)。

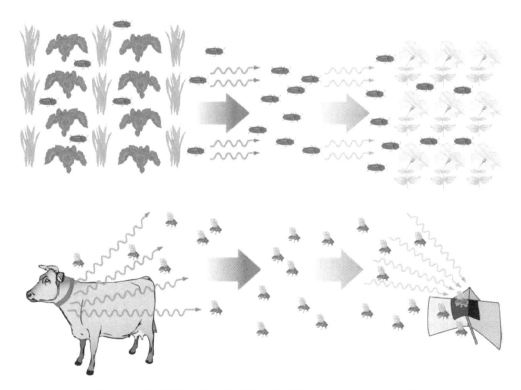

图 6.1　推拉策略(**push-pull**)的推拉模式(仿 Samantha *et al.*,2007)

6.6.2　推拉策略的组成

6.6.2.1　推拉策略的"推"成分

1. 非寄主气味

非寄主植物的挥发物往往能掩盖寄主植物的气味,或驱赶害虫逃离非寄主植物。如桉树柠檬色的桉树油中含有驱蚊成分(Barnard and Xue,2004),被子植物的绿叶气味物质和树皮挥发物能降低小蠹虫的定殖(Barata *et al.*,2000;Zhang and Schlyter,2004),这些驱避性的挥发物就具有典型的"推"的作用。

2. 寄主的信息化合物

昆虫利用关键的、时常有特定比例的挥发物识别适合的寄主。如果提供不适当比例的寄主,植食性动物诱导的植物挥发物(HIPVs)可产生对害虫有直接作用的物质。例如,田间释放水杨酸甲酯和(z)-茉莉酮(HIPVs)对蚜虫有驱避作用(Michael *et al.*,2000)。

3. 迁散信息素

迁散性激素(antiaggregation pheromones)可用于调控昆虫的空间分布和降低昆虫种内竞争,小蠹科的许多种类能产生这种多功能的信息素而用于寄主的调控(Borden J H,1997),其化学挥发物制剂或产品则可用于 Push-Pull 策略中控制该类害虫(Chapman *et al.*,1993;Shea and Neustein,1995)。

4. 报警信息素

有些昆虫受到天敌攻击时,释放警告信息素(Teerling *et al.*,1993),在同种间引起逃避或驱散行为。很多蚜虫的报警信息素(反)-β-法尼烯对蚜虫天敌有拉的作用(Pickett & Glinwood,2007)。

5. 拒食剂

有些植物能产生驱避害虫取食的物质,如苍耳等药用植物提取物对小菜蛾幼虫有拒食作用(周琼等,2006)。因此,农田和果园中种植对靶标害虫具有拒食作用的植物,靶标害虫就可能离开寄主植物而迁移,从而达到保护目标作物或果树免受损害。

6. 产卵抑制剂和产卵忌避信息素

产卵忌避剂和产卵驱避信息素(ODPs)能阻止或减少害虫卵的着落(Pyke *et al.*,1987; Zhang Q H,Schlyter F.,2004),或避免在已被同种昆虫产卵的植株上产卵(Nufio and Papaj,2001)。许多植物中的一些成分具有产卵抑制作用,如印楝种子的提取物。樱桃绕实蝇雌虫产卵后在樱桃上释放一种寄主识别外激素(*N*-(15-(β-*D*-glucopyranosyl)-8-hydroxypalmitoyl) taurine),这种外激素可阻止同种昆虫在同一樱桃上产卵(Aluja and Boller,1992)。

6.6.2.2　推拉策略的"拉"成分

1. 视觉刺激物

模拟成熟果实的红色的球体(直径 7.5 cm)用以吸引成熟的苹果果蝇(Prokopy,1968)。这些诱捕器以合成的寄主气味作诱饵,涂上黏性材料或接触性杀虫剂,即可达到诱捕害虫的作用。

2. 植物挥发物

寄主挥发物(host volatiles)可用于监测、大量诱杀,或者用做引诱剂策略中的诱饵诱捕器。利用寄主特性和寄主偏好性,合成的寄主气味混合物的引诱力达到最高。特殊的 HIPVs(拉)如水杨酸甲酯和茉莉酮对捕食者和寄生物有吸引力,并导致田间害虫丰富度减少。虽然 HIPVs 可能对有些害虫,尤其对多食性害虫有排斥作用,但可能对一些植食性害虫,尤其对单食性害虫有引诱作用。寄主植物挥发物可用于诱捕害虫或提高诱捕昆虫效果(Aldrich *et al.*,2003;Martel *et al.*,2005;Prokopy *et al.*,1990;2000)。

3. 性激素和聚集性激素

昆虫释放性信息素和聚集信息素以吸引同种个体交配和优化资源利用。用信息素防治以色列柠檬上的柑橘巢蛾、美国零星暴发的吉普赛蛾及一些仓储害虫效果较好。在桃李园用信息素交配干扰技术防治梨小食心虫。寄主植物气味能促进植食性昆虫合成性信息素和聚集信息素(Blight *et al.*,1991;Lindgren and Borden,1993;Reddy and Guerrero,2004;Dickens,2006)。

4. 味觉和产卵刺激物

有些诱集作物含有天然产卵或味觉刺激物,从而能使昆虫在诱集作物区停留。如玉米、大豆、酵母的蛋白质经微生物发酵产生挥发性化学物质,对实蝇科害虫具有吸引作用。因此,在美国,蛋白质水解物类毒性诱饵已用于防治地中海实蝇(Prokopy *et al.*,2000;Pyke *et al.*,1987)。此外,还可直接利用昆虫的味觉刺激物来促进昆虫的取食,如将蔗糖溶液喷于诱饵或诱集作物上,能促进害虫对杀虫剂诱饵或诱集作物的取食,从而提高杀虫效果。同时,将有些味觉刺激物作为添加剂加入昆虫食物中,有利于引诱天敌或降低天敌的迁移扩散(Symondson *et al*., 2002)。

　　总之,各种假说都从不同程度阐释了农业生物多样性对害虫或天敌的影响作用,各种机制间都存在一定的交叉性和相互联系,再加上有些控制害虫的机理尚不十分明确。因此,应根据生态系统特点,辨识能够维持和加强生态系统功能的生物多样性类型,以便确定采用那些能够强化理想生物多样性的最佳农事操作技术,最大限度地依靠系统的自我调控能力,将害虫的种群数量及危害程度降低到对人类造成经济损失的最低水平。

参 考 文 献

陈常铭,阮义理,雷惠质,等.1979.水稻害虫综合防治.北京:科学出版社,123-191.

陈峰,谭玉娟,帅应垣.1989.广东野生稻种资源对褐飞虱的抗性鉴定.植物保护学报,(1): 12,26.

陈恒铨,詹岚.1989.棉田种植诱集带诱杀棉铃虫的效果.新疆农业科学,(6):26-27.

陈永林.2005.改治结合根除蝗害的关键因子是"水".昆虫知识,42(5):506-509.

陈玉香,周道玮.2003.玉米、苜蓿间作的生态效应.生态环境,12(4):467-468.

程式华,李建.2007.现代中国水稻.北京:金盾出版社.

崔金杰,文绍贵.1995.玉米诱集带和插花种植玉米对棉铃虫及其天敌的影响.植保技术与推 广,15(1):13-14.

崔金杰,夏敬源,马艳.2001.种植玉米诱集带对棉田昆虫群落的影响.中国棉花,28(11): 9-10.

崔金杰,夏敬源.1999.Bt基因棉对棉铃虫生长发育及繁殖的影响.河南农业大学学报,33 (1):20-24.

戴志明,杨华松,张曦,等.2004.云南稻-鸭共生模式效益的研究与综合评价(三).中国农学通 报,20(4):265-267,273.

杜家纬.2001.植物-昆虫间的化学通讯及其行为控制.植物生理学报,27(3):193-200.

付三雄,王慧,吴娟娟,等.2007.应用重组自交系群体定位大豆抗虫 QTL.遗传,29(9): 1139-1143.

高阳,段爱旺.2006.冬小麦间作春玉米土壤温度变化特征试验研究.中国农村水利水电, (1):1-3,8.

戈峰,门兴元,苏建伟,等.2004.边缘效应对棉田害虫和天敌种群的影响.应用生态学报,15 (1):91-94.

官贵德.2001.低湿地垄稻沟鱼生态模式效益分析及配套技术.江西农业科技,(5):46-48.

郭建英,万方浩.2001.一种适于繁殖东亚小花蝽的产卵植物-寿星花.中国生物防治,17(2): 53-56.

何富刚.1992.高粱蚜在不同品种高粱上的发育.昆虫学报,35(3):382-384.

何康来,文丽萍,王振营,等.2000.几种玉米气味化合物对亚洲玉米螟产卵选择的影响.昆虫 学报,43(S1):195-200.

黄进勇,李新平,孙敦立.2003.黄淮海平原冬小麦、春玉米、夏玉米复合种植模式生理生态效应研究. 应用生态学报,14(1): 51-56.

焦念元,宁堂原,赵春,等. 2006. 玉米花生间作复合体系光合特性的研究. 作物学报,32(6): 917-923.

李素娟,刘爱芝,茹桃勤,等. 2007. 小麦与不同作物间作模式对麦蚜及主要捕食性天敌群落的影响. 华北农学报,22(1):141-144.

李西明,熊振民,闵绍楷,等. 1990. 四个云南水稻品种对白背飞虱的抗性遗传分析 中国水稻科学,4(3):113-116.

李向永,谌爱东,赵雪晴,等. 2006. 植被多样化对昆虫发生期和物种丰富度动态的影响. 西南农业学报,19(3): 519-524.

李新岗,刘惠霞,黄建. 2008. 虫害诱导植物防御的分子机理研究进展. 应用生态学报,19(4): 893-900.

李亚哲,王多礼. 1989. 应用诱集带防治麦穗夜蛾示范初报. 甘肃农业科技,(7): 31-33.

李正跃,Aitieri M A,朱有勇. 2009. 生物多样性与害虫综合治理. 北京:科学出版社.

刘芳政. 1997. 论棉铃虫与新疆植棉业的持续发展. 新疆农业大学学报,20(1): 1-6.

刘光杰,陈仕高,王敬宇,等. 2003. 混植水稻抗虫和感虫材料抑制白背飞虱发生的初步研究. 中国水稻科学,17(增刊):103-107.

刘光杰. 1995. 白背飞虱对不同抗虫性稻株糖类物质的利用. 昆虫学报,38(4): 421-427.

刘华,王慧,李群,等. 2005. 大豆对斜纹夜蛾抗性的遗传分析及相关 QTL 的定位. 中国农业科学,38(7): 1369-1372.

刘景辉,曾昭海,焦立新,等. 2006. 不同青贮玉米品种与紫花苜蓿的间作效应. 作物学报,32(1): 125-130.

刘玉华,张立峰. 2005. 不同作物种植方式产出效果的定量评价. 中国农业科学,38(4): 709-713.

娄永根,程家安. 1997. 植物的诱导抗虫性. 昆虫学报,40(30): 320-331.

卢向阳,徐筠,李青. 2008. 栗园种植黑麦草和不同刈割方式对针叶小爪螨及其天敌栗钝绥螨种群数量的影响. 中国生物防治,24(2):108-112.

陆承志,阿不都日西提. 2005. 几种主要防护林树种对棉田害虫天敌越冬诱集保护作用的研究. 防护林科技,4:11-13.

吕蔷. 2008. 推拉策略对昆虫的调控作用研究进展. 现代农业科技,(11):177-179.

罗冰. 2007. 红壤旱地的间作生态系统小气候特征分析. 江西农业大学学报,29(4): 634-637,643.

麦秀慧,李树新,熊锦君,等. 1984. 生态因素与钝绥螨种群数量关系及应用于防治橘全爪螨的研究. 植物保护学报,11(1):29-34.

毛树春,宋美珍,张朝军. 1998. 黄淮海平原棉麦共生期间棉田土壤温度效应的研究. 中国农业科学,31(6): 1-5.

努尔比亚·托木尔,王登元,吴赵平,等. 2010. 苏丹草诱集带对玉米田亚洲玉米螟的诱集效应. 新疆农业科学,47(1): 2017-2022.

庞雄飞. 1999. 植物保护剂与植物免害工程——异源植物次生化合物在害虫防治中的应用. 世界科技研究与发展,21(2): 24.

钦俊德.1987. 昆虫与植物的关系. 北京：科学出版社.

任雨霖,沈抱生.1994. 利用早熟玉米诱杀棉铃虫. 中国棉花,21(5)：26.

沈君辉,聂勤,黄得润,等.2007. 作物混植和间作控制病虫害研究的新进展. 植物保护学报, 34(2)：209-216.

宋同清,肖润林,彭晚霞,等.2006. 亚热带丘陵茶园间作白三叶的土壤环境调控效果. 生态学 杂志,25(3)：281-285.

王建军,俞晓平,吕仲贤,等.1999. 籼型杂交水稻抗褐飞虱育种研究. 中国水稻科学,13(4)： 242-244.

王林霞,田长彦,马英杰,等.2004. 玉米诱集带对棉田天敌种群动态的影响. 干旱地区农业研 究,22(1)：86-89.

王万磊,刘勇,纪祥龙,等.2008. 小麦间作大蒜或油菜对麦长管蚜及其主要天敌种群动态的影 响. 应用生态学报,19(6)：1331-1336.

王伟,姚举,李号宾,等.2011. 棉田周缘种植不同品种油菜诱集带增益控害效果初步研究. 植 物保护,37(3)：142-145.

文绍贵,崔金杰,王春义.1995. 不同立体种植对棉花主要害虫及其天敌种群消长的影响. 棉 花学报,7(4)：252-256.

向龙成,康发柱.1999. 玉米诱集带上二代棉铃虫着卵规律的研究. 新疆农业大学学报,22 (1)：77-80.

向万胜,梁称福,李卫红,等.2001. 三峡库区花岗岩坡耕地不同种植方式下水土流失定位研 究. 应用生态学报,12(1)：47-50.

肖筱成,谌学珑,刘永华,等.2001. 稻田主养彭泽鲫防治水稻病虫草害的效果观测. 江西农业 科技,(4)：45-46.

许宁,陈宗懋,游小清.1999. 引诱茶尺蠖天敌寄生蜂的茶树挥发物的分离与鉴定. 昆虫学报, 42(2)：126-131.

许向利,花保祯,张世泽.2005. 诱集植物在农业害虫综合治理中的应用. 植物保护,31(6)： 126-131.

薛智华,杨慕林,任巧云,等.2001. 养蟹稻田稻飞虱发生规律研究. 植保技术与推广,21(1)： 5-7.

严毓骅,段建军.1988. 苹果园种植覆盖作物对于树上捕食性天敌群落的影响. 植物保护学 报,15(1)：23-26.

杨长举,杨志慧,舒理慧,等.1999. 野生稻转育后代对褐飞虱抗性的研究. 植物保护学报,26 (3)：197-202.

杨河清.1999. 发展稻田养鱼,保护环境. 江西农业经济,(1)：24-26.

杨友琼,吴伯志.2007. 作物间套作种植方式间作效应研究. 中国农学通报,23(11)：192-196.

杨治平,刘小燕,黄璜,等.2004. 稻田养鸭对稻鸭复合系统中病、虫、草害及蜘蛛的影响生态学 报,24(12)：2756-2760.

余娇娇,段灿星,李万昌,等.2011. 水稻抗稻飞虱基因遗传与定位研究进展. 植物遗传资源学 报,12(5)：750-756.

叶修祺,罗继春.1993. 马铃薯玉米立体种植的小气候效应. 中国农业气象,14(3)：23-26.

喻子牛.1990.苏云金杆菌.北京:科学出版社,229-247.

张俊平,蔺合华,贾利英.2004.小麦/玉米/玉米间套作的光合变化研究.张家口农专学报,20(2):1-3.

张润志,梁宏斌,田长彦,等.1999.利用棉田边缘苜蓿带控制棉蚜的生物学机理.科学通报,44(20):2175-2178.

张士昶,周兴苗,王小平,等.2008.南方小花蝽对寄主植物的产卵选择性及其卵的保存条件.昆虫知识,45(4):600-603.

赵博光.1988.寄主植物物理和化学因子对马尾松毛虫卵行为的作用.北京林业大学学报,10(2):65-71.

赵建周,杨奇华,周明群.1991.棉田种植诱集作物对天敌的保护及增殖作用.植物保护学报,18(4):339-342.

赵建周,杨奇华,周明鲥,等.1989.棉田综合种植油菜与高粱诱集带控制棉花害虫的效果.植物保护,15(6):13-14.

赵连胜.1996.稻田养鱼的生物学分析和评价.福建水产,(1):65-69.

郑礼,郑书宏,宋凯.2003.螟黄赤眼蜂与绿豆和棉花植株间协同素研究.华北农学报,18(院庆专辑):108-111.

周大荣,宋彦英,郑礼,等.1997a.玉米螟赤眼蜂适宜生境的研究和利用:Ⅰ.玉米螟赤眼蜂在不同生境中的分布与种群消长.中国生物防治,13(1):1-5.

周大荣,宋彦英,郑礼,等.1997b.玉米螟赤眼蜂适宜生境的研究和利用:Ⅱ.夏玉米间作匍匐型绿豆对玉米螟赤眼蜂寄生率的影响.中国生物防治,13(2):49-52.

周大荣,宋彦英,郑礼,等.1997c.玉米螟赤眼蜂适宜生境的研究和利用:Ⅲ.夏玉米间作匍匐型绿豆对玉米螟赤眼蜂的增效作用及其在穗期玉米螟防治中的作用.中国生物防治,13(3):97-100.

周琼,刘炳荣,舒迎花,等.2006.苍耳等药用植物提取物对小菜蛾的拒食作用和产卵忌避效果.中国蔬菜,(2):17-20.

朱克明,沈晓昆,谢桐洲,等.2001.稻鸭共作技术试验初报.安徽农业科学,29(2):262-264.

朱麟,古德祥.2000.昆虫对植物次生性物质的适应策略.生态学杂志,19(3):36-45.

庄西卿.1989.稻田田埂昆虫群落与田埂杂草关系的研究.生态学报,9(1):35-40.

左元梅,王贺,李晓林,等.1998.石灰性土壤上玉米花生间作对花生根系形态变化生理反应的影响.作物学报,24(5):558-563.

Adamczyk J J,Mascarenhas V J,Church G E,*et al*.1998.Susceptibility of conventional and transgenic cotton bolls expressing the *Bacillus thuringiensis* Cry1A(c)partial derivative-endotoxin to fall armyworm(Lepidoptera:Noctuidae)and beet armyworm(Lepidoptera:Noctuidae)injury.Journal of Agricultural Entomology,15(3):163-171.

Agbogba B C,Powell W.2007.Effect of the presence of a nonhost herbivore on the response of the aphid parasitoid *Diaeretiella rapae* to host-infested cabbage plants.Journal of Chemical Ecology,33(12):2229-2235.

Aldrich J R,Bartelt R J,Dickens J C,*et al*.2003.Insect chemical ecology research in the United States Department of Agriculture-Agricultural Research Service.Pest Management

Science,59(6,7):777-787.

Altieri M A, Letourneau D K. 1982. Vegetation management and biological control in agrecosystem. Crop Protection,1(4): 405-430.

Altieri M A, Lewis W J, Nordlund D A, et al. 1981. Chemical interactions between plants and Trichogramma wasps in Georgia soybean fields. Protection Ecology,3: 259-263.

Altieri M A, Nicholls C I. 2002. Biodiversity and pest management in agroecosystems. 2nd edition. London,oxford: Food products Press,118.

Altieri M A, Schmidt L L. 1986. Cover crops affect insect and spider populations in apple orchards. Calif agric,40(1,2): 15-17.

Altieri M A, Schmidt T L. 1985. Cover crops manipulation in Northern Califurnia orchards and vineyards:effects on arthropod communities. Biological Agriculture and Horticulture,3:1-24.

Altieri M A, Doll J D. 1978. Some limitations of weed biocontrol in tropical ecosystems in Columbia. In: T. E. Freeman(ed.),Proceedings Ⅳ International Symposium on Biological Control of Weeds. University of Florida,Gainesville,74-82.

Altosaar I, Gulbitti-Onarici S, Zaidi M A, et al. 2009. Expression of Cry1Ac in transgenic tobacco plants under the control of a wound-inducible promoter(AoPR1)isolated from Aaparagus of ficinalis to control *Heliothis virescens* and *Manduca sexta*. Molecular Biotechnology,42(3): 341-349.

Aluja M, Boller E F. 1992. Host marking pheromone of *Rhagoletis cerasi*: field deployment of synthetic pheromone as a novel cherry fruit fly management strategy. Entomolologia. Experimentalis ET. Applicata,65(2):141-147.

Andow D A. 1991. Vegetational diversity and arthropod population response. Annual Review of Entomology,36: 561-586.

Archna Suman, Menhi Lal, singh A K, et al. 2006. Microbial Biomass Turnover in Indian Subtropical Soils under Different Sugarcane Intercmpping Systems . Agronomy Journal,98 (3): 698-704.

Arpaia S, Mennella G, Onofaro V, et al. 1997. Production of transgenic eggplant(*Solanum melongena* L.) resistant to Colorado potato beetle(Leptinotarsa decemlineata Say). Theoretical and Applied Genetics,95(3): 329-334.

Bach E E. 1980b. Effects of plant diversity and time of colonization on an herbivore-plant interaction. Oecologia,44(3): 319-326.

Barata E N, Pickett J A, Wadhams L J, et al. 2000. Identification of host and nonhost semiochemicals of eucalyptus woodborer *Phoracantha semipunctata* by gas chromatography-electroantennography. Journal of Chemical Ecology,26(8):1877-1895.

Barnard D R, Xue R D. 2004. Laboratory evaluation of mosquito repellents against Aedes albopictus, Culex nigripalpus, and *Ochlerotatus triseriatus*(Diptera: Culicidae). J. Med. Entomol,41(4): 726-730.

Beecher W J. 1942. Nesting Birds and the Vegetation Substrate. Chicago: Chicago

Ornithological Society.

Bhotnagar V S, Davies J C. 1981. Pest management in intercrop subsistence farming. In: Proc. Int. Workshop on Intercropping, India: ICRISAT. ,Patancheru,pp. 249-257.

BillRee. 1999. Texas pecan pest rfmrmgelqaent newsletter. Texas. Agricultural Extension Service,99(4):1.

Birkett M A,Campbell C A M,Chamberlain K,et al.2000. New roles for cis-jasmone as an insect semiochemical and in plant defense. Plant Biology,97(16): 9329-9334.

Blight M M,Dawson G W,Pickett J A,et al.. 1991. The identification and biological activity of the aggregation pheromone of *Sitona lineatus*. Asp. Appl. Biol,27: 137-142.

Bokonon Ganta A H, Bernal J S, Pietrantonion P V, et al.2003. Survivorship and development of fall armyworm Spodoptera frugiperda (J. E. Smith) (Lepidoptera: Noctuidae)on conventional and transgenci maize cultivars expressing Cry9A and Cry1A(b) endotoxins. International journal of pest management,49(2): 169-175.

Borden J H. 1997. Disruption of semiochemical-mediated aggregation in bark beetles. In Insect Pheromone Research: New Directions,ed. RT Card'e,AK Minks,pp. 421-38. New York.

Bruin J,Dicke M,Sabelis M W. 1992. Plants are better protected against spider—mites after exposure to volatiles from infested conspecifics. Experientia,48(5): 525-529.

Bugg R L,Waddington C. 1994. Using cover crops to manage arthropod pests of orchards:a review. Agriculture,Ecosystems and Environment, 50(1): 11-28.

Burgess E P J, Malone L A, Chricteller J T, et al. 2002. Avidin expressed in transgenic tobacco leaves confers resistance to two noctuid pests, *Heliocoverpa armigera* and *Spodoptera litura*. Transgenic Research,11(2):185-198.

Castle S J. 2006. Concentration and management of *Bemisia tabaci* in cantaloupe as a trap crop for cotton. Crop Protection,25: 574-584.

Chan M T,Chen L J,Chang H H. 1996. Expression of *Bacillus thuringiensis*(Bt)insecticidal crystal protein gene in transgenic potato. Botanical Bulletin of Academia Sinica,37(1): 17-23.

Chandish R B, Singh S P. 1999. Host plant-mediated orientational and ovipositional behavior of three species of Chrysopidae(Neuroptera: Chrysopidae). Biological Control,16: 47-53.

Chapman, Hall Lindgren B S,Borden J H. 1993. Displacement and aggregation of mountain pine beetles, *Dendroctonus ponderosae* (Coleoptera: Scolytidae), in response to their antiaggregation and aggregation pheromones. Canadian Journal of Forest Research,23(2): 286-290.

Chen Bin,Wang Jingjing,Zhang Liming,et al.2011. Effect of intercropping pepper with sugarcane on populations of *Liriomyza huidobrensis* (Diptera: Agromyzidae) and its parasitoids. Crop Protection,30(3): 253-258.

Chen Y,Tian J C,Shen Z C,et al.2010. Transgenic rice plants expressing a fused protein of Cyr1Ab/Vip3 H has resistance to rice stem borer under laboratory and filed conditions.

Journal of Economic Entomology,103(4): 1444-1453.

Chkrabarti S K,Kumar M,Chimote V,*et al*. 2010. Development of Bt transgenic potatoes for effective control of potato tuber moth by using cyr1Ab gene regulated by GBSS promoter. Crop Protection,29(2):121-127.

Critchley C N R, Fowbert J A, Sherwood A J, *et al*. 2006. Vegetation development of sown grass margins in arable fields under a countrywide agri-environment scheme，132(1):1-11.

Cromartie W J. 1981. The environmental control of insect using crop diversity. In: Pimentel D,ed. CRC handbook of pest management in argiclture. Volume 1. Boca Raton,FL: CRC Press，223-251.

D'Aessandro M,Turlings T C J. 2006. Advances and challenges in the identification of volatiles that mediate interactions among plants and arthropods. The Royal Society of Chemistry,131,24-32.

De Moraes C M, Lewis W J, Pare P W,*et al*. 1998. Herbivore-infested plants selectively attract parasitoids. Nature,393(6685): 570-573.

De Moraes C M, Mescher M C, Tumlinson J H. 2001. Caterpillar-induced nocturnal plant volatiles repel conspecific females. Nature,410(6828): 577-580.

Dicke M,Sabelis M W,Takabayashi J,*et al*. 1990. Plant strategies of manipulating predator-prey interactions through allelo-chemicals prospects for application in pest control. Journal of chemical Ecology,16(1): 3091-3118.

Dicke M. 1999. In: Chadwick D. J. and Goode J. (eds.) Insect-Plant Interactions and Induced Plant Defence. Novartis Foundation Symposium,223,43-59.

Dickens J C. 2006. Plant volatiles moderate response to aggregation pheromone in Colorado potato beetle. Journal of Applied Entomology,130(1):26-31.

Doutt R L,Nakata J. 1973. The Rubus leafhopper and its egg parasitoid:an endemic biotic system useful in grape-pest management. Environmental Entomology,2(3):381-386.

Dudareva N, Negre F, Nagegowda D A,*et al*.2006. Plant volatiles: recent advances and future perspectives [J]. Critical Review of Plant Science,25(5): 417-440.

Farmer E E,Ryan C A. 1990. Interplant communication:airborne methyl jasmonate induces synthesis of proteinase inhibitors in plant leaves. Proc Natl Acad Sci USA,87(19): 7713-7716.

Feeny P P. 1976. Plant apparency and chemical defence. In: J. Wallace & R. Mansell(eds), Bio-chemical Interactions Between Plants and Insects. Recent Advances in Phytochemistry,10: 1-40.

Finch S, Kienegger M. 1997. A behavioural study to help clarify how undersowing with clover affects host plant selection by pest insects of brassica crops. Entomologia Experimentalis et Applicata,84: 165-172.

Finch S,Collier R H. 2000. Host plant selection by insects:At the orybased on appropriate/inappropriate landings' by pest insects of cruciferous plants. Entomologia Experimentalise Applicata,96(2): 91-102.

Ghosh P K, Manna M C, Bandyopadhyay K K, *et al*. 2006. Interspecific Interaction and Nutrient Use in Soybean/Sorghum Intercropping System. Agronomy Journal, 98: 1097-1108.

Gibbs J P, Stanton E J. 2001. Habitat fragmentation and arthropod community change: Carrion beetles, phoretic mites, and flies. Ecological Applications, 11: 79-85.

Gols S R, Bukovinszky T, Hemerik L, *et al*. 2005. Reduced foraging efficiency of a parasitoid under habitat complexity: implications for population stability and species coexistence. Journal of Animal Ecology, 74(6): 1059-1068.

Gouinguené S P, Turlings T C J. 2002. The effects of abiotic factors on induced volatile emissions in corn plants. Plant Physiology, 129(3): 1296-1307.

Gurr G M, Wraten S D. 1999. "Integrated biological control": a proposal for enhancing success in biological control. International Journal of Pest Management, 45(2): 81-84.

Hanna R, Zalem F G, Roltsch W J. 2003. Relative impact of spider predation and cover crop on population dynamics of *Erythroneura variabilis* in a raisin grape vineyard. Entomol Exp Appl, 107(3): 177-191.

Hare J D. 2011. Ecological Role of Volatiles Produced by Plants in Response to Damage by Herbivorous Insects. Annual Review of Entomology, 56: 161-180.

He Xiahong, Zhu Shusheng, Wang Haining, *et al*. 2010. Crop Diversity for Ecological Disease Control in Potato and Maize. Journal of Resources and Ecology, 1(1): 45-50.

Hodek I. 1973. Biology of Coccinellidae. Junk N. V. Publishers, Academia, the Hague, the Netherlands.

Hokkanen H M T. 1991. Trap cropping in pest manageement. Annual Review of Entomology, 36: 119-138.

Huang Q M, Mao L Q, Huang W H, *et al*. 1998. Transgenic tobacco plants with a fully synthesized GFM CyrIA gene provide effective tobacco bollworm (Heliothis armigera) cotton. Acta Botanica Sinica, 40(3): 228-233.

Jehle J A, Nguyen H T. 2009. Expression of Cry3Bb1 in transgenic corn MON88017. Journal of Agricultural and Food Chemistry, 57(21): 9990-9996.

Jeon Y H, Ahn S N, Choi H C, *et al*. 1999. Identification of a RAPD marker linked to a brown planthopper resistance gene in rice. Euphytica, 107(1): 23-28.

Kalra A N, Varma Ashok, Srivastava A N. 1975. Companion cropping of sugarcane and wheat : pest problem and how to tackle it. Sugar News, 7(7): 11-12.

Kennedy J S, Booth C O, Kershaw W J S. 1961. Host finding by aphids in the field. III. Visual attraction. Annals of Applied Biology, 49(1): 1-21.

Kessler A, Baldwin I T. 2001. Defensive function of Herbivore-Induced Plant Volatile Emissions Nature. Science, 291(5511): 2141-2144.

Khan Z R, Pickett J A, van den Berg J, *et al*. 2000. Exploiting chemical ecology and species diversity: stem borer and striga control for maize, and sorghum in Africa. Pest Management Science, 56(11): 957-962.

Khan Z R, Ampong-Nyarko K, Chiliswa P, Hassanali A, Kimani S. ; Lwande W, Overholt W A, Pickett J A, Smart LE, Wadhams LJ. 1997. Intercropping increases parasitism of pests. Nature, 388(6643): 631-632.

Khan Z R, Pickett J A. 2004. The 'push—pull' strategy for stem borer management: a case study in exploiting biodiversity and chemical ecology. In Ecological Engineering for Pest Management: Advances in Habitat Manipulation for Arthropods. ed. G M Gun", S D Wratten, M A Ahieri, pp. 155-164. Wallington, Oxon, UK: CABI.

Koschier E H, Sedy K A, Novak J. 2002. Influence of plant volatiles on feeding damage caused by the onion thrips Thrips tabaci. Crop Protection, 21(5): 419-425.

Kumar H, Kumar V. 2004. Tomato expressiong Cry1A(b) insecticidal protein from Bacillus thuringiensis (Hübner) against tomato fruit borer, *Helicoverpa armigera* (Hübner) Lepidoptera: Noctuidae damage in the laboratory, greenhouse and field. Crop Protection, 23(2): 135-139.

Kunihiko K, Shiori O, Masakazu T, *et al*. 2005. QTL mapping of antibiosis resistance to common cut-worm (Spodoptera *litura Fabricius*) in Soybean. Crop Science, 45(5): 2044-2048.

Landis D A, Stephen D W, Gurr G M. 2000. Habitat management to conserve natural enemies of arthropod pests in agriculture. Annual Review of Entomology, 45: 175-201.

Latheef M A, Irwin R D. 1980. Effects of companionate planting on snap bean insects, *Epilachna varivestis* and *Heliothis zea*. Environ. Entomol, 9(2): 195-198.

Leius K. 1967. Influence of wild flowers on parasitism of tent caterpillar and codling moth [J]. Canadian Entomologist, 99(4): 444-446.

Leopold A. 1933. Game management. Charles Scribner & Sons, New York.

Liang W, Huang M. 1994. Influence of citrus orchard ground cover plants on arthropod communities in China: A review, 50(1): 29-37.

Li C Y, He X H, Zhu S S, *et al*. 2009. Crop Diversity for Yield Increase. Plos One, 4(11): e8049.

Li L, Li S M, Sun J H, *et al*. 2007. Diversitty enhances agricultural productivity via rhizosphere phosphorus facilitation on phosphorus-deficient soils. Proceedings of National Academy of Sciences USA(PNAS), 104(27): 11192-11196.

Lindgren B S, Borden J H. 1993. Displacement and aggregation of mountain pine beetles, *Dendroctonus ponderosae* (Coleoptera: Scolytidae), in response to their antiaggregation and aggregation pheromones. Canadian Journal of Forest Research, 23(2): 286-290.

Litsinger J, Moddy K. 1976. Integrated pest management in multiple cropping systems. American Society of Agronomy Madison, 27: 293-316.

Liu T X, Li Y X, Greenberg S M. 2006. Effects of Bt cotton expressing Cry 1Ac and Cry2Ab and non Bt cotton on behavior, survival and development of *Trichoplusta ni* (Lepidoptera: Noctuidae) injury. Crop protection, 25(9): 940-948.

Lou Y, Hua X, Turlings T C J, *et al*. 2006. Differences in induced volatile emissions among rice varieties result in differential attraction and parasitism of *Nilaparvata lugens* eggs by the parasitoid *Anagrus nilaparvatae* in the field. Journal of Chemical Ecology, 32(11): 2375-2387.

Mandaokar A D, Goyal R K, Shukla A, *et al*. 2000. Transgenic tomato plants resistant to fruit borer(Helicoverpa armigera Hübner). Crop Protection, 19(5): 307-312.

Martel J W, Alford A R, Dickens J C. 2005. Synthetic host volatiles increase efficacy of trap cropping for management of Colorado potato beetle, *Leptinotarsa decemlineata* (Say). Agricultural and Forest Entomology, 7(1): 79-86.

McPherson R M, MacRae T C. 2009. Evaluation of transgenic soybean exhibiting high expression of a synthetic *Bacillus thuringiensis* cry1A transgene for suppressing lepidopteran population densities and crop injury. Journal of Economic Entomology, 102 (4): 1640-1648.

Michael A B, Colin A M C, Keith C, *et al*. 2000. New roles for cisjasmone as an insect semiochemi calandinplantdefense. Ⅱ. ProcNatlAcad Sci, 97(16): 9329-9334.

Miklos J A, Alibhai M F, Bledig S A, *et al*. 2007. Characterization of soybean exhibiting high expression of a synthetic *Bacillius thursingiensis* Cry1A trans gene that confers a high degree of resistance to Lepidoptera pests. Crop Science, 47(1): 148-157.

Mitchell E R, Tingle F C, Heath R R. 1990. Ovipositional response of threeHeliothis species (Lepidoptera: Noctuidae)to allelochemicals from cultivated and wild host plants. Chemical Ecology, 16(6): 1817-1827.

Moayeri H R S, Ashouri A, Poll L, *et al*. 2007. Olfactory response of a predatory mirid to herbivore induced plant volatiles: multiple herbivory versus single herbivory. Journal Applied Entomology, 131(5): 326-332.

Moericke V. 1952. Farben als Landereize für geflügelten Blattläusen (Aphidoidea). Zeitschrift für Naturforschung, 7: 304-324.

Murata K, Fujiwara M, Kaneda C, *et al*. 1998. RFLP mapping of a brown planthopper (Nilaparvata lugens St 1)resistance gene *bph2* of indica rice introgressed into a japonica breeding line 'Norin-PL4'. Gene Genet Syst, 73(6): 359-364.

Nordlund D A, Chalfant R B, Lewis W J. 1985. Response of Trichogramma pretiosum females to volatile synomones from tomato plants. Journal of Entomological Science, 20 (3): 372-376.

Nordlund D A, Lewis W J, Gleldnel R G, *et al*. 1984. Arthropod populations, yield and damage in monocultures and polycultures of corn, beans and tomatoes. Agriculture, Ecosystems & Environment, 11(4): 353-367.

Nufio C R, Papaj D R. 2001. Host marking behavior in phytophagous insects and parasitoids. Entomol. Exp. Appl, 99(3): 273-293.

Pallini A, Janssen A, Sabells M W. 1997. Odour-mediated respo nses of phytophagous mites to conspecific and heter0specific competitors. Oecologia, 110(2): 179-185.

Perrin R M. 1977. Pest management in multiple cropping systems. Agro-ecosystems, 3:

93-118.

Pickett J A, Glinwood R. 2007. Chemical ecology. In Aphids as Crop Pests, ed. HF van Emden, R Harrington. Wallington, Oxon, UK: CABI.

Prokopy R J, Johnson S A, O'Brien M T. 1990. Second-stage integrated management of apple arthropod pests. Biomedical and life sciences, 54(1): 9-19.

Prokopy R J, Wright S E, Black J L, et al. 2000. Attracticidal spheres for controlling apple maggot flies: commercial-orchard trials. Entomol. Exp. Appl, 97: 293-299.

Prokopy R J. 1968. Visual responses of apple maggot flies, *Rhagoletis pomonella* (Diptera: Tephritidae): orchard studies. Entomol. Exp. Appl, 11(4): 403-422.

Pyke B, Rice M, Sabine B, et al. 1987. The push-pull strategy—behavioural control of Heliothis. Aust. Cotton Grow, (5-7): 7-9.

Ramert B, Lennartsson M, Davies G. 2002. The use of mixed species cropping to manage pests and diseases-theory and practice. In: Powell et al. eds. UK Organic Research: Proceedings of the COR Conference, 26-28th March, Aberystwyth, 207-210.

Rasmann S, Turlings T C J. 2007. Simultaneous feeding by aboveground and belowground herbivores attenuates plant-mediated attraction of their respective natural enemies. Ecology Letters, 10(10): 926-936.

Rector B G, All J N, Parrott W A, et al. 1999. Quantitative trait loci for antixenosis resistance to corn earworm in soybean. Crop Science, 39(2): 531-538.

Reddy G V P, Guerrero A. 2004. Interactions of insect pheromones and plant semiochemicals. Trends in Plant Science, 9(5): 253-261.

Risch S J. 1981. Insect herbivore abundance in tropical monoculturees and polycultures: An experimental test of two hypothesis. Ecology, 62(5): 1325-1340.

Risch S J. 1983. Intercropping as Cultural Pest Control: Prospects and Limitations. Environmental Management, 7(1): 9-14.

Root R B. 1973. Organization of a plant-arthropod association in simple and diverse habitats: the fauna of collards (*Brassica oleracea*). Ecological Monographs, 43(1): 95-124.

Root R B. 1975. Some consequences of ecosystem texture. In : S. A. Ievin(ed.). Ecosystem Analysis and Prediction. Society for Industrial and Applied Mathematics, Philadephia, 83-97.

Russell E P. 1989. Enemies hypothesis: A review of the effect of vegetational diversity on predatory insects and parasitiods. Environmental Entomology, 18(4): 590-599.

Ruther J, Kleier S. 2005. Plant-plant signaling: Ethylene synergizes volatile emission in Zea mays induced by exposure to (Z)-3-hexen-1-ol. Journal of Chemical ecology, 31(9): 2217-2222.

Sachses E S, Benedict J H, Taylor J F. et al. 1996. Pyramiding Cry1A(b)Insecticidal protein and terpenoids in cotton to resist tobacco budworm (Lepidoptera: Noctuidae). Environmental entomology, 25(6): 1257-1266.

Samantha M Cook, Zeyaur R Khan, John A Pickett. 2007. The Use of Push-Pull Strategies in Integrated Pest Management. Annual Review of Entomology, 52: 375-400.

Sarker P K, Rahman M M, Das B C. 2007. Effect of intercropping of mustard with onion and garlic on aphid population and yield. Biology science, 15: 35-40.

Silke A, Baldwin I T. 2010. Insects Betray Themselves in Nature to Predators by Rapid Isomerization of Green Leaf Volatiles. Science, 329(5995): 1075-1078.

Singla M L, Duhra M S, Dllaliwal Z S, et al. 1994. Effect of intercropping in autumn planted sugarcane on the incidence of Scirpophaga excerptalis Wik. And termites. Journal. Insect Science, 7(2): 199-201.

Stewart C N, Adang M J, All J N, et al. 1996a. Genetics transformation, recovery, and characterization of fertile soybean transgenic for asynthetic Bacillius thursingiensis CrylAc gene. Plant pyysiology, 112(1): 121-129.

Stewart C N, Adang M J, All J N, et al. 1996b. Insect contol and dosage effects in transgenic canola containing a synthetic Bacillus thuringiensis cry1Ac gene. Plant Physiology, 112(1): 115-120.

Syme P D. 1975. The effects of flowers on the longevity and fecundity of two native parasites of the European pine shoot moth in Ontario. Envrionmental Entomology, 4(2): 337-346.

Symondson W O C, Sunderland K D, Greenstone M H. 2002. Can generalist predators be effective biocontrol agents? Annu. Rev. Entomol, 47: 561-594.

Szentkiralyi F, Kozar F. 1991. HYPERLINK " http://onlinelibrary. wiley. com/doi/ 10. 1111/j. 1365-2311. 1991. tb00241. x/abstract" \t"_blank"How many species are there in apple insect communities?: testing the resource diversity and intermediate disturbance hypotheses. HYPERLINK " http://www. yidu. edu. cn/educhina/ShowJournal. do? cccjid= 10307694600"Ecological Entomology, 16(4): 491.

Tahvanainen J O, Root R B. 1972. The influence of vegetational diversity on the population ecology of a specialized herbivore, Phyllotreta cruciferac (Coleoptera: Chrysomelidae). Oecologia, 10(4): 321-346.

Takabayashi J, Dicke M. 1996. Plant-carnivore mutualism through herbivore-induced carnivore attractants. Trends in Plant Science, 1(4): 109-113.

Teerling C R, Pierce H D, Borden J H, et al. 1993. Identification and bioactivity of alarm pheromone in the western flower thrips, Frankliniella occidentalis. Chem. Ecol, 19(4): 681-697.

Telenga N A. 1958. Biological method of pest control in crops, forest plants in the USSR. In Report of the Soviet Delegation. Ninth International Conference on Quarantine, Plant Protection, Moscow, 1-15.

Terry L I, Chase K, Jarvik T, et al. 2000. Soybean quantitative trait loci for resistance to insects. Crop Science, 40(2): 375-382.

Theunissen J C, Booij J H, Schelling G, et al. 1992. Intercropping white cabbage with clover. Bulletin oilb srop, 15(4): 104-114.

Theunissen J, den Ouden H. 1980. Effects of intercropping with Spergula arvensis on pests of Brussels sprouts. Entomologia Experimentalis et Applicata,27(3): 260-268.

Thiery D，Visser J H. 1986. Masking of host plant odour in the olfactory orientation of the Colorado potato beetle. Entomologia Experimentalis et Applicate,41(2): 165-172.

Tiwari R K，Prakash O M. 1980. Effect of intercrops on sugarcane top borer. Farmer and Parliament,15(7): 35-36.

Tooker J F,de Moraes C M. 2007. Feeding by Hessian fly[Mayetiola destuctor(Say)]larvae dose not induce plant indirect defences. Ecological Entomology,32(2): 153-161.

Trenbath B R. 1993. Intercropping for the management of pests and diseases. Field Crops Research,34(3-4): 381-405.

Trenbath B R. 1999. Multispecies cropping systems in India predictions of their productivity，stability,resilience and ecological sustainability. Agroforestry System,1(45): 81-107.

Tukahirwa E M，T H Coaker. 1982. Effects of mixed cropping on some insect pests of brassicas；reduced *Brevicoryne brassicae* infestations and influences of epigeal predators and the disturbance of oviposition behaviour in *Delia brassicae*. Entomologia Experimentalis et Applicata,32(2): 129-140.

Turlings T C J,Loughrin J H,McCall P J,*et al*.1995. How caterpillar-damaged plants protect themselves by attracting parasitic wasps. Proc. Natl. Acad. Sci. USA,92(10): 4169-4174.

Turlings T C J,Tumlinson J H. 1991. Do parasitoids use herbicore induced plant chemical defense to locate hosts? Floride Entomologist,74(1): 42-50.

Turlings T C J,Tumlinson J H. 1992. Systemic release of chemical signals by herbivore-injured corn. Pro. Nat. Acad. Sci. USA,89(17): 8399-8402.

Uvah I I I,Coaher T H. 1984. Effect of mixed cropping on some insect pests of carrots and onions. Entomologia Experimentalie et Applicata,36(2): 159-167.

Vaeck M,Reynacerts A H fteh H, *et al*.1987. Transgenic plants protected from insect attack. Nature,328(6125):33-37.

Van Emden H F. 1965. The role of uncultivated land in the biology of crop pests and beneficial insects. Scientific Horticulture,17:121-136.

Vanderrneer. J. 1989. The Ecology of Intercropping. Cambridge Univ. Press，Cambridge.

Vromant N,Nhak D K,Chau N T H,*et al*. 2002. Can fish control planthopper and leafhopper populations in intensive rice culture? Biocontrol Science and Technology,12(6): 695-703.

Wei W,Le Y T,Stewart C N,*et al*.2007. Epsression of Bt Cyr1Ac in transgenic oilseed rape in China and transgenic performance of intraspecific hybrids against *Helicoverpa armigera* larvae. Annals of Applied Biology,150(2): 141-147.

Whitman D W,Eller F J. 1990. Parasitic wasps orient to green leaf volatiles. Chemoecology，1(2): 69-75.

Wiseman B R,Lynch R E,Plaisted D,*et al*.1999. Evaluation of Bt transgenic sweet corn hybrids for resistance to corn earworm and fall armyworm(Lepidoptera：Noctuidae)using a meridic diet bioassay. Journal of Entomological Science,34(4): 415-425.

Wrubel. 1984. The effect of intercropping on the population dynamics of the arthropod community associated with soybean, charlottesville, virginia: thesis university of virginia.

Yan Y H, Yu Y, Du X G, et al. 1997. Conservation and augmentation of natural enemies in pest management of Chinese apple orchards. Agric Ecosyst Environ, 62(2-3): 253-260.

Ye G Y, Yao H W, Shu Q Y, et al. 2003. High levels of stable resistance in transgenic rice with a cry1Ab gene form *Bacillius thursingiensis* Berliner to rice leaf folder, Cnaphalocrocis medinalis (Gueneé) under field conditions. Crop protection, 22 (1): 171-178.

Zandstra B H, Motooka P S. 1978. Beneficial Effects of Weeds in Pest Management-A Review, International journal of pest management, 24(3): 332-338.

Zhang Q H, Schlyter F. 2004. Olfactory recognition and behavioural avoidance of angiosperm nonhost volatiles by conifer-inhabiting bark beetles. Agric. For. Entomol, 6(1): 1-20.

Zhu Y Y, Chen H R, Fan J H, *et al*. 2000. Genetic diversity and disease control in rice. Nature, 406(6979): 718-722.

Zuo Y M, Zhang F S, Li X L, *et al*. 2000. Studies on the improvement in iron nutrition of peanut by intercropping with maize on a calcareous soil. Plant and Soil, 220(1-2): 13-25.

第7章

作物多样性种植控制害虫
的研究方法及应用

7.1　作物多样性种植系统昆虫群落多样性的研究方法

　　作物多样性种植系统是采取间作、套作等方式将两种或者两种以上的作物种植在同一田块上，作物间拥有一定的共生期，从而在时间和空间上构成具有一定植被多样性的农田生态系统。这种复合种植模式的目的是为了发挥作物种间竞争与互补作用。不同作物种间相互作用可能是相互抑制，也可能是相互促进（Hart，1980）。采用多样性种植模式时，要尽可能避免种间的相互抑制作用，同时最大限度发挥种间的相互促进功能（Francis *et al.*，1976）。与单作系统相比，多样性种植系统的优点表现在以下几个方面：降低害虫种群数量；抑制杂草生长（Gliessman and Amador，1980）；充分利用土壤营养（Igzoburkie，1971）；提高单位面积产量（Harwood，1974）。

　　昆虫群落是农田生态系统和农田生物多样性的重要组成部分，尤其在作物多样性种植系统中往往表现出巨大的生态功能。昆虫群落的组成、结构等多样性特征是维持系统生态平衡，保证作物稳产、高产的基础。但目前在作物多样性种植系统中基于昆虫群落水平的研究较少，绝大多数研究仅针对主要害虫或天敌种群。随着研究的不断深入，对群落物种多样性的描述不再是简单的量化指标，而是经历了从客观描述到归纳总结，再到演绎推理的发展过程，对多样性的评价不仅局限于估算群落中的物种数量，而更侧重于研究群落的分布特征，探知不同群落中物种的动态运动规律。因此，本节从昆虫群落水平主要介绍昆虫群落特征指数及其概念，多样性种植系统昆虫群落组成、结构和多样性特征研究方法，最后以多样性种植模式的花椒园为例说明昆虫群落多样性研究方法。

7.1.1　昆虫群落特征指数及其概念

　　下面我们从物种多样性的一般量化指标（物种丰富度指数）和综合指标（多样性指数）等方

面进行介绍。

7.1.1.1　物种丰富度指数

描述物种多样性时,最基本的指标是:个体总量(total number);物种数量(species number)或丰富度(richness);均匀度(evenness)或平衡度(equitability)。其中,个体总量指某一生境内的所有个体的总量;物种数量(或丰富度)指某一生境中的总的物种数目;均匀度(或平衡度)指某一生境内种间个体分布格局及分布密度(图7.1)。

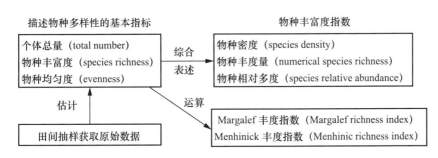

图 7.1　物种多样性研究中的一般量化指标——物种丰富度指数

我们用一个简单的例子来说明以上三类基本指标的实际意义(图7.2)。假设在两个地区内抽取了面积相同的两个区域并命名为样地 A 和样地 B,图中每一昆虫个体代表实际样地中一定数量的昆虫个体。

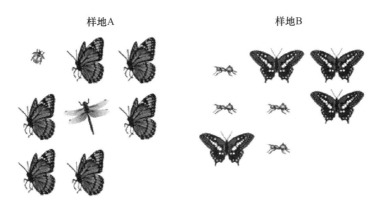

图 7.2　来自两个不同地区的昆虫理论样本(仿 **Purvis** *et al.*, **2000**)

如图 7.2 所示,样地 A 和样地 B 都含有相同的昆虫个体总量,A、B 两地的物种丰富程度相同;但样地 A 含有 3 种昆虫,而样地 B 只含有 2 种,因此样地 A 的物种多样性应该高于样地 B;另外,如果对于两块样地现有的分布格局,分别从两块样地中随机地抽取 2 个个体时,所抽中的 2 个个体是相同物种的概率是不同的,样地 B 中任意抽取的两个个体是相同物种的概率要比在样地 A 抽取的概率要低(即样地 B 中任意两个个体是不同物种的概率要大),从这个角度理解则我们有理由相信样地 B 的物种要比样地 A 更丰富。

由上例可见任何一种多样性的描述方法都不是简单的一个量或一个值就可表达出群落结构所包含的全部信息。反之,若只选择某一个量来描述多样性必然导致信息的缺失。因此,在描述多样性格局时,应该综合考虑三个基本要素(个体总量、物种数量和物种均匀度),从不同角度描述和解释物种多样性的丰富程度(图 7.1)。

若研究对象在一定的时间和空间内是确定的并且是完整的,那么物种丰度指数是最直观、也是较为准确的多样性指数(Magurran,1988)。这些指数在数学运算上比较简单而且它们所包含的生态学意义也易于理解。将上述 3 个物种多样性基本要素进行综合量化后常用的几个量化指标包括:物种密度(species density),物种丰度量(numerical species richness)和物种相对多度(species relative abundance)(图 7.1)。

其中,物种密度(SD)是最为常见的丰富度指数。一般用单位面积内物种的数量表示。如:每平方米内物种的数量。该指数一般适用于植物群落或移动缓慢的昆虫群落的丰度描述。

物种丰度量(SR)是指含有一定个体数量的物种数。如:某流域内含有 m 个个体的物种有 n 种。该指数通常用于一些水生昆虫群落的丰度描述。

物种相对多度(SRA)是指群落中的每个物种所包含的个体数量占总个体数的比例,又称为相对丰盛度指数。如:某水稻田中的鳞翅目昆虫总量为 n,二化螟的数量为 m_1,白蜡绢野螟的数量为 m_2;则二化螟的相对多度为 m_1/n,白蜡绢野螟的相对多度为 m_2/n。它直接反映了群落中物种是较为普遍的优势种还是少见的稀有种,是使用最为普遍的物种丰度指数,也是多样性指数计算的基础。

直接用物种丰度指数描述多样性是一种比较直观、易懂的方法,在 20 世纪后期的许多群落生态学研究领域都得到了广泛的应用。但是该方法对抽样非常敏感,样本大小的选取会直接影响到数据分析的合理性。于是生态学家们开始探寻其他新的且更易于操作的指数。如:Margalef 丰度指数和 Menhinick 丰度指数(图 7.1)。其中,Margalef 丰度指数(Clifford *et al.*,1975)的计算由公式(7.1)给出,

$$D_{Mg} = \frac{S-1}{\ln N} \tag{7.1}$$

式中:S 为记录的物种数量;N 为记录的个体总数。

Menhinick 丰度指数的计算由公式(7.2)给出,

$$D_{Mn} = \frac{S}{\sqrt{N}} \tag{7.2}$$

式中:S 为记录的物种数量;N 为记录的个体总数。

物种丰富度对群落物种多样性的信息表达仅限于对个体总量(total number)、物种数量(species number)、物种均匀度(evenness)信息的简单描述,而没有考虑群落中物种的分布模式、群落中物种间的相互作用。所以这样的简单描述只是对多样性描述的最基本的方法,在使用时有很大的局限性。这些指标不能解释和评价不同群落之间多样性的异同,更不能描述一个群落多样性的变化并探寻产生这种变化的原因。在 20 世纪后半叶提出的关于"多样性指数"的计算和相关的生态学理论是对物种多样性更深入的研究方法。

7.1.1.2 物种多样性指数

基于物种多度比例的多样性指数是衡量群落物种多样性的一种常见的方法。因为这些指数中可以包含物种丰度和物种均匀度的信息,而且在计算这些指数之前不用进行模型的拟合及参数估计,所以索伍思德(1978)也将基于物种相对多度的多样性指数称为"非参数指数"(non-parametric index)。主要包括信息化指数、优势度指数、均匀度指数。

1. 信息化指数

非参数多样性指数中应用最广泛的是信息化指数。在自然生态系统中,信息化指数是用一些类似代码的方法来传递多样性信息以衡量或评价某区域的物种丰富程度。主要包括 Shannon-Weaver 指数(H)和 Brillouin 数(HB)。其中 Shannon-Weaver 指数(H)假设:在无限总体中进行随机抽样,并且所有的物种都在所抽到的样本中体现。该指数适用于重复抽样情况下不同栖息地多样性的对比。其计算由公式(7.3)给出:

$$H = -\sum p_i \ln p_i \tag{7.3}$$

式中:p_i 为第 i 个物种全部个体所占的比例。

一般情况下,p_i 值不能从样本中直接得出,而是用极大似然估计法由样本值 $\left(\dfrac{n_i}{N}\right)$ 估计 p_i,但是若 $p_i = \left(\dfrac{n_i}{N}\right)$,则指数 H 就是一个有偏估计,所以当 p_i 不是群落总体直接获取的比例时,Shannon-Weaver 指数(H)的计算由公式(7.4)给出:

$$H = -\sum p_i \ln p_i - \frac{S-1}{N} + \frac{1-\sum p_i^{-1}}{12N^2} + \frac{\sum(p_i^{-1} - p_i^{-2})}{12N^3} \tag{7.4}$$

Brillouin 指数适用于非随机抽样或总体调查(不可用于随机抽样),但由于 Brillouin 指数计算繁琐,一般不被广泛使用,其计算由公式(7.5)给出:

$$HB = \frac{\ln N! - \sum \ln n_i!}{N} \tag{7.5}$$

式中:N 为所有个体总数;n_i 为第 i 个物种个体数。

2. 优势度指数

与信息化指数不同,优势度指数不是给出反应各物种丰度或均匀度的值,而是直接给出优势种的丰度。主要包括 Simpson-Yule 指数(D)和 Berger-Parker 指数(d)。其中 Simpson-Yule 指数也通常称为 Simpson 指数。Simpson 指数描述的是在两次随机抽样中,第二次抽到的个体与第一次抽到的个体是相同物种的概率。群落中物种个体的分布模式对该指数的影响较大。计算由公式(7.6)给出

$$D = \sum p_i^2 \tag{7.6}$$

式中:p_i 为第 i 个物种全部个体所占的比例。

有限群落中可以由公式(7.7)给出

$$D = \sum \left(\frac{n_i + (n_i - 1)}{N(N-1)}\right) \tag{7.7}$$

式中:n_i 为第 i 个物种全部个体数;N 为所有个体总数。

随着 Simpson 指数 D 值的增加(优势种的比例最大),所研究群落的多样性反而降低,所以 Simpson 指数也常常用 $1-D$ 或 $\dfrac{1}{D}$ 表示,使得其表示的变化意义和其他的指数一致。Berger-Parker 指数是理解起来最直观、计算最简洁的优势度指数,该指数的计算相对独立于群落的分布模式,但与样本大小相关。计算由公式(7.8)给出:

$$d = \frac{N_{\max}}{N} \tag{7.8}$$

式中：N_{max} 为群落中最占优势的物种所含的个体总数；N 为群落个体总数。

3. 均匀度指数

在 Shannon-Weaver 指数中，包含着两个成分：①物种数；②各物种间个体分配的均匀度（equiability 或 evenness）。各物种之间，个体分配越均匀，H 值就越大。如果每一个体都属于不同的种，多样性指数就最大；如果每一个体都属于同一种，则其多样性指数就最小。那么，均匀度指数如何来测定呢？可以通过估计群落的理论上的最大多样性指数（H_{max}），然后以实际的多样性指数相对于 H_{max} 的比率，从而获得均匀度指数，具体步骤如下：

如果有 S 个种，在最大均匀性条件下，即每个种有 $1/S$ 个体比例，所以在此条件下 $p_i = 1/S$，此时计算得到的多样性指数就是最大多样性指数 H_{max}。

$$H_{max} = \ln S \tag{7.9}$$

式中：H_{max} 为最大多样性指数；S 为记录的物种数量。

因此，均匀度指数计算由公式（7.10）给出：

$$E = H/H_{max} = H/\ln S \tag{7.10}$$

式中：E 为均匀度指数；H 为实测多样性值；H_{max} 为最大多样性指数；S 为记录的物种数量。

7.1.2 多样性种植系统昆虫群落组成、结构和多样性特征研究方法

昆虫群落与其赖以生存的植物群落之间存在着密切联系，植物群落的组成和变化决定着昆虫群落的特征及变化，反映出植物与昆虫群落相互作用的效应。作物多样性种植改变了初级生态系统的多样性，这种计划性的生物多样性影响着相关生物的多样性，其中与作物相关的昆虫群落就会发生相应的变化。就昆虫群落多样性研究方法而言，作物多样性种植系统与单作系统总体上是相似的，都需要在时间序列上调查取样统计昆虫的个体总数和物种数等。但作物多样性种植模式增加了农田生态系统时间和空间上的多样性，使得该系统中昆虫群落及其组分在时间序列上发生、发展等变化过程更加复杂。因此，与单作系统相比，作物多样性种植系统中昆虫群落组成、结构及其时空格局动态的研究方法有一定的差异，主要表现在昆虫物种多样性调查取样方法、昆虫种类快速鉴定方法以及昆虫田间定殖、迁移扩散行为的研究方法。

7.1.2.1 昆虫物种多样性调查取样方法

作物多样性种植系统昆虫群落多样性的调查着重点主要包括两个方面：一是从种植模式的角度开展调查，如调查多样性种植系统昆虫多样性或单作系统昆虫多样性，这类调查基于农田主要寄主植物几乎涉及所有相关的昆虫目类（Gregory，2005；许丹和骆启桂，2005）；二是从昆虫功能类群的角度开展调查，如调查植食性昆虫类群、捕食性昆虫类群、寄生性昆虫类群和中性昆虫类群。在研究作物多样性种植系统昆虫群落多样性时往往将这两方面紧密结合在一起，确定昆虫群落的组成和结构，深入分析作物多样性在作物-害虫-天敌三级营养系统中的作用。

进行昆虫物种多样性的调查时，选择合适的取样方法是取样中的重要内容（Michael，1984；Diane and Robert，2000）。在作物多样性种植系统昆虫多样性研究的过程中，由于涉及两种或两种以上作物，与每种作物相关的昆虫种类差异较大，加之多样性种植系统具有时空多样性，必须选择恰当的取样方法才能保证取样研究的结果能够代表多样性种植系统昆虫群落

的总体特征。

1. 取样方法

多样性种植系统昆虫多样性研究过程中,适合采用客观取样法(随机取样法)。客观取样是生态学研究中普遍采用的方法,在设计性试验中,多样性种植小区作为调查样地。如何确定在样地中获取数据的方法是研究多样性种植系统昆虫多样性的关键步骤。在众多方法中,常用的有样方法和样带加单位时间采集方法,前者在研究固着或活动性小的昆虫种群方面有着广泛的应用,而后者则是根据作物高度的不同设置样带,以一定的采集时间作为基准,进行调查采样。

(1)样方法。作物多样性种植模式的样地(小区)中样方的设计需要同时考虑两种(或品种)或两种以上的作物,也就是每一个样方中要按照作物搭配比例包含多样性种植所涉及的作物种类(品种)。当然综合样方不易实施时,可以考虑根据不同作物(品种)分别设计样方,对不同作物(品种)分别进行详细调查,然后将调查数据合并相当于综合样方调查结果,统计昆虫种类及其个体数量,对作物多样性种植系统昆虫群落实行量化研究及多样性分析。利用样方法时,样方的形状、大小、数量和空间配置等直接影响到获得的结果能否客观反映整个群落的特征。

①样方形状的确定。样方有多种形状,最常用的是方形样方。方形样方的周长与面积比较小,受边际影响的误差较小。圆形样方的周长与面积比更小,也适合于农田生态系统昆虫群落的研究。长方形样方常用来调查梯度变化的生境下昆虫多样性的变化,在设置长方形样方时,最好使样方的长轴方向与环境梯度的方向平行,以便更好地反映环境梯度变化对昆虫多样性的影响。作物多样性种植模式实际上也使昆虫生境在时空上处于不断的变化之中,因此适合采用长方形样方,样方的长轴方向与昆虫生境的变化方向要一致(如作物1形成的昆虫生境、作物1和作物2相邻处形成的缓冲区昆虫生境、作物2形成的昆虫生境,设计的调查样方应包含这三类生境)。

②最小样方面积的确定。最小样方面积常由物种-面积曲线来确定,具体做法:先确定一个小样方,统计其物种数;随后逐次增大样方面积,每增大一次,即统计一次新增加的物种数,直到基本没有新物种增加为止。以种类数为纵坐标,样方面积为横坐标,绘制种-面积曲线。根据曲线,常用3种方法来得到最小样方面积,一种是将曲线由陡变缓的转折点所对应的样方面积视为群落最小面积;一种是当面积增加10%而种数增加不超过10%作为确定最小样方面积的标准,因而当面积增加10%而种数仅增加5%时,可获得最小面积的较保守值;还有一种方法就是将包含群落总种数84%的面积作为最小样方面积。

目前最常用的样方面积的扩大方法是巢式样方法,所采用的样方面积依次为1/64 m²(0.125 m×0.125 m),1/32 m²(0.125 m×0.25 m),1/16 m²(0.25 m×0.25 m),1/8 m²(0.25 m×0.5 m),1/4 m²(0.5 m×0.5 m),1/2 m²(0.5 m×1 m),1 m²(1 m×1 m),2 m²(1 m×2 m),…256 m²(16 m×16 m),512 m²(16 m×32 m)等。对于作物多样性种植系统,如小麦-蚕豆间作系统,每个样方内既要有小麦又要有蚕豆,样方内面积划分比例(小麦和蚕豆所占的面积比)应与间作时小麦幅宽和蚕豆幅宽比相一致。

③最小样方数目的确定。由于取样误差与取样数目的平方成反比,而且每个样方中的平均个体数也随样方数目的变化而变化,所以通过绘制滑动平均值或方差对取样数目的相关曲线可确定最小样方数目,曲线变化幅度趋于平缓的一点所对应的样方数即为最小样方数。另

外,还可在正式调查前开展初步调查,估算群落总体的方差,进而决定所需样方数目。

④样方配置方式的确定。样方配置方式是将各样方以一定方式间隔地设置在所需研究的群落中,有五点式、棋盘式、Z字形等。

⑤样方内昆虫的采集与观测。设置在地面上的样方可以用铁丝做成,用来估计较大的活跃性昆虫如蚱蜢等,由于昆虫会飞走或逃脱,所以靠近样方时要小心,并计算样方内的昆虫数量;计算小型和活动少的昆虫用的样方常以木片或金属制成,插入土中以防止在采集或计数时昆虫逃脱。抽样时许多昆虫会受惊而逃跑,小昆虫则可能被遗漏,必须认真检查。

(2)样带加单位时间取样法。对于作物花期访花昆虫的调查,有时需要采用样带加单位时间取样法。首选选定好样带,绕样带走一圈,所需时间跟样带大小有关,记录出现在视野里的访花昆虫种类及其数量。作物多样性种植模式中往往需要根据作物高度分别确定样带,如玉米-马铃薯间作系统,由于不同作物的样带高度差异较大,处于不同的视野中,需要分别进行取样。

2. 昆虫多样性的调查方法

昆虫的采集主要根据昆虫的生物生态学特性、采样环境和采样目的而采取不同的方法(柯欣等,1996;Jennifer *et al.*,2000;朱巽和黄向东,2001;Jose *et al.*,2002;黄复生等,2006)。常用的方法可分为客观和主观采集法,客观采集法包括夜间灯光诱捕法、食物诱捕法、信息素诱捕法、色板诱集法、土网筛法、陷阱诱捕法等,主观采集法有扫网法、目测法、徒手采集法、敲击法等。鞘翅目昆虫物种多样性调查通常采取陷阱诱捕法(巴氏罐法)、网筛法和扫网法,但有些甲虫如天牛、金龟子等可徒手采集,还可采用敲击法在林间或枯木树皮下查找一些甲虫(下方用正方形布板接住);趋光性较强的昆虫则可采取灯光诱集的方法;对双翅目昆虫多采用色板诱捕法;对有访花习性的昆虫多用目测法和扫网法;对水生昆虫就要采用水网捕捉;对一些小型昆虫,则要连同寄主(动物组织、植物器官等)一起采集。各种采集方法各有其长处和不足,应结合研究目的和研究精度,恰当地选用一两种或多种采集方法。

对于作物多样性种植系统,昆虫群落多样性较高,一般采用的昆虫调查采集方法较多,需要同时考虑不同作物常见的、主要的昆虫种类的调查方法。除了常用的样方目测法之外,还会应用到其他一些方法,如剥查法采样、抖动或拍打法采样、药剂迅速击倒法采样或抽吸法采样等。

7.1.2.2 昆虫种类快速鉴定方法

昆虫群落物种丰富、体积小、分布广、数量大、生命周期短等特点使得昆虫样本收集和物种分类鉴定存在较大困难。如何高效抽取有代表性样本,并快速准确地分类鉴定是昆虫群落多样性研究中亟待解决的问题之一。与单系统相比,作物多样性种植系统昆虫群落多样性的研究中涉及昆虫种类更为丰富,物种的分类鉴定方法将决定着调查取样、数据记录、多样性评估的速度以及最终的结果。因此,有必要将国际上普遍认可的生物多样性快速评定(rapid biodiversity assessment,RBA)方法应用于作物多样性种植系统昆虫群落物种多样性调查和物种鉴定。综合运用生物多样性快速评定方法中的有限样本原则、主要类群原则、可识别分类单元(recognisable taxonomic units,RTUs)原则和适度扩大分类阶元原则,可提高抽样效率和物种鉴定效率,降低试验成本(Oliver and Beattie,1996;Kerr *et al.*,2000;Derraik *et al.*,2002;Ward and Lariviere,2004)。下面重点介绍昆虫种类的快速鉴定方法。

现在我国乃至世界范围内关于昆虫多样性研究的昆虫标本鉴定工作,大多是一些分类学家进行的,缺乏一些专门从事昆虫多样性研究的人员。随着生态调查的面越来越广,有大量的无法描述的种需要占用主要的财力用来进行分类,正式确定种的名称用时长,而在进行这些生物多样性调查的成员中很少或几乎不可能进行正规的分类,如在澳大利亚的东南部从桉树的再生林中的土壤中和树叶上收集了900种节肢动物,其中有80%不能命名;再者,由于商业目的需要或来自政府部门的压力,用来编制生物多样性目录的时间通常很短,需要很快得到结果(Brian *et al.*,1998);缺乏时间和充足的资料给目录的编制带来了困难,如国际保护组织"RAP"的研究结果表明,仅以脊椎动物和开花植物为例,其中无法命名的物种数量几乎达到能命名物种的20%,而且这种方法还存在其他不足之处,那就是脊椎动物和开花植物种的丰盛度和总的生物多样性的关系通常不明了,所以说,如果将无脊椎动物和不开花植物也纳入生物多样性调查的范围,那么无法命名的物种还会更多(Ian and Andrew,1996;Jason *et al.*,2006)。

基于上述原因,在对昆虫多样性进行调查取样及鉴定分析时,存在着耗时长、效率低的问题。针对这些问题,有必要提出能用来快速进行生物多样性评估的分类方法,此外,无脊椎动物和不开花植物对生物多样性调查而言,其重要性和被子植物、脊椎动物一样具有同等重要的地位。显然,对如此众多的物种,分类水平的高低在一定程度上制约了昆虫多样性研究的发展。如何更有效地降低人工采集和鉴别阶段的技术含量,利用简单有效的分类方法得到准确的物种多样性评估结果是一个值得研究的方向(Michael,1999)。

当无脊椎动物纳入生物多样性调查的范畴时,如仍用常规方法就会耗时很长,而且需要更多的资料来作为分类依据。据 Disney(1986),McNeely 等(1990)和 Soule(1990)统计,目前已有的分类学家,以现有的速度,用常规的方法来描述新种,将要花费几千年的时间才能编制出全球的有关生物多样性的目录。加之目前用于分类研究的经费持续下降,造成进展缓慢。因此,许多物种来不及命名、描述,甚至还没来得及采集,就灭绝了。若将无脊椎动物纳入生物多样性评估的范畴,那么就不可能还采用传统方法对正式种进行命名。

仅将无脊椎动物进行分类而不是正式命名到种的工作已经有了先例,如 Rees(1983)首先提出了"可识别的分类单元"(recognizable taxonomic units)这个概念,用于对苏拉威西岛雨林中的半翅目昆虫的分类。他将 RTUs 定义为"与另外的明显不同的分类",但他承认使用这种方法,可能会造成种的错误。Yen(1987)和 Hutcheson(1990)将甲虫分成形态种,用以表现群落。Basset(1989)采用了 RTUs 法研究了澳大利亚雨林中一种树的冠层节肢动物,因为在那里无法对物种命名。

当研究的重点在于对种的丰富度进行评估,而不是针对种的命名进行评估时,可以采用简单的分类方法即可识别的分类阶元(RTUs)法,在较短的时间里就能对生物进行分类(Ian and Andrew,1993;Jeremy *et al.*,2000)。对专门从事生物多样性调查的人员,进行一些必要的专业分类培训,内容包括观察并应用最重要的、易识别的分类特征,性二型和多型现象等,然后让他们通过(RTUs)分类法,靠辨别昆虫形态上特征性的差异,从而很容易将不同的类群分开。Ian 等(1992)研究比较了生物多样性调查人员和专业分类学家分别得到的种的丰富度,分类对象为田间采集到的标本如蜘蛛、蚂蚁、多毛目环节动物和苔藓植物,结果显示,对三大动物类群,生物多样性调查者记载了165种,而专家则记录了147种,其中因蚁类和蜘蛛类造成的误差不超过13%;当采取二次抽样法时,得到物种多样性评估结果几乎保持一致,其中以蜘蛛为二次取材的样本,平均误差为14.4%,对苔藓而言,评估结果也非常相似。可见,由生物多样性调查者作出的评估结果有效地接近了正式的种丰富度的分类估计结果,可用来快速估计生物多样性。

在运用RTUs法时,最好少用易混淆的形态特征,使受训较少的调查人员能够快速简便地识别(Ian and Andrew,1993)。性二型和多型现象也造成了不明确性的上升。蜘蛛和蚂蚁的误差分析表明,只有性成熟的蜘蛛和工蚁才可能避免出现这种错误。当分类用到性形态特征时,最好仅包含一种性别的虫子。虽然这种方法可能会造成某些种被漏掉,但将所有不同发育阶段或性别的个体均纳入快速生物多样性评估,则可能导致更大的误差。类似的研究如清水中的无脊椎动物,相同的种在用RTUs法分类时,因龄期不同而被当成不同种。

当生物多样性调查人员从分类中获取了更多的经验时,评估结果就会更准确。无论生物多样性调查时是否包括无脊椎动物等类群,生物多样性的评估都至少取决于三个因素:准确性、用时长短和资金。试验数据表明,对某些无脊椎动物类群,在准确性较高且无需对样本进行正规描述和命名时,生物多样性快速评估的优势在于可节省生物多样性调查人的学习时间。他们对未命名的种类起初按RTUs法分类时,速度会比专家们慢,但随着熟练程度和经验的增加,他们的速度有望得到提高。

生物多样性调查人员相对于专业的分类学家,接受的训练要少。但伴随着已经开展的和计划展开的生物多样性调查研究工作,有必要建立分类中心。分类中心可视为实验室,在那里可训练生物调查人员认识不同的生物类群,对大量的样本进行分类,有很多样本在缺乏分类资料的情况下,按RTUs法可以分成几类。在进行生物多样性快速评估的进程中,分类专家在三个阶段中的作用至关重要:①训练生物多样性调查人员;②提供最初的正式评估结果,与RTUs法评估结果相比较;③用常规原理检测二次取样的效应。在大多数情况下,前两个阶段的工作只需进行一次,不过,当无脊椎动物也纳入常规的生物多样性调查后,第三个阶段的工作就会常常用到。试验表明,经分类专家细心分析二次取样的结果,漏报的种数就可变少了。

7.1.2.3 昆虫田间定殖、迁移扩散行为研究方法

作物多样性种植系统昆虫群落多样性及其稳定性的维持往往与害虫、天敌在田间定殖、迁移扩散行为密不可分,复合种植农田生态系统中昆虫运动形式及种群的特征,包括出生率、死亡率、迁入率、迁出率可以在一定程度上解释多样性种植系统中害虫数量减少的原因。

为了分析玉米-大豆间作模式下害虫数量减少的原因,Risch(1981)研究了甲虫的运动行为。试验时,他在每块试验田边放一个具有定向功能的麦氏诱捕器,当甲虫飞出试验田时,一些甲虫会降落在诱捕器上垂直的边壁上,然后落入诱集瓶中。在清点诱捕到的虫量后,可以估计出田间甲虫数量。以此为基础,计算出同一方向甲虫迁出、迁入的比例(迁出趋势)。这样,就可以测定甲虫在到达田间后再离开的趋势。实验结果显示,60~65 d后,单作田中的甲虫迁出田间的趋势明显高于复作田。这与下述结果一致:玉米-大豆间作田甲虫数量远低于单作大豆田中的甲虫量,而且这种差别在60~65 d后更为明显。这说明玉米是抑制甲虫在间作田发生的一个重要原因。

那么,玉米是如何发挥这种作用的呢? 主要是因为间作田中大豆被玉米遮蔽的程度远高于单作大豆田。当然,也存在着另一种可能:甲虫更愿意在裸露的大豆植株上取食。为了探明究竟,特设置了一组试验:

设置两种遮光用的纱网,一组透光率65%,另一组透光率25%。将纱网支撑于离地面80 cm的地方,形成一种温室结构。在温室中将南瓜与大豆间作,定期观察甲虫的发生情况。

结果说明,透光率为65%的一组作物上甲虫更多。

遮光可能还不是影响甲虫飞翔行为的唯一因素。那么,是否还有其他因素参与了对甲虫行为的调节呢? 作物的物理结构如茎秆会产生作用吗? 为此,设计了一项试验:

将干枯的玉米秸秆竖在盆栽的大豆植株间,用遮光网遮住大豆植株。在附近另外放置一些盆栽的大豆,中间不设玉米秸秆,然后用透光率低的纱网罩在大豆植株上。保证两组试验区大豆植株上的透光度相同。与预期结果一样:没有玉米秸秆的大豆植株上甲虫更多。这说明除了小环境的荫蔽性外,玉米的物理性状也对甲虫的定殖有很强的抑制作用。

尽管上述实验结果解释了玉米-大豆间作模式下甲虫数量减少的原因,但无法预测不同间作模式下甲虫发生数量的变化。于是,Risch(1980)做了一项试验来研究田块大小与不同间作作物的比例对田间甲虫发生量的影响。瓜条叶甲(*Acalymma vittata*)是一种嗜食南瓜的害虫,在南瓜单作地发生非常严重。Risch观察并模拟了瓜条叶甲的运动行为。在观察中他设置了如下参数:成虫在玉米、大豆、南瓜植株上的活动时间;成虫转移至玉米、大豆、南瓜植株上的概率;成虫离开玉米、大豆、南瓜后飞过单作田和间作田的活动距离;在田块边缘的定向行为。

一些试验重点研究了天敌在间作条件的行为表现。Wetzler和Risch(1984)研究了具斑食蚜瓢虫(*Coleomegilla maculate*)在田间的扩散行为。实验共分4组,用成对法进行比较。将玉米、大豆、南瓜按不同组合种植在各小区上(10 m×10 cm)。试验时让所有瓢虫在各种植物上适应一段时间,以保证在每一项试验中昆虫都能区分不同的环境。

实验之一主要是研究接触不同作物(玉米、大豆、南瓜)的时间(在每株植物的驻留时间)是否会影响到瓢虫在单作田、间作田中扩散的速度。将玉米、大豆和南瓜分别盆栽。待各植物进入开花期后进行试验。至花开一半时玉米植株已有大量玉米蚜(*Rhopalosiphum maidis*)。开始试验时先将瓢虫在6 ℃条件下冷冻一段时间,然后接种到植株上。分别在4棵有蚜玉米植株、4棵大豆植株、4棵南瓜植株上各接入10头瓢虫。然后每隔10 min检查一次各植株上的瓢虫数量,共持续100 min。

因为瓢虫个体大,所以目视法观察植株上瓢虫数量变化是可行的。这也免去了诱捕法的麻烦。试验时要仔细收集释放出的全部瓢虫。由于每次观察只有24 h,人为因素影响极小。这使瓢虫死亡率极低(0.5%),同时试验也不会受瓢虫生殖行为的影响。在瓢虫白天开始活动时,分别于1 h、3 h、6 h检查植株上的瓢虫数量,以最后1次的检查作为扩散估计数。由于所有试验均在5周内完成,不存在瓢虫迁飞对实验结果的影响。

7.1.3 不同种植模式花椒园昆虫群落的组成、结构及其稳定性

花椒(*Zanthoxylum bungeanum*)是我国特有的经济树种。近几年来随着花椒产业的不断扩大和发展,花椒害虫的发生与危害日趋严重,严重影响了花椒的正常生长,成为制约花椒产业发展的重要因素之一。昭通市是云南省花椒主要产区,在云南东北部与四川交界处的金沙江沿岸一带是花椒种植较为集中的地区。花椒种植区内多无灌溉条件,植被较差,花椒种植管理粗放,害虫发生较严重。

张晓明等(2009)通过系统调查云南省昭通市立体自然生态条件下4种不同种植模式花椒园(花椒-玉米-大豆园、花椒-大豆园、花椒-玉米园、花椒园)昆虫群落的组成和结构,采用群落

特征指数等对不同种植模式花椒园昆虫群落特征及其稳定性进行了研究。结果表明:研究区花椒园共发现 326 种昆虫;与单一种植花椒园相比,间作套种作物花椒园昆虫群落的丰富度指数、多样性指数和均匀度指数均较高,而优势度指数较低;不同种植模式花椒园昆虫群落多样性指数值大小依次为花椒-玉米-大豆园＞花椒-大豆园＞花椒-玉米园＞花椒园。花椒、玉米、大豆间作套种系统中昆虫群落的稳定性较好。

7.1.3.1 不同种植模式花椒园昆虫群落组成及结构

调查结果表明,研究区花椒园昆虫种类共计 326 种,隶属 18 目 138 科。其中,植食性昆虫亚群落 171 种,占物种总数的 52.45%,隶属 12 目 40 科,发生量较大、持续时间较长的主要有棉蚜（*Apis gossypii*）、花椒伪安瘿蚊（*Pseudasphondy liazanthoxyli*）、桑拟轮蚧（*Pseudaulacasp ispentagona*）、花椒凤蝶（*Papilioxu thus*）、红褐斑腿蝗（*Catantops pinguis*）和小绿叶蝉（*Empoasca flavescens*）等;天敌昆虫亚群落 133 种,占物种总数的 40.80%,其中捕食性类群 81 种,占 24.85%,隶属 9 目 33 科,主要种类包括异色瓢虫（*Harmonia axyridis*）、六斑月瓢虫（*Menochilus sexmaculata*）、七星瓢虫（*Coccinellasep tempunctata*）、大草蛉（*Chrysopa septempunctata*）、大灰食蚜蝇（*Metasyrphus corollae*）和金环胡蜂（*Vespa mandarinia*）等,寄生性类群 52 种,占 15.95%,隶属 2 目 12 科,主要种类为广大腿小蜂（*Brachymeria lasus*）、黄金小蜂（*Pteromalrs puparum*）、翠绿巨胸小蜂（*Perilampusp rasinus*）和家蚕追寄蝇（*Exorista sorbillans*）等;中性昆虫类群 22 种,占物种总数的 6.75%,隶属 3 目 17 科,主要种类有短脉异蚤蝇（*Megaselia curtineura*）、红头丽蝇（*Calliphora vicina*）、中华按蚊（*Anopheles sinensis*）和泛叉毛蚊（*Pentherria japonica*）等。

由表 7.1 可以看出,昆虫物种数量为样地 A＞样地 B＞样地 C＞样地 D,但个体数量水平上为样地 D＞样地 C＞样地 B＞样地 A,样地 D 的个体数量约是样地 A 的 1.5 倍,而物种数约是样地 A 的 0.6 倍;捕食性天敌亚群落物种数量占昆虫总群落物种数量的比例依次为样地 A＞样地 B＞样地 C＞样地 D;中性昆虫物种数量占总群落物种数量的比例依次为样地 A＞样地 B＞样地 C＞样地 D。

表 7.1 不同种模式花椒园昆虫群落的组成和结构

样地	植食性类群				捕食性类群				寄生性类群				中性类群				合计	
	NS	R_{NS}	NI	R_{NI}	NS	R_{NS}	NI	R_{NI}	NS	R_{NS}	NI	R_{NI}	NS	R_{NS}	NI	R_{NI}	NS	NI
A	102	43.6	4 620	67.3	56	24.0	536	7.8	43	18.4	306	4.5	33	14.1	1 408	20.5	234	6 870
B	94	52.8	5 419	74.0	35	19.7	534	7.3	26	14.6	358	4.9	23	13.0	1 011	13.8	178	7 322
C	92	54.1	5 830	75.8	32	18.8	546	7.1	24	14.1	327	4.3	22	13.0	984	12.8	170	7 687
D	83	60.6	8 681	84.4	24	17.5	651	6.3	16	11.7	304	3.0	14	10.2	647	6.1	137	10 283

注:NS,物种数;R,比例;NI,个体数;A,花椒与玉米、大豆间作套种园;B,花椒与大豆间作套种园;C,花椒与玉米间作套种园;D,花椒单一种植园,下同。

样地 D 中植食性类群的个体数量和物种数量所占比例均最高,物种数量占整个群落物种数量的 80.00% 以上;天敌类群物种数量的比例较低,捕食性和寄生性天敌分别占 6.34% 和 2.96%;中性昆虫类群物种数量的比例（6.09%）也低于其他 3 个样地。样地 B 和样地 C 中中性类群所占比均达到 12.00% 以上,与样地 D 相比,这两个样地植食性类群比例（75% 左右）有所降低,其中样地 B 中中性、捕食和寄生性类群所占比例略高于样地 C,植食性类群所占比例低于样地 C。样地 A 的物种数量较多,但个体数量较少,天敌亚群落所占比例较高。

7.1.3.2 不同种植类型花椒园昆虫群落特征

由表 7.2 可以看出,研究区昆虫群落多样性指数、丰富度指数及均匀度指数的大小均依次为样地 A>样地 B>样地 C>样地 D,而优势度指数和优势集中性指数则表现为样地 D>样地 C>样地 B>样地 A。样地 A 的昆虫群落物种数多而个体数量相对较少,物种呈现出复杂性和多样化的特点,群落稳定性大于其他 3 个样地。

表 7.2 不同种模式花椒园昆虫群落特征

样地	多样性指数(H')	丰富度指数(D)	均匀度指数(E)	优势度指数(I)	优势集中性指数(C)
A	3.83	24.31	0.72	0.15	0.05
B	3.66	23.65	0.70	0.26	0.16
C	3.44	23.15	0.65	0.37	0.21
D	3.06	22.32	0.53	0.44	0.25

采用 S_s/S_i(S_s 为物种数,S_i 为个体数)、S_n/S_p(S_n 为天敌种数,S_p 为植食性昆虫种数)和 d_s/d_m(d_s 为个体数标准差,d_m 为个体数平均值)来描述群落稳定性。S_s/S_i 值大,说明物种数量相对较多,而个体数量相对较少,反映种间在数量上的制约作用。S_n/S_p 值大说明天敌所占比例较大,反映食物网络关系的复杂性及相互制约程度较大,群落稳定性较强。d_s/d_m 值小,表明在相同外界干扰情况下群落抗外界干扰能力较强。

由表 7.3 可以看出,研究区不同种植模式花椒园昆虫群落 S_s/S_i 和 S_n/S_p 值的大小依次为:样地 A>样地 B>样地 C>样地 D,而 d_s/d_m 值的顺序则与此相反。说明花椒与玉米和大豆间作套种园的昆虫群落相对稳定。

表 7.3 不同种模式花椒园昆虫群落稳定性

样地	S_s/S_i	S_n/S_p	d_s/d_m
A	0.03	0.97	0.12
B	0.02	0.65	0.13
C	0.02	0.61	0.15
D	0.01	0.48	0.20

注:S_s,物种数;S_i,个体数;S_n,天敌种数;S_p,植食性昆虫种数;d_s,个体数标准差;d_m,个体数平均值。

7.1.3.3 不同种植模式花椒园昆虫群落特征指数的季节变化

如图 7.3 所示,样地 A、样地 B、样地 C 的昆虫群落多样性指数以 3 月最低,在 4 月中旬、6 月下旬、8 月中旬前后出现 3 个高峰。样地 D 昆虫群落多样性指数大部分时间低于其他 3 个样地,且起伏较大,其多样性指数以 3 月最低,到 4 月下旬达到第 1 个高峰,4、6 月下旬保持相对稳定状态,7 月上旬达到第 2 个高峰,8 月上旬到 10 月上旬保持相对较低的数值。样地 A 多样性指数大部分时间大于其他 3 个样地,但其波动幅度小于其他 3 个样地,说明该样地的昆虫群落较稳定,其均匀度指数的变化趋势与多样性指数基本一致。研究区各样地昆虫种类丰富度指数随时间序列的波动均较大,全年中均呈现出多个高峰,其中,样地 A、样地 B、样地 C 的种类丰富度指数总体上大于样地 D。样地 D 的多样性指数、均匀度指数的波动幅度均较大。

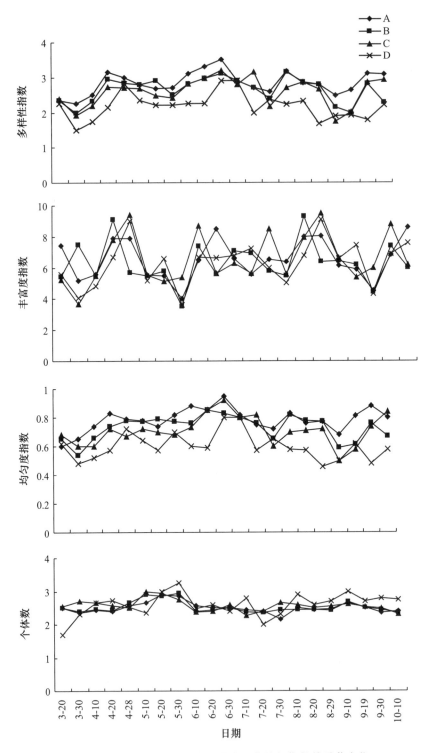

图 7.3 不同种植模式花椒园昆虫群落特征指数的季节变化

7.2　作物多样性种植控制害虫的效果评价方法

作物多样性种植模式往往会减少植食性昆虫数量,许多文献对此都有报道。这些研究表明,多样性越丰富的农业生态系统,稳定性越持久,系统内部因素就能更好地发挥作用以保持昆虫群落的稳定(Way,1977)。显然,昆虫群落的稳定性不仅依赖于营养水平的多样性,也与在不同营养水平上的种群密度密切相关(Southwood *et al.*,1970)。换句话说,群落的稳定性决定营养关系对食物链上的某个种群发生较小的数量变动所产生的反应程度。

研究证明,多样性种植系统中的有害生物比单一种植模式要少得多,究其原因:一是因为多样性种植系统中有更稳定的天敌种群、有更适于天敌生存的食物和小环境(Letourneau and Altieri,1983;Helenius,1989);另一个原因是在单一种植模式下,寡食性害虫的食物更丰富,其物理环境更利于害虫找到其赖以生存和繁殖的食物(Tahvaninen *et al.*,1972)。

但部分研究结果却得到了相反的结论,间作系统与单作系统间害虫数量没有差异,甚至间作系统中害虫危害程度加剧。如:Smith 和 Reynolds(1972)曾指出"玉米-棉花"间作在不同地区对烟芽夜蛾的防治效果完全相反;Hasse 和 Litsinger(1981)研究发现,菲律宾"玉米-豆科"间作系统中玉米螟的落卵量并未减少;Matteson 等(1984)研究得出"玉米-豇豆"间作时,豇豆上的丝带蓟马数量减少了 42%,但豆荚野螟对作物的危害仍然严重。因此,如何评价作物多样性种植控制害虫的效果是合理利用复合种植系统调控农田昆虫多样性实现增益控害的重要内容。目前评价作物多样性种植控制害虫的效果方法主要有试验比较法、文献综述法和 Meta-分析法等。

7.2.1　试验比较法

作物多样性种植在世界农业发展中具有悠久的历史,在世界各地都存在一些农户普遍采用的用于防治害虫的作物多样性种植模式,如玉米-豆类间作(拉丁美洲)、玉米-大豆分行间作(美国中西部)、木薯-高粱间作或木薯-豇豆间作(非洲)、小麦-燕麦套作或小麦-苜蓿套作(欧洲)、小麦-棉花套作、小麦-油菜套作、玉米-马铃薯套作(亚洲)等。作物间作套种方式多种多样,每种方式都对昆虫种群有不同的影响。间套作就是根据区域环境条件和作物生长特性合理安排田间作物布局(Harwood,1979)。通过调节田块大小、调整种植密度与作物高度、改变田间背景颜色与结构等方法都能调节种植环境对昆虫的吸引力,降低害虫危害,提高对昆虫种群的调控能力。但不同地区、不同农业生态环境、不同间作模式对昆虫群落的组成、结构及多样性特征均会产生不同程度的影响,特定的间套作系统往往具有区域性和生态适应性。因此,多样性种植模式推广必须在特定地区开展试验研究,通过比较单作系统和复合种植系统害虫发生、危害程度、作物产量等,评价其控制害虫的效果,也可通过害虫及其天敌田间运动和定殖行为评价作物多样性种植控制害虫的效果。

7.2.1.1　**试验方法**

下面以小麦-蚕豆间作系统为例说明试验设计方法。

1. 试验地点和供试品种

首先确定试验地点和供试品种(小麦品种、蚕豆品种),在选择品种时需要了解品种特性,比如生育期、植株高度、品种抗虫性等。

2. 试验设计

首先确定试验因素,一般需要考虑品种的搭配、种植模式(小麦单作、蚕豆单作、小麦蚕豆间作)及小麦蚕豆种植带幅宽比例等,其次确定每个因素的水平,构成不同的处理组合,确定每个处理重复次数,试验小区总数及随机区组排列等。

3. 种植方式和田间管理

确定小麦种植方式(比如条播、播种量、行间距等)、蚕豆种植方式(比如点播、行距、株距等)、小区面积、小麦种植带数量及每个种植带行数、蚕豆种植带数量及每个种植带行数等,以图 7.4 举例说明种植方式。

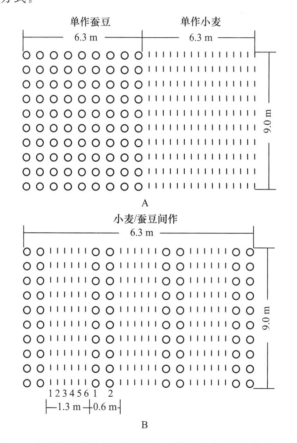

图 7.4 小麦蚕豆单作(A)和间作(B)种植示意图(仿董艳,2008)
小麦行距 0.2 m,蚕豆行距 0.3 m,蚕豆小麦行距 0.3 m,
小麦种植带宽度为 1.3 m,蚕豆种植带宽豆为 0.6m

小麦和蚕豆同时播种,整个生育期不使用杀虫剂或各小区按照同样方式和剂量使用,施肥情况和其他日常管理按当地常规进行。

4. 主要害虫及其天敌调查方法

采用 Z 字形取样法在每个小区内选择 10 个样点,每个样点调查 2 株作物(单作小区调查 2 株小麦或 2 株蚕豆、间作小区每个样点调查 2 株小麦和 2 株蚕豆),统计主要害虫种类及其数量、主要害虫危害程度、主要害虫捕食性天敌的种类及其数量、主要害虫寄生性天敌种类及

其被寄生率,每 7~10 d 调查一次。比如小麦蚜虫、蚕豆斑潜蝇危害程度调查方法如下:

小麦蚜虫:调查时记录每株小麦上的蚜虫,统计有蚜株数和百株蚜量。

蚕豆斑潜蝇:以斑潜蝇幼虫对蚕豆叶片破坏的面积占整个叶面积的百分数作为调查对象,其 6 级分级标准是:"0 级":全叶无破坏,"1 级":破坏面积占整个叶面积≤5%,"2 级":6%~10%,"3 级":11%~20%;"4 级":21%~50%,"5 级":≥50%。

$$虫发率 = (害虫危害植株数或叶片数/调查植株或叶片总数) \times 100\% \qquad (7.11)$$

$$虫情指数 = \sum (各级虫害叶数 \times 相应级值)/(最高级值 \times 调查总叶数) \times 100\%$$

$$(7.12)$$

5. 主要害虫及其天敌在相邻小区间相互迁移运动的研究方法

相邻两个试验小区间设置 5 个 Malaise 网和 5 个陷捕器,同时调查相邻小区间相互迁移运动的昆虫种类,作物生长期内每 7~10 d 调查一次,每次 24 h。

6. 收获及测产

成熟时按种植带收获,测定子粒产量并折合为每公顷净占面积产量。

土地等价指数(LER)按照式(7.13)计算:

$$LER = \frac{Y_A + Y_B}{S_A + S_B} \qquad (7.13)$$

式中:Y_A 和 Y_B 为间作时两种作物各自的产量;S_A 和 S_B 则分别为单作时两种作物的产量。

如果 $LER > 1$,说明间作比单作有更高的产量。LER 也可以解释为:间作时某种作物生产同等产量所需要的相对土地面积。

7.2.1.2　间作控制害虫效果及产量优势分析评价方法

下面仍以小麦-蚕豆间作系统为例说明分析方法。

1. 间作对小麦害虫及其天敌发生的影响

根据小区调查数据,通过 t 检验(处理数为 2)或方差分析(处理数为 2 以上)比较小麦间作模式下(如果涉及不同小麦品种或小麦种植带不同幅宽将会有多个处理)和小麦单作模式下(如果涉及不同小麦品种将会有多个处理)害虫种群数量、危害程度及害虫天敌种群数量或对害虫的寄生率之间差异,绘制各种种植模式下小麦不同生育期害虫及其天敌种群数量变化动态,分析间作对小麦害虫的控制效果。

2. 间作对蚕豆害虫及其天敌发生的影响

方法同上,根据小区调查数据,通过 t 检验或方差分析比较间作蚕豆和单作蚕豆害虫种群数量、危害程度及害虫天敌种群数量或对害虫的寄生率之间差异,绘制各种种植模式下蚕豆不同生育期害虫及其天敌种群数量变化动态,分析间作对蚕豆害虫的控制效果。

结合间作对小麦、蚕豆害虫及其天敌发生的影响,综合分析小麦-蚕豆间作模式对害虫控制效果、判断该间作模式主要对哪种作物的哪种害虫具有明显的控制作用。

3. 间作对小麦产量和蚕豆产量的影响

根据小区测产结果,通过数据分析分别比较间作小麦与单作小麦、间作蚕豆与单作蚕豆产量之间的差异,最后综合分析小麦-蚕豆间作模式是否具有产量优势及不同作物对产量优势的贡献大小。

7.2.1.3　利用害虫及其天敌田间运动和定殖行为评价作物多样性种植控制害虫的效果

1. 作物多样性种植对害虫田间运动和定殖行为的影响

在农田生态系统中,生物多样性越丰富,单食性害虫的危害就越轻。Andow(1991)认为造成这种结果的主要原因是害虫活动方式的改变,而非自然天敌的原因。有 2 项研究结果支持 Andow 的观点。第一项研究比较了单作与复作模式[玉米-豆类-南瓜(*Cucurbita pepo*)]下6 种叶甲的种群动态(Risch,1981)。在复作模式中(至少有一种非寄主作物——玉米),单位面积上的叶甲数量显著低于单作模式。田间观察结果表明,叶甲从复作田中迁出的频率远高于单作田。造成这种现象的主要原因是:①叶甲避开了被玉米遮住了的寄主植物;②玉米茎秆阻碍了叶甲的活动;③在复作模式下,叶甲呆在非寄主植物上的时间很短,远低于呆在寄主植物上的时间。最终结果显示,两种栽培模式下叶甲成虫的被寄生率、被捕食率并无显著差异。第二项研究是评价田间植物多样性对黄瓜叶甲(*Acalymma vittata*)的影响(Bach,1980)。研究结果证实,单作模式下黄瓜(*Cucumis sativus*)上的叶甲密度远高于复作模式(黄瓜-非寄主作物-非寄主作物)。试验结果也显示,叶甲成虫在单作黄瓜田中的滞留时间更长。

　　Kareiva(1986)设置了几组试验。一组是各试验区彼此相连,昆虫可在不同处理间自由活动;另一组试验是试验区与对照区相隔甚远,而且处理与对照间有栅栏(高 1.5 m)相隔,以限制跳甲的运动区域(图 7.5)。对于种植模式,一组处理是单作羽衣甘蓝、对照是羽衣甘蓝和马铃薯间作,另一组是高密度(6.7 株/m²)种植对低密度(3.3 株/m²)种植的单作羽衣甘蓝。结果显示,在处理与对照试验之间无障碍时,间作田中(与单作相比)、低密度种植田中(与高密度

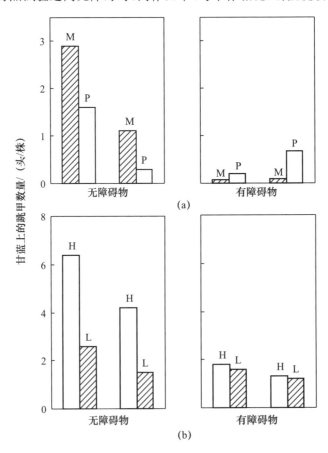

图 7.5　种植模式对跳甲在田块间迁移扩散趋势的影响(引自 Kareiva,1986)

P 为复合种植,M 为单作(图 a)。L 为低密度种植,H 为高密度种植(图 b)。在每块田间设置布帘
以阻止跳甲在田块间运动。试验小区周围均为长有一枝黄花(*Solidago* spp.)的田块

种植相比)跳甲数量要低得多,在处理与对照区之间有障碍物时,间作田中、低密度种植田中跳甲的危害损失没有明显下降。试验表明,羽衣甘蓝上的跳甲具有明显的从间作田迁移到单作田、从低密度田迁移到高密度种植田的扩散趋势。

利用标记法,Garcia 和 Altieri(1992)观察了昆虫在田间的运动行为与运动速度。具体方法如下:在花菜单作田、花菜-蚕豆(*Vicia faba*)间作田、花菜-野豌豆间作田首先分别释放标记的甲虫,然后观察它们滞留还是离开田间、或者从一个区域迁移至另一个区域。试验时,首先清除田间所有跳甲,用不同颜色(荧光绿、橙色、紫红色)分别标记三组跳甲成虫,每组用成虫350头。将不同处理的跳甲成虫在各处理区分别释放。成虫释放24 h后,用目测法检查各处理区(包括植株及周围土壤)滞留的跳甲数量。结果发现,从间作田飞离的跳甲成虫远大于单作田。很显然,花菜-蚕豆间作有驱使跳甲成虫离开间作田的效果。图 7.6 表示在释放后 24 h内标记的跳甲成虫在田外、田内、田外-田内和田内-田外的滞留或迁移特性。

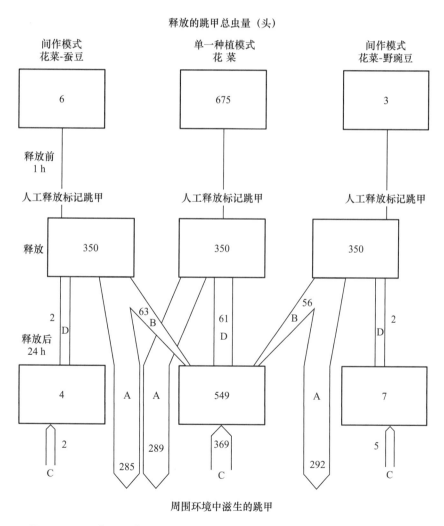

图 7.6　跳甲在不同栽培模式田中的扩散情况(引自 Garcia and Altieri,1992)

试验结果为标记释放后的跳甲成虫在 24 h 内的运动情况。A 为迁出田间的跳甲数量;B 为从间作田迁入单作田的跳甲数量;C 为从周围环境中迁入田内的跳甲数量;D 为释放后未迁出的跳甲数量羽衣甘蓝与野生芥菜（*Brassica camprstris*）间作时有降低跳甲危害的效果（Altieri and Gliessman,1983）。跳甲对野生芥菜的喜好性甚于羽衣甘蓝。野生芥菜的出现减轻了跳甲对羽衣甘蓝的危害。我们认为,野生芥菜叶片释放出更多的异硫氰酸丙烯酯（allyisothiocyanate,一种跳甲类成虫强力引诱剂）是跳甲更喜欢它的主要原因。图 7.7 描述了羽衣甘蓝、羽衣甘蓝-野生芥菜、羽衣甘蓝-大麦（*Hordeum vulgare*）三种种植模式下跳甲的种群密度变化（Altieri and Schmidt,1986）。羽衣甘蓝-大麦间作模式下的跳甲危害情况符合资源假说理论,然而在羽衣甘蓝-野生芥菜种植模式中芥菜所表现出的诱集效应对田间跳甲种群数量影响更大。

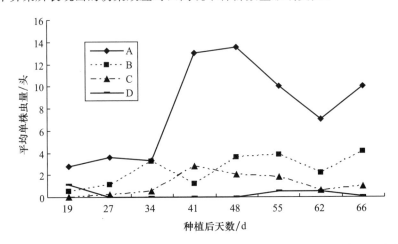

图 7.7　不同栽培模式下黄条跳甲（*Phyllotreta cruciferae*）在羽衣甘蓝上的种群动态变化

（引自 Altieri and Schmidt,1986）

A. 羽衣甘蓝单作,正常密度;B. 羽衣甘蓝单作,

双倍密度;C. 羽衣甘蓝与野生芥菜间作;D. 羽衣甘蓝与大麦间作

上述研究结果也同时证实,摘掉野生芥菜上的花之后,芥菜对跳甲的引诱力显著下降（表 7.4）。如果将羽衣甘蓝与无花的野生芥菜间作,田间跳甲的发生量不仅高于羽衣甘蓝-野生芥菜（开花）模式,甚至比羽衣甘蓝单作模式下还要高。

表 7.4　间作时野生芥菜（*Brassica kaber*）花对甘蓝上跳甲数量的影响

（Altieri and Schmidt,1986）

种植模式		种植后天数		
		30	44	57
甘蓝单作	正常密度	30.0 ± 6.9	49.6 ± 19.7	10.1 ± 6.6
甘蓝单作	双倍密度	40.0 ± 24.0	79.6 ± 43.6	6.5 ± 2.8
甘蓝-芥菜	有芥菜花	5.6 ± 2.5	10.6 ± 5.5	1.6 ± 0.6
甘蓝-芥菜	无芥菜花	$7.6\pm3.5^{**}$	81.0 ± 38.3	5.8 ± 2.4

注:表中数据为每块试验田上 10 株甘蓝上的平均虫量（头）。** 芥菜上仍然有花。

2. 作物多样性种植对捕食性天敌昆虫扩散和定殖行为的影响

在玉米-豇豆-南瓜间作模式中,用目视法检测田间蓟马和小花蝽数量比诱捕法（黏胶诱捕、盆式诱捕或者麦氏诱捕法）更为准确,因为这些诱捕法所诱到的虫量极低。随机选择 10 丛南瓜（每丛 2 株）,调查西南方向上叶片上的虫量。检查虫量时,轻轻翻起叶片背面、记录小花蟓和其他种类的数量。检查蓟马数量时,选择植株上中等大小的叶片。由于南瓜植株已经长大,取样时每株只选择 5 片叶子:1 片嫩梢上新叶、2 片嫩叶、2 片老叶。调查植株生物量时,取10 株植株测定全部叶片的宽度用以估计生物量,因为南瓜叶片宽度与叶片生物量(叶片干重)呈极显著正相关($r=0.93$)。为了校正不同处理间叶片大小造成的差异(也看做是昆虫搜索范围的差异),将每株植株上小花蝽的数量转换成每 5 g 生物量上的虫口数(虫口数/5 g 生物量)。植株上的蓟马数量统计方法也是如此。

为了确定小花蝽是否集中在蓟马密度高的植株上,可计算某个时间(如第 30 d)的昆虫的聚集指数(index of aggregation)。如果小花蝽有这种选择性,那么,有小花蝽植株上的蓟马平均数量与没有小花蝽植株上的蓟马平均数量之比应该很大。

改变植被多样性是否可以调控捕食性天敌在田间的定殖率,这是一个很有价值的问题(Letourneau and Altieri,1983)。南瓜上西花蓟马发生较重。暗色小花蝽(*Orius tristicolor*)是西花蓟马(*Frankliniella occidentalis*)的一种高效捕食性天敌。试验结果说明,采用南瓜-玉米-豇豆间作时可以显著提高小花蝽在田间的定殖率。这与螨类-葡萄系统中发生的天敌-猎物相互作用结果(Flaherty,1969)非常相似。这两个试验结果均一致说明,环境的多样性程度越高,捕食性天敌的定殖率越高,而且,害虫种群可以被降至极低水平。这主要是因为间作模式下的环境非常适于天敌定殖。我们认为,花蝽(*Orius* sp.)是否可以在田间定殖,决定因素是田间环境(间作或者单作)初期对其成虫的引诱力强弱。研究结果显示,单作田南瓜叶上的西花蓟马数量在初期要远高于间作田,并且在瓜苗移栽后 65 d 以内均保持较高水平。但是,早期(30~42 d)间作田南瓜叶上的花蝽数量明显高于单作田。不论是间作田还是单作田,花蝽数量的增加最终抑制了蓟马数量的增长,直到将蓟马数量压至极低的水平(图 7.8)。

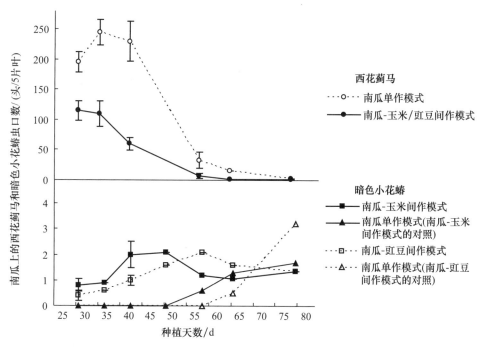

图 7.8 单作与复作模式下捕食性天敌与猎物间的关系

(引自 Letourneau and Altieri,1983)

3. 作物多样性种植对寄生性天敌昆虫活动的影响

Coll(1998)指出了在不同环境中(简单的、复杂的)使用诱捕器记录天敌寄生率的不足。成虫诱捕法只适于环境对抽样结果影响不显著的情况。由于植株高度、结构层次对抽样效果的影响,同一方法在不同环境中的使用结果可能差别很大。例如,在用成虫诱捕法比较单作条件下或者间作条件下玉米、豇豆上的寄生蜂的密度时,如果将诱捕器置于离地面 0.5 m 处,间作田中小蜂(chalcidoid)数量几乎是单作田中的 2 倍。如果将诱捕器置于离地面 2 m 处,则单作田中小蜂数量与间作田中基本相等。同样,玉米高度也会影响到麦氏诱捕器捕获寄蝇(tachinid)的效果。在这两个例子中,成虫诱捕法不适于比较单作田与间作田中寄生蜂的发生密度。颜色诱捕法可能在某种环境中对诱捕寄生蜂表现出非常强的引诱效果,但将其应用于估计天敌寄生率时可能受环境影响很大。例如,不同环境中寄主的空间分布型可能不一样,那么,在不同环境中使用时就应尽可能使用同一技术标准。

如果没有寄主存在,那么玉米与豇豆间作时玉米植株是否影响酸浆瓢虫姬小蜂(*Pediobius foveolatus*)的活动性呢?由于成虫诱捕法存在着上述诸多限制,Coll 和 Botrell (1996)在研究这一现象时采用了成虫释放-回收法。根据单食性害虫对植物多样性的反应,他们验证了 3 种假设:①寄生蜂会更多地迁移到简单的环境中去;②寄生蜂滞留在简单环境中的可能性更大;③寄生蜂在环境中的运动会受到高秆非寄主植物的影响。后来,利用上述方法,他们也分析了在寄主(墨西哥豆甲)存在的情况下植被多样性对天敌寄生率、发生密度的影响。

试验结果证实,大豆与高秆玉米间作时迁入的雌蜂数量远低于单作田,而雄蜂迁出的数量则远高于单作田。豇豆的种植密度与田间有无玉米植株并不影响寄生蜂的迁入率。但是,玉米的高度则是阻止雌蜂迁入间作田的一个重要因素。不过,高大的玉米植株并不妨碍寄生蜂在同一环境内的活动。

如果不考虑寄主密度,则在田外释放寄生蜂时单作田中的寄生率更高。相反,在田内释放寄生蜂时,则间作田中的寄生率更高。这说明豇豆与高秆玉米间作环境可以将雌虫保持田内,这与有无寄主无关。田间寄生蜂密度主要是受迁出率而非迁入率的影响。

这些研究结果说明,在评价不同环境中昆虫运动特性和发生数量时,不同的研究方法都有其一定的局限性。在进一步研究植物多样性对间作环境中昆虫生态学习性影响时,这些试验结果具有极其重要的价值。

7.2.2 文献综述法

现代农业的发展彻底改变了多样性的传统农业种植模式,少数依赖农药和化肥的现代高产品种单一化大面积种植,严重地降低了农田的遗传多样性和生态系统的稳定性,造成农田生态系统日趋简单和脆弱,结果导致害虫产生抗药性(resistance)、次要害虫再猖獗(resurgence)、农药残留(residue)等一系列影响人畜健康、食品安全和环境质量的严重问题。这些变化早已引起许多学者的重视,并在理论和实践上对有害生物的防治进行了新的探索,继有害生物综合治理之后,又提出稻田有害生物生态控制、持续控制等策略,人们又重新尝试采用多样性的传统农业种植模式控制农田害虫。目前在世界范围内关于利用作物多样性种植控制害虫的研究和文献资料较多,涉及小麦、玉米、大豆、油菜等很多作物的间套作模式,如何综合多种间套作系统害虫发生情况评价作物多样性种植控制害虫的效果,最简单的方法就是对众多文献进行综述。

关于植物多样性的增加是否提高昆虫种群的稳定性这一问题多年来一直存有争论。为此,农业生态学家开展了一系列研究,以检验植物多样性与昆虫种群稳定性的关系(Pimentel,1961;Root,1973;van Emden and Williams,1974)。由于在"多样性"和"稳定性"这两个概念上的描述有所不同,许多实验结果往往得出相反的结论,但是近年来发表的相关研究结果均一致支持"植物多样性增加会提高昆虫种群稳定性"这一论点(Risch et al.,1983)。在复合耕作生态系统中,植被结构与物种多样性是指不同植物混植后会引起系统中生物、系统结构及小气候等因素发生改变,随着作物种类的增加出现更为复杂的结构多样性、物种多样性。稳定性是指在系统内害虫持续保持在较低密度的一种状态。

田间不同作物的合理配置可以有效减轻虫害发生。这样的例子很多(表7.5)(Altieri and Letourneau,1982;Andow,1983;Altieri and Liebman,1988)。50篇昆虫学文献中所涉及的昆虫种类有35种,它们分别属于鳞翅目、鞘翅目和同翅目。这三个目中的害虫数量分别占全部作物害虫数量的42%,32%和18%。针对降低害虫危害的因素,涉及资源分散、诱集种植、害虫转移、植物密度调整及植物物理结构等因素的文献占了22.5%;涉及捕食性天敌、寄生性天敌的分别占了15%、10%;而涉及伪装和驱避的分别占12.5%;完全利用天敌防治害虫的文献占了30%,其余研究均是用其他方法防治害虫。

表7.5 作物多样性种植系统有效抑制害虫暴发的事例

(仿 Altieri and Doll,1978;Altieri and Letourneau,1982;Andow,1991)

复合耕作系统	可调控的害虫种类	影响害虫发生的因素
豆类与小麦套作	蚕豆微叶蝉(*Empoasca fabae*) 甜菜蚜(*Aphis fabae*)	削弱蚜虫的视觉搜索行为
油菜-豆类间作	甘蓝蚜(*Brevicoryne brassicae*) 白菜种蝇(*Delia brassicae*)	增加田间捕食性天敌数量及干扰害虫产卵行为
抱子甘蓝-蚕豆/野生芥菜间作	黄条跳甲(*Phyllotreta crucifeae*) 甘蓝蚜(*Brevicoryne brassicae*)	降低寄主植物对害虫的引诱效果及提高天敌的控制效果
白菜-苜蓿间作	甘蓝根花蝇(*Erioichia brassicae*) 甘蓝蚜(*B. brassicae*) 菜粉蝶(*Pieris rapae*)	抑制害虫在田间的定殖行为及加强步甲的捕食作用
木豆(*Cajanus cajan*)-鹰嘴豆间作	豆荚螟类、叶蝉及角蝉	推迟害虫在田间定殖时间
木薯-豇豆间作	粉虱(*Trialeurodes variabilis*)	改变寄主植物活力与提高天敌种群密度
花菜-油菜/万寿菊间作	油菜花露尾甲(*Meligethes aeneus*)	诱集作物
玉米-豆类间作	叶蝉(科)(*Empoasca krameri*) 黄瓜条叶甲(*Diabrotica balteata*) 草地贪夜蛾 (*Spodoptera frugiperda*)	增加天敌数量与抑制害虫田间定殖行为,干扰叶蝉在田间的运动,降低害虫田间落卵量及诱集植物效应
玉米-蚕豆/南瓜间作	蚜虫类 红蜘蛛(*Tetranychus urticae*) 鳃金龟(*Macrodactylus* sp.)	提高捕食性天敌种群密度
玉米-苜蓿间作	欧洲玉米螟(*Ostrinia nubilalis*)	未知

续表 7.5

复合耕作系统	可调控的害虫种类	影响害虫发生的因素
玉米-大豆间作	欧洲玉米螟	玉米不同品种间的抗性差异
玉米-甘薯间作	叶甲类（*Diabrotica* spp.）	增加寄生性天敌数量
	长戚叶蝉（*Agallia lingula*）	
棉花-豇豆间作	棉铃象甲（*Anthonomus grandis*）	增加寄生性天敌数量
棉花-高粱/玉米间作	美洲棉铃虫（*Heliothis zea*）	增加捕食性天敌数量
豇豆-高粱间作	叶甲（科）（*Oetheca benningseni*）	气流干扰
棉花-黄秋葵间作	跳甲（*Podagrica* sp.）	诱集作物
棉花-紫花苜蓿间作	豆荚盲蝽（*Lygus hesperus*）	阻止害虫迁移及协调天敌与害虫
	豆荚灰盲蝽（*Lygus elisus*）	的发生时间
紫花苜蓿-棉花-玉米/大豆间作	美洲棉铃虫（*H. zea*）	增加捕食性天敌数量
黄瓜-玉米间作	瓜条叶甲（*Acalymma vittata*）	抑制害虫田间运动行为及减少害
黄瓜-花椰菜间作		虫接触寄主的时间
花生-豆类间作	豆蚜（*Aphis craccivora*）	诱集植物
玉米-刀豆间作	草地贪夜蛾（*S. frugiperda*）	未知
香瓜-麦类间作	桃蚜（*Myzus persicae*）	阻止蚜虫扩散
燕麦-豆类间作	缢管蚜（*Rhopalosiphum* sp.）	增加寄生性天敌数量
花生-玉米	玉米螟（*Ostrinia furnacalis*）	高秆植物对寄主植物屏蔽效应
芝麻-玉米/高粱间作	芝麻荚野螟（*Antigostra* sp.）	增加天敌数量及诱集植物效应
芝麻-棉花间作	棉铃虫（*Heliothis* spp.）	增加天敌种群数量及诱集植物
大豆-菜豆间作	墨西哥豆甲（*Epilachna varivestis*）	诱集植物
烟草-白菜间作	黄条跳甲（*Phyllotreta cruciferae*）	非寄主植物对害虫的取食抑制
番茄-白菜间作	小菜蛾（*Plutella xylostella*）	化学驱避

对一系列文献进行分析后，Helenius(1991)指出，利用作物多样性控制单食性害虫比防治多食性害虫更有效。如利用复合种植模式成功降低单食性害虫的事例几乎是成功防治多食性害虫事例的 2 倍。但同时他也提出警告，如果农田生态系统中植食性昆虫区系以多食性害虫为主，复合种植模式则有可能引起虫害加重。

针对单作-间作系统中寄生天敌的种群数量、寄生率，Coll(1998)比较了 42 篇文献的研究结果。他发现，2/3 的研究结果显示间作系统中寄生性天敌种类更丰富、寄生率更高。但是，1/3 的研究结果表明单作-间作系统中的寄生性天敌数量与寄生率没有显著差异，只是在间作系统中，寄生性天敌的种类略有增加。在所报道的 31 种寄生性天敌中，间作时 54% 的种类种群密度增加、寄生率提高。这可能由于作物种类配置、地理环境和实验方法等因素的差异影响了实验结果的一致性。

在所比较的文献中，单作-间作系统中害虫危害没有差异或间作系统中害虫危害加剧这两种极端结果的文献极少。在特定地区利用间作防治单一害虫是很有价值的，如秘鲁的玉米（*Zea mays*）与棉花（*Gossypium hirsutum*）间作方式成功地防治了烟芽夜蛾（*Heliothis virescens*）对棉花的危害。但是这种方法在坦桑尼亚和赞比亚却得到了相反的结果（Smith and Reynolds，1972）。在尼日利亚，豇豆（*Vigna unguiculata*）与玉米间作可使豇豆上的丝带蓟马（*Megalurothrips sjostedti*）数量下降 42%。但这种方式对防治豆荚野螟（*Maruca* testulalis)和一种芜菁的危害没有效果(Matteson *et al*.，1984)。豇豆与玉米间作时，在开始的12周内豆荚野螟对豇豆的危害与对照没有显著差异。然而在12周以后，单作豇豆上的豆荚野螟的危害明显加重。在印度，将高粱(*Sorghum bicolor*)与木豆(*Cajanus cajan*)间作时，棉铃虫(*Heliothis armigera*)的危害更重，而单作高粱时危害反而较轻。这使间作时高粱产量损失很大(Bhatnagar and Davies，1981)。

用某些作物作诱集作物时对寄生蜂也会产生诱捕效果从而严重妨碍了寄生蜂搜寻寄主的行为。例如，茶足柄瘤蚜茧蜂(*Lysiphlebus testaceipes*)是棉蚜(*Aphis gossypii*)的一种重要寄生性天敌，但矮牵牛花腺毛分泌物会粘住蚜茧蜂成虫，使其不能寄生于蚜虫，从而也就失去了利用这种蚜茧蜂保护黄秋葵(*Abelmoschus esculentus*)免受蚜虫危害的效果(Marcovitch，1935)。同样，烟草(*Nicotiana tobacum*)植株叶片上的腺毛极有黏性，很容易黏住微小赤眼蜂(*Trichogramma nimutum*)成虫。这使微小赤眼蜂不能有效地寄生于番茄(*Lycopersicon esculentum*)上面的天蛾(*Manduca sp.*)幼虫(Marcovitch，1935)。

尽管上述研究说明复合耕作措施也会产生不利于害虫天敌的结果，但是，作物间作栽培措施仍被广泛推荐用于害虫防治。复合种植技术用于降低害虫危害是有其理论依据的，如增加田间捕食性和寄生性天敌种群数量、降低害虫繁殖率、化学驱避、非寄主植物的拒食作用、阻止害虫迁移以及协调害虫与天敌的关系等(Matteson *et al*.，1984)。Perrin和Phillips(1978)描述了作物混栽影响害虫种群发展动态的过程(图7.9)。他们推测，在复合种植系统中，当害虫在作物上定殖时，嗅觉、视觉信息被破坏，作物产生的物理障碍妨碍了害虫的活动。另外，害虫可被引至不合适的寄主。这些因素都是多样性种植技术防治害虫的重要机制。一旦害虫在田间定殖后，由于扩散发生困难，加上取食与生殖行为受到抑制，以及其他生物因素的影响，害虫便不能在田间猖獗。

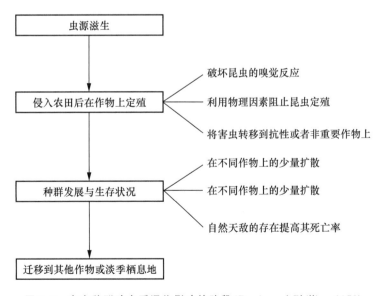

图7.9　**害虫种群动态受混作影响的阶段**(Perrin and Phillips，1978)

Hasse和Litsinger(1981)总结了间作环境中害虫减少的机制(表7.6)。其中多数机制均符合前面提到的资源集中假说和天敌假说。

表 7.6　**间作对田间害虫的影响**（Hasse and Litsinger，1981；Litsinger *et al.*，1991）

影响因素	解　释	事　例
	干扰搜寻行为	
伪装	不同植物间相似的物理性状可能保护寄主植物免受害虫危害	残存的稻桩可保护豆苗免受豆潜蝇的危害
作物背景	某些害虫对有特殊颜色或者结构的作物背景有很强的选择性	裸露的油菜田比杂草丛生的油菜田对蚜虫、跳甲和菜粉蝶有更强的吸引力
屏蔽引诱剂	田间非寄主植物可以屏蔽/淡化寄主植物对害虫的引诱效果，破坏害虫的寄主定向行为，从而抑制害虫的取食及生殖过程	例如甘蓝田中的黄条跳甲
化学驱避	一些芳香性化合物能够干扰害虫的寄主定向行为	边缘杂草可以驱避豆类作物上的叶蝉；白菜与番茄间作时可以驱避小菜蛾
	对种群生存及发育的干扰	
物理阻隔	不同作物间作时可以阻止害虫的扩散。造成这种现象的原因可能是因为非寄主植物的出现使害虫无法正确区分抗性品种与非抗性品种	
缺乏滞留刺激因素	非寄主植物与寄主植物共存时可以影响害虫在田间的定殖行为。如果害虫降落在非寄主植物上，则会加速害虫离开田间	
小气候影响	在间作系统中，小气候差异极大，这导致害虫很难寻找到合适的小气候。作物封行造成的荫蔽会影响害虫的取食行为、田间温度增加会促进虫生真菌的繁殖	
生物因素影响	多种作物混栽会丰富田间自然天敌	

7.2.3　Meta-分析法

Meta-分析（Meta-analysis）是一种对多个独立实验结果进行定量综合的统计方法，又称整合分析或荟萃分析。Meta-分析从根本上改变了人们对众多独立实验结果进行综合的思路。其思想起源于 20 世纪 30 年代，Rosenthal 在 1963 年开创性地把其应用于教育心理学，70 年代渗透于医学领域，并在 1976 年由 Glass 命名为术语 Meta-analysis；80 年代 Hedges 和 Milos 对 Meta-分析进行总结和发展；直到 90 年代此方法才被应用于生态学领域（彭少麟和郑凤英，1999）。虽然目前对 Meta 分析的应用还有很大的争论，但作为一种对大量实验结果进行定量综合的统计方法，Meta-分析具有严密的统计学基础，可以较客观地进行定性、定量的综合分析，可提高统计性能，兼容相互矛盾的实验和统计结论，获得综合性的分析结论。目前国际上一些学者已开始利用 Meta-分析评价作物多样性种植对有害生物控制效果。

7.2.3.1　Meta-分析中涉及的有关概念

研究：Meta-分析中被选取的每一个独立实验。同一论文中有可能被选取一个或多个研究。

效应:研究因素对实验对象的影响。

对照组和实验组:在 Meta-分析中,往往要对研究中不同操作的两组实验结果进行比较,分析者必须确定其中的一组为对照组,另一组为实验组,且确定标准在所有研究中应该一致。如 Gurevitch 等(1992)在分析生物竞争的影响时,将在竞争者自然密度下的实验组定为对照组,而把竞争者密度高于或低于自然密度的实验组定为实验组。

组别:进行 Meta-分析时按照一定的标准将所有研究划分的类别。

7.2.3.2　Meta-分析过程

Meta-分析不仅仅是一个数学分析过程,它本身也是一项研究,需要认真设计。主要步骤介绍如下。

1. 提出所要解决的问题

针对近 20 年来某一国家或地区乃至世界范围内众多研究者以各种传统农业种植模式或同一种植模式在不同农业环境中作物多样性种植对农田害虫控制作用所开展的大量试验及其结果或文献报道,有些研究表明作物多样性种植对农田害虫具有明显控制作用,有些表明控制作用不明显,甚至出现害虫危害加剧的现象。面对如此之多结果不一的独立研究,我们就会提出这样的问题:作物多样性种植是否对害虫具有控制作用? 如何评价作物多样性种植对有害生物控制效果?

因此,对于 Meta-分析首先要针对某一主题,提出所要解决的问题。总之 Meta-分析是对同一主题不同实验结果的总结,也是对过去实验的概括、提炼,要从独立实验中排除随机误差,提炼出本质的内容,同时也要从中发现问题,为将来这一主题的研究指明方向,为解决问题的决策者提供科学依据。

2. 收集文献及其研究数据

由于 Meta-分析是对文献的结果进行统计再分析,所以首要任务是收集反映本主题的各个独立实验的结果。选择文献应注意以下几点:所选文献必须在同一主题下;选择文献不应带有主观性;所选文献研究结果相互间应具有独立性;所选文献对实验结果的测量指标尽可能一致。

这是一项非常繁重且关键的工作。最初的 Meta-分析中只搜集已发表文献,后来 Meta-分析家们通过调查发现已发表的文献往往不能代表所有研究的真实结果,因为在统计学检验中显著性较小的研究较显著性较大的研究更易于发表。所以后来的 Meta-分析者为了能搜集到全面的文献,通过各种途径最大可能地收集已发表的和未发表文献(包括正式期刊中的论文、会议论文、摘要以及各种私人交换资料等)。

3. 确定各研究的特点,并对其进行分类

要综合分析独立研究,研究者必须对各研究作充分的了解,先将各研究的实验设计,包括取样是否随机、研究背景、研究方法、样本大小、结果测量、统计分析方法等罗列出来,然后一般根据研究背景将所有研究分为不同的类别,以作比较。

Meta-分析一个重要的目的就是要比较不同研究特点下的分析结果,如 Gurevitch 等(1992)在研究竞争对生物生物量的影响时,对几个级别间的效应大小作了比较。

郑凤英和彭少麟(1999)对 1980 年以后的 Ecology 进行搜索,共获得 18 篇有关野外实验中捕食者对被捕食者影响的论文,共有独立研究 56 个,其中测量指标为种群数量(种群密度和种群多度)。通过对各研究特点分析比较,根据研究所在气候带将 56 个研究划分为 4 个级别:

寒带、温带、亚热带及热带;按生境划分为 2 个级别:淡水生和陆生;按被捕食动物划分为 2 个级别:脊椎动物和无脊椎动物,再进行分析。

4. Meta-分析所需要的原文献数据

Meta-分析不需要原文献的原始数据,只需它的最终统计结果,即实验组和对照组的样本总量 N_e, N_c,均值 X_e, X_c 以及标准差 S_e, S_c。对于以图形式发表的数据,可以通过数字化仪与计算机相连使图数值化。

5. Meta-分析所构建的变量指标

同所有统计方法一样,Meta-分析也首先需要构造一个变量(即结合统计量),所不同的是,用于 Meta-分析的变量反映的是一个实验结果的效应大小。目前常用的变量为无偏效应值 (d),其计算公式为:

$$d = \frac{X_e - X_c}{S} \tag{7.14}$$

式中: X_e, X_c 分别为对照组和实验组均值, S 为对照组和实验组的共有离差,而 S 的计算公式为:

$$S = \sqrt{\frac{(N_e - 1)(S_e)^2 + (N_c - 1)(S_c)^2}{N_e + N_c - 2}} \tag{7.15}$$

式中: N_e, N_c 分别为对照组和实验组样本总量, S_e, S_c 分别为对照组和实验组标准差。

根据统计假设的不同可将 Meta-分析方法分为两类:固定效应模型和随机效应模型,前者假设所有研究享有共同的真实效应大小,后者假设所有研究的真实效应大小不同,具体体现在计算所有研究平均效应的权重上,当前在医学中常用的固定效应模型为 Mantel-Haenszel 法和由其改进的 Peto 法,O-E 法是典型的随机效应模型。由于随机效应模型比较符合实际,得到了 Meta 分析家们的认可,正被广泛应用开来(Henry *et al.*,2011)。

6. 报告分析结果

Meta-分析结果包括评估效应(并用图表法来报告 Meta-分析结果),指出研究中实验设计、数据分析等的不足,通过综合分析为将来这一主题的研究指明方向。

7.2.3.3　Meta-分析的优点和不足

1. 优点

在 Meta-分析正式出现之前,对文献资料的综合分析经常使用的方法是传统的描述性综述。它有两个基本缺点:首先,它并未用任何系统方法来对所综述内容的原始数据进行收集、综合,而且综述者在综述过程中往往主观性太强,过分依赖自己的实验结果,常反映自己的观点,所以不同的综述者会得出不同的综述结果。其次,综述者并未将文献定量综合,所以当所研究实验数量不断增加时,得出错误结论的几率也随之增加。

与传统的描述性综述相比较,Meta-分析设计较严密,有明确的选择文献标准;系统地考虑了研究的方法、结果测量指标、分类、对象等对分析结果的影响;给出了测量指标(结合统计量),提供了一种定量估计效应程度的方法,分析结果较前者客观性强,具有科学性;提高了文献的综合统计能力;现代 Meta-分析考虑了独立研究的质量问题。

2. 不足

目前有关 Meta-分析的不足可归纳为:

(1) 发表偏见。几乎所有作者及编辑都有更愿意报道统计检验显著结果的趋向,所以综述者被限于在发表物中综合独立研究结果,有可能导致效应大小的估计偏高。为了克服这一缺点,现在 Meta 分析者在搜集资料时既包括了已发表物,也包括未发表物。但有人反对这样做。

　　(2) 发表物中缺少 Meta 分析所需数据。在实践中,有许多已收集的文献,由于对最初实验结果的有选择性报道、错误的分析、对原始数据描述不完整等原因而不能被利用,大大降低了 Meta-分析的综合能力。

　　(3) 不对等比较,也有人称为"橘子与苹果问题"。许多学者指出各研究的对象、结果测量指标不同会影响最终分析结果,好像将橘子与苹果拿来比较一样,很难得出正确的结论。但也有人认为扩大总体概念会提高综合能力,结论更具实用性。Peto 指出为解决同一问题而进行的实验,其综合结果具有相同的方向(彭少麟和郑凤英,1999)。

　　事实上,上述几个问题是所有综述方法的共同弊病,但在描述性综述法中把它们隐藏了起来,并未直接暴露出来,而在 Meta-分析中却将它们显露无遗。我们已经看到这样一个事实:Meta-分析正在逐步努力克服这些问题,而且已经取得了可喜的进展。但是再好的 Meta-分析也不能代替独立研究,它们是 Meta-分析的基础。

　　综上所述,Meta-分析作为一种综合独立研究的统计学方法,具有传统综述不可比拟的优越性,它在这短短 20 年中的迅猛发展是最好的一个见证。

参 考 文 献

董艳. 2008. 施氮对间作小麦蚕豆根际微生物区系及作物病虫害发生的影响. 云南农业大学博士毕业论文.

黄复生,宋志顺,姜胜巧,等. 2006. 西藏东南部边缘地区昆虫多样性的特点. 西南农业学报,19(2):314-321.

柯欣,杨莲芳,孙长海,等. 1996. 安徽丰溪河水生昆虫多样性及其水质生物评价. 南京农业大学学报,19(3):37-43.

彭少麟,郑凤英. 1999. Meta-分析:综述中的一次大革命. 生态学杂志,18(6):65-70.

索伍思德. 1974. 生态学研究方法—适用于昆虫群落研究. 罗河清,等译. 北京:科学出版社.

张晓明,李强,陈国华,等. 2009. 不同种植模式花椒园昆虫群落的结构及稳定性. 应用生态学报,20(8):1986-1991.

郑凤英,彭少麟. 1999. 捕食关系的 Meta-分析. 生态学报,19(4):448-452.

朱巽,黄向东. 2001. 南岳昆虫多样性研究. 中南林学院学报,21(4):64-67.

Altieri M A,Doll J D. 1978. The potential of allelopathy as a tool for weed management in crop fields. Proceedings of the National Academy of Sciences of the United States of America,24(4):495-502.

Altieri M A,Gliessman S R. 1983. Effects of plant diversity on the density and herbivory of the flea beetle, *Phyllotreta cruciferae* Goeze, in California collard (*Brassica oleracea*) cropping systems. Crop Protection,2:497-501.

Altieri M A, Letourneau D K. 1982. Vegetation management and biological control in agroecosystem. Crop Protection, 1: 405-430.

Altieri M A, Liebman M. 1988. Weed management: Ecological guidelines. In: Altieri M A, Liebman M Z, eds. Weed management in agroecosystems: Ecological approaches. Boca Raton, FL: CRC Press, 183-218.

Altieri M A, Schmidt L L. 1986. Population trends and feeding preferences of flea beetle (*Phyllotreta cruciferae* Goeze) in collard-wild mustard mixtures. Crop Protection, 5: 170-175.

Andow D A. 1983. The extent of monoculture and its effects on insect pest populations with particular reference to wheat and cotton. Agriculture, Ecosystems and Environment, 9: 25-35.

Andow D A. 1991. Vegetational diversity and arthropod population response. Annual Review of Entomology, 36: 561-586.

Bach C E. 1980. Effects of plant density and diversity on the population dynamics of a specialist herbivore, the striped cucumber beetle, *Acalymma vittata* (Fab.). Ecology, 61: 1515-1530.

Basset Y. 1989. The temporal and spatial distribution of arboreal arthropods associated with the rainforest tree Argyrodendron actinophyllum. Ph. D. dissertation. Griffith University, Australia.

Bhatnagar V S, Davies J C. 1981. Pest management in intercrop subsistence farming. ICRISAT. Patancheru, India: Proceedings Int. Workship on Intercropping.

Brian C, Paul R K, Rena B. 1998. Social construction political power and the allocation of benefits to endangered species. Conservation Biology, 12(5): 1103-1112.

Clifford H T, Stephenson W. 1975. An Introduction to Numerical Classification. London: Academic Press.

Coleman B D. 1981. On random placement and species-area relations. Mathematical Bioscience, 54: 191-215.

Coll M, Botrell D G. 1996. Movement of an insect parastoid in simple and diverse plant assemblages. Ecological Entomology, 21: 141-149.

Coll M. 1998. Parasitoid activity and plant species composition in intercropped systems. In: Pickett C, Bugg R, eds. Enhancing biological control. Berkeley: University of California Press.

Diane M D, Robert D H. 2000. A survey and overview of habitat fragmentation experiments. Conservation Biology, 14(2): 342-355.

Disney R H L. 1986. Inventory surveys of insect faunas: Discussion of a particular event. Antenna, 10: 112-116.

Flaherty D. 1969. Ecosystem trophic complexity and the Willamette mite, *Eotetranychus willamettei* (Acarine: Tetranychidae) densities. Ecology, 50: 911-916.

Francis C A, Flor C A, Temple S R. 1976. Adapting varieties for intercropped systems in the tropics. In：Sanchez P A，Papendick R I，Triplett G B，eds. Multiple cropping. Madson，WI：ASA Special Pulbication，235-254.

Garcia M A，Altieri M A. 1992. Explaining differences in flea beetle *Phyllotreta cruciferae* Goeze densities in simple and mixed broccoli cropping systems as a function of individual behavior. Entomologia Experimentalis et Applicata，62：201-209.

Gliessman S R，Amador M A. 1980. Ecological aspects of production in traditional agroecosystems in the humid lowland trpics of Mexico. In：Furtado J I，ed. Tropical ecology and development Kuala Lampur：ISTE，601-608.

Gregory M M. 2005. Niche-Based vs. neutral models of ecological communities. Biology and Philosophy，20：557-566.

Gurevitch J，Morrow L L，Wallace A，*et al*. 1992. A Meta-anlysis of field experiments on competition. American Naturalist，140：539-572.

Hart R D. 1980. Agroecosystemas. Thrrialba，Costa Rica：CATIE.

Harwood R R. 1974. Farmer oriented research aimed at crop intensification. In：Proceedings of cropping systems workshop，IRRI：7-12. International Rice Research Institute，Los Banos，Philippines.

Harwood R R. 1979. Small farm development：understanding and improving farming systems in the humid tropics. Westview Press，Boulder，CO.

Hasse V，Litsinger J A. 1981. The influucence of vegetational diversity of host-finding and larval suvivorship of the Asian corn borer，*Ostrinia furnacalis* Guenee. International Rice Research Institute Saturday Seminar，Department of Entomology，IRRI，Philippines.

Helenius J. 1989. The influence of mixed intercropping of oats with field beans on the abundance and spatial distribution of cereal aphids(Homoptera：Aphididae). Agriculture，Ecosystems and Environment，25：53-73.

Helenius J. 1991. Insect numbers and pest damage in intercrops vs. nomocrops：Concepts and evidence from a system of faba bean，oats and *Rhopalosiphum padi* (Homoptera：Aphidae). Journal of Sustainable Agricultre，1：57-80.

Henry K N，Paul D E，Harald S. 2011. Meta-analysis to determine the effects of plant disease management measures：review and case studies on soybean and apple. Phytopathology，101(1)：31-41.

Hutcheson J. 1990. Characterization of terrestrial insect communities using quantified，malaise-trapped Coleoptera. Ecological Entomology，15：143-151.

Ian O，Andrew J B，Alan Y. 1992. Spatial fidelity of plant vertebrate and invertebrate assemblages in multiple-use forest in Eastern Australia. Conservation Biology，12(4)：822-835.

Ian O，Andrew J B. 1993. A possible method for the rapid assessment of biodiversity. Conservation Biology，7(3)：562-568.

Ian O，Andrew J B. 1996. Invertebrate morphospecies as surrogates for species：a case study. Conservation Biology，10(1)：99-109.

Igzoburkie M U. 1971. Ecological balance in tropical agriculture. Geographical Reviwe,61：519-529.

Jason R R,Carolyn G M,Ke C K. 2006. Developing a monitoring program for invertebrates：guidelines and case study. Conservation Biology,20(2)：1523-1739.

Jennifer B H,Gretchen C D,Paul R E. 2000. Conservation insect biodiversity：a habitat approach. Conservation Biology,14(6)：1788-1797.

Jeremy T,Kerr,Alissa S,*et al*. 2000. Indicator taxa,rapid bioversity assessment,and nestedness in an endangered ecosystem. Conservation Biology,14(6)：1726-1734.

Jose G B,Gerard P C,Katharine J M,*et al*. 2002. Arthropod morphorspecies versus taxonomic species：a case study with Araneae,Coleoptera,and Lepidoptera. Conservation Biology,16(4)：1015-1023.

Kareiva P. 1986. Trivial movement and foraging by crop colonizers. In：Kogan M,ed. Ecoloigcal theory and integrated pest management practice. New York ：Wiley & Sons：59-82.

Letourneau D K,Altieri M A. 1983. Abundance patterns of a predator *Orius tristicolor* (Hemiptera：Anthoconidae) and its prey,*Frankliniella occidentalis* (Thysanopteraq：Thripidae)：Habitat attraction in polycultures versus monocultures. Environmental Entomology,122：1464-1469.

Letourneau D K,Altieri M A. 1983. Abundance patterns of a predator *Orius tristicolor* (Hemiptera：Anthoconidae) and its prey,*Frankliniella occidentalis* (Thysanopteraq：Thripidae)：Habitat attraction in polycultures versus monocultures. Environmental Entomology,122：1464-1469.

Litsinger J A,Hasse V,Barrion A T,*et al*. 1991. Response of *Ostrinia furnacalis*(Guenee) (Lepidoptera：Pyralidae)to intercropping. Environmental Entomology,20：988-1004.

Magurran A E. 1988. Ecological Diversity and Its Measurement. London ：Croom Helm Limited,1-114.

Marcovitch S. 1935. Experimental evidence on the value of strip cropping as method for the natural control of jinjurious insect,with special reference to plant lice. Journal of Economic Entomology,28：26-27.

Matteson P C,Altieri M A,Gagne W C. 1984. Modification of small farmer practices for better management. Annual Review of Entomology,29：383-402.

McNeely J A,Shaw J R,Boyle,*et al*. 1990. Conserving the world's biological diversity. International Union for the Conservation of Nature,Gland,Switzerland.

Michael L M. 1999. High rates of extinction and threat in poorly studied taxa. Conservation Biology,13(6)：1273-1281.

Michael P. 1984. Ecological methods for field and laboratory investigations. New Delhi, Tata McGraw-hill.

Perrin R M,Phillips M L. 1978. Some effects of mixed cropping on the population dynamics of insect pest. Entomologia Experimentalis et Applicata,24：385-393.

Pimentel D. 1961. Species diversity and insect population outbreaks. Annals of Entomological Society of America,54：76-86.

Purvis A,Hector A. 2000. Getting the measure of biodiversity. Nature,405：212-219.

Rees C J C. 1983. Microclimate and the flying Hemiptera fauna of a primary lowland rainforest in Sulawesi. Tropical rainforest：Ecology and management. Blackwell Scientific Publication,Oxford,England.

Risch S J,Andow D,Altier M A. 1983. Agroecosystem diversity and pest control：Data, tentative conclusions,and new research directions. Environmental Entomology,12(3)： 625-629.

Risch S J. 1980. The population dynamics of several herbivorous beetles in a tropical agroecosystem：the effect of intercropping corn,beans and squash in Costa Rica. Journal of Applied Ecology,17：593-612.

Risch S J. 1981. Insect herbivore abundance in tropical monocultures and polycultures：an experimental test of two hypotheses. Ecology,62：1325-1340.

Root R B. 1973. Organization of a plant-arthropod association in simple and diverse habitats：the fauna of collards(*Brassica oleracea*). Ecological Monographs,43：95-124.

Smith R F,Reynolds H T. 1972. Effects of manipulation on cotton agroecosystems on insect pest population. In：Farvar T,Martin J P,eds. The careless technology. New York： Natural History Press,183-192.

Soule M E. 1990. The real work of systematics. Annals of the Missouri Botanic Gardens, 77：4-12.

Southwood T R E,Way M J. 1970. Ecological background to pest management. In：Rabb R L,Guthrie F E,eds. Concepts of pest management. Raleigh. NC：North Carolina State University,7-13.

Tahvaninen J O,Root R B. 1972. The influence of vegetational diversity on the population ecology of a specialized herbivore,*Phyllotreta cruciferae* (Coleoptera：Chrysomelidae). Oecologia,10：321-346.

van Emden H F,Williams G F. 1974. Insect stability and diversity in agroecosystem. Annual Review of Entomology,19：455-475.

Way M T. 1977. Pest and disease status in mixed stands va. monocultures：the relevance of ecosystem stability. In：Cherrett J M,Sagar G R. eds. Origins of Pest,parasite,disease and weed problems. Oxford,UK：Blackwell,127-138.

Wetzler R E,Risch S J. 1984. Experimental studies of beetle diffusion in simple and complex crop habitats. Journal of Animal Ecology,53：1-19.

Yen A L. 1987. A preliminary assessment of the correlation between plant,vertebrate and Coleoptera communities in the Victorian mallee. The role of invertebrates in conservation and biological survey. Department of Conservation and Land Management,Western Australia.

7.3　控制害虫的作物多样性种植模式的构建方法

在现代农业生产中,利用作物多样性控制害虫的发生和危害,一个发展的趋势就是将植物-有害生物-天敌-环境作为一个整体,充分考虑它们之间的相互作用、相互制约的关系,根据生态学、经济学和自然控制论的基本原理,充分发挥系统内一切可以利用的物质、能量和信息,综合使用包括对有害生物本身在内的各种生态调控手段,对生态系统内的食物链或食物网的结构和功能进行合理调节与控制,变对抗为利用,变控制为调节,化害为利,最终实现对有害生物控制的真正目的。其本质在于通过提升生态系统本身的自我调控能力和抵抗力,尽可能少地施用化学农药,达到有害生物持续控制的目的。在长期的生产实践中,作物品种间、不同科间的间种模式,利用物种的遗传基因差异和结合生态环境的特征被人们所认识,在因地制宜利用的基础上形成了利用生物和环境资源的多样性控制害虫危害的生产种植方法,为农业生产和可持续发展发挥了积极的作用。

7.3.1　作物物种多样性种植控制害虫的模式与方法

7.3.1.1　应用作物多样性间、套作控制害虫

作物多样性间、套作是作物多样性混栽种植的模式,它是利用生物间相生相克原理而达到对害虫控制的一种方法。在云南作物混种的模式和方法有:禾本科作物与豆类作物混栽,如玉米间套种大豆,大麦间套种大豆;禾本科作物与薯类作物混栽,如玉米间套种马铃薯、红薯;禾本科作物与瓜菜类作物混栽,如玉米间套种南瓜、小白瓜、黄瓜,间套种白菜、青菜、辣椒;不同科不同种间套种,如主栽品种"凤稻号"和混栽品种"8334",两种株高不同的两个水稻品种,采用1∶8的混栽模式。研究结果表明,采用油菜和大豆混种对南美斑潜蝇(*Liriomyza huidobrensis* Blanchard)的控制效果与对照相比可降低12.4%～78.1%,蚕豆和小麦混种对斑潜蝇的控制效与对照相比可降低24.4%～27.1%(杨进成等,2003),蚕豆和小麦行比为1∶4和1∶6种植模式对南美斑潜蝇的控制作用明显高于1∶2种植模式,在1∶4和1∶6种植模式下,南美斑潜蝇的虫情指数最低,分别为22.02%,18.04%;相对防治效果最高,分别达到34.26%,37.63%(李洪谨等,2006)。西瓜、蔬菜或其他作物与大面积水稻镶嵌式或插花式种植,可使水稻主要害虫稻飞虱(*Nilaparvata lugens*)、二化螟(*Chilo suppressalis*)、稻纵卷叶螟(*Cnaphalocrocis medinalis* Guenée)高峰期虫量分别减314头/百丛,24 300头/hm²,25 800头/hm²,蜘蛛和捕食性天敌等高峰期数量增加64头/百丛(陈玉君,2008)。这些作物多样性间套种植的模式和方法对害虫控制发挥了重要的作用,同时有效利用了地力和空间、提高了种植效益和改善了作物种植的生态环境。

7.3.1.2　应用趋避植物间、套作种植控制害虫

趋避植物会散发害虫讨厌的浓香或毒性物质,阻碍周围有害生物的接近而达到控制害虫的目的。趋避植物的种类主要包括农作物类、花卉类、香草类和野草类等。农作物类有大蒜、大葱、韭菜、辣椒、花椒、洋葱、菠菜、芝麻、蓖麻、番茄等;花卉类有金盏花、万寿菊、菊花、串红等;香草类有紫叶苏、薄荷、蒿子、薰衣草、除虫菊等;野草类有艾蒿、三百草、蒲公英、鱼腥草等。如采用小麦间作大蒜的方法可以降低麦田中麦长管蚜的种群数量,同时能够提高其害虫天敌

种群数量的比例(王万磊,2008);采用西洋鼠尾草(*Salvia officinalis*)和麝香草(*Thymus vulgaris*)间作种植于甘蓝园圃中的方法,可大大降低小菜蛾在甘蓝上的着卵量,这些趋避性杂草对小菜蛾的搜索过程起到了物理阻隔的作用(Dover,1986;Bukovinszky,*et al.*,2004)。在果园中种植趋避植物的模式与方法:以预防果树底部害虫为目的,这些害虫主要是吸食果树树干汁液,选择的趋避植物包括蒲公英、鱼腥草、三百草、薄荷、大葱、韭菜、洋葱、菠菜、串红、除虫菊等。一般在早春种植,种植距离为离果树树干 10 cm 左右为宜。以防治果树叶片和果实危害为目的,选择的趋避植物包括番茄、花椒、芝麻等。在果树叶片和果实多的部位底下种植,距离叶片和果实越近越好,但注意不能给果树叶片产生遮阴,影响果树正常生长。以防治土壤根系的病虫害为目的,选择的趋避植物包括三百草、金盏花、蒲公英、鱼腥草、薄荷等。种植在离根部周围 1 m 的距离,可在一定程度上减轻根线虫和根瘤虫的危害。趋避植物的种植密度一般矮性作物在果树周围 1 m² 种植 2~3 株为宜,高秆作物 5~10 m² 种植 1 株为宜(马建列等,2005;赵盛国和高文胜,2010)。

7.3.2　遗传多样性种植控制害虫的模式与方法

7.3.2.1　应用不同抗性遗传基因的作物混合种植或交叉种植控制害虫

通过选用抗性强遗传基因的作物品种,进行抗性作物品种的混合种植或交叉种植,提高物种多样性和遗传多样性,有效地抑制害虫种群数量的上升,降低害虫种群数量,减轻害虫的危害。将携带不同抗病虫基因的作物品系混合种植,或不同抗病虫作物品种交叉种植,可大大降低作物害虫的群体数量,延缓害虫的增殖速度,有利于自然天敌的生存和繁殖,从而达到稳定控制害虫的目的(汤圣祥等,1999)。如采用对麦长管蚜有不同抗性遗传基因的 3 个冬小麦品种:KOK(高抗)、小白冬麦(低抗)、红芒红(低感)小麦品种与油菜间作对麦长管蚜及其自然天敌影响的试验表明,不同抗性遗传基因的小麦品种对麦长管蚜的控制和天敌效应非常明显(王万磊,2008)。如水稻中抗褐飞虱(*Nilaparvata lugens*)、白背飞虱(*Sogatella fucifera*)的种质有沿潮(WD-13204)、高雄育 6 号、IR5853-162-1-2-3 等,将这些具有抗性遗传基因的品种间作混合种植对控制害虫的发生流行发挥了重要的作用(王晓鸣和金达生,2000)。

7.3.2.2　应用转基因技术遗传育种提高作物抗害能力

转基因技术为作物育种开辟了又一条有效途径。通过这种技术手段可将外源抗病虫基因导入植物增强抗性。1987 年获得第一株抗虫转基因烟草,1998 年我国抗虫棉花种植达 160 万/km²。目前应用的抗虫基因有苏芸金杆菌毒蛋白基因(Bt)、蛋白酶抑制基因(PI)、外源凝集基因,豌豆外源凝集素基因(pea-lectin,P-2ec)已成功导入烟草,在转基因烟草中能正确表达并加工成活性肽,表达量可占溶性总蛋白的 1%,大大丰富了烟草抗虫基因库,在生产中为烟草害虫的控制发挥了积极作用(李龙兴,2009)。总之,现代转基因技术的应用丰富了作物遗传基因的多样性,为作物抵抗害虫危害和提高作物品质提供了新的途径。

7.3.3　生态系统多样性控制害虫的模式与方法

7.3.3.1　构筑立体模式和间作特色植物进行害虫控制

在作物种植中,可以采取高、中、低物种种植的科学配置和封、改、造、补等措施,提高所种植作物的多样性,进而提高生态系统的生物多样性,增强对有害生物的抵抗能力。如间作种植一些蜜源植物,增加鸟嗜植物的种类和数量,建立有利于昆虫天敌和食虫鸟类取食和自然繁衍的场所,以增强天敌对病虫害的控制能力(王庆森等,2003)。增加有毒而又是某些害虫嗜食的植物种类,诱杀害虫,如间作蓖麻,每株长出真叶的蓖麻可毒死 3~4 头金龟子,使虫口减退率达 87.05%(马建列等,2005);如在果园中套作红花三叶草,它对茎线虫($Di\ tylenchus$ spp.)的生长发育有影响,当其取食后,生长发育缓慢或停止发育,不能产卵,而套作猪屎豆($Crotalaria\ spectabilis$)和红苜蓿能引诱多种线虫取食,但线虫取食后不能发育成熟(游国健,2002)。辣椒和玉米采用 10:2 间作种植,对烟青虫的控制效果相对单作对照最高可降低 36.40%(祖艳群等,2008)。在茶园及其周围种植一些与茶树能相得益彰的林木、果树、药材等植物,如杉松、印楝、苦楝、樟树、核桃、柿树、诃子、灯台叶、杜仲、金银花等招引鸟类、青蛙、蛇类等脊椎动物入驻茶园栖息繁衍,修复和完善茶园中茶树-害虫-天敌食物链,对茶树害虫控制具有重要作用(胡淑霞和周其凤)。

7.3.3.2 利用生物措施控制害虫

生物控制措施是利用生态系统中的生物多样性控制害虫的一种重要方法。生物控制措施包括利用天敌昆虫、病原微生物、鸟类、螨类等控制有害生物,这是一种对作物环境友好,有利于作物生态良好发展的防治方法。我国应用较多的天敌有赤眼蜂($Trichogramma$ sp.)、平腹小蜂($Anastatus\ japonicus$)、肿腿蜂($Sinoxylon\ japonicus$ Lesne)、周氏啮小蜂($Chouioia\ cunea$)等,它们在降低害虫对作物的危害,保护生物多样性方面起到了重要作用。研究发现,在果园采用种植苜蓿草的方法,苜蓿草早春出芽早,并且很快便有苜蓿蚜出现,可以招引来大量的瓢虫、蜘蛛、草蛉等天敌来捕食蚜虫,这些苜蓿草等成了果树害虫天敌的"繁殖场、贮存库",当果树上蚜虫出现后,这些天敌便转移到果树上捕食苹果瘤蚜等,达到了防控蚜虫的目的(许彪等,2007)。

7.3.4 景观多样性控制害虫的模式与方法

在农业景观多样性中,天敌经常在不同的景观生境斑块之间移动,形成了独特的源-汇动态。例如,一些天敌可以捕食农田中的猎物资源,但是却不能在这些生境中维持有效的种群增长(Bianchi $et\ al.$,2006),在这种情形下,天敌种群在作物生境中的持续存在必须依赖于从周围非作物生境中源源不断地迁入。天敌的源-汇动态和双向移动形成时间或空间上的"溢出效应",这种行为与资源的需求性和可利用性有关,有的时候可以在作物生境中利用其中的资源,如作物害虫,而有的时候则需要迁移或溢出到非作物生境中去寻找替代猎物或越冬场所(Rand $et\ al.$,2006)。在主要作物四周建立一定宽度的"绿色走廊",在走廊中有选择地种植一些诱导植物,将害虫诱集到它最喜好的植物上,让其产卵、危害,然后对其施药,相对集中消灭。另外,田埂边诱导植物既是天敌的替代寄主,又是天敌寻食、择偶、繁殖、越冬越夏、躲避农事操作带来不利影响的场所,从而提高了生态系统的自然控制能力;不同害虫的喜好、习性是不同的,应当根据害虫的喜好、习性,选择合适的诱导植物(李慧蓉,2004;马建列等,2005)。

7.3.5　生产种植管理措施多样化控制害虫的模式与方法

7.3.5.1　作物立地条件和养护管理控制害虫

作物立地因子与病虫害的大发生有着密切的关系,特别是直接影响作物生长的立地因子。立地的调控措施主要包括整地、施肥、浇水、除草、松土等。在实施这些措施时,不仅要考虑到对作物生长的影响,还要考虑到对有害生物和天敌的影响。近年来,一些研究者开始关注作物根际微生态环境的调控措施,以期通过调控植物的生长环境达到防控病虫害的目的。合理修剪、整枝不仅可以增强作物长势,达到花叶并茂,还可以减少病虫危害。例如,对天牛、透翅蛾等钻蛀性害虫以及袋蛾、刺蛾等食叶害虫,均可采用修剪有虫枝等进行防治;对于介壳虫、粉虱等害虫,通过修剪、整枝可达到通风透光的目的,从而抑制此类害虫的危害。秋冬季节结合修枝,剪去有病枝条,可减少来年病害的初侵染源,如月季枝枯病、白粉病以及阔叶树腐烂病等。对于园圃修剪下来的枝条,应及时清除;草坪的修剪高度、次数、时间也要合理。

7.3.5.2　调控有害生物密度措施控制害虫

害虫的密度调控措施,目前应用较多的是昆虫信息素、物理诱杀技术。常用的诱杀技术主要有灯光诱杀、毒饵诱杀、饵木诱杀、植物诱杀、潜所诱杀、色板诱杀、阻隔诱杀等。利用信息素防控害虫是随着寄主植物-害虫-天敌间昆虫行为学及化学生态学的深入而发展起来的,现在应用较多的信息素主要是昆虫性信息素和植物源信息素。在我国利用较成功的昆虫性信息素有松毛虫性信息素、透翅蛾类性信息素、木蠹蛾类性信息素、尺蠖类性信息素、卷蛾类性信息素等,其他信息素还有小蠹类(如红脂大小蠹(*Dendroctonusalens*)、云杉大小蠹(*Dendroctonus micans*))等信息素、松褐天牛(*Monochamus alternatus*)引诱剂、光肩星天牛(*Anoplophora glabripennis*)引诱剂等。将这些昆虫信息素与黏虫胶、杀虫剂等相融合,可以将引诱的害虫杀死,起到防治害虫的作用,目前采取饵木诱杀的方法控制双条杉天牛,便是很好的范例。

7.3.5.3　建立天敌栖息繁殖区的控制害虫

建立天敌栖息繁殖区是控制害虫的一种重要生产种植管理方法。一是利用补充天敌营养的植物繁殖天敌。许多天敌昆虫的成虫都需要取食补充营养才能产卵繁殖,而补充营养的主要来源是花粉和花蜜,适当选择种植一些多花植物,如十字花科、伞形花科等植物,可有效地增加天敌昆虫数量,提高控制病虫的能力。胜红蓟的花是红、黄蜘蛛的天敌——钝绥螨的食料,如在柑橘园种植这类植物可有效地增加钝绥螨数量和捕食能力,达到有效控制柑橘园中红、黄蜘蛛的目的。二是利用陪作植物引诱害虫,以害繁益。许多寄生天敌早期食物缺乏而死亡,当害虫发生时,由于天敌数量少,不能控制其危害,同时一些捕性天敌的发生期也常常比害虫发生的时间迟。为克服天敌与害虫在发生时间上的脱节现象,采用陪作植物"以害繁益"使作物上的天敌得到大量补充,起到与害虫同步发展,以益灭害的作用。如在金川梨区,冬季用小麦陪作在梨园内,梨园增加了麦蚜、蜘蛛等有害生物,这些有害生物诱集和繁殖大量的瓢虫、草蛉、捕食性螨、蚜茧蜂等,使早期梨园内的蚜虫、花蓟马、梨小食心虫等得到了有效地控制,同时使夏季发生的黄粉蚜也显著减少。陪作区梨小食心虫、黄粉蚜腐果率下降到5%以下,而未陪作的果园,梨小食心虫和黄粉蚜腐果率高达40%以上。三是增施厩肥改良土壤,繁殖天敌。如在果园增施厩肥,改良土壤理化特性,同时给多种生物提供了食料,有利于多种生物生存和繁殖,使果园生物群体数量显著增加,以达到利用生物多样性控制有害生物的目的。如在柑橘园施用以畜粪、秸秆为主的厩肥后,为腐生性线虫提供了食料,这些线虫又诱生和繁殖大量的捕食性螨、单齿线虫、矛线虫、盘咽线虫及寄生性真菌(节丛孢、淡紫拟青霉、放线菌)等天敌生物,可有效地控制半穿刺线虫、短体线虫等有害线虫的发生危害。

参 考 文 献

陈玉君.2008.稻田种植结构的生物多样性及对害虫和天敌种群的影响.作物研究,103(2):103-105.

胡淑霞,周其凤.1999.浅谈茶树病虫害天敌资源的保护与利用.茶叶通报,21(1):30-31.

李洪谨,陈国华,周惠萍,等.2006.昆明地区蚕豆小麦间作控制南美斑潜蝇危害的研究.云南农业大学学报,21(6):721-724.

李慧蓉.2004.生物多样性和生态系统功能研究综述.生态学杂志,4,23(3):109-114.

李龙兴.2009.植物遗传资源的保存与利用研究.今日科苑,14:164-164,166.

马建列,白海燕,陈毅仁.2005.生物多样性在农业害虫防治中的应用.世界农业,5:50-52.

汤圣祥,丁立,王中秋.1999.利用生物多样性稳定控制水稻病虫害.世界农业,(1):28.

王庆森,吴光远,曾明森.2003.生物多样性与茶园害虫控制.茶叶科学技术,3:1-4.

王万磊.2008.麦田生物多样性对麦蚜的控制效应.山东农业大学硕士学位论文.

王晓鸣,金达生.2000.作物遗传资源的抗病虫多样性与农业可持续发展.中国农业科技导报,2(5):67-70.

许彪,李英,赵彤华.2007.充分发挥生物多样性对农林病虫害的自控作用.辽宁农业科学,5:43-44.

杨进成,杨庆华,王树明,等.2003.小春作物多样性控制病虫害试验研究初探,云南农业大学学报,18(2):120-124.

游国健.2002.利用生物多样性控制果树病虫害.西南园艺,30(2):25-26.

赵盛国,高文胜.2002.大力推广果园种植趋避植物.科技致富向导,4:26-27.

祖艳群,胡文友,吴伯志,等.2008.不同间作模式对辣椒养分利用、主要病虫害及产量的影响.武汉植物学研究,26(4):412-416.

Bianchi J J,Booij C H,Tscharntke T.2006. Sustainable pest regulation in agricultural landscapes: a review on landscape composition, biodiversity and natural pest control. Proceedings of the Royal Society B,273:1715-1727.

Bukovinszky T,Tréfás H,van Lenteren J C,*et al*.2004. Plant competition in pest-suppressive intercropping systems complicates evaluation of herbivore responses. Agriculture,Ecosystems and Environment,102:185-196.

Dover J.1986. The effect of labiate herbs and white clover on Plutella xylostella oviposition. Entomologia. Experimental Et Application. Appl. 42,243-247.

Rand T A,Tylianakis J M,Tseharntke T.2006. Spillover edge effects: the dispersal of agriculturally subsidized insect natural enemies into adjacent natural habitats. Ecology

Letters,9：603-614.

7.4　农业生物多样性与入侵昆虫的研究方法

随着科技的发展和经济的全球化,国际贸易、交通、通讯和旅游等迅速发展,生物入侵现象日趋严重,人类赖以生存的农业有关的生物和环境风险不断扩大,农业生物多样性保护和生态安全维护已成为举世关注的焦点问题之一(万方浩等,2005)。外来入侵生物的防治管理工作已经被列入了世界相关机构和各级政府的议事日程,各类研究机构对外来入侵生物的预防和控制研究不断深入,外来入侵生物的研究方法不断更新,研究理论不断拓展,研究成果层出不穷,研究影响日益加深,如行政立法与行政管理措施不断加强,基础设施与科研平台日益巩固,项目研究投入与研究经费不断增加,学术期刊与科研著作不断增多,生物入侵网站与数据库建设日益完善,生物入侵的核心问题亦逐渐明晰(万方浩等,2011)。其中,农业生物多样性与入侵昆虫的研究受到研究和管理工作者的高度重视,研究方法在传统植保学科技术和现代生物学相关学科技术的交叉融合下迅速发展,尤其在近些年的研究实践中不断凸显其特色和应用价值,形成了应对农业生物多样性与入侵昆虫相互关系研究的系列方法,为农业生物多样性保护和生态安全维护理论体系的补充完善,以及为入侵昆虫防控策略的应用发挥了积极的贡献。

7.4.1　入侵昆虫对农业生物多样性影响的风险分析方法

7.4.1.1　风险分析的程序

有害生物风险性分析(pest risk analysis,PRA)是了解某一特定来源的有害生物可能产生的危险性水平,这一危险性水平是否可以被接受以及根据需要为降低这一危险性可以采取的措施(IPPC,1997)。它包括有害生物风险评估和有害生物风险管理两部分(FAO,1996)。前者是指对有害生物一旦传入某尚未发生的地区或在新发生区传播蔓延可能引起的危险性进行系统评价的过程;后者则是一个风险治理决策过程,目的在于降低危险性。入侵昆虫对农业生物多样性影响风险分析属于有害生物风险分析范畴的一个重要组成部分。

从20世纪80年代末开始,有害生物风险性评估受到国际社会的重视。随着对其认识的深化,有害生物危险性评估的程序逐步完善和形成。人们开始从过去只注重有害生物定居适生性研究,转向通过分析有害生物及不同治理措施对经济、生态和社会的影响,而对有害生物的风险性进行综合评估。FAO于1996年正式批准了"植物检疫措施国际标准"第2号《有害生物风险分析准则》。1997年又修订了《国际植物保护公约》(International Plant Protection Convention,IPPC)(Hopper,1996)。该程序认为,有害生物危险性评估应包括3方面内容:有害生物风险性评估的初始化(pest risk assessment initiation),即评估目标的筛选;有害生物风险性分析(pest risk assessment),即经过传入、定居和扩散危险性分析,最后确定有害生物的危险性;有害生物风险性治理(pest risk management),即通过评价不同检疫措施的效果,制订减少或降低有害生物危险性的措施,为检疫决策服务。

7.4.1.2 风险分析的主要技术与方法

1. 气候图技术

气候图技术是早期有害生物适生地研究中最经典的研究技术。1924 年,利用"气候图"技术对灰地老虎(*Porsagrotis orthogonia*)在美国西部潜在的生长区进行了研究(Cook,1931)。在此基础上,又有研究者提出了"生活史气候图"、"生态气候图",利用该技术,人们对苜蓿叶甲(*Phytononus posticd uglg*)、地中海实蝇(*Ceratitis capitata*)在美国和中东,麦茎蜂(*Cehus cinctus*)在加拿大的适生地分布进行了研究(Uvarov,1931;Bodenheimer,1938;沈文君等,2004)。20 世纪 50 年代初,气候图技术中又融入了实验科学,进一步提高了有害生物适生地预测结果的可信度。Messenger(1972)在研究地中海实蝇(*Ceratitis capitata*)、橘小实蝇(*Dacus dorsalis*)和瓜实蝇(*Dacus cucurbitae*)在美国适生地分布时,利用人工气候箱模拟美国十几种典型气候条件,研究了 9 种实蝇在不同气候条件下的生长和发育。然后,再结合气候分析,提出了 9 种实蝇在美国可能的适生区分布。

2. 生物气候相似性研究方法

该方法根据 May"气候相似性"原理,将某一地点的种农业气候要素(如光、温、水等)作为 m 维空间,计算世界上任意 2 个地点间"多维空间相似距离 d_{ij}",定量地表示不同地点间的气候相似程度,采用多元分析中聚类分析方法,预测有害生物潜在的适生区分布(Nuttonson,1947)。1984 年,魏淑秋和刘桂连(1994)建立了一个农业气候分析的数据库系统,并在此基础上提出了"生物气候相似研究方法"的概念和计算方法。1988 年,金瑞华等(1988)利用农业气候相似距库系统对美国白蛾(*Hyphantria cunea*)在我国的适生地分布进行了研究。之后,该系统先后被用于研究其他有害生物在中国的潜在定居区分布。然而,这些研究仅从环境条件方面来考虑有害生物的适生地分布,而忽视了生物对不利环境条件的适应能力,其结论很难让人信服。

3. 生态气候评价模型

从生物对环境条件的反应角度出发,建立生物在特定气候条件下的适生模型,通过模拟生物种群在已知分布地的生长情况,确定生物种群生长模型参数,利用该参数分析生物种群在未知分布地点的生长情况,由此预测生物种群潜在的适生地分布。Sutherst 等(1985)建立了一个用于生态气候评价的分析模型——CLIMEX。系统采用生态气候指标定量地表征生物种群在不同时空的生长潜力。并应用 CLIMEX 研究预测了 2 种角蝇在澳大利亚的适宜流行区分布。之后,该系统被用于几十种有害生物的适生性研究,如地中海实蝇(*Ceratitis capitata*)和马铃薯叶甲(*Leptinotarsa*)在新西兰,美国白蛾(*Hyphantria*)、豚草卷蛾(*Epiblema strenuana*)、苹果蠹蛾(*Cydia pomonella*)、桃实蝇(*Bactrocera*)在中国的适生地分布的研究(林伟,1991;马骏等,2003;梁亮等,2010;余慧等,2011)。

CLIMEX 系统不仅考虑了气候(有利或不利)对生物生长发育的影响,而且考虑了生物对气候条件的反应(如对不同气候因子的适应能力等),从而比较全面地分析和评估了生物在不同地区的适生能力。此外,该系统还可用于研究不同时期(如不同年份或季节)的气候对同一地点生物种群生长的影响;不同地点气候相似性研究(类似于农业气候相似距库系统)。但就 CLIMEX 系统本身而言,尚有不足之处。如由于水分指标是由 Fitzpatrick 的土壤水分平衡模型推导而来,因此很难直接用于分析空气湿度对非土栖昆虫生存的影响;另外,系统假设生态气候指标的大小与种群潜在生长能力呈线性关系,这显然与实际情况不符。

4. 专家系统

专家系统(expert system,ES)是人工智能(artificial intelligence,AI)的一个分支,是一类模仿专家解决问题的计算机程序,其内部具有大量专业领域的知识,它能利用专家经验知识,来解决该领域的实际问题(陈世福和潘金贵,1989)。Royer(1989)建立了一个专门用于有害生物风险性分析(PRA)的世界植物病原数据库,并在此基础上,研制了2个有关PRA的计算机决策系统,通过人机对话输入系统所要求的一些数据,用归纳法推理和神经网络系统分析出某一有害生物的危险水平。Sutherest和Maywald(1991)在CLIMEX基础上,提出了一个类似专家系统的有害生物风险分析系统PESKY,该系统通过分析气候、植被分布、地理因子等生态因素,以及检疫管理(如检疫法规)和人类活动(如运输)等非生态因素,对有害生物风险进行综合评价。有害生物风险分析是一个涉及诸多生态因子和非生态因子(有害生物的生物学特性、人为传带、检疫机构和法规的完善性、检疫措施的有效性和检疫人员素质等)的复杂问题,而专家系统的经验知识在评价非生态的软性因子方面有其独到之处。

5. 基于定性分析与定量估算相结合的数学模型

将专家经验知识和现代数学方法相结合,建立对植物有害生物评价指标体系,确定指标值和权重,建立综合评价模型,最后找到一个合适的阈值,以此来决定某种生物可否被列为危险性有害生物。有专家应用多目标综合评价方法计算有害生物危险性,对有害生物危险性评价的定量分析方法进行了探索(蒋青,1994;李鸣和秦吉强,1998)。Dake(1989)对美国、澳大利亚等国外来生物的种类、来源进行了大致统计,并研究了外来种定居的最小种群数量、传播扩散速度对传入地生态系统的影响,还提出了预测外来种入侵的方法。Yamamura和Katsumata(1999)建立了估计检疫性有害生物通过进口传播概率的数学模型,并且以墨西哥实蝇(*Anastrepha indens*)为例进行了验证。Williamson则就外来种入侵本地生态系统的机理进行了更加深入的探讨,并从遗传和进化的角度研究了外来种的影响,建立了生物入侵生态系统计算机模型(Williamson,1996)。Lonsdale从可侵入性影响因素和入侵全过程的角度出发提出了群落入侵模型(Lonsdale,1999)。众所周知,有害生物危险性评价,是一项复杂的系统工程,其中涉及的不稳定的、动态的、不确定的因素给确切评价带来许多困难。因此,这些指标体系的建立还有待于今后在具体的应用中不断地补充完善。

6. 地理信息系统

地理信息系统(geographic information system,GIS)是20世纪60年代发展起来的空间属性数据库管理系统,在计算机软件和硬件支持下,它把属性数据与空间数据完美地结合起来,通过获取、存储、修改、转换、显示和分析具有空间内涵的地理数据,展现了物体在时间和空间上的变化。Lessard等(1990)首次应用地理信息系统研究预测了一种由泰勒原虫(*Theiheria parva*)引起的牛疫病在非洲的流行区分布。Shepherd(1988)把冷杉毒蛾(*Lymantria dispar*)引起的落叶的历史图片数字化,进行叠加分析得到落叶的频率分布图,再把此图与森林类型及地理气候图叠加,找出将来最易暴发成灾的森林区域和气候,用于对暴发灾害进行预测。无疑,作为专业的空间信息分析技术,地理信息系统的出现不仅使生态学研究从定性走向定量,并且向着图形和图像化发展,为生物学家研究生物种群空间生态学提供了有力的工具。

7. Internet 技术

Internet是现代计算机技术与通信技术相结合的产物。借助于网络,人们可以实现通信和资源共享。正是由于以 Internet 和 WWW 为代表的计算机网络技术的迅速发展,有害生物风险评估工作在以下 3 个方面取得了重大的进步。首先,网络化的最大特点在于数据充分共享及各种流程的电子化。有害生物研究网络化的结果就是有关各种入侵性物种的生物学信息及其种群监测模型和预测模型、风险性预警、治理策略等时效性很强的信息能够及时地发布。这也方便了不同时空和工作环节的专家及时收集到与 PRA 有关的各种资料,快速准确地进行分析、得出比较科学的结论。其次,WWW 也可以用在线或实时的模型预测种群的未来动态,提供辅助决策服务。利用公用网关界面的二进制书写技术,可以把数据从浏览器送入 WWW 服务器的可执行程序,用户只要通过浏览器输入有关的变量,具备 IPM 模型和专家系统的 WWW 服务器就能在可执行程序中使用这些变量,并将运算结果通过浏览器界面提供给终端客户机。此外,基于 Java RMI(remote method invocation,远程方法调用)技术的分布式计算解决方案,使全世界多种格式的数据资料、数学模型在一个纯粹由 Java 组成的分布式系统中,任何时候、任何地点都可以被调用。

7.4.2 入侵昆虫对农业生物多样性影响机理的研究方法

7.4.2.1 入侵昆虫与农业昆虫生活史特征比较

物种的生活史特征比较是揭示入侵昆虫进入农业生态系统的一种重要方法,是揭示入侵机理的主要手段之一。比较分析法是通过若干类群中外来入侵与外来非入侵物种、外来入侵物种与本地物种之间多个性状的比较,归纳出外来生物特有的生活史特征。根据研究对象的范围可以分为区系比较和同科属比较两种方法(Pysek and Richardson,2007)。区系比较分析法又称为"多物种比较分析法",即对某个国家或地区的动植物区系中的所有外来物种及其相关物种进行比较分析。这种比较分析方法在入侵昆虫与农业物种多样性关系研究当中,回答入侵昆虫与农业昆虫的特征差异,那些特征促使入侵昆虫比本地昆虫具有更强的扩张潜力等具有非常重要的作用。区系比较分析法的主要不足是亲缘关系甚远的类群研究结论缺乏可比性。针对这一不足,可以采用同科属比较分析法,该方法针对亲缘关系比较近的科或属内物种,并选择一些形态、生理以及生殖方面的特征,比较入侵物种与非入侵物种或本地物种的差异,这些差异可能就是其生活史特征的来源。如在农业生态系统中入侵昆虫 B 型烟粉虱(Bemisia tabaci B-biotype)与本地非 B-型烟粉虱生殖特征比较分析研究发现,非对称交配互作是 B-型烟粉虱入侵过程中取代非 B-型烟粉虱的一个极具威力的行为机制(Liu *et al.*,2007)。

7.4.2.2 入侵昆虫与农业昆虫对资源的竞争利用

入侵昆虫与农业昆虫对资源的竞争利用研究是揭示入侵昆虫影响农业生物多样性机制的主要方法之一,主要是针对物种对资源的搜索与抢夺能力和生殖能力进行研究。如蚂蚁寻找诱饵、捕食者寻找猎物或拟寄生物寻找寄主等搜寻能力占据优势的物种比竞争者能够更快地定位和利用资源,降低了竞争者可利用的资源(万方浩等,2011)。如在 1972—1981 年间,在英国和哥伦比亚网长管蚜茧蜂(*Aphidius ervi*)对蚜茧蜂(*Aphidius smithi*)的竞争机制之一是由于前者雌性个体会优先搜寻寄主(Mackauer and Kambhampati,1986)。

资源抢夺能力方面的研究,主要是研究入侵物种与本地物种对资源的抢占时间迟早。如在北美东部的东部铁杉(*Tsuga canadensis*)上一种盾蚧 *Nuculaspis*(= *Tsugaspidiotus*) *tsugae* 被另一种蜕盾蚧 *Fiorinia externa* 取代（McClure，1980），这是由于 *F. externa* 比 *N. tsugae* 较早地寄生到树上，而且独占了幼嫩的富含氮元素的针叶。*N. tsugae* 只能利用含氮元素少的老叶，因此保持较高的死亡率。如在关岛地区，一个植食性物种在叶子能够被另一个物种可利用之前或者果实作果前将它们消耗掉，从而将竞争者取代。外来的鳞翅目昆虫 *Penicillaraia jocosatrix* 通过这种方式几乎完全取代了几种当地的鳞翅目（其中包括一种姬尺蛾 *Anisodes illepidaria*）（Schreiner and Nafus，1993）。在英国，一种灯蛾（*Tyriajacobaeae jacobaeae*）和一种泉种蝇 *Pegohylemyia seneciella*（Crawley and Pattrasudhi，1988）均取食臭千里光草（*Senecio jacobaea*），前者取食去除了臭千里光草的花头，而这些花头是后者幼虫繁殖的地点。

生殖力的比较是资源竞争利用研究的重要方法之一。当一个物种比另一个竞争物种具有更大的净生殖力时，竞争对手将会被取代。这种机制并不仅仅指产生更多的子代数量，而且包括利用相同资源而产生更多雌性比例的能力。如加利福尼亚南部的橘树上，红圆蚧（*Aonidiella aurantii*）对黄圆蚧（*A. citrina*）的竞争取代，除了由于前者比后者有更高的存活率因素外，更高的繁殖率也是重要因素（DeBach *et al.*，1978）。又如，入侵美国的红火蚁（*Solenopsis invicta*）在原产地中由于寄生蝇造成的死亡率能很大程度上缩减其种群的增长，而入侵美国的种群由于逃避天敌会使其具有显著的生殖优势（Morris *et al.*，1999）。

7.4.2.3　入侵昆虫与农业昆虫的相互干涉竞争

入侵昆虫与农业昆虫的相互干涉竞争研究主要有格斗干涉、生殖干涉以及集团内捕食几方面。格斗干涉竞争主要是通过物种个体间的直接的体力较量和胜利者获得竞争资源的控制权而表现的一种干涉形式。相互作用的强烈程度从非致死作用（如仪式化显示（ritualized displays））到利用化学驱避剂、非致死争斗或致死战斗。竞争涉及食物资源、取食地点、界限或产卵地点等。如蚂蚁通常为利用资源或领地而战争；马蜂（*Polistes humilis*）通过与角马蜂格斗作用中被从局部地区取代（Clapperton *et al.*，1996）。在新西兰许多地区，后来侵入的普通黄胡蜂（*Vespula vulgaris*）将早期侵入的德国黄胡蜂（*Vespula germanica*）竞争取代，而通过格斗作用占据食物资源是其竞争取代的因素之一（Harris *et al.*，1991）。

入侵昆虫与农业昆虫在求偶和交配过程中产生的干涉是物种间相互影响的重要手段，是揭示入侵影响的重要内容和途径。如在美国一些地区的白纹伊蚊（*Aedes albopictus*）取代了埃及伊蚊（*A. aegypti*）和其他可能的物种（Edgerly，*et al.*，1993；Livdahl and Willey，1991），其中生殖干涉是重要原因之一，即白纹伊蚊的雄性个体更可能使埃及伊蚊的雌性个体受精，反之较弱。在蛛形纲近缘物种中，也发现了通过这种方式发生物种间的竞争取代。如在桃园中植食性的全爪螨（*Panonychus mori*）被限制在日本的北部地区，尽管在生理上它能在更南面地区生存。这种地理范围的限制是因为全爪螨受到柑橘全爪螨（*Panonychus citri*）生殖干涉的影响而被竞争取代（Fujimoto *et al.*，1996）。即柑橘全爪螨雄性比全爪螨雄性能够更广泛地且更有害地与同属不同物种交配（Takafuji *et al.*，1997）。

7.4.2.4　入侵昆虫与农业昆虫的表观竞争试验

表观竞争是资源竞争以外的一种新型的种间关系，是指由共同享有的自然天敌中介的、物种之间在种群数量上表现出明显负效应的现象，主要包括寄生蜂中介的表观竞争，捕食者中介的表观竞争和病原寄生物中介的表观竞争（成新跃和徐汝梅，2004）。近些年来，入侵昆虫与本地昆虫的表观竞争试验研究受到生态学家、自然保护者和生态管理人员的普遍关注和重视，表观竞争试验研究方法是入侵昆虫与农业生物多样性关系领域研究一个新兴起的重要方法。

寄生蜂所引起的表观竞争是一个非常重要的生态竞争类型,寄主-寄生蜂系统经常被用来进行表观竞争的实验研究。如在美国加州本地的西部葡萄斑叶蝉(*Erythroneura elegantula*)被一种多食性的卵寄生蜂(*Anagrus epos*)寄生,由于西部葡萄斑叶蝉比杂色斑叶蝉更易受寄生蜂的寄生,导致本地的西部葡萄斑叶蝉的种群数量显著下降(Hambaeck and Sjoerkman,2002)。另一个证明表观竞争效应的很好的例子是 Bonsail 和 Hassell(1998)对鳞翅目幼虫的实验种群研究。实验采用两种鳞翅目幼虫——印度谷螟(*Plodia interpunctella*)和地中海粉斑螟(*Ephestia kuehniella*)及一种姬蜂(*Venturia canescens*)为材料,当系统中只有一种寄主和寄生蜂共存时,种群处于稳定的平衡状态,但当有两种寄主同时和寄生蜂共存时,则寄主-寄生蜂系统处于不稳定的状态,种群振荡幅度很大,最后,一个种迅速从系统中消失,而另一个种则和寄生蜂达到动态平衡。其原因是当系统中有两种寄主同时和寄生蜂存在时,寄生蜂对内禀生长力较小的地中海粉斑螟的作用大,最后导致这一个种的消亡。

捕食者中介的表观竞争主要是对捕食选择的改变导致种群变化,捕食的研究在数量变化上的研究难度较大,但也取得了一定的发展。如在日本栗树上的两种蚜虫——栗大蚜(*Lachn tropicalis*)和栗角斑蚜(*Myzocallis kuricola*)同受普通黑蚁(*Lasiusnr*)的捕食,当栗大蚜的种群密度增加时,则加大了普通黑蚁对栗角斑蚜的捕食压力,使后者的种群密度下降。而栗角斑蚜对普通黑蚁及栗大蚜的种群影响却很少。这两种蚜虫之间通过蚂蚁的捕食活动产生一种不对称的相互负作用(Sakata,1995)。另有田间实验证明,在蚜虫-捕食性甲虫系统中,取食不同寄主植物的蚜虫,因享有同样的捕食性天敌而产生表观竞争。Evans 和 England(1996)在调查苜宿田中瓢甲和寄生蜂对昆虫群落结构的影响时发现,当豌豆蚜(*Acyrthodiphon pisum*)存在时,增加了瓢甲对苜宿叶象甲(*Hypera postica*)的捕食率,有时也增加了寄生蜂对后者的寄生。其原因是由于豌豆蚜促进了瓢甲的聚集,从而加大了瓢甲对苜蓿叶象甲的捕食压力。然而,这两种猎物之间的相互作用是不对称的,苜宿叶象甲的存在却并不影响瓢甲-蚜虫相互作用的强度。

自从 20 世纪中期发现病原物中介的表观竞争现象,对于由病原菌中介的表观竞争现象在不同领域引起了重视,在不同领域对由于病原菌中介引起的表观竞争现象进行了研究报道。如 Park(1948)以两种拟谷盗——杂拟谷盗(*Tribolium confusum*)和赤拟谷盗(*T. castaneum*)及它们共同的病原寄生物——一种孢子虫(*Adelina tribolii*)为材料,研究了两种甲虫的种间关系。混合饲养这两种甲虫,当没有病原寄生物存在时,杂拟谷盗总是优势种,但当有病原寄生物存在时,则赤拟谷盗成为优势种。其原因是由于孢子虫对优势竞争者的致病力强,当两个竞争者同时存在时,病原菌就减少了优势种的竞争力,结果使竞争较弱的种能够维持下来(Hudson and Greenman,1998)。但在 Pope 等(2002)的研究中,试图通过田间和室内研究检测不同寄主植物上豌豆蚜和荨麻蚜(*Microlophium carnosum*)之间存在有由共同易感的病原真菌 *Erynia neoaphidis* 中介的表观竞争,但实验结果表明这两种蚜虫之间没有很强烈的这种相互作用。

7.4.3　农业生物多样性抵御和控制外来昆虫入侵的研究方法

7.4.3.1　利用不同种植方式来抵御外来昆虫入侵

良好的种植方式和栽培措施是抵抗害虫和防止外来昆虫入侵的重要途径,主要是设计特定的作物栽培系统,以创造不利于害虫繁殖、扩散、生存和危害,而有利于天敌发挥控害作用的环境条件来减少害虫的危害。一般是通过调整或者改变作物与害虫适生性在时间、空间和行为方式的格局,如通过作物的休闲、轮作或间作等方式来调控生态因子以抵御害虫的发生。

利用入侵昆虫生育期限和其嗜好植物生长期在时间上的错位,可以取得对入侵昆虫的控制良好效能。例如,在多米尼亚 Azua 流域番茄种植区,1988 年 B 型烟粉虱入侵后,由于该虫及其所传植物病毒的危害,随后几年整个产业遭受毁灭性的打击。为了挽救当地番茄种植业,1993 年起通过法规在整个产区内每年实施"一段时间无烟粉虱寄主作物"的做法,即番茄主栽季节前 90 d 内不允许栽种烟粉虱的寄主作物,每年大约有 600 hm² 的烟粉虱寄主作物在这段时间内特地被人工毁灭,而将高粱作为这一段时间的替代作物。到 1997 年,烟粉虱危害就大为减轻,整个地区的番茄种植业得以恢复(Villar *et al.*,1998)。通过提早或推迟播种或移栽来回避稻水象甲的危害,如在日本,5 月下旬为成虫发生盛期,所以 5 月上中旬插秧的危害重,相反,4 月中旬特早插秧或 6 月初迟插秧的田就能避开危害。在发生重的地方设置普通灌水秧苗区,诱集成虫集中侵入危害,也可回避危害(Kisimoto,1980)。在美国南部路易斯安那西南地区,早播田的种群密度明显低于晚播,适当早播可控制稻水象甲危害(Thompson *et al.*,1994),将播种时间提早到 3 月中旬至 4 月中旬,虽不能避开致害种群,但可显著提高水稻对幼虫危害的耐害性,减少产量损失(Stout *et al.*,2002)。在我国,黄雅文等(1999)发现迟秧成虫数量比早插秧田块减少 26.5%,在浙江省沿海,纯单季稻种植可以回避危害,室内的实验结果也证实供食水稻迟的稻水象甲成虫产卵量下降。

利用入侵在空间和行为上的阻隔影响也是有效抵御外来昆虫成功入侵的方法之一。主要有利用非寄主植物阻隔、增加作物密度减少作物被害率。例如:在寄主作物的四周种植一圈高秆的非寄主植物(如高粱)可以减少烟粉虱迁入作物上的数量,达到抵御的目的(万方浩等,2005)。根据斑潜蝇对不同作物的喜好性差异,利用不选择寄主作为隔离带或种植喜好作物作为诱集区进行集中防治。如云南把小麦、大麦种植在虫源地(蔬菜)与大田蚕豆之间,以便阻隔南美斑潜蝇从蔬菜地直接传到蚕豆地,压低虫口,减少危害。结果表明,在苗期、盛花期和收获期调查,其百株虫量、危害叶台率和枯叶率,隔离区均明显低于无隔离区,而且在蚕豆苗期,斑潜蝇发生明显晚于无隔离区,危害株率在隔离区为 32.3%,无隔离区为 94.2%;另外,牛皮菜是南美斑潜蝇最喜好的寄主之一,农民常作为猪饲料种植在田边、地头。所以,用此作为诱集作物来保护主栽商品蔬菜防效也很明显。可在牛皮菜叶片上出现虫道后及时采摘带虫叶片喂猪或集中喷药防治。在北京日光温室中的菜豆与西葫芦、番茄、茄子按 1/15~1/10 间作,以诱集美洲斑潜蝇进行集中防治,三种处理方法明显降低了斑潜蝇的危害,其相对防效为77.8%~100%。

7.4.3.2　利用特定植物的抗性来抵御外来昆虫入侵

寄主植物的形态和生理生化上的特征对昆虫的发生和种群的扩张具有关键影响作用,一些生境往往由于某些植物具有特定物理结构、能够挥发出特定的气味或者昆虫取食后引起不育等生理反应,即通过形态抗性和生化抗性来达到有效抵御控制外来昆虫入侵的效果。

形态抗性指植株部分器官或整株所具有的特定形态结构对昆虫产生驱避或耐害的特性,包括植物表面毛状体、蜡质、颜色等(Abdallah *et al.*,2001)。例如,以多毛的野豌豆作为有机覆盖物能减少马铃薯甲虫的危害。在秋天种植多毛野豌豆,春天种植马铃薯前将其刈割然后覆于地表。野豌豆不仅阻止甲虫迁移到马铃薯上危害,而且其为豆科植物,也为土壤增加了氮素营养。覆盖野豌豆的马铃薯受甲虫危害程度轻于覆盖黑塑料膜地块（Lecardonnel，1999）。如木薯地中间作玉米、豇豆或花生；番茄地中间作绿豆、南瓜或茄子；棉花地中间作杂草 *Physalis wrightii* 或瓜类；瓜果地里间作花椰菜等，在一定程度上对防治烟粉虱有效（Hilje *et al.*，2001）。在夏威夷，当南瓜地中种植荞麦（*Fagopyrum esculentum*）、黄芥（*Sinapis alba*）作为地表覆盖植物时，使南瓜上烟粉虱数量下降、银叶症状减轻。

生化抗性是指植株器官所产生的特定代谢物使害虫消化系统受阻、厌食、降低体重、延缓发育历期，甚至中毒死亡，包括植物次生代谢物和植物营养两方面的作用。例如，茄子（Brinjal）品种中的龙葵碱、苯酚、糖分和 pH 在烟粉虱的取食偏好性上起着不同的作用，其中品种 TS 00052 和 Arka neelakanta 几乎没有腺毛，龙葵碱、苯酚含量较高，其上的烟粉虱种群数量很低，具有较强的抗虫性，单宁酸、苯酚含量和抗虫性成正相关（Soundararajan and Baskaran，2001）。紫苜蓿顶部和根部含有较高的皂角苷，发现其对马铃薯甲虫发育有控制作用，取食后可影响其幼虫的生长发育（Szczepanik，2001）。

7.4.3.3 天敌释放和农田本地生物多样性生态恢复来控制外来昆虫入侵

在害虫生物防治中，天敌的利用方法可归为三类，即输引（introduction）、助增（augmentation）和保护（conservation）。天敌的输引一般是针对外地传入的害虫，从害虫的原产地引进害虫的天敌，并通过少量的繁殖释放，使天敌在害虫入侵地定居并持续地控制这些害虫。助增一般是指大量繁殖和释放天敌，以增加温室或田间天敌种群的数量，提高天敌对害虫的控制效果，其中又分为接种式释放和淹没式释放二种策略。天敌的保护是指通过对生境的调控，削弱环境中那些不利于天敌存活的因子的作用，增强那些有利于天敌增殖和发挥控害效能的因子的作用。在现代农田生态系统中，杀虫剂的使用往往可直接杀死大量天敌，同时亚致死剂量的杀虫剂可对天敌的行为、生理等产生不利影响，降低其控害作用。因此，合理施用杀虫剂，在压低害虫数量的同时，使天敌少受或不受伤害，显得尤为重要。天敌生物要增殖和有效地发挥控害作用，其基本的生理和生态需求必须得到较好的满足，如替代寄主、成虫期食源、越冬场所、适宜的微栖境等。这就需要通过生境管理和调控、辅以一些直接保护措施来达到。事实上，无论是引进还是本地释放的天敌，往往都需要一个适宜的生境并辅以一些保护措施相配合，才能有效地发挥它们的控害作用。

烟粉虱在我国的广东、广西、海南、福建、云南、上海、浙江、江西、湖北、四川、陕西、北京、台湾等地早有记载，但没有造成大的危害；近几年来烟粉虱在我国华北地区和其他地区大发生，造成了严重危害；通过银叶反应以及分子标记等手段证明近年来在我国造成严重危害的烟粉虱属于 B 生物型，是入侵我国的外来种群（褚栋等，2006）。土著天敌对 B 型烟粉虱具有较强的控制潜能（Zhang *et al.*，2007），捕食性天敌种间具有协同增效作用；B 型烟粉虱 3、4 龄若虫及蜜露可诱导丽蚜小蜂产生强烈的搜索行为，若虫利它素在丽蚜小蜂寄主搜索和定位中具有重要作用。研究结果为 B 型烟粉虱的生物生态控制途径和可持续治理策略提供了保障。针对烟粉虱生物防治的研究和应用主要是在近 20 年活跃起来的（Naranjo，2001）。其中，天敌输引方面的工作正式报道尚很少，不过美国还是在这方面做了大量探索，并于 1989—1990 年从意大利、以色列等地将恩蚜小蜂（*Encarsia partenopea*）引进到美国加州，在多点释放后成功定居（Lacey and Kirk，1993）。B 型烟粉虱已被公认是一种入侵生物，但有关其天敌输引的工作却不多，原因可能包括：①烟粉虱作为一个复合种，世界各地都有其大量的天敌；②有关 B 型烟粉虱的起源中心虽有许多推论，但涉及地域较广，给输引工作增加了难度。尽管如此，输引天敌在 B 型烟粉虱的生物防治中仍应受到必要的关注,因为从害虫原产地引进天敌已被反复证明是防治外来害虫最长期有效的一种方法。

通过天敌的助增防治温室作物上的烟粉虱已取得许多成功,丽蚜小蜂、小黑瓢虫、草蛉、盲蝽等已商业化生产应用,其中应用最广、最成功的当属丽蚜小蜂等寄生蜂(Gerling *et al.*,2001)。荷兰、英国等国在多种温室作物上释放丽蚜,结合使用少量噻嗪酮,可有效控制烟粉虱、温室白粉虱的危害。Van Lenteren(2000)认为,温室中的烟粉虱可完全依赖释放天敌而得到有效控制,不需要施用任何化学杀虫剂。在北京市温室中的初步试验也表明,丽蚜小蜂是烟粉虱的有效天敌,并推荐如下使用方法:在保护地番茄或黄瓜上,要求温度在 20～35℃,夜间不低于 15℃,光照充足。①放蜂时期:作物定植后,即挂置诱虫黄板,发现烟粉虱成虫后,每天调查植株叶片,当平均每株有粉虱成虫 0.5 头左右时,即可第一次放蜂;②放蜂间隔期:每隔7～10 d 放蜂一次;③放蜂次数:3～5 次;④放蜂数量:第一次 3 头/株;以后 5 头/株。原则上丽蚜小蜂与烟粉虱的比例为 3∶1;⑤释放虫态:可根据田间烟粉虱发生情况确定,原则上释放黑蛹的时间应比成蜂提前 2～3 d;最好成蜂与黑蛹混合释放;⑥放蜂位置:将蜂卡均匀分成小块置于植株上即可(万方浩等,2005)。

对于大田作物上的烟粉虱,其生物防治应立足于天敌的保护。对于生物防治中助增和保护这两类方法的采用,在认识上存在一些误区。由于人们易注重短期效果,往往采用对待化学防治的观念来看待生物防治,以为人工繁殖大量的天敌生物,释放到害虫生境中将害虫迅速致死,就是生物防治的主要内容,这完全是一种曲解。在多数情况下,一个大田作物系统中除烟粉虱外常常还有其他数种主要害虫,而天敌生物往往作用对象较为专一,如果针对烟粉虱释放大量天敌,同时又针对其他害虫大量施用杀虫剂,释放的天敌就难以发挥作用,而同时针对多种害虫繁殖和释放多种、大量的天敌,即使技术上可以做到,经济上也难以可行。如前所述,烟粉虱能大量增殖的作物系统中,一般也存在丰富的天敌生物,只要不被人为地大量杀死,环境条件保持适宜,它们就可迅速地繁殖起来,起着控制害虫的作用。可以说,农田是广阔无垠的天敌自然繁殖“工厂”,在种类和繁殖效率上,都是人工培育所望尘莫及的。20 世纪 90 年代中后期在美国西南部半干旱区棉花上所做的大量试验表明,天敌的保护不仅是大田作物上烟粉虱生物防治的主要内容,而且是烟粉虱综合治理成功程度的一个基点和关键(Naranjo,2001)。这个例证中,在作物早中期烟粉虱种群数量超过防治阈值时施用一次对烟粉虱高效、而对天敌低毒的选择性杀虫剂,如噻嗪酮或吡虫啉,就可使烟粉虱在此后的作物中后期被天敌等自然致死因子持续控制在防治阈值之下,而若使用对天敌选择性不强的杀虫剂,则需轮换不同杀虫剂施用 5～6 次以上,才能达到相似的防治效果。捕植螨(*Neoseiulus cucumeris*)对西花蓟马防治效果的研究表明,该螨对西花蓟马有较好的控制作用,按 1 000～2 000 头/m² 的量在温室进行释放,每两周释放一次,防效为 72%～89%,防治成本可控制在 0.16 元/m²(Chambolle and Graff,2001;Vanninen *et al.*,2002)。

参 考 文 献

陈世福,潘金贵.1989.知识工程语言与应用.南京:南京大学出版社.

成新跃,徐汝梅.2003.昆虫种间表观竞争研究进展.昆虫学报,46(2):237-243.

褚栋,张友军,丛斌,等.2006.烟粉虱不同地理种群的 mtDNA COI 基因序列分析及其系统发育.中国农业科学,38:76-85.

黄雅文,孟威.1999.稻水象甲田间分布型及复合抽样技术研究.辽宁农业科学,(3):11-13.

蒋青.1994.有害生物危险性评价指标体系的初步确定.植物检疫,8(6):331.

金瑞华,魏淑秋,梁忆冰.1988.利用气候相似距研究美国白蛾在我国的地理分布.中国植物保护学会植物检疫协会第 2 届全国代表大会暨学术讨论会专刊,8:26-32.

李鸣,秦吉强.1998.有害生物危险性综合评价方法的研究.植物检疫,12(3):52-55.

梁亮,余慧,刘星月,等.2010.苹果蠹蛾在中国的适生性分析.植物保护,36(4):101-105.

林伟.1991.美国白蛾在中国适生性的初步研究.北京:北京农业大学.

马骏,万方浩,郭建英,等.2003.豚草卷蛾在我国的生物气候相似性分析.中国农业科学,36(10):1156-1162.

沈文君,沈佐锐,李志红.2004.外来有害生物风险评估技术.农村生态环境,20(1):69-72.

万方浩,郭建英,郑小波.2005.重要农林外来入侵物种的生物学与控制.北京:科学出版社.

万方浩,谢丙炎,杨国庆.2011.入侵生物学.北京:科学出版社.

魏淑秋,刘桂莲.1994.中国与世界生物气候相似研究.北京:海洋出版社.

余慧,文艺,张俊华,等.2011.桃实蝇在西藏的适生性分析.植物保护,37(2):76-80.

Abdallah Y E Y,Ibrahim S I,Elmoniem E M,*et al*.2001. Incidence of some piercing-sucking insects in relation to morphological leaf characters,some chemical and nutritional components of some cotton cultivars. Annals of Agricultural Science,46(2):807-827.

Bodenheimer F S.1938. Problems of animal ecology. Oxford:Oxford University Press.

Bonsall M B,Has sell M P.2000. The effects of metapopulation structure on indirect interactions in host-parasitoid assemblages. Proceedings of the Royal Society of London,Series B,267(1458):2207-2212.

Chambolle C,Graff V. 2001. Growing mother plants of Pelargonium:control of thrips with the aid of Neoseiulus cucumeris. PHM Revue Horticole,429:43-47.

Clapperton B K,Tilley J A V,Pierce R J.1996. Distribution and abundance of the Asian paper wasp Polistes chinensis antennalis Perez and the Australian paper wasp *P. humilis Fab*.(Hymenoptera:Vespidae)in New Zealand. New Zealand Journal of Ecology,23:19-25.

Cook W C.1931. Notes on predicting the probable future distribution of introduced insects. Ecology,12(2):245-247.

Crawley M J,Pattrasudhi R.1988. Interspecific competition between insect herbivores:asymmetric competition between cinnabar moth and the ragwort seed-head fly. Ecological. Entomology,13:243-249.

DeBach P.1966. The comparative displacement and coexistence Principles. Annual Review of Entomology,11:183-212.

Drake J A.1998. Biological invasions:a global perspective. New York:John Wiley and Sons.

Edgerly J S,Willey M S,Livdahl T P.1993. The community ecology of Aedes egg hatching:implications for a mosquito invasion. Ecological. Entomology,18:123-128.

Evans E W and England S. 1996. Indirect interactions in biological control of insects: pests and natural enemies in alfalfa. Ecological Applications,6: 920-930.

FAO. 1996. International standards for phytosanitary measures. Plant I: import regulations: guidelines for pest analysis. Rome: FAO.

Fujimoto H,Hiramatsu T,Takafuji A. 1996. Reproductive interference between Panonychus mori Yokoyama and P. citri(McGregor)(Acari: Tetranychidae)in peach orchards. Applited Entomology and Zoology,31:59-65.

Gerling D,Alomar O,Arno J. 2001. Biological control of Bemisia tabaci using predators and parasitoids. Crop Protection,20(9): 779-799.

Hambaeck P A and Sjoerkman C. 2002. Estimating the consequences of apparent compe tition: A method for host-parasitoid interactions. Ecology,83(6): 1591-1596.

Harris R J,Thomas C D,Moller H. 1991. The influence of habitat use and foraging on the replacement of one introduced wasp species by another in New Zealand. Ecol. Entomol. , 16:441-448.

Hilje L,Costa H S,Stansly P A. 2001. Cultural practices for managing Bemisia tabaci and associated viral diseases. Crop Protection,20(9): 801-812.

Hudson P, Greenman J. 1998. Competition mediated by parasites: biological and theoretical progress. Trends in Ecology and Evolution,13(10): 387-390.

IPPC. 1997. International plant protection,new revised text of the convention approved by the FAO conference at its 29th-session. Rome: FAO.

Kisimoto R. 1980. Expansion of geographical distribution of the rice water weevil. Today's Pesticide, 20(13): 50-54.

Lacey L A,Kirk A A. 1993. Foreign exploration for natural enemies of Bemisia tabaci and implementation in integrated control programs in the United States,Association Nationale de Protection des Plantes,351-360.

Lecardonnel A,Prévost G,Beaujean A,et al. 1999. Genetic transformation of potato with nptII-gus marker genes enhances foliage consumption by Colorado potato beetle larvae. Molecular-Breeding,5(5):441-451.

Lessard P,Norval R A I,Perry B D. 1990. Geographical information systems for study the epidemiology of cattle diseases caused by Theileria parva. Veterinary Record, 126: 255-262.

Liu S S,De Barro P J,Xu J,et al. 2007. Asymmetric mating interactions drive widespread invasion and displacement in a whitefly. Science,318(5857): 1769-1772.

Livdahl T P, Willey M S. 1991. Prospects for an invasion: competition between Aedes albopictus and native Aedes triseriatus. Science, 253:189-191.

Lonsdale M. 1999. Global patterns of plant invasions and the concept of invisibility. Ecology, 80(5): 1522-1536.

Mackauer M,Kambhampati S. 1986. Parasitoids of the pea aphid in North America. In: Ecology of Aphidophaga,ed. I Hodek,347-356.

McClure M S. 1980. Competition between exotic species：scale insects on hemlock. Ecology，61：1391-1401.

Messenger P S. 1972. Bioclimatology and prediction of population trends//Proc. FAO conf：ecology on relation to plant pest control，Rome，21-45.

Morrison L W. 1999. Indirect effects of phorid fly parasitoids on the mechanisms of interspecific competition among ants. Oecologia，121：113-122.

Naranjo S E. 2001. Conservation and evaluation of natural enemies in IPM systems for Bemisia tabaci. Crop Protection，20(9)：835-852.

Nuttonson M Y. 1947. Ecological Crop geography of China and its agroclimatic analogues in North America// Am. Inst. Crop Ecology. Silrer Spring Md.

Park T. 1948. Experimental studies of interspeccific competition. I. Competition between populations of the flour beetles，Tribolium confusum and Tribolium castaneum. Ecology. Monographs，18：267-307.

Pope T，Croxson E，Pell J K，et al. 2002. Apparent competition between two species of aphid via the fungal pathogen Erynia neoaphidis and its interaction with the aphid parasitoid Aphidius ervi. Ecological Entomology，27(2)：196-203.

Pysek P，Richardson D M. 2007. Traits associated with invasiveness in alien plants：where do we start? In：Negtwig W. biological Invasions. New York：Springer，97-125.

Royer M H. 1989. Integrating computerized decision aids into the pest risk analysis process. NAPPO Annum Meeting，Quebec.

Sakata H. 1995. Density-dependent predation of the ant Lasius niger（Hymenoptcra：Formicidae）on two attended aphids Lachnus tropicalis and Myzocallis kuricola（Homoptera：Aphididae）. Research on Population Ecology，37(2)：159-164.

Sheperd R F. 1988. Proceeding lymantriidae：a comparison of features of new and old world tussock moths. Washington，DC：RSDA.

Soundararajan R P，Baskaran P. 2001. Mechanisms of resistance in brinjal（Solanum melongena L.）to whitefly Bemisia tabaci(Gennadius). Madras Agriculture Journal，88(10-12)：657-659.

Stout M J，Rice W C，Ring D R. 2002. The influence of plant age on tolerance of rice to injury by the rice water weevil Lissorhoptrus oryzophilus（Coleoptera：Curculionidae）. Bulletin of Entomological Research，92：177-184.

Sutherest R W，Maywald G F. 1985. A computerized system for matching climates in ecology. Agriculture，Ecosystems & Environment，13：281-289.

Sutherst R W，Maywald G F. 1991. Form CLIMEX to PESKY，a generic expert system for pest risk assessment. Bull OEEP/EPPO Bull，21：595-608.

Szczepanik M，Krystkowiak K，Jurzysta M，et al. 2001. Biological activity of saponins from alfalfa tops and roots against Colorado potato beetle larvae. Acta Agrobot，54(2)，35-45.

Takafuji A，Kuno E，Fujimoto H. 1997. Reproductive interference and its consequences for the competitive interactions between two closely related Panonychus spider mites. Experimental & Applied Acarology,21:379-391.

Thompson R A,Quisenberry S S,N'Guessan F K,*et al*. 1994. Planting date as a potential cultural method for managing the rice water weevil(Coleptera: Curculionidae)in water-seeded rice in southwest Louisiana. Journal of Economical Entomology,87: 1318-1324.

Uvarov B P. 1931. Insects and climate. London: Trans. Roy. Entomaol. Soc,79.

Van Lenteren J C. 2000. A greenhouse without pesticides: fact or fantasy? Crop Prot. ,375-384.

Villar A,Gómez E,Morales F,*et al*. 1998. Effect of legal measures to control Bemisia tabaci and geminiviruses in the Valley of Azua. National Integrated Pest Management Program, Santo Domingo,Dominican Republic Rep. ,16.

Williamson M. 1996. Biological invasions. London: Chapman and Hall.

Yamamura K,Katsumata H. 1999. Estimation of the probability of insect pest introduction through imported commodities. Research on Population Ecology,41(3): 275-282.

Zhang G F,Lü Z C,Wan F H. 2007. Detection of Bemisia tabaci remains in predator guts using a sequence-characterized amplified region marker. Entomologia Experimentalist Applicata,123: 81-90.